AF811238

ZAHN

Zahlung und Zahlungssicherung

ZAHLUNG UND ZAHLUNGSSICHERUNG IM AUSSENHANDEL

von

Prof. Dr. jur. Johannes C. D. Zahn, S. J. D. (Harvard)
Rechtsanwalt am Oberlandesgericht Düsseldorf
Vors. des Verwaltungsrates des Bankhauses Trinkaus & Burkhardt
1952—54 Executive Director der International Bank
for Reconstruction and Development

5., überarbeitete und vermehrte Auflage

1976

WALTER DE GRUYTER · BERLIN · NEW YORK

CIP-Kurztitelaufnahme der Deutschen Bibliothek

Zahn, Johannes C. D.
Zahlung und Zahlungssicherung
im Außenhandel.

ISBN 3-11-003974-5

©
Copyright 1976 by Walter de Gruyter & Co., vormals G. J. Göschen'sche Verlagshandlung, J. Guttentag, Verlagsbuchhandlung, Georg Reimer, Karl J. Trübner, Veit & Comp., 1 Berlin 30. Alle Rechte, insbesondere das Recht der Vervielfältigung und Verbreitung sowie der Übersetzung, vorbehalten. Kein Teil des Werkes darf in irgendeiner Form (durch Fotokopie, Mikrofilm oder ein anderes Verfahren) ohne schriftliche Genehmigung des Verlages reproduziert oder unter Verwendung elektronischer Systeme verarbeitet, vervielfältigt oder verbreitet werden.

Printed in Germany.
Satz und Druck: Saladruck, Berlin
Buchbindearbeiten: Wübben & Co., Berlin

VORWORT ZUR FÜNFTEN AUFLAGE

Die Tatsache, daß innerhalb weniger Jahre seit Erscheinen dieses Buches vier Neuauflagen erforderlich wurden, zeigt welch großes Interesse in gleicher Weise Außenhandelskaufleute, Bankleute und Juristen dieser Arbeit entgegenbringen. Bisher machte jede neue Auflage gegenüber den früheren ungewöhnlich umfangreiche Erweiterungen, Ergänzungen und zum Teil auch Berichtigungen erforderlich, die sich aus der raschen zwischenzeitlichen Entwicklung und aus der andauernden praktischen und wissenschaftlichen Beschäftigung mit dem Stoff ergaben.

Wichtig ist insbesondere, daß als Folge eines sich über Jahrzehnte erstreckenden Angleichungsprozesses so gut wie alle Länder der Erde — einschließlich der noch bis 1962 abseits stehenden englischen und englisch beeinflußten Welt — die auf Grund der inzwischen gesammelten Erfahrungen und auf Grund sorgfältiger Vorbereitungen im Rahmen der Internationalen Handelskammer immer weiter entwickelten und verbesserten „Einheitlichen Richtlinien und Gebräuche für Dokumentenakkreditive" angenommen haben. Die genannten Einheitlichen Richtlinien sind soeben in einer merklich fortentwickelten — d. h. verbesserten und vereinfachten — neuen Fassung erschienen, welche dieser 5. Auflage zugrunde gelegt ist. Auch die „Einheitlichen Richtlinien für das Inkasso von Handelspapieren" sind weitgehend international eingeführt.

Ferner ist zu meiner Freude festzustellen, daß in Deutschland jetzt sowohl — in steigender Zahl — Einzeluntersuchungen als auch die Neuauflagen der großen Kommentare dem Außenhandel eine sichtlich verstärkte Aufmerksamkeit zuwenden, wodurch zahlreiche bisher vernachlässigte Teilgebiete in die Reichweite sorgfältiger systematischer Diskussion geraten sind. Auch im Ausland hat in den letzten Jahren eine erheblich verstärkte literarische Bearbeitung der einschlägigen Rechtsgebiete stattgefunden.

Schließlich sind inzwischen eine beachtliche Anzahl neuer in- und ausländischer höchstrichterlicher Entscheidungen zu unserem Problemkreis ergangen. Auch der deutsche Bundesgerichtshof hat sich in einigen Entscheidungen der letzten Jahre mit grundlegenden Fragen des Außenhandels befaßt. Herrn Bundesrichter *R. Liesecke,* der sich speziell mit diesem Sachgebiet befaßt hat, bin ich für fruchtbaren Gedankenaustausch und Anregungen zu einschlägigen Fragen zu besonderem Dank verpflichtet.

Nicht zu übersehen ist, daß seit dem Kriege der internationale Handel in einem früher unvorstellbaren Maße gestiegen ist. Die verschiedenen Abwicklungsformen wurden daher in entsprechend verstärktem Maße gebraucht und manchmal auch mißbraucht, wodurch weitere Erfahrungen angefallen sind. Die Tendenz zum Massengeschäft ist auch in der Abwicklung des

Außenhandels festzustellen; sie verstärkt die Notwendigkeit der Typisierung und Normung der einzelnen Geschäftsabläufe, woraus hinwiederum die Bereitschaft wächst, die sich hieraus ergebenden Vereinheitlichungen festzulegen und allgemein in die Praxis einzuführen. Ich habe mich bemüht, die eingetretenen Entwicklungen und die inzwischen ergangenen wesentlichen Entscheidungen und Veröffentlichungen — vor allem in kontroversen Fragen — in der hiermit vorgelegten 5. Auflage zu verarbeiten und sowohl den Wissenschaftlern wie den Praktikern im Zusammenhang zugänglich zu machen. Außer durch die Neufassung der ER 1974 hat sich wesentliches Neuland z. B. hinsichtlich folgender Fragenkomplexe ergeben: Abgrenzung des Geltungsbereichs der AGB der Banken im Auslandsverkehr; Pfändungen und gerichtliche Eilmaßnahmen (einstweilige Verfügungen; Arreste) in internationale Akkreditiv- und Inkasso-Beziehungen hinein; neue Transportformen (Container; Luftfracht); Haftung der Inkassobanken für eingeholte Akzepte u. a. m. Darüber, daß gerade auf dem Gebiete des Außenhandels sowohl der Wunsch nach Vollständigkeit als auch das Streben nach Endgültigkeit in einer literarischen Verarbeitung notwendigerweise immer unerfüllt bleiben, bin ich mir im klaren.

Herrn Bankdirektor *Dahlmann* sowie Herrn Assessor Dr. jur. Hellmut *Meyer-Giesow* sage ich für ihre Mitwirkung an der Erarbeitung der vorliegenden Neuauflage meinen aufrichtigen Dank. Das gleiche gilt für mancherlei Anregungen und Hinweise, die mir von Berufskollegen, Hochschullehrern und anderen Sachkennern zugegangen sind.

Im Oktober 1975

Johannes Zahn

VORWORT ZUR ERSTEN AUFLAGE 1957

In der vorliegenden Abhandlung sollen die Zahlungsabwicklung und die Zahlungssicherung im Außenhandel im Zusammenhang unter gleichmäßiger Verteilung des Gewichtes auf wirtschaftliche, bankgeschäftliche und juristische Gesichtspunkte dargestellt werden.

Für diesen Plan waren folgende Überlegungen maßgebend:

Die erhebliche Ausweitung des Außenhandels nach dem Krieg hat naturgemäß auch die Zahlungsseite entsprechend anschwellen lassen, da dem Güterstrom auf der Warenseite grundsätzlich ein gleich großer Geldstrom auf der Zahlungsseite gegenübersteht. Die Beschränkungen der Devisenbewirtschaftung werden immer mehr abgebaut, so daß die deutsche Praxis sich auf dem Gebiete des Zahlungsverkehrs mit dem Ausland allmählich wieder einem Zustand nähert, der nicht mehr primär von devisenrechtlichen Gedankengängen beherrscht wird, sondern bei dem wieder echte geschäftliche Gedanken im Vordergrund stehen. Da uns die Zwangsjacke der Devisenbewirtschaftung jetzt fast 25 Jahre angelegt war und die kurzen Jahre devisenrechtlicher Freiheit Ende der 20er Jahre auch keinen Normalzustand darstellten, muß die deutsche Praxis des Zahlungsverkehrs mit dem Ausland im Grunde an die Zeit vor 1914 anknüpfen.

Seit dieser Zeit haben sich auf dem Gebiete des zwischenstaatlichen Zahlungsverkehrs ganz grundlegende Wandlungen vollzogen, und zwar auf allen drei hier angesprochenen Gebieten. Die geschäftliche Dynamik und die geschäftlichen Überlegungen sind heute ganz anders als in der damaligen Generation. Die Banktechnik hat sich erheblich entwickelt, und auch auf rechtlichem Gebiet ist manches neu gestaltet worden; eine größere Zahl grundlegender höchstrichterlicher Entscheidungen ist ergangen, und vor allem hat die Internationale Handelskammer die „Einheitlichen Richtlinien und Gebräuche für Dokumentenakkreditive" und in allerjüngster Zeit die „Einheitlichen Richtlinien für das Inkasso von Handelspapieren" geschaffen. An den „Einheitlichen Richtlinien" wird fortlaufend von einem Ausschuß weitergearbeitet, in dem die Bundesrepublik durch eine Reihe hervorragender Sachkenner vertreten ist. Außerdem sind im Ausland einige bedeutende Veröffentlichungen erfolgt, an deren Spitze das inhaltlich hervorragende und brillant geschriebene, von Maurice Megrah gänzlich neu bearbeitete Buch „The Law of Bankers' Commercial Credits" von H. C. Gutteridge und Maurice Megrah steht.

Mit der Entwicklung des Inkasso- und Akkreditivgeschäftes in der Theorie und der Praxis des In- und Auslandes hat die deutsche banktechnische und juristische Literatur nicht voll Schritt gehalten. In den Gesamtdarstellungen über Bank- und Börsenrecht, wie z. B. in dem kürzlich erschienenen guten Buch von Herold, konnte diesem Gebiet proportional naturgemäß nur ein geringer Raum zugemessen werden, während sich die Darsteller eine Vertiefung in Einzelheiten bewußt versagen mußten, um nicht den Rahmen einer Gesamtdarstellung zu verlassen. Die ergiebigste Darstellung findet sich immer noch im Staubschen Kommentar zum HGB (Verfasser Koenige, Senatspräsident am Reichsgericht). Diese erstklassige Darstellung beschränkt sich aber in ihrer Zielsetzung auf die juristische Seite des Gebietes und ist heute in manchen Dingen durch abgewandelte Auffassungen und neugewonnene Erkenntnisse überholt. Der Bundesgerichtshof hat sich mit unserem Gebiet nach dem Kriege nur in sehr wenigen Entscheidungen befaßt, die ausgesprochene Spezialprobleme behandeln. In der übrigen neueren Literatur ist das Schwergewicht teils zu sehr auf die banktechnische, teils zu sehr auf die juristische Darstellung (zahlreiche Dissertationen) verlegt.

Es ist unter diesen Umständen ein Ruhmesblatt für die Praktiker in den Finanzabteilungen und den Rechtsabteilungen unserer Außenhandelsfirmen und Kreditinstitute, daß ungeachtet aller Schwierigkeiten täglich Tausende von Fällen ohne Störungen in einer Weise bearbeitet werden, die den Vergleich mit dem Ausland durchaus aushält.

Wenn ich in der folgenden Abhandlung den Versuch unternehme, auf diesem Gebiet ein möglichst vollständiges Studienmaterial zusammenzustellen, so bin ich mir klar, daß sich nicht alle Probleme des zwischenstaatlichen Zahlungsverkehrs auf Anhieb erschöpfend lösen lassen. Es sind zu viele kaufmännische, banktechnische und juristische Momente, die sich zusammendrängen. Und noch etwas anderes kommt hinzu: Das Akkreditiv- und Inkassogeschäft tritt im Außenhandel fast niemals isoliert auf. In der überwiegenden Anzahl der praktischen Fälle ist es mit Kreditgeschäften verknüpft. Infolgedessen ergeben sich für die Abwicklung der Geschäfte Gesichtspunkte, die nicht aus dem Inkasso oder Akkreditiv als solchem, sondern aus dem damit verbundenen Kreditgeschäft herrühren, sich aber gleichwohl in der ganzen Anlage des dokumentären Zahlungsgeschäftes auswirken. Ich habe daher versucht, in der Darstellung der Zahlungssicherung auch die aus den Kreditengagements der Exporteure und Importeure resultierenden Fragen der Finanzierung zu berücksichtigen. Meine Absicht war dabei, hinreichend deutlich zu machen, wie sehr die Bedürfnisse des Kreditgeschäftes schon bei der Formulierung von Akkreditivaufträgen, noch viel mehr aber bei der späteren Abwicklung, von Bedeutung sind. Dazu gehört dann schließlich auch die Überleitung eines Dokumentengeschäftes in die sogenannte Anschlußfinanzierung.

Wenn nach alledem schon die Fülle des Stoffes die Vollständigkeit und Verbindlichkeit der Darstellung erschwert, so kommt noch hinzu, daß auf unserem Gebiet eine ganze Anzahl grundsätzlicher Fragen nach juristischer Kennzeichnung von Gestaltungsformen in der Diskussion noch nicht ausgetragen sind. Auch die „Einheitlichen Richtlinien“ haben sich von einer juristisch-theoretischen Fundierung meist ferngehalten und sich auf Vorschriften praktischer Natur beschränkt. Infolgedessen fand ich mich in zahlreichen Fällen vor offenen Fragen, die mangels einer gesetzlichen Fixierung der Materie vielfach nicht durch eine Festlegung in der einen oder anderen Richtung zu beantworten sind, sondern sich eher im Wege einer einheitlichen Anerkennung durch die beteiligten Kreise lösen lassen. Es würde mich aber freuen, wenn die von mir gebotenen Lösungsversuche eine weitere grundsätzliche Diskussion anregen und damit einen weiteren Beitrag zur endgültigen Vereinheitlichung der Regeln und Auffassungen im zwischenstaatlichen Zahlungsverkehr leisten würden.

Bei der vorliegenden Abhandlung bin ich den Berufskollegen der Auslandsabteilung und der Kreditabteilung meiner Düsseldorfer Firma, insbesondere Herrn Bankabteilungsdirektor *G. Moje* sowie Herrn Bankabteilungsdirektor *F. Stoffel*, wegen vieler Anregungen und freudiger Unterstützung zu besonderer Anerkennung verpflichtet. Wertvolle Hinweise verdanke ich dem Bearbeiter des Bankgeschäftlichen Formularbuches, Herrn Rechtsanwalt Dr. *W. Schütz*, Berlin, einem unserer anerkanntesten und erfahrensten Bankjuristen. Bei der Zusammenstellung dieses Buches sowie bei der Bearbeitung vieler Einzelfragen hat sich mein Assistent, Herr Dr. jur. *K. Götte*, durch sorgfältige Arbeit und vorzügliche Kenntnisse, insbesondere auch auf dem Gebiet des internationalen und ausländischen Privatrechts, besondere Verdienste erworben. Allen Genannten gilt mein herzlicher Dank.

Düsseldorf, den 1. Juli 1957

Johannes Zahn

INHALT

Seite

LITERATUR

Angersbach	Beiträge zum Institut des Dokumenten-Akkreditivs, Diss. Würzburg 1965.
Ashton	Banking Instruments: The Bill and the Credit, Journal of the Institute of Bankers, 1962, 24 ff.
Auhagen	Die Garantie einer Bank auf „erstes Anfordern" zu zahlen, Diss. Freiburg 1966.
Backus-Harfield	Custom and Letters of Credit: The Dixon, Irmaos Case, Columbia Law Review, Vol. 52, 589 ff.
Balossini	Norme ed Usi Uniformi relatioi al Crediti Documentari Mailand 1969.
Bandomir	Risikoaspekte bei Akkreditivbestätigungen, Bank-Betrieb 1967, 169 ff.
ders.	Wie aktuell ist das Dokumentenakkreditiv, Bank-Betrieb 1971, 314 ff.
Baumbach-Duden	Handelsgesetzbuch mit Nebengesetzen, 19. Aufl., München 1971.
Baumbach-Hefermehl	Wechselgesetz und Scheckgesetz, 8. Auflage, München, Berlin 1965.
Behrens	Betriebslehre des Außenhandels, Essen 1957.
Bloudeel	Le crédit documentaire à paiement différé, Rev. de la Banque 1964, 53 ff.
Böhle-Stamschräder	Konkursordnung, 8. Auflage, München, Berlin 1966.
Brandes	Der Eurodollarmarkt, Wiesbaden 1968
Büschgen	Der Eurodollarmarkt als internationaler Geldmarkt, ZfB 1967, 97 ff.
von Caemmerer	Bankgarantien im Außenhandel, Festschrift für Otto Riese, Karlsruhe 1964, 295 ff.
Christopeit	Hermes-Deckungen, München 1968.
Cordier	Traité Documentaire et Crédit Documentaire, Paris 1959.
Dandy	Finance for Overseas Trade; I. Exports, Journal of the Institute of Bankers 1958, 31 ff.; II. Imports, Journal of the Institute of Bankers 1958, 89 ff.
Davis	The Law Relating to Commercial Letters of Credit, 3. Auflage, London 1963 (Neudruck 1965).
Dormans	Wechselkurssicherung durch Versicherung, Bank Betrieb 1972, 156.
Einzig	The Euro Dollar System, 5. Aufl., London 1973.

Eisemann — Recht und Praxis des Dokumentenakkreditivs, Schriftenreihe „Recht der Internationalen Wirtschaft", Heft 4, Heidelberg 1963.

Epschtein — Du mauvais usage des documents irréguliers — Portée de l'article 8 (ancien 10) des règles et usances uniformes, Banque 1964, 587 ff.

Epschtein-Bontoux — Sécurités et Précarités du Crédit documentaire, Paris 1964.

Erman — Einwirkungen des Kaufvertragsverhältnisses auf die Akkreditivverpflichtung der Bank, Festschrift für Rittershausen „Geld, Kapital und Kredit", Stuttgart 1968, 261 ff.

Finger — Formen und Rechtsnatur der Bankgarantie, Betriebsberater 1969, 206 f.

Finkelstein — Legal Aspects of Commercial Letters of Credit, New York 1930.

Fischer — Das Akkreditiv, Diss. Göttingen 1925.

Fleck — Rechtsverfolgung im Auslandsgeschäft, Schriften zur Außenhandelsförderung, hrsg. von der Bundesstelle für Außenhandelsförderung.

Frost — Das Dokumentenakkreditiv und der „letter of credit". Eine rechtsvergleichende Betrachtung, Diss. Köln 1948.

Funk — Letters of Credit: U. C. C. Article 5 and the Uniform Customs and Practice, B. L. J. 1966, 1 ff.

Gähler — Die steckengebliebene Postnachnahmezahlung, Neue Justiz 1948, 77 ff.

Gautschi — Das Akkreditiv im Lichte der neuen internationalen Richtlinien, SchwJZ 1964, 33 ff., 49 ff.

Geßler, Jörg — Pfändungen in Akkreditive, Köln 1967.

ders. — Die Verwertung von Dokumentenakkreditiven, AWD 1968, 293 ff.

Glynn, Mills & Co. — Banks and Containerisation, The Bankers' Magazine 1967 (Vol. 203), 12 ff.

Götte — Eine Entscheidung des Bundesgerichtshofes zum Dokumenten-Inkasso, WM 1962, 594 ff.

ders. — Das übertragbare Akkreditiv, Bank-Betrieb 1963, 110 ff.

Grader-v. d. Maas — Le crédit documentaire à paiement différé, Rev. de la Banque 1964, 286 ff.

ders. — Handbuch der Dokumenten-Akkreditive, Stuttgart 1963 (Übersetzung aus dem Holländischen).

Gutteridge — The Rayner Case, Journal of the Institute of Bankers 1943, 66 ff.

Gutteridge-Megrah — The Law of Bankers' Commercial Credits, 4. Auflage, London 1968.

Haage — Das Abladegeschäft, 4. Auflage, Hamburg 1958.

Haebringer — Risiko-Finanzen-Inkasso im Außenhandelsgeschäft, Berlin 1957.

Hahn Die Übertragung von Dokumentenakkreditiven, Diss. Freiburg/Schweiz 1968.

Herold-Hilgermann Das Kreditgeschäft der Banken, 13. Auflage, Hamburg 1951.

Herold-Lippisch Bank- und Börsenrecht, 2. Auflage, Berlin, Frankfurt 1962.

Herries Packing Credits, Journal of the Institute of Bankers 1925, 79 ff.

Hershey Letters of Credit, Harvard Law Review, Vol. XXXII, Nov. 1918, 1 ff.

Heyne Das Warenakkreditiv, Diss. Leipzig 1934.

Heynen Die Klausel „Kasse gegen Lieferschein“, Hamburg 1955.

Honnold Letters of Credit, Custom, Missing Documents, and the Dixon Case, Columbia Law Review, Comment 1953, 504 ff.

Jackson Contract Guarantees Abroad, Journal of the Institute of Bankers, 1958, 100 ff.

Jacobsohn Der Kauf gegen Bankaccreditiv, Gruchots Beiträge, Bd. 66, 24 ff.

Jaeger Konkursordnung, 8. Auflage, Berlin 1958.

Käser Das Dokumentenakkreditiv in den USA, ZAIP 1956, 163 ff.

ders. Die gesetzliche Regelung des Akkreditivs und Rembourses in den USA, ZKW 1961, 1089.

ders. Garantieversprechen als Sicherheit in Handelsrechten, RabelsZ 1971, 601 ff.

Kemmer Die Technik der Außenhandelsfinanzierung, Frankfurt 1955.

Keutner Rechtsprobleme des Akzeptkredits, ZKW 1955, 12 ff.

Krauss Das Kreditsicherungsrecht der USA, ZKW 1967, 178 ff.

Kümpel Rechtsprobleme bei der Bevorschussung von Inkassodocumenten. Bank-Betrieb 1968 S. 195 b.

Kübler Feststellung und Garantie, Tübingen 1967.

Lebuhn Das Linienkonnossement, Schriftenreihe „Recht der internationalen Wirtschaft“, Heft 3, Heidelberg 1958.

Lehmann Die Exportfinanzierung durch die Kredit-Banken, BA XIL, 258 ff.

Liesecke Das Dokumentenakkreditiv in der neueren Rechtsprechung des Bundesgerichtshofes, WM 1960, 210 ff.

ders. Das Konnossement nach der Revision 1962 der „Einheitlichen Richtlinien und Gebräuche für Dokumenten-Akkreditive“, WM 1964, 1282 ff.

ders. Die neuere Rechtsprechung, insbesondere des Bundesgerichtshofes, zum Dokumenten-Akkreditiv, WM 1966, 458 ff.

ders. Die neuere Rechtsprechung, insbesondere des Bundesgerichtshofes, auf dem Gebiet des Überseekaufes, WM 1966, 174 ff.

ders. Rechtsfragen der Bankgarantie, WM 1968, 22 ff.

ders. Die Sicherheiten der Bank nach Nr. 19 ff. AGB in der neueren Praxis, WM 1969, 546 ff.

ders. Verfrachterhaftung beim Behälter-(Container)-Verkehr, BB 1965, 1435/36.

Lindner Das Akkreditiv in Buchung und Bilanz, Bank-Betrieb 1962, 34 ff.

Lipfert Internationaler Devisen- und Geldhandel, Frankfurt 1967.

ders. Nationaler und internationaler Zahlungsverkehr, Wiesbaden 1960.

Lison Crédits documentaires: Connaissements „stale" — Transbordement — Provisions en compte — Marques et numéros — Uniform Commercial Code, Rev. de la Banque 1952, 154 ff.

ders. Crédits documentaires transférables, Rev. de la Banque 1952, 1 ff.

Macartney-Filgate Merchant and other Banking Houses, Journal of the Institute of Bankers 1961, 447 ff.

Mauer Vereinfachte formularmäßige Sicherheitenstellung bei Importkrediten, ZKW 1961, 239 ff.

Mauro Zur Gültigkeit von Wertsicherungsklauseln nach französischem Recht, Stellungnahme für die offizielle deutsch-französische Handelskammer, Paris, vom 14. 8. 1969; abgedruckt in „Blick durch die Wirtschaft" vom 21. 8. 1969.

McCurdy Commercial Letters of Credit, Harvard Law Review 1921/22, 539 ff.

McLaughlin The Letter of Credit Provisions of the Proposed Uniform Commercial Code, Harvard Law Review 1950, 1373 ff.

Meeske Die „Unterwerfung" unter Allgemeine Geschäftsbedingungen, BB 1959, 857.

Megrah Some Aspects of the English Law of Documentary Credits, The institute of Bankers International Summer School 1949.

ders. Betrachtungen über Dokumentenakkreditive nach modernen Gesichtspunkten; kontinentale und englische Gesichtspunkte; Manuskript eines Vortrages.

ders. Documentary Credits — Some Aspects of Law and Practice, Gilbart Lectures on Banking, 1951.

ders. Documentary Credits — A Common Code, The Banker 1963, 470 ff.

ders. Risk Aspects of the Irrevocable Credit, Gilbart Lectures on Banking, 1958.

ders. Paget's Law of Banking, 8. Auflage, London 1972.

ders. Undecided Cases in Banking, Gilbart Lectures on Banking, 1960.

ders. Siehe auch: Gutteridge — Megrah.

Mentzel-Kuhn Kommentar zur Konkursordnung, 7. Auflage Berlin, Frankfurt 1962.

Meznerics Law of Banking in East-West Trade 1973, A. W. Sijthoff-Leiden, Oceana Publications Inc.-Dobbs Ferry N. Y.

Minett Certain Aspects of Bills of Lading and Documentary Credits, Journal of the Institute of Bankers 1953, 110 ff.

Nash Transferable Credits, Journal of the Institute of Bankers 1952, 15 ff.

Nielsen Dokumentenstrenge im Akkreditivgeschäft bei Abweichungen in den vorgelegten Dokumenten, WM 1962, 778 ff.

ders. Selbständige Abtretbarkeit des Zahlungsanspruchs aus einem Akkreditiv, DB 1964, 1727 ff.

Nothdurft Einheitliche Richtlinien für das Inkasso von Handelspapieren, ZKW 1958, 459 ff.

O'Halloran The ABC of Commercial Letters of Credit, New York 1952.

Ottersbach Akkreditivanspruch und Bankvertrag, DB 1958, 1384 ff.

Pesce Allgemeine Geschäftsbedingungen, lästige Klauseln und Vertragsgestaltung im deutsch-italienischen Handelsverkehr, NJW 1971, 2111 ff.

von Petersdorff - Campen Akkreditivanspruch und Bankvertrag, DB 1958, 947 ff.

Petersen Die Verpflichtung der Akkreditiv-Banken zur Aufnahme und Honorierung bei Abweichungen in den vorgelegten Dokumenten, WM 1962, 622 ff.

Pfister Allgemeine Geschäftsbedingungen nach italienischem Recht, AWD 1965, 221 ff.

Pikart Die neueste Rechtsprechung des Bundesgerichtshofs zum Außenhandelsrecht, WM 1964, 338 ff.

Pleyer Die Bankgarantie im zwischenstaatlichen Handel, Wertpapiermitteilungen Sonderbeilage Nr. 2 zu Teil IV Nr. 27 vom 7. 7. 1973.

Pleyer-Battes Geltung und Auslegung Allgemeiner Geschäftsbedingungen im Verkehr der Banken untereinander, DB 1971, 1289 ff.

Reichsgerichtsräte Kommentar zum Bürgerlichen Gesetzbuch, Band I, I. Teil, Allgemeiner Teil, 11. Auflage, Berlin 1959; Band II, 1. und 2. Teil, Einzelne Schuldverhältnisse, 11. Auflage, Berlin 1959/60.

dies. Kommentar zum Handelsgesetzbuch, Band I, 3. Auflage, Berlin 1967; Band III, 2. Auflage, Berlin 1963; Band IV, 2. Auflage, Berlin 1961; 3. Auflage, Berlin 1970.

Reithmann Internationales Vertragsrecht, Köln 1963.

de Rooy Dosumentaire Kredieten, Kluwer-Deventer 1972.

Sauvage A propos du jugement rendu le 31 mars 1953 par le Tribunal de Commerce de la Seine, Rev. de la Banque 1953, 546 ff.

Scheuermann Bedeutung und Ausgestaltung des Anzahlungsavals, AWD 1959, 194 ff.

Schinnerer Bankverträge, Teil III, 2. Auflage, Wien 1963.

ders. Neufassung der Einheitlichen Richtlinien und Gebräuche für das Dokumentenakkreditiv, Öst. BA 1962, 245 ff.

ders. Um ein Recht des Internationalen Handels, Zeitschrift für Rechtsvergleichung 1968, 185 ff.

Schlegelberger Handelsgesetzbuch, 3. Band, 4. Auflage, Berlin, Frankfurt 1965.

Schlegelberger-Liesecke Seehandelsrecht, 2. Auflage, Berlin, Frankfurt 1964.

Schmidt-Salzer Die sogenannte Unterwerfung unter Allgemeine Geschäftsbedingungen, BB 1967, 129 ff.

Schmitthoff The Export Trade, 4. Auflage, London 1962.

Schneider Akkreditive im gebundenen und freien Zahlungsverkehr mit dem Ausland, Diss. Mannheim 1955.

Schönle Bank- und Börsenrecht, München 1971.
Die Rechtsnatur der Einheitlichen Richtlinien und Gebräuche für Dokumentenakkreditive, NJW 1968, 726 ff.

Schubert Das Akkreditiv, BB 1952, 128 ff.

Schütz Abtretung und Pfändung im Akkreditivverkehr, BB 1964, 332 ff.

ders. Bankgeschäftliches Formularbuch, 18. Ausgabe, Köln 1969.

Schütze Zur Auslegung von Artikel 34 der Einheitlichen Richtlinien und Gebräuche für Dokumenten-Akkreditive, WM 1963, 578/579.

Serick Eigentumsvorbehalt und Sicherungsübertragung, Bd. 2, Heidelberg 1965.

Severn Conflict of Laws and Negotiable Instruments, Journal of the Institute of Bankers 1960, 369 ff.

Shaterian Export-Import Banking, 2. Auflage, New York 1956.

Sieckmann Das Akkreditiv, Diss. Jena 1925.

Sippell Pfändungen von Guthaben, auf denen Akkreditive laufen, BA XIX, 96 ff.

Soergel-Sibert Bürgerliches Gesetzbuch, Band 1, Allgemeiner Teil, 10. Auflage, Stuttgart, Berlin, Köln, Mainz 1967; Band 3, Schuldrecht II, 10. Auflage, Stuttgart, Berlin, Köln, Mainz 1969. Band 7, Einführungsgesetz zum BGB, 10. Auflage, Stuttgart, Berlin, Köln, Mainz 1970.

Spiess Die Incoterms 1953; ihre Bedeutung für die deutsche Gütertransportversicherung, Essen 1958.

Stauder Die Übertragung des Dokumentenakkreditivs, AWD 1968, 46 ff.

ders. Le Crédit subsidiaire, instrument du financement de la Vente internationale 1970, Mémoires publiés par la Faculté de Droit de Genève Nr. 27 p. 161 ff.

Stephanopoulos Das „Dokumentäre Akkreditiv" nach heutigem griechischen Recht, HansRZ 1927, 121 ff.

Stoufflet — Le Crédit Documentaire, Paris 1957, mit Supplément 1958.

Stranz — Wechselrecht, 14. Auflage, Berlin 1952.

Suda — Die Kreditleihe im Außenhandel, Wiesbaden 1958.

Terrel-Lejeune — Traité d'opérations de banque, 8. Auflage, Paris 1951.

Thierbach — Probleme des Dokumenten-Akkreditiv-Verkehrs, Bank-Betrieb 1962, 22 ff.

Thüsen, v. d. — Die Standard-Versicherungsklauseln bei der Finanzierung von Importen und Exporten, DB 1954, 1094 ff.

Triegel — Technik des Außenhandels, Wien 1948.

Trimble — The Law Merchant and the Letter of Credit, Harvard Law Review 1948, 981 ff.

Ufford — Transfer and Assignment of Letters of Credit under the Uniform Commercial Code, Wayne Law Review 1960, 263 ff.

Van der Gucht — La saisie-arrêt en matière de crédit documentaire irrévocable, Rev. de la Banque 1952, 162 ff.

Ward-Harfield — Bank Credits and Acceptances, 4. Auflage, New York 1958.

Ward-Rosenthal — The Need for the Uniform Commercial Code in Foreign Trade, Harvard Law Review 1949/50, 589 ff.

Wessely — Die Unabhängigkeit der Akkreditivverpflichtung von Deckungsbeziehung und Kaufvertrag, München 1975.

Wheble — Documentary Credits — Uniform Customs and Practice, Journal of the Institute of Bankers 1963, 27 ff.

ders. — The Finance of International Trade — Short-term Import and Export Finance, Journal of the Institute of Bankers 1965, 186 ff.

ders. — Containerisation-and its impat on banking Journal of the Institute of Bankers 1970 p. 17 f.

Wieczorek — Zivilprozeßordnung und Nebengesetze, Bd. IV, Teil 1 (§§ 704—863 ZPO), Berlin 1958.

Wiele — Das Dokumenten-Akkreditiv und der anglo-amerikanische Documentary Letter of Credit, 2. Auflage, Hamburg 1958.

Witzmann — Das Akkreditiv als Zahlungsmittel im internationalen Verkehr und seine Bedeutung für die Volkswirtschaft, Diss. München 1929.

Würdinger — Akzeptkredit und Gefälligkeitsakzept, BB 1954, 325/326.

Zahn — Nationale Rechtselemente in Widerstreit mit der internationalen Praxis des Außenhandels, Festschrift für Rittershausen „Geld, Kapital und Kredit", Stuttgart 1968, 246 ff.

ABKÜRZUNGEN

aaO.	am angegebenen Ort
A. C.	Law Reports — Appeal Cases (England)
AG	Amtsgericht
AGB	Allgemeine Geschäftsbedingungen der Banken
All E. R.	All England Law Reports
A. M. C.	American Maritime Cases
App. Div.	New York Supreme Court, Appelate Division
AWD	Außenwirtschaftsdienst des Betriebs-Beraters
BA	Bank-Archiv
BB	Der Betriebsberater
BG	Schweizerisches Bundesgericht
BGB	Bürgerliches Gesetzbuch
BGBl.	Bundesgesetzblatt
BGE	Entscheidungen des Schweizerischen Bundesgerichts
BGH	Bundesgerichtshof
BGHZ	Entscheidungen des Bundesgerichtshofes in Zivilsachen
B. L. J.	The Banking Law Journal (USA)
B. L. J. Digest	Banking Law Journal Digest, 6. Auflage, Boston 1962
BVB	Bundesverband des Privaten Bankgewerbes
BVBR	Rundschreiben des Bundesverbandes des Privaten Bankgewerbes
Cass.	Cour de Cassation (Frankreich)
C. C. A.	Court of Customs Appeal Reports (USA)
Com. Cas.	Commercial Cases (England)
DB	Der Betrieb
DVZ	Deutsche Verkehrs-Zeitung
EGBGB	Einführungsgesetz zum Bürgerlichen Gesetzbuch
ER	Einheitliche Richtlinien und Gebräuche für Dokumenten-Akkreditive
Erl. IHK	Erläuterungen zur praktischen Anwendung der Einheitlichen Richtlinien und Gebräuche für Dokumenten-Akkreditive; hsg. v. d. IHK, Doc. Nr. 470/58 vom 30. 1. 1957
EVO	Eisenbahn-Verkehrsordnung
Fed.	Federal Reporter (USA)
Gaz. Paul.	La Gazette du Palais (Frankreich)
HansGZ	Hanseatische Gerichtszeitung
HansRZ	Hanseatische Rechtszeitschrift
HGB	Handelsgesetzbuch
I. C. C.	International Chamber of Commerce
IHK	Internationale Handelskammer
J. C. P.	Juris-Classeur-Périodique (Frankreich)
JR	Juristische Rundschau
KG	Juristische Wochenschrift
JW	Law Reports — King's Bench (England)
K. B.	Kammergericht Berlin
KO	Konkursordnung

LG	Landgericht
Ll. L. Rep.	Lloyd's List Law Reports (England) (ab 1968 ohne „List")
LM	Lindenmaier-Möhring, Nachschlagewerk des Bundesgerichtshofs
L. R.	Law Reports (England)
LZ	Leipziger Zeitschrift für Handels-, Konkurs- und Versicherungsrecht
MDR	Monatsschrift für Deutsches Recht
NdsRpfl.	Niedersächsische Rechtspflege
N. E.	North Eastern Reporter (USA)
NJW	Neue Juristische Wochenschrift
N. Y. Suppl.	New York Supplement
OGHZ	Entscheidungen des Obersten Gerichtshofes für die Britische Zone in Zivilsachen
OLG	Oberlandesgericht
OLGE	Die Rechtsprechung der Oberlandesgerichte auf dem Gebiet des Zivilrechts
Öst. BA.	Österreichisches Bankarchiv
Q. B. D.	Law Reports — Queen's Bench Division (England)
RG	Reichsgericht
RGRK	Reichsgerichtsrätekommentar
RGZ	Entscheidungen des Reichsgerichts in Zivilsachen
Rev. de la Banque	La Revue de la Banque (Belgien)
S.	Sirey, Recueil général des lois et des arrêts (Frankreich)
SchwJZ	Schweizerische Juristenzeitung
So. Rep.	Southern Reporter (USA)
UCC	Uniform Commercial Code (USA)
T. L. R.	Times Law Reports (England)
WechsStG	Wechselsteuergesetz
WG	Wechselgesetz
W. L. R.	Weekly Law Reports (England)
WM	Wertpapier-Mitteilungen, Teil IV
WN	Weekly Notes (England)
ZAIP	Zeitschrift für ausländisches und internationales Privatrecht
ZfR	Zeitschrift für Rechtsvergleichung (Österreich)
ZHR	Zeitschrift für das gesamte Handelsrecht und Wirtschaftsrecht
ZKW	Zeitschrift für das gesamte Kreditwesen
ZPO	Zivilprozeßordnung
ZfB	Zeitschrift für Betriebswirtschaft

ABKÜRZUNGEN IM INTERNATIONALEN HANDELSVERKEHR

Frachtklauseln:

C. & F. — Cost & freight
CIF — Cost, insurance, freight
CAF — Coût, assurance, fret
Fco — Franco
FAS — Free alongside ship
FOB — Free on board
FPO — Free Post Office
FOR — Free on rail
FOT — Free on truck
PP — Port payé, etc.

Dokumente:

B/E — Bill of Exchange
B/L — Bill of Lading
B/P — Bill of Parcels/Bill payable
B/R — Bill receivable
B/S — Bill of Sale
S/N — Shipping Note
D/A — Documents against acceptance
D/P — Documents against payment

Zahlungsverkehr:

C. O. D. — Cash on delivery
C/C — Clean Credit
L/C — Letter of Credit
M/T — Mail Transfer
P. O. — Postal Order
TT — Telegraphic Transfer
a/s — at sight
DD — Demand draft
oD — on demand

Verpackung, Transport usw.:

FAQ — Fair average quality
C/S — Cases
Ry. — Railway
S. S. — Steamship
M. S. — Motorship
WT. — Weight
NT. WT. — Net Weight

Versicherung:

FPA — Free of particular average
FOA — Free of average
WPA — With particular average
S. R. C. C. — Strike, Riots & Cicil Commotion

EINLEITUNG

Die Banktechnik des Außenhandels ist ein feinverästeltes System des kommerziellen Zahlungsverkehrs über die Landesgrenzen hinaus. Es ist in sich logisch aufgebaut und entspricht in seiner Weise größeren Gesetzen und Zusammenhängen, so daß es — abgesehen von dem praktischen Nutzen, den eine gründliche Vertiefung gewährt — auch in rein geistiger Hinsicht eine Freude ist, sich damit zu beschäftigen.

Wir kennen im Außenhandel drei Hauptformen der Zahlungsabwicklung. Jede von ihnen dient der Erfüllung unterschiedlicher wirtschaftlicher Zwecke und stellt daher den mit der Durchführung der Zahlung befaßten Banken unterschiedliche Aufgaben.

1. *Bezahlung gegen offene Rechnung* (Clean Payment)

Der Verkäufer ist für seine Forderung innerhalb des Zahlungsvorganges nicht gesichert. Über diese Zahlungsform, die der Bezahlung von Rechnungen im Inland entspricht, ist im folgenden nicht viel zu sagen. Die Banken haben bei einem clean payment lediglich einen Überweisungsauftrag des Käufers auszuführen, der meist mit einem Devisenkauf beim Käufer und/ oder einem Devisenverkauf beim Verkäufer verbunden ist.

2. *Kasse gegen Dokumente*

Das ist Bezahlung des Kaufpreises Zug um Zug gegen Übergabe der Transportdokumente. Der Verkäufer hat keine Sicherheit dafür, daß der Käufer wirklich bezahlen wird; aber er gibt (jedenfalls bei den Traditionspapieren) die Ware nicht aus der Hand, ehe die von ihm beauftragte Bank die Bezahlung (oder Akzeptleistung) hereingeholt hat.

Umgekehrt hat der Käufer bei Bezahlung noch keine unbedingte Gewißheit, daß der Verkäufer auch das richtige Gut abgeschickt hat; er muß die Dokumente bezahlen, ehe er die Ware besichtigen kann.

3. *Das Dokumenten-Akkreditiv*

Das ist die Verpflichtungserklärung einer Bank, Zug um Zug gegen die das exportierte Gut repräsentierenden — und/oder eventuell andere — Dokumente den Kaufpreis an den Verkäufer auszuzahlen. Eine unbedingte Sicherheit für den Käufer, daß das richtige Gut versandt ist, besteht auch hier nicht.

Den größten Teil der folgenden Ausführungen wird das Dokumentenakkreditiv mit seinen Besonderheiten einnehmen. Es birgt im Aufbau und in der Abwicklung praktisch und rechtlich die meisten Schwierigkeiten in sich, stellt an die Sachkenntnis aller Beteiligten die größten Anforderungen und steht seit langem im Mittelpunkt der Diskussion um die Banktechnik des Außenhandels. Um bei der Darstellung des Dokumentenakkreditivs eine bessere Übersicht zu gewährleisten, sollen im folgenden alle diejenigen Fragen, die sowohl für das Inkasso als auch für das Akkreditiv Bedeutung haben können, nicht beim Inkasso, sondern zusammenhängend in dem Abschnitt über das Dokumentenakkreditiv dargestellt werden. Das gilt für eine Reihe von dokumentären Fragen (z. B. Verlust der Dokumente, Konnossementsgarantien o. ä.), die Möglichkeiten der Auflösung der Vertragsbeziehungen u. v. a. Damit werden unnötige Wiederholungen in den einzelnen Abschnitten vermieden.

Die Frage, wann das Akkreditiv verwendet wird und wann die beiden anderen Formen in Betracht kommen, ist in den folgenden Ausführungen noch näher zu beantworten. Grundsätzlich kann man aber hier schon sagen:

Je ruhiger die Zeiten und je sicherer die Bahnen sind, in denen der Handelsverkehr verläuft, um so weniger haben es die Exporteure und Importeure, die sich oft auf Grund langer Erfahrungen gegenseitig kennen, nötig, sich zu sichern. Infolgedessen sparen sie die mit dem Dokumenteninkasso oder mit dem Akkreditiv verbundenen Kosten und begnügen sich mit einfacher Rechnungserteilung. Werden die Zeiten dagegen unsicher und hat der Handelsverkehr Erschütterungen wie z. B. durch Kriege erfahren, dann sind die Exporteure auf Sicherheit bedacht und wenden gern die zusätzlichen Kosten daran, um ihre Kaufpreisforderung durch Dokumenteninkasso hereinzuholen oder sie durch Akkreditiv sichern zu lassen. So konnte man beobachten, daß in den ersten Jahren nach dem letzten Krieg über 80 % des deutschen Außenhandels auf Akkreditivbasis abgewickelt wurden. Dreißig Jahre nach dem Krieg hingegen ist der Prozentsatz derjenigen Außenhandelsgeschäfte, die über Akkreditive abgewickelt werden, ganz erheblich zurückgegangen[1], und das Dokumenteninkasso sowie vor allem der Im- und Export gegen offene Rechnungserteilung haben in ihrem Volumen die Akkreditivgeschäfte weit überflügelt, eine Entwicklung, die übrigens auf die Rentabilitätslage der Banken im Auslandsgeschäft nicht ohne Einfluß ist. Wo das Akkreditiv verwendet wird, dient es oft nicht nur dem Zahlungsverkehr, sondern bietet die zweckmäßige Grundlage für eine Import- bzw. Exportfinanzierung[2].

[1] Siehe dazu Ashton aaO., S. 33.

[2] Vgl. Bandomir, Bank-Betrieb 1971, 314 ff.: Die Gesamtzahl der im Welthandel jährlich eröffneten Akkreditive dürfte bei etwa 7—8 Mio liegen, der Gegenwert bei ca. DM 100 Mrd. Den weitaus größten Anteil daran hat der Warenaustausch mit Entwicklungsländern.

RECHTSQUELLEN

A. Innerstaatliches Recht, Handelsbräuche und Sondervereinbarungen

In diesem Buch wird der Außenhandel nur unter privatrechtlichen Aspekten behandelt. Natürlich hat der Themenkreis „Außenhandel" auch eine öffentlich-rechtliche Seite. Oft haben es die Staaten für notwendig gehalten, durch öffentlich-rechtliche Maßnahmen in den Waren- und Zahlungsverkehr ihres Landes mit dem Ausland einzugreifen. Besonders in Zeiten politischer Labilität oder wirtschaftlicher Krisen werden staatliche Maßnahmen ergriffen, um den Außenhandel zu „lenken". Erinnert sei hier an die umfangreiche deutsche Devisen- und Außenwirtschaftsgesetzgebung, die in den politischen und wirtschaftlichen Not- und Krisenzeiten zwischen 1920 und 1950 zu beobachten war. Entsprechend der Zweckgebundenheit solcher staatlichen Bemühungen um die Lenkung des Außenhandels unterliegen die einschlägigen gesetzlichen Bestimmungen einem steten Wandel. Eine Abhandlung, die sich mit dieser öffentlich-rechtlichen Seite des Außenhandels befassen würde, könnte immer nur vorübergehenden Wert haben. Die hier vorgelegte Darstellung der Zahlungsseite des Außenhandels beschränkt sich daher in juristischer Hinsicht auf die privatrechtliche Seite; außerdem sind die Banktechnik des Außenhandels und kreditwirtschaftliche Überlegungen einbezogen.

In die innerstaatliche Gesetzgebung der einzelnen Länder haben Akkreditiv und Inkasso kaum Eingang gefunden. Nur in einer Reihe nordamerikanischer Einzelstaaten[1] sowie — bruchstückhaft — in Griechenland[2], Italien[2a], Mexico und im Libanon[2b] ist das Akkreditiv gesetzlich geregelt worden. Deutschland hat wie alle übrigen Staaten keine gesetzliche Regelung vorgenommen[3].

[1] Nach Krauss ZKW 1967, 179, Anm. 5, ist der Uniform Commercial Code (UCC) von allen Staaten, mit Ausnahme von Arizona, Idaho und Louisiana, angenommen worden. In Art. 5 befaßt sich der UCC mit dem Akkreditiv. Vgl. dazu Funk B. L. J. 1966, 1 ff.; Käser ZAIP 1956, 73 ff. und ZKW 1961, 1089/1090. Interessant ist allerdings, daß New York als der bedeutendste Bankplatz der USA den Art. 5 UCC nicht akzeptiert hat, sondern lediglich die ER für das Akkreditiv gelten läßt. Vgl. dazu Funk aaO., S. 18 ff.

[2] Vgl. Stephanopoulus HansRZ 1927, 121.

[2a] Art. 1530 Codice Civile, vgl. Kübler S. 185/186.

[2b] Hahn S. 1 Anm. 10.

[3] Zu beachten ist aber wegen der Genehmigungs- bzw. Meldepflicht der konkreten Geschäftsvorfälle das (nicht unter akkreditivrechtlichen Aspekten erlassene) deutsche Außenwirtschaftsgesetz nebst Durchführungsbestimmungen (BGBl. I Nr. 29 vom 5. 5. 1961).

Die Enthaltsamkeit der Gesetzgebungen findet ihren Grund z. T. darin, daß das Akkreditiv zu großer wirtschaftlicher Bedeutung erst gelangt ist, als die großen Kodifikationen des Zivil- und Handelsrechts — z. B. das BGB und das HGB — bereits geschaffen waren. Außerdem hätte sich das Akkreditiv in den vergangenen Jahrzehnten, in denen es sich in der Praxis des Handelsverkehrs zu seiner jetzigen Form entwickelt hat, nicht als Materie für die Gesetzgebung geeignet; es wäre durch gesetzliche Fixierung vorzeitig in Formen gefaßt worden, die den oft raschen Veränderungen der wirtschaftlichen Verhältnisse nicht hätten gerecht werden können[4]. Hinzu kommen die besonderen Schwierigkeiten, denen sich ein nationaler Gesetzgeber gegenübersieht, wenn er es unternimmt. Materien zu regeln, die nahezu ausschließlich internationale Bedeutung haben. Eine nationale gesetzliche Regelung des Akkreditivs als spezifisches Instrument für die Abwicklung des Außenhandels hätte in besonderem Maße auf diese Internationalität Rücksicht zu nehmen, um die Brauchbarkeit des Akkreditivs nicht zu schmälern. Es gibt natürlich auch Akkreditive im innerstaatlichen Handelsverkehr; diese sind aber praktisch von geringer Bedeutung.

In Deutschland bilden die Rechtsgrundlage für Akkreditiv und Inkasso zunächst die allgemeinen Bestimmungen des Bürgerlichen Rechts und des Handelsrechts. Wichtiger noch ist eine Reihe nichtgesetzlicher Regelungen, insbesondere internationaler Natur, die getroffen worden sind, um dem Bedürfnis nach einer Vereinheitlichung des zwischenstaatlichen Zahlungsverkehrs Rechnung zu tragen.

1. *Einheitliche Richtlinien und Gebräuche für Dokumentenakkreditive (ER)*

An erster Stelle sind hier die speziell auf das Akkreditiv zugeschnittenen *Einheitlichen Richtlinien und Gebräuche für Dokumentenakkreditive* zu nennen[5]. Sie haben ihre Vorläufer in Bankenvereinbarungen auf nationaler Ebene, von denen für Deutschland das „Regulativ des Akkreditivgeschäfts der Berliner Stempelvereinigung" in der ursprünglichen Fassung vom 1. 1. 1923 und in der revidierten Form vom 1. 1. 1931 zu nennen ist. Dieses Regulativ wurde in Deutschland von fast allen Banken angewendet. Die „Einheitlichen Richtlinien", als erste *inter*nationale Vereinbarung, sind ein Ergebnis des 7. Kongresses der IHK 1933 in Wien. Sie wurden zunächst nur in Belgien, Deutschland, Frankreich, Holland, Italien, Rumänien und der Schweiz und ab 15. 3. 1934 auch in den USA von den Bankenverbänden der genannten Länder angenommen und von den Banken eingeführt, d. h. in der Praxis zur Grundlage und zum Vertragsinhalt der Akkreditivverträge ge-

[4] Vgl. dazu Wiele S. 25.

[5] Bis 30. 6. 1963 Drucksache Nr. 151 der IHK; erläutert von der IHK — Dok. Nr. 470/58 Rev. vom 30. 1. 1957 — (im folgenden zitiert: ER [Revision 1951]; seit 1. 7. 1963 Drucksache Nr. 222 der IHK; erläutert in Mitteilungen der Dt. Gruppe der IHK Nr. 4 (1963), ferner in BVBR 39/63: im folgenden zitiert: ER (Revision 1962). Ab 1. X. 1975 gilt die Revision 1974, Dokument Nr. 290, zitiert ER.

macht. Nach langwierigen Vorbereitungen, die der Verfeinerung des Systems galten, wurden die „Einheitlichen Richtlinien" auf dem 13. Kongreß der IHK abgeändert und als „Einheitliche Richtlinien und Gebräuche für Dokumenten-Akkreditive (Revision 1951)" angenommen und den Banken der angeschlossenen Staaten zur Anwendung empfohlen. Dieser Empfehlung der IHK waren laut Mitteilung der Deutschen Gruppe der Internationalen Handelskammer vom März 1963 in fast 80 Ländern sämtliche Bankverbände oder ein Teil derselben gefolgt.

Bedeutsam war, daß *England* und einige Mitglieder des Commonwealth die ER zunächst überhaupt *nicht* angenommen hatten und sie nur von denjenigen ihrer Bankfilialen anwenden ließen, die ihren Sitz in Ländern hatten, in denen die ER galten. Die Zurückhaltung Englands lag in erster Linie daran, daß der in den ER aufgestellte Rahmen für die Ermessensfreiheit der Banken sich nicht ganz mit der diesbezüglichen Auffassung der englischen Banken und dem englischen „case law" in Einklang bringen zu lassen schien. Die englischen Banken wollten sich im Interesse ihrer Kunden eine größere Handlungsfreiheit bewahren, um im Einzelfall die am geeignetsten erscheinende Form der Geschäftsabwicklung wählen zu können[6]. Echte sachliche Differenzen zwischen der englischen Auffassung vom Akkreditiv (L/C) und den Regeln der ER bestanden nur in geringem Umfang.

Nach abermals langen Vorarbeiten wurden im Jahre 1962 die ER wiederum revidiert. Die ER *(Revision 1962)*, von der IHK zur Einführung in die Praxis in den ihr angeschlossenen Ländern ab 1. Juli 1963 empfohlen, stellen die bis 1975 gültige Fassung der ER dar. Diesmal konnte auch mit England und den übrigen Commonwealth-Ländern volle Übereinstimmung erzielt werden. Laut Mitteilung der IHK waren am 1. April 1966 in fast allen Staaten entweder die Bankverbände insgesamt oder aber einzelne Banken der Empfehlung der IHK zur Annahme der ER (Revision 1962) gefolgt[7]. Infolge der somit erzielten weltweiten Geltung der ER spielte sich nunmehr fast der gesamte Welthandel nach Maßgabe der ER ab, während vor 1963 nur etwa 60 % des Handels auf die angeschlossenen Länder entfielen.

Grundlegende sachliche Änderungen oder Neuerungen hatte die Neufassung 1962 der ER nicht gebracht. Die Bemühungen bei der Neufassung haben sich in erster Linie darauf konzentriert, noch bestehende Unklarheiten durch bessere Formulierungen zu beseitigen, überholte Regelungen zu streichen und zwischenzeitlich in der Praxis entwickelte kleinere Veränderungen zu berücksichtigen, wobei insgesamt das Bestreben im Vordergrund stand, durch eindeutigere Abgrenzung der Verantwortlichkeiten den Ermessensspielraum der Banken im Akkreditivgeschäft sinnvoll abzugrenzen. Damit wurde zugleich erreicht, daß die Annahme der Richtlinien auch durch England und die Länder des Sterling-Blocks erfolgen konnte. Im folgenden wird, soweit erforderlich, jeweils an entsprechender Stelle auf das hingewiesen, was neugestaltet worden ist. Offizieller Text der ER ist seit 1962

[6] Vgl. dazu ausführlich Megrah, Betrachtungen, S. 4, und Megrah, Some Aspects, S. 1 ff.; Megrah, Risk Aspects, S. 40.

der englische; früher war im Streitfall die französische Fassung maßgebend.

Nach einem weiteren Jahrzehnt wurden die ER erneut einer Revision unterzogen, aus der die ER (Revision 1974), veröffentlicht in Publication Nr. 290 der I. C. C. hervorgegangen sind. Diese Neufassung ist das Resultat gemeinsamer Bemühungen der I. C. C.[7a] (durch ihre Landesgruppen), der Vereinten Nationen (durch die Regierungen und die Bankenorganisationen ihrer Mitgliedsländer)[7b] und der sozialistischen Länder (durch ihre Außenhandelsbanken). Die Revision 1974, die auf alle an oder nach dem 1. Oktober 1975 eröffneten Akkreditive angewendet wird[8], verfolgt konsequent das Ziel, nach und nach alle noch bestehenden Unklarheiten und etwa ländermäßig noch bestehende Abweichungen zu beseitigen, und in Fällen, wo bisher noch das Ermessen der Akkreditivbanken einen wesentlichen Spielraum hatte, den Bereich der Unsicherheit dadurch einzuengen, daß feste Regeln für den Fall aufgestellt werden, daß „... nichts anderes vorgeschrieben ist". Dadurch sollen die Beteiligten veranlaßt werden, möglichst viele Ungewißheiten von vornherein durch klare und vollständige Akkreditivbestimmungen auszuräumen, was natürlich verlangt, daß sie sich schon im Vorhinein eine ganz klare Vorstellung von dem praktischen Ablauf des Akkreditivgeschäfts einschließlich der jeweiligen Kreditsicherungsbedürfnisse machen. Unterlassen die Beteiligten es, klare detaillierte Akkreditivbedingungen vorzuschreiben, können sie sich nachher nicht beklagen, wenn die „im Zweifel" — Regel der ER angewendet wird.

Als wichtig ist hervorzuheben, daß die Revision 1974 gegenüber der bisherigen Fassung (Revision 1962) folgende Neuerungen bringt: Juristische und sprachliche Klarstellungen auf mehreren Gebieten, Klärung von Bestimmungen über Transport- und Versicherungsdokumente, eine Regel, daß alle Akkreditive — also auch widerrufliche — ein Verfallsdatum tragen müssen, ferner veränderte Vorschriften über „stale documents", über Übertragung übertragbarer Akkreditive auf Zweitbegünstigte im Ausland, über Containerverkehr und kombinierte Transporte. Das ganze Regelwerk ist gestrafft und in seinen Formulierungen erheblich verbessert. Maßgebend ist jetzt nur noch der englische Text. Im Anhang[9] bringen wir eine deutsche Übersetzung, die zwischen den Verbänden der deutschsprachigen Länder abgestimmt ist. Außer der deutschen gibt die IHK auch offizielle französische, spanische und arabische Übersetzungen heraus.

Die Inkraftsetzung von ER erfolgt dadurch, daß der von der IHK (= I. C. C.) im Rahmen eines internationalen Ausschusses ausgearbeitete Text von den Bankenverbänden der einzelnen Länder ihren Mitgliedsinstituten

[7] Vgl. Rundschreiben des BVB Nr. 45 vom 20. 5. 66, S. 2, und Anlage dazu, ergänzt durch eine Auskunft der IHK vom 16. Juni 1967, bestätigt durch Auskunft der IHK vom 2. August 1971.

[7a] Studie der IHK für die Vereinigten Nationen siehe BB 1969, 184.

[7b] UNCITRAL.

[8] Wegen der Übergangsregelung von den alten zu den neuen ER siehe Document Nr. 470/251 der IHK; vgl. auch S. 32 Anm. 10.

[9] Siehe S. 261 ff.

„zur Annahme empfohlen“ wird. Wo eigentliche Verbände nicht vorhanden sind, erfolgt die Annahme mehr oder weniger formlos durch die Institute selber. Solche „Annahmen“ sind für die bisherigen Fassungen der ER in allen westlichen und blockfreien Ländern erfolgt. Auch bei den wenigen Kleinstaaten, wo eine offizielle „Annahme“ nicht erfolgt ist, kann man davon ausgehen, daß dies nicht auf Ablehnung in der Sache, sondern auf dem Fehlen eines geeigneten formellen Weges beruht.

Die „Bank für Außenhandel der UdSSR“ hat im Januar 1975 durch Schreiben Nr. 80 mitgeteilt, daß der Bankrat dieses Instituts 1964 und 1967 beschlossen hat, die ER für Dokumentenakkreditive und die ER für das Inkasso von Handelspapieren für das gesamte Arbeitsgebiet der Bank für anwendbar zu erklären. Beide ER werden also in der UdSSR im Verkehr mit der westlichen Welt schon seit langem angewendet[10]. Der Außenhandel zwischen den Comeconländern erfolgt nach anderen Grundsätzen, nämlich nach den Allgemeinen Lieferbedingungen für die Handelsorganisation der RGW Länder (Red. 1968).

Wenn wir davon gesprochen haben, daß die ER in den einzelnen Ländern „eingeführt“ oder „angenommen“ worden sind, so ist das nicht im Sinne einer Übernahme der Richtlinien in das innerstaatliche Recht durch Gesetz zu verstehen. Rechtlich sind die ER vielmehr Absprachen, die von den Bankenverbänden der einzelnen Länder im Rahmen der IHK getroffen worden sind[11]. Welchen rechtlichen Charakter diese Absprachen der Bankenverbände haben, gibt Anlaß zu Zweifeln. Es wird die Ansicht vertreten, daß die ER als Allgemeine Geschäftsbedingungen anzusehen seien[12]. Andere betonen, daß die ER Handelsbrauch darstellen[13]. Es findet sich auch als Kombination beider Ansichten die Auffassung, daß es sich bei einzelnen Bestimmungen der ER um Allgemeine Geschäftsbedingungen, bei anderen aber um Handelsbrauch handele[14]. Der BGH hat sich noch nicht abschließend geäußert[15].

Die Frage, ob Allgemeine Geschäftsbedingungen oder Handelsbrauch, ist nicht müßig. Allgemeine Geschäftsbedingungen werden erst durch Vereinbarung zum Vertragsinhalt, während ein Handelsbrauch auch ohne Vereinbarung Anerkennung findet.

Die Ansicht, die ER seien ausschließlich Allgemeine Geschäftsbedingungen, wird dem Wesen der Richtlinien nicht gerecht. Allgemeine Geschäftsbedingungen bezwecken die nähere Ausgestaltung eines Vertragsverhältnisses,

[10] Meznerics aaO. S. 33 bezeichnet sie für den dortigen Bereich als „Custom Law or usage“.

[11] Vgl. S. 4.

[12] Vgl. Petersen WM 1962, 622; auch RGRK-HGB-Godin § 365 Anh. I, 41, S. 581; Gautschi SchwJZ 1964, 50; BGE 87 II 137.

[13] Vgl. Schubert BB 1952, 129; Herold-Lippisch S. 51; Angersbach S. 15/16; Erl. IHK, Allgemeine Bestimmungen 1; IHK Bank-Betrieb 1969, 186.

[14] Vgl. Schlegelberger-Hefermehl Anh. zu § 365, 89; Baumbach-Duden Anh. IV zu § 406, A; Liesecke WM 1966, 174, 458; Schönle S. 104 und NJW 1968, 729 ff.; Hahn S. 8; vgl. auch Kübler S. 196 ff. und Wessely S. 56.

[15] Vgl. z. B. BGH WM 1958, 456, 459; 1960, 38, 40.

dessen rechtliche Struktur primär durch gesetzliche Vorschriften geregelt ist. Mit der Aufstellung der ER ist es jedoch unternommen worden, über die Grenzen hinaus die Auffassungen der Kaufmannschaft über ein seit langem weltweit bekanntes und angewendetes, gesetzlich nicht geregeltes Rechtsinstitut durch Definitionen, Klärung der Terminologie, Abgrenzung der Rechte und Pflichten der Beteiligten und Verfahrensvorschriften für den Geschäftsablauf anzugleichen und zu fixieren, um somit international eine Vereinheitlichung der Akkreditivhandhabung zu erreichen. Die Bemühung, ein Rechtsinstitut generell zu regeln, ist Allgemeinen Geschäftsbedingungen wesensfremd[16].

Zunächst bestechend ist die Meinung, die ER enthielten *auch* Regelungen, die als Allgemeine Geschäftsbedingungen anzusehen seien. Gedacht ist dabei vor allem an solche Bestimmungen der ER, die die Haftung der Banken betreffen und gewisse Freizeichnungsklauseln enthalten (z. B. Art. 10 ff. ER). In der Tat sind derartige Klauseln typisch für Allgemeine Geschäftsbedingungen.

Wir neigen dennoch zu der Ansicht, daß die ER in ihrer Gesamtheit[17] *Handelsbrauch* darstellen. Die Regeln der ER werden jetzt in der ganzen Welt anerkannt. Sie werden ständig praktiziert und beherrschen die Praxis des Akkreditivgeschäfts. Typisch für einen Handelsbrauch ist die Anerkennung einer bestimmten Geschäftshandhabung durch alle fachmännischen Kreise, die sich auf dem betreffenden Gebiet betätigen[18]. Diese Anerkennung ist bei den ER, auch soweit sie Freizeichnungen der Banken enthalten, unbestritten vorhanden. Dabei ist zu berücksichtigen, daß zur Annahme eines Handelsbrauchs das Kriterium der zeitlichen Lebensdauer seines Inhalts keine allzu große Bedeutung hat. Handelsbräuche sind wegen ihres natürlichen Zusammenhangs mit der lebendigen Praxis entwicklungsfähig und unterliegen entsprechenden Wandlungen, die jeweils als natürlich gewachsene Veränderungen im lebendigen Zusammenhang mit dem Gesamtgebäude

[16] So insbesondere Schinnerer ZfR 1968, 189 ff.

[17] Mit einer Charakterisierung „teils Geschäftsbedingungen, teils Handelsbrauch" (so Schönle NJW 1968, 726 f.) kann ich mich nicht befreunden. Der zur Begründung angeführte Hinweis, daß sie doch nicht gegen zwingendes nationales Recht verstoßen dürfen (Beispiel: Haftung für Vorsatz kann nicht ausgeschlossen werden § 276 Abs. 6 BGB) greift ins Leere, weil ein solcher Ausschluß gar nicht gewollt ist. Der Praxis, die schnell handeln muß, kann eine solche Haarspalterei gar nicht zugemutet werden. Wesentlich ist, daß die ER auch ohne Kenntnis und ohne Unterwerfungswillen der Beteiligten für ihre Rechtsbeziehungen Geltung haben. Auf eine Prüfung, „ob sie in unbilliger Weise die Interessen der Kunden verletzen" kann — entgegen der Meinung Schönles — nicht eingegangen worden; uferlose Dispute wären die Folge. Es kann nicht angenommen werden, daß die ganze Welt Regeln als bestehend fixiert, die unbillig sind. Wie hier auch I. H. K. selbst, B. B. 1969, 186.

[18] Vgl. zum Handelsbrauch allgemein Schlegelberger-Hefermehl § 346, 1, 8—11.

[19] Schinnerer ZfR 1968, 200 ff., spricht in diesem Zusammenhang von einem „festgestellten Handelsbrauch", dessen Handhabung ständig überprüft und den immer neu sich entwickelnden Bedürfnissen des internationalen Handels angepaßt wird (S. 205); s. auch Stauder SchwJZ 1970, 95.

des betreffenden Bereichs Geltung haben[19]. Im übrigen ist unbestritten, daß sich Allgemeine Geschäftsbedingungen zum Handelsbrauch entwickeln können[20]. Es ist jetzt schon so weit, daß man sagen kann: Es ist Handelsbrauch, daß Akkreditive nach den ER der IHK in ihrer jeweils geltenden Fassung abgewickelt werden. Damit ist dann auch hinreichend erklärt, daß beschlossene Neuerungen ab sofort Gültigkeit haben.

Die bedeutsamste praktische Konsequenz aus der Annahme eines Handelsbrauchs besteht darin, daß die ER unmittelbar die Rechtsbeziehungen zwischen den Beteiligten bestimmen, ohne daß es einer vorherigen Vereinbarung bedarf. Bei der Unsicherheit, die früher hinsichtlich des Charakters der ER bestand, hat sich als Routine eingebürgert, die Anwendung der ER bei jedem einzelnen Akkreditivgeschäft — meist formularmäßig — zu erwähnen, ohne daß jedoch die Anwendbarkeit von einer solchen Erwähnung abhinge. Eine solche Erwähnung erfolgt üblicherweise durch ausdrückliche Bezugnahme auf die ER sowohl im Akkreditivauftrag als auch in der Akkreditiveröffnung oder -bestätigung. Soweit den Rechtsbeziehungen zwischen den Beteiligten des Akkreditivvorgangs die deutschen Allgemeinen Geschäftsbedingungen der Banken (AGB) zugrunde liegen, liegt ein Hinweis auf die Geltung der ER schon in Ziffer 28 AGB.

2. *Standardformulare für die Eröffnung von Dokumentenakkreditiven*

Neben den ER sind die *Standardformulare für die Eröffnung von Dokumentenakkreditiven* zu erwähnen[21]. Die erste Fassung dieser Formeln ist auf dem 13. Kongreß der IHK in Lissabon zugleich mit den ER (Revision 1951) als Muster für die entsprechenden Formulare der Banken abgefaßt und zur Anwendung empfohlen worden[22]. Bis zur Revision 1962 der ER hatten sie lediglich in den Ländern Belgien, Deutschland, Frankreich, Italien, Libanon, Luxemburg, Niederlande, Niederl.-West-Indien, Österreich, Schweden und Tunesien Annahme gefunden, so daß nur in diesen Ländern die Bankenformulare einheitlich danach ausgerichtet waren. Durch die Revision 1962 der ER waren die Formulare, die auf der Revision 1951 fußten, zum Teil überholt.

Die Diskrepanz zwischen den ER 1962 und den Standardformularen ist dann beseitigt worden. Im November 1970 hat die IHK neue Standardformulare beschlossen und zur Einführung in die Bankpraxis empfohlen[23]. Praktisch verwendet werden die Formulare in allen Ländern, die auch die ER anerkennen, also in allen. Durch die Revision 1974 dürften keine wesentlichen Änderungen der Formulare erforderlich werden.

[20] Vgl. dazu Schlegelberger-Hefermehl § 346, 6; Schütz S. 3, mit weiteren Nachweisen; Schmidt-Salzer BB 1967, 135.

[21] Vgl. dazu im Anhang.

[22] Drucksache Nr. 159 der IHK.

[23] Broschüre Nr. 268 der IHK, die gleichzeitig Erläuterungen zu den Formularen enthält. Die Formulare sind zum Teil im Anhang in englisch/deutscher Fassung abgedruckt.

3. *Einheitliche Richtlinien für das Inkasso von Handelspapieren*

Für das Inkassogeschäft gab es bis 1957 keine einheitlichen Regeln. Nachdem sich jedoch die ER im Akkreditivgeschäft außerordentlich gut bewährt hatten, hatte die IHK auch entsprechende *Einheitliche Richtlinien für das Inkasso von Handelspapieren* ausgearbeitet und ihren Mitgliedstaaten zur Einführung in die Bankpraxis ab 1. 1. 1958 empfohlen[24]. Diese Richtlinien für das Inkasso hatten jedoch weit weniger Anerkennung gefunden als die Richtlinien für Dokumentenakkreditive.

Der Grund für die zögernde Übernahme dieser Inkasso-Richtlinien lag wohl darin, daß das Inkasso nicht im gleichen Maße wie das Akkreditiv ein „Institutum sui generis" ist und sich daher leichter unter die geltenden allgemeinen Grundsätze des Zivil- und Handelsrechts der einzelnen Länder subsumieren läßt. Auch das Inkasso bietet aber gelegentlich Auslegungszweifel bezüglich der Rechte und Pflichten der einzelnen Beteiligten. Es dient nicht der Sicherheit des Außenhandels, wenn solche Fälle je nach dem anzuwendenden Recht von Land zu Land eine unterschiedliche Beurteilung erfahren.

Außerdem ist zu bedenken, daß eine große Zahl von Tatbeständen und Problemen beim Akkreditiv und beim Inkasso parallel liegen, so daß sich anbietet, diese beiden nah verwandten Rechtsformen des internationalen Handels aus dem gleichen Geiste heraus aufeinander abgestimmt zu ordnen.

Es ist daher begrüßenswert, daß die IHK die Inkassorichtlinien von 1957 einer Revision unterzogen, auf ihrem Kongreß im Mai 1967 in Montreal eine Neufassung beschlossen und zur Annahme ab 1. 1. 1968 empfohlen hat[25]. Die Änderungen gegenüber der Fassung von 1957 sind im sachlichen Bereich nicht grundlegend. Die Neufassung zeichnet sich aber durch straffere und klarere Formulierungen und Definitionen aus, die die Brauchbarkeit der Richtlinien für die Praxis erhöhen.

Die Einheitlichen Richtlinien für das Inkasso von Handelspapieren sind inzwischen von den Bankverbänden folgender Länder[26] angenommen worden, die diesmal auch England und die von England beeinflußten Länder einschließen:

Europa:	Asien:	Africa:
Belgien	Abu Dhabi	Chad
Dänemark	Bahrein	Congo (Br)
Deutschland B. R.	Borneo	Elfenbeinküste
Finnland	Brunei	Gaboon
Frankreich	Cambodia	Kamerun
Griechenland	Ceylon	Kenia

[24] Drucksache Nr. 192 der IHK.

[25] Drucksache Nr. 470/154 der IHK; jetzt Publication Nr. 254; der deutsche Text ist im Anhang abgedruckt.

[26] Auskunft der IHK vom 11. 4. 75.

Europa:

Großbritannien
Italien
Jugoslawien
Niederlande
Norwegen
Österreich
Polen
Portugal
Spanien
Schweden
Schweiz
Ungarn

Oceanien:

Australien
Fidji Inseln
Neuseeland
Westsamoa

Asien:

Cypern
Hongkong
Indien
Iran
Japan
Kambodscha
Korea
Libanon
Malaysia
Oman
Pakistan
Philippinen
Singapore
Syrien
Thailand
Türkei
UdSSR
Vietnam

Africa:

La Reunion
Mali
Malawi
Marokko
Rhodesien
Senegal
Südafrika
Tansania
Tunesien
Tschad
Uganda
Zambia

America:

Argentinien
Bahamas
Brit. Honduras
Canada
Cayman Inseln
Columbien
Cuba
Mexico
U. S. A.

Im Gegensatz zu den Richtlinien für Akkreditive, die, wie oben Seite 7 erläutert, Handelsbrauch darstellen, wird man dies bei den Inkassorichtlinien nicht allgemein annehmen können, obwohl auch sie zum großen Teil eine Aufzeichnung dessen darstellen, was sich bei der Abwicklung von Inkassi ohnehin an allgemein üblichen und praktisch angewendeten Regeln und Grundsätzen herausgebildet hat. Die Inkassorichtlinien haben aber in ihrer alten Fassung keine weltweite Geltung erlangt, insbesondere waren sie von den anglo-amerikanischen Ländern nicht offiziell angenommen worden; die Neufassung der Richtlinien ist noch so jung, daß sie vorläufig noch nicht in ihrer Gesamtheit als Handelsbrauch angesprochen werden kann. Sollte in Zukunft die Annahme der Neufassung durch die nationalen Bankenverbände in gleichem Umfang wie bei den Richtlinien für Akkreditive erfolgen und die Praxis sich im laufenden Geschäftsverkehr tatsächlich allgemein nach ihnen richten, so wird man in einiger Zeit durchaus davon sprechen können, daß auch die Inkassorichtlinien Handelsbrauch geworden sind. Solange dies noch nicht der Fall ist, gelten sie dann, wenn sie für das einzelne Geschäft zum Vertragsinhalt gemacht sind. Dies geschieht in der Regel dadurch, daß im Inkassoauftrag auf die Richtlinien Bezug genommen wird. Im übrigen ist zu bemerken, daß der Geltung der Richtlinien gesetzliche Vorschriften oder anderweitige Parteivereinbarungen im Einzelfalle entgegenstehen können[27].

4. *Incoterms-American Foreign Trade Definitions-Trade Terms*

Weiterhin sind zu nennen die erstmals im Jahre 1953 von der IHK veröffentlichten sogenannten *Incoterms* 1953, in denen die international handelsübliche Auslegung von Vertragsformeln für das Außenhandelsgeschäft zusammengefaßt wurden[28]. Die neueste Fassung ist 1975 von der IHK als Publikation Nr. 274 veröffentlicht worden. Für den Handel mit den USA kann allerdings auf die Incoterms nicht uneingeschränkt zurückgegriffen werden, weil die Auslegung der Vertragsformeln in den USA vielfach von der europäischen Auffassung abweicht. Die amerikanische Auslegung ergibt sich aus den „*Revised American Foreign Trade Definitions* 1941"[29]. Weder bei den Incoterms noch bei den amerikanischen Trade Definitions handelt es sich um Handelsbräuche. Sie sind allgemeine Geschäftsbedingungen und müssen demnach, um für das einzelne Vertragsverhältnis bestimmend zu sein, vereinbart werden; es reicht eine Bezugnahme im einzelnen Vertrag aus[30].

Handelsbräuche, und zwar solche nationaler Art, enthalten hingegen die ohne inhaltliche Veränderung von der IHK im Jahre 1955 zusammengestellten in den einzelnen Ländern geltenden sogenannten *Trade Terms*[31]. Diese Handelsbräuche gelten für das einzelne Außenhandelsgeschäft ohne ausdrückliche Bezugnahme, sofern nichts anderes vereinbart ist.

5. *Allgemeine Geschäftsbedingungen der Banken*

Da das Akkreditivgeschäft stets unter Mitwirkung von Banken vonstatten geht, bedürfen die *Allgemeinen Geschäftsbedingungen der Banken (AGB)*[32] besonderer Erwähnung. Sie gelten, wie es in ihrer Präambel heißt, für den Geschäftsverkehr zwischen der Bank und „ihren Kunden". Speziell für das Akkreditivgeschäft ergibt sich folgendes:

[27] Vgl. dazu die Allgemeinen Regeln und Begriffsbestimmungen a) der Inkasso-Richtlinien; auch Nothdurft ZKW 1958, 459 ff.

[28] Drucksache Nr. 166 der IHK. Siehe hierzu Eisemann, Die Incoterms in Handel und Verkehr, Wien 1963; Gänzer BB 1953, 931 ff.; Mitteilungen der Deutschen Gruppe der IHK 1969, Heft 1, S. 49 ff.; zur Geschichte der Incoterms vgl. Ward-Rosenthal aaO., S. 589 ff.

[29] Veröffentlicht am 30. 7. 1941 durch ein Joint Committee representing the Chamber of Commerce of the USA, the National Council of American Importers, Inc., and the National Foreign Trade Council, Inc.; vgl. dazu Scharlibbe, Sonderdruck der DVZ, Heidelberg/Hamburg 1952. Die „Trade Definitions" sind abgedruckt bei Shaterian S. 465 ff.

[30] Vgl. OLG München AWD 1958, 80; OLG Hamburg MDR 1964, 601; Liesecke WM 1966, 174; Schlegelberger-Hefermehl § 346, 34, 38; Vorwort zu den amerik. Trade Definitions, vgl. Shaterian S. 465.

[31] „Trade Terms — Handelsübliche Vertragsformeln — Synoptische Tabellen mit Anmerkung", Broschüre Nr. 16 der IHK; Schlegelberger-Hefermehl § 346, 34, 38.

[32] Eingehend erläutert bei Schütz S. 1 ff.

Im Verhältnis der Akkreditivbank zum Auftraggeber gelten die AGB in jedem Fall. Entweder war der Auftraggeber schon vorher Kunde der Bank, oder die Kundschaftsverbindung wird durch Erteilung und Annahme des Akkreditivauftrages hergestellt. Dabei ist es belanglos, ob die Bank für den Auftraggeber zur Abwicklung des Geschäftes ein Konto einrichtet — was durchweg der Fall sein wird — oder nicht. Maßgebend für die Begründung des Kundenverhältnisses ist der Abschluß des Vertrages, welcher für Auftraggeber und Bank wechselseitige bankgeschäftliche Vertragspflichten begründet. Es genügt zur Anwendbarkeit der AGB, wenn die Bank dem Kunden die Möglichkeit gewährt, Kenntnis vom Inhalt der AGB zu nehmen, z. B. durch Aushang in ihren Geschäftsräumen[33]. Üblicherweise ist in den gedruckten Auftragsformularen für Akkreditive, welche die Kunden von den Banken zur Benutzung erhalten und dann bei ihren Akkreditivaufträgen verwenden, noch zusätzlich auf die AGB hingewiesen.

Sofern der Auftraggeber ein Inländer ist, ist somit ein Streit über die Verbindlichkeit der AGB ausgeschlossen. Nach deutscher Auffassung gilt dasselbe, wenn ein Ausländer in ein Kundenverhältnis zu einer deutschen Bank tritt[34]. Kaufleute auf der ganzen Welt wissen, daß Banken in allen Ländern immer auf Grund von Allgemeinen Geschäftsbedingungen arbeiten, so daß von ihnen erwartet werden kann, daß sie damit als selbstverständlich rechnen. Natürlich muß dem Ausländer die Möglichkeit gegeben werden, von den AGB der deutschen Bank inhaltlich Kenntnis zu erhalten. Ausreichend ist es, wenn die Bank den ausländischen Kunden bei Aufnahme der Geschäftsbeziehungen formularmäßig auf das Vorhandensein von AGB hinweist und es ihm dann überläßt, ob er den Text anfordern will oder nicht. Für die Verbindlichkeit der AGB in ihrer jeweiligen Fassung kommt es nicht darauf an, ob der Kunde tatsächlich Kenntnis von ihrem Inhalt genommen hat, sondern nur darauf, daß die Bank sie klar zur Vertragsgrundlage gemacht und dem Kunden eine reale Möglichkeit zur Kenntnisnahme geboten hat[35]. Die AGB der deutschen Banken, deren Text einheitlich ist, liegen auch in englischer und französischer Übersetzung vor[36]. Sie werden dem ausländischen Kunden auf dessen Anfordern üblicherweise in derjenigen dieser Sprachen übersandt, in der auch die übrige Korrespondenz mit ihm geführt wird. Die Übersetzungen dienen der Orientierung. Juristisch maßgebend bleibt der deutsche Text, da sich in Übersetzungen eine restlose Kongruenz der Rechtsbegriffe nicht erzielen läßt[37].

[33] Vgl. RG BA XXVIII, 203; Schlegelberger-Hefermehl § 346, 75 ff.; insbesondere 85, 86; Meeske BB 1959, 857 ff.; Schmidt-Salzer BB 1967, 133 ff. je mit weiteren zahlreichen Nachweisen.

[34] RG BA XXVIII, 203; BGH NJW 1960, 1661; OLG Hamburg DB 1967, 35/36; Schütz S. 3.

[35] Vgl. dazu auch Mälzig NJW 1954, 605; Schmidt-Salzer BB 1967, 135. Dies gilt auch dann, wenn der Kunde der deutschen Sprache nicht mächtig ist, OLG Bremen, WM 1973, 1228.

[36] Gedruckt beim Bankverlag in Köln.

Darüber, ob die nach deutscher Rechtsauffassung geltende Verbindlichkeit der AGB von ausländischen Gerichten immer anerkannt werden würde, liegen keine richtungweisenden Erfahrungen vor. Evtl. stoßen Klauseln, die die Verantwortlichkeit desjenigen beschränken, der die Allgemeinen Geschäftsbedingungen aufgestellt hat, auf Ablehnung[38]. Aus diesem Grund ist gelegentlich empfohlen worden, Ausländern bei Aufnahme der Geschäftsverbindung ein Exemplar der AGB zuzusenden und sich eine Empfangsbestätigung oder Einverständniserklärung geben zu lassen[39]. Dieses Verfahren — das dann auch bei jeder Änderung der AGB angewendet werden müßte — begegnet praktischen Schwierigkeiten, weil eine sichere Kontrolle und der spätere Nachweis über den Versand der Geschäftsbedingungen und den Eingang der Bestätigungsschreiben kaum möglich ist und überdies wettbewerbliche Gründe dem empfohlenen Verfahren entgegenstehen. Es wird daher von diesem Verfahren abgeraten, weil es auch das Argument entwertet, daß jeder Kaufmann wissen muß, daß Banken auf Grund ihrer AGB arbeiten und er selber die Initiative zu ergreifen hat, wenn er sich für Details interessiert. Alle Banken in vergleichbaren Ländern legen ihrer Geschäftstätigkeit AGB zugrunde. Dies ist jedem im internationalen Geschäft tätigen Kaufmann bekannt.

Die AGB gelten für die Rechtsbeziehungen zwischen Bank und Kunde. Der Begünstigte aus einem Akkreditiv ist jedoch in dieser Eigenschaft nicht „Kunde" der Akkreditivbank. Kunde ist lediglich der Akkreditivauftraggeber, auf dessen Veranlassung hin die Bank tätig wird. Infolgedessen können die AGB gegenüber dem Begünstigten, sei dieser ein Inländer oder Ausländer, nicht in gleicher Weise durch die Einräumung der bloßen Möglichkeit, von den AGB Kenntnis zu nehmen, als vereinbart gelten. Wenn die Bank darauf Wert legt, daß die AGB auch im Verhältnis zum Begünstigten gelten sollen, bedarf dies einer besonderen Vereinbarung. Diese kommt durch formularmäßige Aufnahme eines Hinweises auf die AGB in den Text der Akkreditiveröffnung und widerspruchslose Entgegennahme dieses Hinweises durch den Begünstigten zustande. Eine ausdrückliche Zustimmung oder Empfangsbestätigung seitens des Begünstigten ist nicht erforderlich[40].

Vielfach sind mehrere Banken an der Abwicklung eines Akkreditivgeschäfts beteiligt. Naturgemäß ist jede Bank daran interessiert, ihre eigenen AGB den Beziehungen zu den übrigen Akkreditivbeteiligten zugrundezulegen. Das gilt nicht nur im Verhältnis der Banken zum Akkreditivauftraggeber oder -begünstigten, sondern auch im Verhältnis der — in- und ausländischen — Banken untereinander. Gedankenlose Verwendung von For-

[37] Der Auffassung des OLG Stuttgart AWD 1962, 260, von Schmidt-Salzer BB 1967, 132, und Schütz S. 3, die AGB müßten in der Sprache der sonstigen Korrespondenz übersandt werden, kann nicht gefolgt werden. Denn das hätte zur Folge, daß der Übersetzungstext allein verbindlich wäre.

[38] Vgl. z. B. Pfister AWD 1965, 221 ff. und Pesce NJW 1971, 2111 ff. für das italienische Recht.

[39] So Schütz S. 3.

[40] Vgl. dazu auch Angersbach S. 9/10.

mularen, die den Hinweis auf die jeweiligen AGB enthalten, kann zu Schwierigkeiten führen, wenn die AGB inhaltlich voneinander abweichen. In der Rechtspraxis wird der Versuch gemacht, in solchen Fällen — je nach Lage des Einzelfalles — entweder die zuletzt unwidersprochen in Bezug genommenen AGB als maßgeblich anzusehen oder den sich widersprechenden AGB überhaupt jede Wirkung zu versagen oder aber sie nur insoweit den Vertragsbeziehungen zugrunde zu legen, als sie inhaltlich übereinstimmen[41]. Alles dies ist unbefriedigend. Sinnvoll ist es, jeweils die AGB desjenigen Instituts gelten zu lassen, welches im konkreten Einzelfall sachlich als „Bank" tätig ist, denn auch bei der Zusammenarbeit zweier Banken ist in der Sache fast immer die eine Bank „Kunde" der anderen, deren bankgeschäftlichen Dienste sie in Anspruch nimmt. Primär, aber widerleglich, ist dies daraus zu schließen, bei welcher Bank das Konto geführt wird, über das das Geschäft gezogen wird[42].

Diese bereits in den Vorauflagen dieses Buches vertretene Auffassung ist in jüngster Zeit durch zwei BGH-Urteile bestätigt worden[43]. Die Ergebnisse dieser Entscheidungen, die erfreulicherweise eine lange Zeit bestehende Rechtsunsicherheit beseitigen, lassen sich für den Geltungsbereich des deutschen Rechts wie folgt zusammenfassen:

- Die AGB gelten im Verkehr der inländischen Banken untereinander; sie gelten auch im Geschäftsverkehr deutscher Banken mit ausländischen Kreditinstituten.
- Grundsätzlich gelten die Bedingungen der Bank, die in der Sache für das andere Institut als „Bank" tätig geworden ist.
- Im Verhältnis zu ausländischen Kreditinstituten finden die deutschen AGB Anwendung, wenn die deutsche Bank formularmäßig auf ihre Bedingungen hingewiesen und das ausländische Institut dem nicht widersprochen hat. Einer Versendung der AGB und eines ausdrücklichen Einverständnisses der ausländischen Bank mit den AGB bedarf es nicht[44].

Die Praxis der deutschen Banken wird sich auf diese höchstrichterlichen Entscheidungen einzustellen haben, vor allem auch darauf, daß möglicherweise die AGB einer ausländischen Bank gelten, wenn diese als „Bank" im konkreten Einzelfall für das deutsche Institut tätig geworden ist. Will man die Anwendung der ausländischen AGB vermeiden, so muß der Anwendung derselben ausdrücklich widersprochen werden. Die deutschen Banken tun daher gut daran, wenn sie der Geltung der AGB im Einzelfalle ihre Auf-

[41] Vgl. BGH LM Nr. 2, 3, 5, 6 zu § 150 BGB; BGH JR 1964, 221; Schlegelberger-Hefermehl § 346, 88; Schmidt-Salzer BB 1967, 134; Pleyer-Battes DB 1971, 1290/1291.

[42] Vgl. auch Zahn aaO., S. 249 ff.; Pleyer-Battes DB 1971, 1294.

[43] BGH WM 1971, 987 ff. und 989 ff. BGH in NJW 1971, 2126 und in NJW 1972, 681 mit Anmerkungen von Schmid-Salzer und von Pleyer.

[44] Vgl. Bundesverband deutscher Banken, Rundschreiben III/5 vom 20. 1. 1972.

merksamkeit widmen, um hinterher keine unliebsamen Überraschungen zu erfahren[45].

Das Problem einander widersprechender AGB läßt sich im speziellen Fall des Akkreditivgeschäfts noch auf andere Weise lösen. Wie noch später im Zusammenhang mit der Erörterung international-privatrechtlicher Fragen ausgeführt werden wird, unterliegen die rechtlichen Beziehungen zwischen den beteiligten Banken einem bestimmten Recht. Das kann sowohl das Recht des Landes sein, in dem die Akkreditivbank ihren Sitz hat, als auch das des Landes, in dem die zweite Bank domiziliert. Anknüpfungspunkt für das anwendbare Recht ist bei schuldrechtlichen Beziehungen der Parteiwille[46]. Daraus läßt sich die weitere Folgerung ziehen, daß nach dem Parteiwillen die AGB derjenigen Bank, die ihren Sitz in dem Lande hat, dessen Recht nach den internationalprivatrechtlichen Regeln im Einzelfalle für die Abwicklung des Akkreditivs anwendbar ist, auch für das Rechtsverhältnis zwischen beiden Banken maßgebend sein sollen[47]. Dabei wird nicht verkannt, daß die AGB kein „Recht" im Sinne der Normen des internationalen Privatrechts darstellen, sondern Bestandteil des jeweiligen Einzelvertrages sind. Andererseits ist ihnen als typischen Vertragsbedingungen ein gewisser normativer Charakter eigentümlich, der ihre Gleichstellung mit dem „Recht" rechtfertigen kann[48]. Diese Überlegungen sind freilich nur dann möglich, wenn die Parteien nichts anderes vereinbart haben, und die Frage, wessen AGB gelten sollen, nur deswegen auftaucht, weil die unüberlegte Verwendung von Formularen Verwirrung gestiftet hat.

6. Besondere Bedingungen der Kreditinstitute für die Abwicklung von Außenhandelsgeschäften

Es hat sich eingebürgert, daß die einzelnen Kreditinstitute für einzelne Geschäftsarten zusätzlich zu den ER bzw. zu den Inkassorichtlinien noch besondere Bedingungen mit ihren Kunden vereinbaren. Solche Bedingungen gelten dann, wenn sie ausdrücklich zwischen den Beteiligten vertraglich vereinbart sind. Diese Vereinbarung kann auch formularmäßig (auf der Rückseite der Auftragsformulare für Inkassi oder Akkreditiveröffnungen) oder stillschweigend durch lang anhaltende Übung geschehen. Ohne weiteres gelten solche Bedingungen aber nicht. Der Inhalt solcher Vereinbarungen betrifft meist technische Dinge, manchmal aber auch materiellrechtliche Absprachen; insbesondere z. B. Abtretung von Ansprüchen oder dergl.[49].

[45] Es sei noch darauf hingewiesen, daß die vom BGH zu entscheidenden Fälle nach deutschem Recht beurteilt worden sind. Erfahrungen darüber, ob die vom BGH aufgestellten Grundsätze auch anwendbar sind, wenn ausländisches Recht anzuwenden ist oder ein ausländisches Gericht einen Rechtsstreit zu entscheiden hat, liegen bisher nicht vor.

[46] Vgl. dazu S. 17/18.

[47] Ähnlich Pleyer-Battes DB 1971, 1294/1295.

[48] Vgl. dazu Meeske BB 1959, 860.

[49] Vgl. S. 38, 202.

B. Internationalprivatrecht

Der internationale Waren- und Zahlungsverkehr bringt es mit sich, daß die Beteiligten dem Rechtskreis verschiedener Staaten angehören. Damit erhebt sich die Frage, welchem Recht die einzelnen Rechtsverhältnisse unterliegen. Sie beantwortet das internationale Privatrecht.

Dem Warengeschäft zwischen Exporteur und Importeur liegt ein Kaufvertrag zugrunde. Davon zu trennen sind, wie später erörtert werden wird, die Rechtsverhältnisse zwischen den Kaufvertragsparteien und den zum Zwecke der Zahlungsabwicklung in das Warengeschäft eingeschalteten Banken sowie die Vertragsbeziehungen zwischen diesen Banken untereinander. Alle diese Rechtsbeziehungen sind schuldrechtlicher Natur, und nach deutschem und auch ausländischem internationalem Privatrecht bestimmt sich im Schuldrecht das anwendbare Recht in erster Linie nach dem Willen der vertragschließenden Parteien[50].

Haben diese eine *ausdrückliche* oder *stillschweigende Vereinbarung* über das auf ihre Vertragsbeziehungen anzuwendende Recht getroffen, so ist dieses anzuwenden. Meist findet sich in den Verträgen, wie sie in der Praxis über die Landesgrenzen hinaus abgeschlossen werden, keine ausdrückliche Vereinbarung über das anzuwendende Recht. Ob eine stillschweigende Vereinbarung vorliegt, ist aus den Umständen zu ermitteln. Dabei sind alle Tatsachen zu berücksichtigen, die dem Vertrag zugrunde liegen und die einen Schluß auf den Parteiwillen bezüglich der Rechtsanwendung zulassen. Sehr häufig versagt dieser Weg, weil die Annahme einer stillschweigenden Vereinbarung wenigstens voraussetzt, daß sich die Parteien überhaupt Gedanken über das anwendbare Recht gemacht haben. Auch dies läßt sich häufig — auch unter Zuhilfenahme der Umstände des Einzelfalles — nicht feststellen. Infolgedessen hilft man sich solchenfalls mit der Anknüpfung an den sog. *hypothetischen Parteiwillen.* Damit wird darauf abgestellt, welchen Inhalt eine Vereinbarung über die Rechtsanwendung sinnvollerweise gehabt hätte, wenn sich die Parteien überhaupt mit der Frage befaßt hätten, welchem Recht der Vertrag unterliegen soll. Auch bei der Ermittlung des hypothetischen Parteiwillens sind alle Umstände des Einzelfalles heranzuziehen. Als solche kommen namentlich in Betracht: Vereinbarung desselben Erfüllungsortes für die beiderseits zu erbringenden Leistungen oder eines einheitlichen Gerichtsstandes, Abschlußort des Vertrages, die Vertragssprache, Bezugnahme auf Geschäftsbedingungen oder Usancen[51].

[50] Vgl. dazu und zum folgenden: RGZ 120, 70, 72/73; BGHZ 9, 221, 222; 17, 89, 92; 19, 110, 111; BGH WM 1965, 339; Soergel-Kegel Vor Art. 7 EGBGB, 220 ff.; Erman-Arndt Vor Art. 12 EGBGB, I A—C, II; Pikart WM 1964, 338. Ähnlich liegt es im anglo-amerikanischen Recht, vgl. dazu Gutteridge-Megrah S. 194 ff.; für Frankreich: Stoufflet Nr. 115.

[51] Diese Kriterien dienen auch häufig dazu, den Schluß auf eine stillschweigende Parteivereinbarung zu ziehen; die Grenzen zwischen stillschweigendem und hypothetischem Parteiwillen sind fließend.

Ergibt schließlich die Abwägung aller Umstände kein Indiz für die Annahme eines hypothetischen Parteiwillens, weil ebensoviel für die Anwendung des einen wie des anderen Rechts spricht, so wird an den *Erfüllungsort* der jeweils zu erbringenden vertraglichen Leistungen angeknüpft, was bei gegenseitigen Verträgen zu der als mißlich empfundenen Konsequenz führt, daß ein Vertrag zwei Rechtsordnungen unterliegt. Dies veranlaßt das Schrifttum zum Teil dazu, nicht an den Erfüllungsort der einzelnen Vertragsleistungen anzuknüpfen, sondern an den Schwerpunkt des gesamten Schuldverhältnisses[52].

Nach den vorstehenden Grundsätzen, die an den Parteiwillen anknüpfen, ist jeweils im Einzelfall festzustellen, welches Recht auf den zwischen Exporteur und Importeur abgeschlossenen Kaufvertrag anzuwenden ist. Hier kann man geneigt sein, mangels ausdrücklicher Vereinbarung einen hypothetischen Parteiwillen der Kaufvertragsparteien anzunehmen, nach dem grundsätzlich das Recht des Verkäufers für den ganzen Vertrag maßgeblich sein soll. Die Auffassungen in Rechtsprechung und Literatur hierüber sind jedoch geteilt[53].

In der Praxis stellen sich internationalprivatrechtliche Probleme im Verhältnis zwischen den Kaufvertragsparteien und ihren Banken sowie den Banken untereinander relativ selten. Mit Hilfe der „Einheitlichen Richtlinien" und mit der Entwicklung von Handelsbräuchen ist in rechtlicher und banktechnischer Hinsicht eine internationale Angleichung der Handhabung von Dokumentenakkreditiven und -inkassi erreicht worden. Ist der Inhalt von zwei Rechtsordnungen identisch, so spielt es keine Rolle mehr, welche von beiden anzuwenden ist. Eine vollständige Übereinstimmung aller Einzelheiten ist aber international noch nicht erzielt worden, was zum Teil seine Ursache auch darin hat, daß die Auslegung der Einheitlichen Richtlinien durch Praxis und Gerichte in den einzelnen Ländern möglicherweise noch differiert und sich an den einzelnen Handels- und Bankplätzen unterschiedliche zusätzliche Handelsbräuche entwickelt haben und noch entwickeln. So werden immer verschiedene Auffassungen in Einzelfragen möglich bleiben, was für den Einzelfall dann Bedeutung haben kann. Es ist daher nicht müßig, die Bankenposition bei der Abwicklung des Zahlungsverkehrs unter internationalprivatrechtlichen Gesichtspunkten einer kurzen Betrachtung zu unterziehen.

Dies wird dadurch erleichtert, daß es sich bei der Bankentätigkeit im Außenhandel im Prinzip um sich ständig wiederholende Vorgänge handelt, die weitgehend typisiert sind und dadurch insbesondere bei in der Regel fehlender ausdrücklicher Vereinbarung über das anzuwendende Recht die Ermittlung des stillschweigenden oder hypothetischen Parteiwillens vereinfachen und erleichtern. Dabei kann im folgenden naturgemäß nur auf die typischen Geschäftsvorfälle eingegangen werden; abweichende Beurteilungen im Einzelfall sind immer möglich.

[52] Vgl. von Caemmerer JZ 1959, 363; auch BGH JZ 1955, 702.

[53] Vgl. dazu Soergel-Kegel Vor Art. 7 EGBGB, 261, mit zahlreichen Rechtsprechungsnachweisen; auch OLG Düsseldorf WM 1971, 171.

Beim *Akkreditiv* unterliegt der Geschäftsbesorgungsvertrag[54] zwischen dem Akkreditivauftraggeber und der Akkreditivbank dem Recht, das am Sitz der Bank gilt. Grundsätzlich legen die Banken Wert darauf, in ihren Rechtsbeziehungen zu ihren Kunden das eigene Recht zur Geltung zu bringen[55]. Dies kommt in Ziff. 26 AGB zum Ausdruck. Durch Erteilung des Akkreditivauftrages tritt der Auftraggeber in ein Kundenverhältnis zur Akkreditivbank, so daß die AGB das Verhältnis zwischen beiden bestimmen. In diesem Verhältnis ist das internationale Privatrecht nur dann von Bedeutung, wenn Akkreditivbank und Akkreditivauftraggeber nicht in ein und demselben Staate domizilieren, weil nur dann überhaupt ein Fall mit „Auslandsberührung" vorliegt[56].

Auch im Verhältnis zwischen Akkreditivbank und Begünstigtem gilt in der Regel das am Sitz der Bank geltende Recht, sofern das Akkreditiv bei der Akkreditivbank benutzbar ist[57]. Anders liegt es indessen zum Teil, wenn — wie meist — in den Akkreditivvorgang eine andere Bank — häufig eine solche im Lande des Begünstigten — eingeschaltet ist. Diese zweite Bank kann verschiedene Funktionen haben. Sie kann mit der Aufgabe betraut sein, das Akkreditiv zu bestätigen, d. h. sich selbständig dem Begünstigten gegenüber zu verpflichten, sie kann aber auch nur Avisbank sein, wobei es dann eine Rolle spielt, ob das Akkreditiv bei ihr zahlbar gestellt ist oder nicht[58]. Im Grundsatz kann man davon ausgehen, daß nach dem Parteiwillen für das Akkreditiv das Recht des Ortes gelten soll, an dem es zahlbar ist. Denn an diesem Ort soll sich das Akkreditivgeschäft im wesentlichen abwickeln, insbesondere soll dort die Einreichung der Dokumente durch den Begünstigten und die Auszahlung des Akkreditivbetrages erfolgen. Das besagt: Bei bestätigten und bei einer zweiten Bank zahlbar gestellten Akkreditiven gilt das Recht der Bestätigungs- bzw. Zahlstellenbank, während bei Akkreditiven, bei denen die zweite Bank nur als Avisbank („Durchleitungsstelle") fungiert, das Recht der Akkreditivbank anzuwenden ist[59].

In den soeben genannten Fällen, in denen nicht das Recht der Akkreditivbank gilt, kann diese in eine mißliche Position geraten. Den sowohl bei bestätigten wie bei im Ausland zahlbar gestellten Akkreditiven haftet die Akkreditivbank dem Begünstigten, und Streitigkeiten zwischen beiden würden nach der aufgestellten Regel nicht nach ihrem Recht zu beurteilen sein. Diese Konsequenz läßt sich dadurch vermeiden, daß in das Akkreditiv eine

[54] Vgl. dazu S. 34.

[55] Vgl. dazu Soergel-Kegel Vor Art. 7 EGBGB, 249; Reithmann Rdz. 24/25.

[56] Vgl. dazu auch Stoufflet Nr. 120 ff.

[57] Vgl. dazu BGH WM 1955, 765/766; RGRK-HGB-Godin Anh. I zu § 365, 55 b; Schütz S. 395.

[58] Vgl. im einzelnen dazu S. 52 ff.

[59] Ebenso RGRK-HGB-Godin Anh. I zu § 365, 55 b; Liesecke WM 1966, 458; Gutteridge-Megrah S. 194 ff.; Stoufflet Nr. 117, 118; zum Teil abweichend: von Caemmerer JZ 1959, 363; Käser ZAIP 1956, 118; Schlegelberger-Hefermehl Anh. zu § 365, 168; zur schweiz. Auffassung vgl. Gautschi SchwJZ 1964, 51; BGE 78 II 47; 87 II 237/238.

Bestimmung aufgenommen wird, die das Akkreditiv dem Recht der Akkreditivbank unterwirft. Als ausreichend erscheint es, im Akkreditiv als Gerichtsstand den Sitz der Akkreditivbank zu bezeichnen. Hingegen führt die Angabe, daß der Erfüllungsort am Sitz der Akkreditivbank sein solle, leicht zu Mißverständnissen, weil sich durch die Zahlbarstellung im Ausland der Erfüllungsort der Akkreditivbank für ihre Verpflichtung aus dem Akkreditiv grundsätzlich nicht ändert. Und dieser ist ohnehin der Sitz der Bank, so daß die Erwähnung des Erfüllungsortes lediglich wiederholt, was ohnehin Rechtens ist[60]. Es lohnt sich also durchaus für die ein Akkreditiv eröffnende Bank, sich über das anzuwendende Recht Gedanken zu machen und sich hierüber rechtzeitig zu äußern.

Bei sogenannten frei negoziierbar gestellten Akkreditiven[61] kann allerdings der Grundsatz, für die Rechtsanwendung sei der Sitz der zahlenden Bank maßgebend, keine Anwendung finden. Zwar ist in einem solchen Falle die negoziierende Bank mit den gleichen Aufgaben betraut wie eine von vornherein namentlich in das Akkreditiv eingeschaltete Zahlstelle. Da aber die Akkreditivbank bei Akkreditiveröffnung noch nicht wissen kann, welche Bank die Dokumente negoziieren, d. h. ihre „ad incertas personas" gerichtete Offerte zum Abschluß eines Geschäftsbesorgungsvertrages als Zahlstelle annehmen wird, kann es nicht dem Willen der Akkreditivbank entsprechen, das Akkreditiv von vornherein dem am Sitz der ihr unbekannten negoziierenden Bank geltenden Recht zu unterstellen. Das gilt vor allem deshalb, weil der Begünstigte die Dokumente nach seinem freien Willen in seinem oder jedem beliebigen dritten Lande einer Bank zur Negoziierung andienen kann. Maßgebend bleibt in diesen Fällen das für die Akkreditivbank geltende Recht. Es dient der Klarstellung, wenn dies durch Aufnahme in den Akkreditivtext den Beteiligten noch besonders ins Gedächtnis gerufen wird.

Die Zahlbarstellung eines Akkreditivs ist, und darauf ist nochmals hinzuweisen, nur ein Indiz für den Parteiwillen über das anzuwendende Recht. Auch andere Umstände können zu dessen Ermittlung dienen. Den Ausschlag kann z. B. auch die Tatsache geben, daß das Warengeschäft, einschließlich der Akkreditivstellung, den Regeln einer bestimmten Produktenbörse unterworfen ist[62].

Bei Aufbau eines Akkreditivs sollten die Parteien im übrigen darauf achten, daß das Akkreditiv keine Bestimmungen enthält, die als Tatsachen für die Beurteilung des Parteiwillens bezüglich des anzuwendenden Rechts dienen können, aber auf die Vereinbarung verschiedener Rechte hinweisen. Ist beispielsweise ein unbestätigtes Akkreditiv in Düsseldorf eröffnet und

[60] Vgl. dazu § 269 BGB; RGRK-HGB-Godin Anh. I zu § 365, 55 a; vgl. auch unten S. 47/48.

[61] Dazu S. 234 ff.

[62] Zu bemerken ist auch noch, daß für das Akkreditiv als solches und für eine eventuell beigefügte Tratte verschiedenes Recht zur Anwendung gelangen kann, weil die Tratte ihren eigenen Gesetzen folgt. Vgl. etwa Art. 91 ff. WG; dazu auch Severn aaO., S. 373 ff.

zahlbar gestellt und durch eine Londoner Bank dem Begünstigten avisiert für ein Geschäft, das erkennbar den Regeln der „London Metal Exchange" unterworfen ist, so kann es mangels einer ausdrücklichen Parteivereinbarung streitig werden, ob mit Rücksicht auf die Börsenregeln englisches oder mit Rücksicht auf die Zahlbarstellung deutsches Recht gilt. Solche Zweifel durch einen klaren Text auszuschließen, kann nur im Interesse aller Beteiligten liegen.

In der Regel ist davon auszugehen, daß der Geschäftsbesorgungsvertrag zwischen der Akkreditivbank und einer zweiten eingeschalteten Bank dem Recht der zweiten Bank unterliegt, sofern das Akkreditiv bei dieser Bank zahlbar gestellt ist. Das Schwergewicht des Vertrages liegt am Orte der Niederlassung der zweiten Bank, also da, wo die Ausführung des Geschäfts tatsächlich erfolgt[63]. Ist die zweite Bank nur avisierende „Durchleitungsstelle" für das Akkreditiv, so gilt das Recht der Akkreditivbank.

Für das *Inkasso* gelten ganz ähnliche Regeln wie für das Akkreditiv. Der Geschäftsbesorgungsvertrag zwischen Inkassoauftraggeber und Inkassobank wird im allgemeinen aus den oben erwähnten Gründen dem Recht der Inkassobank unterliegen. Sind zwei Banken an dem Inkassovorgang beteiligt, so gilt im Verhältnis der Banken untereinander das Recht der beauftragten zweiten Bank[64]. Bei der *Bankgarantie* kann folgendes als Regel angenommen werden: Im Verhältnis zwischen Garantieauftraggeber und Garantiebank gilt ebenso wie im Verhältnis zwischen dieser und dem Garantiebegünstigten das Recht der Garantiebank[65].

[63] Vgl. BGH WM 1957, 1047/48; vgl. auch Soergel-Kegel Vor Art. 7 EGBGB, 249 Anm. 7; von Caemmerer ZAIP 24, 201; BGH JZ 1955, 702.

[64] Nach BGH WM 1962, 845, ist im Verhältnis zwischen Verkäufer und Käufer bei der Klausel „Kassa gegen Dokumente" bei fehlendem Parteiwillen für die Frage des anzuwendenden Rechts der Wohnsitz des Käufers als Erfüllungsort ausschlaggebend, wenn es um die Zahlungspflicht des Käufers geht.

[65] Vgl. LG Frankfurt NJW 1963, 450/451.

ERSTER ABSCHNITT

Akkreditive

I. Grundformen und Rechtsnatur des Akkreditivs

Einfache Akkreditive sind schon sehr frühzeitig benutzt worden[1]. Ein Handelshaus ersuchte ein befreundetes Korrespondenzhaus in einer anderen Stadt, vornehmlich im Ausland, auf Verlangen einer näher bezeichneten Person für Rechnung des Auftraggebers eine bestimmte Summe Geldes auszuzahlen. Von dieser Praxis hört man schon in den Reiseberichten aus der Blütezeit hanseatischen Handels. Ähnliche Akkreditive sind heute noch in etwas abgewandelter Form als Reisekreditbriefe in Benutzung. Das Wesentliche dabei ist, daß der Auftraggeber seinen Korrespondenten unter bestimmten Voraussetzungen — das ist zunächst lediglich der Ausweis über die Person des Empfängers — beauftragt, dem Begünstigten Geld auszuzahlen. Diese in der Praxis nicht mehr häufig vorkommende Form des Akkreditivs bezeichnet man als Barakkreditiv.

Verbindet man diesen Gedanken mit den unten (S. 201 ff.) geschilderten Gedankengängen des Dokumenteninkassos, so ergibt sich das heute allgemein im Außenhandel (vereinzelt auch im Binnenhandel) benutzte *Dokumentenakkreditiv.* Es ist nicht genug, daß der Begünstigte sich über seine Person ausweist, sondern er muß zur Empfangnahme des Geldes noch bestimmte Unterlagen vorlegen. Da das Dokumentenakkreditiv dazu dient, die Geldseite eines Warengeschäftes in ihrer Abwicklung zu sichern, müssen diese Unterlagen notwendigerweise die Nachweisdokumente über die Versendung des verkauften Gutes sein, die in der Regel zugleich die Verfügungsgewalt über dieses Gut verkörpern.

Das Wesen des Dokumentenakkreditivs besteht demnach in der vertraglichen Zusicherung einer Bank, für Rechnung ihres Auftraggebers innerhalb eines festgelegten Zeitraumes an einen bestimmten Empfänger unter der Voraussetzung der Einreichung vorgeschriebener Dokumente einen bestimmten Betrag in einer vorgeschriebenen Währung zu zahlen. Demnach sind bei einem Akkreditiv in seiner Grundform drei Beteiligte vorhanden: der Auftraggeber (Käufer), die Akkreditivbank (Bank des Käufers) und der Begünstigte (Verkäufer).

Zu den drei Genannten tritt in aller Regel als vierte Beteiligte eine Bank im Lande des begünstigten Verkäufers. Diese Bank dient entweder nur als Durchleitungsstelle zwischen der Akkreditivbank und dem Begünstigten,

[1] Zur Geschichte des Akkreditivs vgl. ausführlich Finkelstein S. 1 ff.

[2] Vgl. S. 231 ff.

oder aber sie verpflichtet sich selbständig in noch näher zu erläuternder Weise neben der Akkreditivbank zur Zahlung an den Begünstigten.

Durch Übertragung des Akkreditivs oder durch andere Maßnahmen, wie z. B. durch Kopplung eines Remboursgeschäftes mit einem Akkreditivvorgang, kann sich der Kreis der Beteiligten noch erweitern. Die eigentlichen Akkreditivparteien bleiben aber immer der Käufer, die Bank des Käufers, der Verkäufer und die Bank im Lande des Verkäufers. Dabei wird die Bank des Käufers für den Käufer — und *nur* für diesen — tätig, während die Bank im Lande des Verkäufers im Rahmen der Akkreditivabwicklung nur für die Bank des Käufers, nicht aber als Beauftragte des Verkäufers auftritt. Es wird sich noch erweisen, wie wichtig die Beachtung dieses Grundsatzes ist, der übrigens auch für das Dokumenteninkasso und den Commercial Letter of Credit[2] gilt. Wird die Bank im Lande des Verkäufers auch von diesem — aus Zweckmäßigkeitsgründen — für bankgeschäftliche Dienstleistungen in Anspruch genommen, so haben diese mit der eigentlichen Akkreditivabwicklung nichts zu tun und ändern an dem oben ausgesprochenen Grundsatz nichts. Auf die Möglichkeit von Konflikten ist später einzugehen[3].

Das Akkreditiv macht den Verkäufer unabhängig von der Zahlungsfähigkeit und Zahlungswilligkeit des Käufers. Der Verkäufer erhält für seine Kaufpreisforderung eine Sicherung, indem ihm eine Bank ein nur von der Dokumenteneinlieferung abhängiges Zahlungsversprechen gibt, wobei es dann der Bank überlassen bleibt, sich für den Gegenwert bei dem Käufer zu erholen. Der Verkäufer verlangt nun nicht unbedingt deshalb ein Akkreditiv, weil er Anlaß hätte, dem Käufer mit Mißtrauen gegenüberzustehen. Meistens veranlaßt einfach die mangelnde Kenntnis der Person und der Vermögensverhältnisse des — meist ausländischen — Käufers den Verkäufer dazu, auf Akkreditivbasis zu verkaufen. Außerdem hat sich in der Praxis vielfach eine Verbindung zwischen dem Akkreditiv und einer Finanzierung des Außenhandelsgeschäftes entwickelt, wobei das Zahlungsversprechen der Akkreditivbank für den Exporteur als wertvolle Grundlage für eine Kreditinanspruchnahme in Betracht kommt und die bei Abwicklung des Akkreditivs in die Hand der Bank kommenden Dokumente (welche meist das Eigentum an der Ware verkörpern) als Grundlage einer Bankfinanzierung für den Importeur dienen[4]. Aus diesem Grunde vermag oft selbst das beste Verhältnis zwischen Käufer und Verkäufer das Akkreditiv nicht zugunsten eines Inkassogeschäftes oder eines clean payment zu verdrängen.

Ein einfaches Beispiel ohne Feinheiten soll die Durchführung des Geschäftes erläutern:

Der Käufer (Importeur) schließt mit dem Verkäufer (Exporteur oder Ablader) einen Kaufvertrag über ein bestimmtes Exportgut ab. In diesem Vertrag vereinbaren die Parteien u. a., daß und in welcher Form der Käufer die Bezahlung des Kaufpreises durch Stellung eines Akkreditivs sicherstellen soll (sogenannte Akkreditivklausel im Kaufvertrag). Entsprechend dieser

[3] Vgl. S. 112.
[4] Vgl. S. 173 ff.

Vereinbarung beauftragt der Käufer eine Bank, das Akkreditiv zugunsten des Verkäufers zu „eröffnen" oder „hinauszulegen". Die Akkreditivbank eröffnet das Akkreditiv durch Abgabe ihres Zahlungsversprechens unter den festgelegten Bedingungen und teilt die Eröffnung dem Exporteur entweder direkt oder über eine Bank in seinem — oder einem dritten — Lande mit. Nunmehr sendet der Exporteur die Ware ab und reicht die Versanddokumente der Akkreditivbank oder, falls eine Bank in seinem Land eingeschaltet ist, bei dieser Bank ein, u. U. zusammen mit einem auf den Importeur oder auf die Akkreditivbank gezogenen Wechsel. Gleichzeitig kehrt die Bank dem Verkäufer den Gegenwert aus, was je nach Gestaltung des Akkreditivs vorschußweise oder endgültig geschieht. Die Dokumente gibt sie an die Akkreditivbank weiter, die ihr dafür den Gegenwert anschafft. Die Akkreditivbank ihrerseits erholt sich Zug um Zug gegen Aushändigung der Dokumente bei dem Importeur. Die Dokumente berechtigen den Importeur, die Ware in Empfang zu nehmen.

Das Beispiel läßt erkennen, wo sich beim Akkreditiv die obenerwähnten Ansatzpunkte für ein gleichzeitiges Kreditgeschäft finden: Dem Verkäufer dient das zu seinen Gunsten abgegebene Zahlungsversprechen einer Bank als Grundlage dafür, sich in seinem Lande einen Kredit zu beschaffen, mit dessen Hilfe er die verkaufte Ware beschaffen oder herstellen kann. Der Käufer hat später die Möglichkeit, der Akkreditivbank die von ihr aufgenommenen Dokumente als Sicherheit für einen Kredit zu belassen, den er zur Überbrückung der Reisezeit der Ware benötigt. Eine Überleitung in einen anders gesicherten Kredit zur Finanzierung des Zeitraumes zwischen Ankunft der Ware und Bezahlung derselben nach Weiterverkauf und Umladung ist leicht möglich[5].

Akkreditive kommen in mannigfacher Ausgestaltung vor. An dieser Stelle sollen nur einige Grundformen erwähnt werden.

In der Regel werden Akkreditive *unwiderruflich* gestellt, d. h. die Akkreditivbank verpflichtet sich unwiderruflich, dem Begünstigten bei Vorlage der geforderten Dokumente den Akkreditivbetrag auszuzahlen. Es gibt indessen auch *widerrufliche* Akkreditive, bei denen die Akkreditivbank ihr Zahlungsversprechen widerrufen kann. Es liegt auf der Hand, daß hier die Sicherheit des Begünstigten geringer ist[6].

Akkreditive sind grundsätzlich *unübertragbar,* d. h. der Begünstigte kann seine durch das Zahlungsversprechen der Bank gesicherte Position nicht auf einen anderen übertragen. Akkreditive können aber auch *übertragbar* gestellt sein. Das hat zur Folge, daß ein vom Begünstigten zu bestimmender anderer, ein Zweitbegünstigter, ganz oder teilweise an die Stelle des Begünstigten treten kann[7].

Schließlich ergeben sich Akkreditivbegriffe aus der Tatsache, daß in den Akkreditivvorgang eine zweite Bank eingeschaltet sein kann, die zumeist

[5] Vgl. „Anschlußfinanzierung", S. 176 ff.
[6] Vgl. dazu im einzelnen S. 47 ff.; 75 ff.
[7] Vgl. dazu S. 56 ff.; 90 ff.

eine Bank im Lande des Begünstigten ist. Dabei sind zwei mögliche Hauptfunktionen dieser Bank zu unterscheiden: Die Bank teilt dem Begünstigten die Eröffnung des Akkreditivs durch die Akkreditivbank lediglich mit, sie *„avisiert"* ihm die Eröffnung; oder aber sie *„bestätigt"* ihm das Akkreditiv. Im letzten Falle verpflichtet sie sich durch die *Bestätigung* selbständig neben der Akkreditivbank, bei Andienung der Dokumente den Akkreditivbetrag an den Begünstigten zu zahlen. Der Vorteil für den Begünstigten liegt bei dieser Konstellation einmal darin, daß er durch die Haftung zweier Banken doppelt gesichert ist, zum anderen darin, daß er mit der Bestätigungsbank in der Regel eine Schuldnerin im eigenen Lande hat, was für ihn manchen Vorzug mit sich bringt[8].

Avisiert die zweite Bank das Akkreditiv lediglich, so wird im Gegensatz zur Bestätigung keine Verbindlichkeit dieser Bank gegenüber dem Begünstigten begründet. Gleichwohl spielt es eine Rolle, ob die zweite Bank lediglich als *„Durchleitungsstelle"* für die dem Begünstigten zu machende Mitteilung von der Eröffnung des Akkreditivs und später für die vom Begünstigten der Akkreditivbank einzureichenden Dokumente dient oder ob sie — ohne das Akkreditiv bestätigt zu haben — als *Zahlstelle* fungieren soll. Dies letztere hat für den Begünstigten den Vorteil, daß er die Dokumente bei der Zahlstellenbank einreichen kann und dann sofort von dieser (für Rechnung der Akkreditivbank) den Akkreditivbetrag erhält[9].

Das Akkreditiv ist dadurch gekennzeichnet, daß notwendigerweise drei Rechtssubjekte an ihm beteiligt sind: Akkreditivauftraggeber (Käufer), Akkreditivbank und Begünstigter (Verkäufer). Über die Rechtsnatur dieses „Dreierverhältnisses" herrscht keine einhellige Ansicht[10].

Die früher vereinzelt vertretene Auffassung, das Akkreditiv sei ein Vertrag zugunsten Dritter[11], wird heute nicht mehr vertreten. Ebenfalls aufgegeben ist die Meinung, daß der Vertrag zwischen Käufer und Bank ein „Treuhandvertrag" sei[12]. Dabei war allerdings nicht an ein fiduziarisches Rechtsverhältnis gedacht, sondern daran, daß die Bank eine Mittlerstellung zwischen Käufer und Verkäufer einnehmen sollte. Da aber die Herbeiführung der Akkreditivstellung eine Leistungspflicht des Käufers gegenüber dem Verkäufer ist, zu deren Durchführung er sich der Akkreditivbank bedient, ist die Bank eindeutig auf die Interessenseite des Käufers gestellt. Sie besorgt sein Geschäft, indem sie für ihn eine Verbindlichkeit gegenüber dem Verkäufer eingeht, die — wenn sie einmal existent geworden ist — einen objektiv fixierten, vom Käufer nachträglich nicht mehr zu beeinflussen-

[8] Vgl. dazu im einzelnen S. 50 ff.; 80 ff. Es gibt aber auch Ausnahmefälle, in denen die bestätigende Bank nicht Zahlstelle ist. Vgl. dazu S. 52 ff.

[9] Näheres dazu S. 52 ff.

[10] Zu ausländischen Auffassungen vgl. Liesecke WM 1966, 459; ferner für die Schweiz: BGE 78 II 42, 49; Gautschi SchwJZ 1964, 35; für Frankreich und Belgien: van der Gucht Rev. de la Banque 1952, 164 ff.; für Frankreich und Italien: Kübler S. 183 ff.; für England: Gutteridge-Megrah S. 16 ff.; für USA: Finkelstein S. 28 ff.

[11] Fischer S. 28; Heyne S. 13; Sieckmann S. 36; Sippell S. 96/97.

[12] So Jacobsohn S. 39; Witzmann S. 21.

den Inhalt hat. Rechte oder Pflichten der Bank als arbiter zwischen Käufer und Verkäufer oder eine wie immer geartete rechtliche Verpflichtung, die Interessen des Verkäufers zu betreuen und auf einen Ausgleich zwischen ihm und dem Käufer hinzuwirken, kommen nicht in Betracht[13].

In der Literatur finden sich noch heute Stimmen, die den Akkreditivvorgang unter dem Aspekt der bürgerlich-rechtlichen Anweisung (§§ 783 ff. BGB) sehen[14]. Es handle sich dabei um eine sog. „freie Anweisung", also eine bloße Zahlungsermächtigung des Käufers an die Bank, die durch eine Annahmeerklärung seitens der Bank zu einer Zahlungsverpflichtung der Bank gegenüber dem Begünstigten werde. Diese Auffassung wird dem Charakter des Akkreditivs ebenfalls nicht gerecht.

Die Vorschriften des BGB über die Anweisung passen nicht für das Akkreditiv. Schon die technische Trennung von „Anweisung" = Akkreditivauftrag und „Annahme der Anweisung" = Akkreditiveröffnung oder -bestätigung zeigt, daß man den Vorschriften des BGB über die Anweisung nur wenig für das Akkreditiv entnehmen kann. Es findet sich auch keine Vorschrift, die ohne Zwang auf den Akkreditivvorgang angewendet werden könnte. Dies gilt insbesondere für § 784 BGB[15], weil typisch für das Akkreditiv gerade ist, daß Einwendungen aus dem „Inhalt der Anweisung" (= Akkreditivauftrag) dem Begünstigten nicht entgegengehalten werden können. Beim Akkreditiv ist streng das Zahlungsversprechen der Bank gegenüber dem Begünstigten von ihrem Auftragsverhältnis zum Käufer zu trennen, damit nicht die Sicherheit des Begünstigten dadurch beeinträchtigt wird, daß die Bank sich durch Berufung auf Dinge, die das Auftragsverhältnis betreffen, ihrer Zahlungspflicht gegenüber dem Begünstigten entziehen kann.

Man sollte sich von der Vorstellung befreien, daß das Akkreditiv im Gesetz geregelt sei. Wir haben es hier mit einem eigenständigen, aus wirtschaftlichen Notwendigkeiten geborenen Rechtsinstitut zu tun, das sich — schon auf Grund seiner Internationalität — unabhängig von den nationalen Rechten entwickelt hat. Ebenso wie sich Wechsel und Scheck vom

[13] Vgl. Erman aaO., S. 267. Zumindest Anlaß zu Mißverständnissen gibt BGHZ 28, 129, 130/131, in der Begründung zu einer an sich sachlich befriedigenden Entscheidung, wo es heißt: „... Die Akkreditivbank übernimmt mit der Akkreditivbestätigung eine Mittlerrolle zwischen Käufer und Verkäufer und muß deshalb unparteiisch zwischen beiden stehen. Damit würde es sich nicht vertragen, wenn sie einseitig die Interessen des Käufers... wahrnehmen wollte". Diese Formulierung des BGH ist in der Literatur zum Teil übernommen worden: z. B. Schlegelberger-Hefermehl Anh. zu § 365, 93; Soergel-Lippisch §§ 780—781, 26.

[14] Schlegelberger-Hefermehl Anh. zu § 365, 140; Herold-Hilgermann S. 183; von Caemmerer JZ 1959, 364; Enneccerus-Lehmann § 101 III 4; Staudinger-Müller Vor § 783, 11.

[15] § 784 BGB besagt: „Nimmt der Angewiesene die Anweisung an, so ist er dem Anweisungsempfänger gegenüber zur Leistung verpflichtet; er kann ihm nur solche Einwendungen entgegensetzen, welche die Gültigkeit der Annahme betreffen oder sich aus dem Inhalte der Anweisung oder dem Inhalte der Annahme ergeben oder dem Angewiesenen unmittelbar gegen den Anweisungsempfänger zustehen."

Anweisungsrecht des BGB gelöst haben und einer eigenen — vom Gesetzgeber sanktionierten — Gesetzlichkeit gefolgt sind, unterliegt auch das Akkreditiv eigenen Gesetzen, die im kodifizierten deutschen Recht keinen ausdrücklichen Niederschlag gefunden haben. Wenn man daher das zwischen den Akkreditivbeteiligten bestehende „Dreierverhältnis" rechtlich zu qualifizieren sucht, so bleibt nur die Möglichkeit, es als ein „Rechtsverhältnis sui generis" zu bezeichnen[16].

II. Akkreditivklausel im Kaufvertrag

Soll die Bezahlung eines Exports durch Stellung eines Akkreditivs gesichert werden, wird dies im Kaufvertrag vereinbart (Akkreditivklausel). Hieraus resultiert die Verpflichtung des Käufers, zugunsten des Verkäufers ein Akkreditiv stellen zu lassen[1]. Die Vereinbarung eines Akkreditivs besagt aber nicht, daß der Käufer durch die Stellung des Akkreditivs bereits seine kaufvertragliche Pflicht zur Zahlung des Kaufpreises erfüllt haben soll. Das Akkreditiv soll den Kaufpreisanspruch des Verkäufers „sichern" und den Zahlungsweg fixieren: Die Stellung des Akkreditivs erfolgt *zahlungshalber* (erfüllungshalber) und nicht an Erfüllungs Statt[1a]. Daraus ergibt sich, daß der Kaufpreisanspruch des Verkäufers gegen den Käufer erst erlischt, wenn der Verkäufer durch die Bank auf Grund des gestellten Akkreditivs tatsächlich Zahlung erhält[2]. Die Akkreditivklausel begründet eine Pflicht der Parteien, den vorgesehenen Weg der Zahlungsabwicklung auch zu beschreiten; d. h. der Verkäufer muß die Kaufpreiszahlung durch Benutzung des gestellten Akkreditivs hereinholen[3]. Der Verkäufer darf den Käufer nicht un-

[16] Ebenso Angersbach S. 62 ff., der auch die österreichischen und schweizerischen Auffassungen behandelt.

---

[1] Soll das Akkreditiv am Ort der Niederlassung des Verkäufers benutzbar sein, wird aus den Umständen entnommen, daß dieser Ort auch der Leistungsort für die Verbindlichkeiten des Verkäufers sein soll. OLG Düsseldorf in WM 1971, 168.

[1a] RGZ 92, 225; BGH WM 1971, 386; RGRK-HGB-Godin Anh. 1 zu § 365, 60; Schlegelberger-Hefermehl Anh. zu § 365, 139, 160; Baumbach-Duden Anh. I zu § 406, 8 G; Liesecke WM 1966, 462; Schütz S. 396; Wessely aaO. S. 9; Gautschi SchwJZ 1964, 50; van der Gucht Rev. de la Banque 1952, 180; Supreme Court of Australia in Sachen Saffron v. Société Minière, Revue de la Banque 1960, 53 ff.; Newman Industries Ltd. v. Indo-British Industries Ltd. (1956) 2 Ll. L. Rep. 219 ff., 236; W. J. Alan & Co., Ltd. v. El Nasr Export and Import Co. (1971) 1 Ll. L. Rep. 401; Megrah, Paget's Law, S. 639/640; vgl. auch Art. 1530 Abs. 1 ital. Codice Civile. Zwei amerikanische Entscheidungen sehen das gestellte Akkreditiv (L/C) aber als Zahlung durch den Käufer an: Vivacqua Irmaos, S. A. v. Hickerson, La., 190 So. Rep. 657 = B. L. J. Digest, § 766 „Letters of Credit"; Ornstein v. Hickerson, 40 Fed. Supp. 305 = B. L. J. Digest, § 766 „Letters of Credit".

[2] Zur Frage der Verjährung des Kaufpreisanspruches vgl. BGH WM 1971, 386.

[3] Vgl. dazu auch S. 33.

mittelbar oder auf einem anderen Weg auf Zahlung des Kaufpreises in Anspruch nehmen, solange er nicht den ernsthaften Versuch gemacht hat, aus dem Akkreditiv Zahlung von der Bank zu erhalten[4]. Gelingt das dem Verkäufer nicht, so haftet ihm der Käufer natürlich außerhalb des Akkreditivs aus dem Kaufvertrag unmittelbar auf Zahlung des Kaufpreises. Einer vorherigen Klage gegen die Akkreditivbank bedarf es nicht[5]. Es genügt der Nachweis, daß ein ernsthafter Versuch, von der Bank gegen ordnungsgemäße Dokumente Zahlung zu erhalten, erfolglos geblieben ist.

Entsprechend der Akkreditivklausel wird das einzelne Akkreditiv ausgestaltet. Die Abfassung der Klausel ist für den *Verkäufer* die einzige Gelegenheit, auf den Inhalt des Akkreditivs Einfluß zu nehmen; denn die Akkreditivstellung selbst geschieht auf Veranlassung des *Käufers* durch eine Bank, wobei die Bank im Auftrage des Käufers ausschließlich nach dessen Weisungen tätig wird und folglich Weisungen des Verkäufers in bezug auf den Inhalt des Akkreditivs nicht entgegennimmt. Der Verkäufer ist darauf beschränkt, das Akkreditiv, wenn es ihm zugeht, in der gestellten Form anzunehmen oder als dem Kaufvertrag nicht entsprechend abzulehnen. Wenn er das Akkreditiv nicht für vertragsgemäß hält und mit den Ab weichungen nicht einverstanden ist, muß er den Käufer unverzüglich auffordern, das Akkreditiv durch entsprechende Änderungen (amendments[6]) in Ordnung bringen zu lassen. Aus rein kommerziellen Gründen (Preisanstieg) wird er u. U. ein nicht vertragsgemäßes Akkreditiv als willkommenen Anlaß benutzen, von dem (ihm inzwischen lästigen) Kaufvertrag, je nachdem mit oder ohne Fristsetzung, zurückzutreten[7].

Der Verkäufer muß sich bereits zum Zeitpunkt des Abschlusses des Kaufvertrages eine klare Vorstellung darüber machen, wie das Akkreditiv beschaffen sein muß, damit für ihn eine reibungslose Abwicklung des Geschäftes gewährleistet ist. Dazu gehören nicht nur die Überlegungen bezüg-

[4] Daß der Verkäufer von dem einmal fixierten Zahlungsweg nicht ohne weiteres abweichen kann, kann auch im Falle der Zwangsvollstreckung Bedeutung gewinnen. Dazu S. 189 ff.

[5] Vgl. ebenso für die Hingabe eines Wechsels zahlungshalber Baumbach-Hefermehl, Einl. WG 30; Stranz Art. 89, 24.

[6] Zur Form und Rechtsgültigkeit eines vom Verkäufer veranlaßten „amendment" sei auf die Ausführungen S. 67 f. über die Abänderungsvereinbarungen zwischen dem Käufer und der Akkreditivbank verwiesen; vgl. außerdem Art. 3 Abs. 3 ER.

[7] Siehe S. 31 ff. Vgl. dazu im gleichen Sinne Panoutsos v. Reymond Hadley Corporation of New York, L. R. (1947) 2 K. B. 473 ff. Das englische Gericht gewährt in diesem Urteil allerdings einem Verkäufer das Rücktrittsrecht auch dann noch, wenn er unter dem nicht vertragsmäßigen Akkreditiv in Kenntnis der Abweichungen Teillieferungen geleistet hat. Dem wird man sich nach deutscher Rechtsauffassung kaum anschließen können; vielmehr dürfte in der Absendung der Teillieferungen ohne Vorbehalt eine stillschweigende Billigung der vom Käufer im Akkreditivauftrag vorgenommenen Abweichungen gegenüber der Akkreditivklausel im Kaufvertrag liegen. Ebenso neuerdings Soproma S. p. A. v. Marine & Animal By-Products Corporation (1966) 1 Ll. L. Rep. 367 ff. Vgl. dazu auch Liesecke WM 1966, 460.

lich der Art des Akkreditivs, seiner Laufzeit, der Wahl des Transportweges, des Transportmittels, der Art der Transport- und Versicherungsdokumente, der Kostenverteilung usw., sondern u. U. auch Kreditüberlegungen. Letzteres ist wichtig, denn die Einzelheiten der Akkreditivbedingungen sind für die Bereitschaft der Banken zur Kreditgewährung oft von wesentlicher Bedeutung.

Auf Klarheit und Vollständigkeit der Akkreditivklausel ist zu achten. Klauseln wie „Kasse gegen Akkreditiv" oder „Zahlung gegen ein bei der X-Bank zu eröffnendes unwiderrufliches Akkreditiv" o. ä. sind oft nicht ausreichend[8], da sie zu allgemein gehalten sind und dem Käufer einen zu großen Raum für freies Ermessen lassen. Solche kurzen, vagen Klauseln sind nur ausreichend, wenn in der betreffenden Branche diesbezüglich feste Handelsbräuche bestehen (so z. B. bei Produktenbörsen[9]) oder wenn bereits eine ständige Geschäftsverbindung zwischen den Vertragsparteien besteht, aus der sich eine gewohnheitsmäßige Ausgestaltung der einzelnen Akkreditivbedingungen ergibt. In solchen Fällen kann sogar u. U. trotz Fehlens einer Akkreditivklausel im Kaufvertrag eine Verpflichtung des Käufers zur Akkreditivstellung bestehen.

Nach der Rechtsprechung braucht in der Akkreditivklausel des Kaufvertrages das Wort „Akkreditiv" nicht notwendig enthalten zu sein. Vielmehr lassen auch andere Klauseln, wie z. B. „Banküberweisung gegen Duplikatfrachtbrief", die Auslegung zu, daß zwischen den Parteien eine Akkreditivstellung vereinbart worden ist[10]. Diese Auffassung darf jedoch nicht allzu sehr ausgeweitet werden und zu einer oberflächlichen Textabfassung bei Vertragsschluß führen. Je klarer die Akkreditivklausel den wohlüberlegten, zweckmäßig gestalteten Willen der Vertragsparteien wiedergibt, desto eher ist eine ordnungsmäßige, reibungslose Geschäftsabwicklung gewährleistet.

Die Akkreditivklausel im Kaufvertrag beinhaltet einen stillschweigenden Aufrechnungsausschluß; der Käufer muß also auf jeden Fall zunächst einmal zahlen, auch wenn das Akkreditiv nachher gar nicht gestellt und die Ware ohne Akkreditiv ausgeliefert worden ist[11]. Der Ausschluß der Aufrechnung gilt mindestens bis zur vorgesehenen Gültigkeitsdauer des Akkreditivs[12].

Der Käufer ist dem Verkäufer gegenüber aus dem Kaufvertrag verpflichtet, das Akkreditiv in allen Einzelheiten entsprechend dem Inhalt der Akkreditivklausel zu stellen. Bei dieser Verpflichtung, die eine vertragliche

[8] Es trifft daher auch nicht zu, wenn Wiele, S. 35, derartige Klauseln unter Hinweis auf einen Ausnahmefall — RGZ 96, 255 — als „üblich" bezeichnet.

[9] Vgl. z. B. die dokumentären Vorschriften in den §§ 100 ff. der Bedingungen der Bremer Baumwollbörse, 1955, und die §§ 169/170 der „Rules of the Liverpool Cotton Association Ltd.". In beiden Fällen sind die Transportdokumente bis ins einzelne spezifiziert.

[10] RGZ 105, 32, 34; ebenso Sinason-Teicher, Inter-American Grain Corporation v. Oilcakes & Oilseeds Trading Company, Ltd. (1954) 1 Ll. L. Rep. 376 ff.; Wiele, S. 35; vgl. auch BGH WM 1955, 765.

[11] OLG Düsseldorf Betrieb 1972, 1018 und 1973, 2294.

[12] BGHZ 60, 262 und BGH Betrieb 1973, 814.

Erfüllungshandlung des Käufers, nämlich die Sicherung und Abwicklung der Kaufpreiszahlung, betrifft, handelt es sich um eine Hauptverpflichtung[13], die zugleich eine Vorleistungspflicht des Käufers darstellt. Welche Rechte dem Verkäufer erwachsen, wenn der Käufer seiner Pflicht zur ordnungsgemäßen Akkreditivstellung nicht oder nicht rechtzeitig nachkommt, richtet sich nach den allgemeinen Vorschriften.

Wird dem Käufer die Stellung des Akkreditivs objektiv unmöglich, so wird er von seiner Verpflichtung zur Akkreditivstellung gemäß § 275 BGB frei. Objektive Unmöglichkeit liegt z. B. vor, wenn Akkreditivstellungen in der im Kaufvertrag vereinbarten Form nachträglich von hoher Hand verboten oder an eine Genehmigung geknüpft werden, die der Käufer aus irgendwelchen von ihm nicht zu vertretenden Gründen nicht zu erlangen vermag. Ist kein Akkreditiv gestellt, so entfällt nach § 323 BGB die Verpflichtung des Verkäufers gegenüber dem Käufer aus dem Kaufvertrag, die Ware zu liefern und der Akkreditivbank Dokumente einzureichen. Der Käufer kann auch nicht verlangen, daß der Verkäufer die Ware gegen Barzahlung liefert. Andererseits ist der Käufer aber verpflichtet, die Ware abzunehmen, wenn der Verkäufer sich angesichts der veränderten Umstände zur Lieferung gegen Barzahlung bereit findet. Denn die auf der Seite des Käufers eingetretene Unmöglichkeit, das Akkreditiv vereinbarungsgemäß zu stellen, befreit den Käufer nur von seiner Vorleistungspflicht bezüglich der Zahlungsabwicklung, nicht aber überhaupt von seiner Verpflichtung, gegen Abnahme der Ware den Kaufpreis zu zahlen[14].

Anders sieht es aus, wenn der Käufer aus Gründen, die er zu vertreten hat, nicht in der Lage ist, das Akkreditiv zu stellen, z. B. wenn er in Anbetracht seiner Vermögensverhältnisse keine Bank findet, die bereit ist, das Akkreditiv für ihn zu eröffnen. Da die Akkreditivstellung eine besondere Art der Zahlungsabwicklung darstellt und die Ursache des Unvermögens des Käufers, das Akkreditiv zu stellen, hier einer fehlenden Zahlungsfähigkeit gleichzusetzen ist, ist dieser Fall so zu behandeln, wie wenn der Käufer einer Zahlungsverpflichtung nicht nachkommen könnte. Infolgedessen gelten nicht die Vorschriften über die Unmöglichkeit (§ 325 BGB), sondern die über den Verzug (§§ 284 ff., 326 BGB).

Das bedeutet, daß der Käufer hinsichtlich der Akkreditivstellung zunächst durch Mahnung in Verzug gesetzt werden muß (§ 284 BGB). Der Käufer kann gemäß § 284 Abs. 2 S. 1 BGB auch ohne Mahnung in Verzug geraten, wenn sich aus dem Kaufvertrag, insbesondere aus der Akkreditivklausel, ein Zeitpunkt ergibt, nach welchem die Akkreditivstellung keinen Sinn mehr hat (Verschiffungsfrist[15] oder Laufzeit des Akkreditivs o. ä.). Gerät der Käufer in Verzug, muß ihm der Verkäufer normalerweise eine Nachfrist setzen,

[13] RGZ 103, 376, 380; OLG Nürnberg NJW 1966, 2272/2273; RGRK-HGB-Godin § 365 Anh. I, 41, S. 577; Liesecke WM 1966, 177; Wiele S. 38. Zum Parallelfall bei der Garantie vgl. Liesecke WM 1968, 23.

[14] Vgl. dazu RGZ 91, 46/47; Schlegelberger-Hefermehl Anh. zu § 365, 162.

nach deren ergebnislosem Ablauf er zum Rücktritt vom Vertrag oder zur Geltendmachung eines Schadensersatzanspruchs wegen Nichterfüllung berechtigt ist[16]. Wenn die Erfüllung des Vertrages infolge des Verzuges für ihn kein Interesse mehr hat, stehen ihm die genannten Rechte gemäß § 326 Abs. 2 BGB auch ohne Nachfristsetzung zu[17]. Dies wird in der Praxis häufig der Fall sein, insbesondere dann, wenn der Käufer erst mit dem Ablauf der Verschiffungsfrist oder der vorgesehenen Laufzeit des Akkreditivs in Verzug gerät.

Das geschilderte Verfahren entspricht indessen nicht der Regel. Im Außenhandelsgeschäft spielen feste Termine und Fristen eine besondere Rolle[18]. Daher wird in den Akkreditivklauseln vielfach ein Termin genannt, bis zu welchem die Akkreditivstellung erfolgt sein muß. Häufig ist auch „sofortige Akkreditivstellung" ausbedungen, oder es ergibt sich aus den Umständen, daß der Käufer unverzüglich oder bis zu einem bestimmten Termin das Akkreditiv zu stellen hat. Man wird insbesondere bei Akkreditiven mit sehr kurzer Laufzeit, die ersichtlich machen, daß alsbaldiger Versand der Ware gewollt ist, annehmen können, daß der Käufer das Akkreditiv sofort eröffnen lassen muß. In diesen Fällen liegt ein *Fixgeschäft* im Sinne des § 376 HGB vor[19]. Der Verkäufer ist, wenn ihm das Akkreditiv nicht sofort oder zu dem festgesetzten Termin gestellt wird, ohne Fristsetzung zum sofortigen Rücktritt vom Vertrag berechtigt. Dabei kommt es nicht darauf an, ob die Verzögerung vom Käufer verschuldet ist oder nicht[20]. Liegt ein Verschulden vor, so hat der Verkäufer die Wahl zwischen dem Rücktritt vom Vertrag und dem Verlangen nach Schadenersatz wegen Nichterfüllung. Wählt er das letztere, so kann er auf Erfüllung des Vertrages nur noch bestehen, wenn er dies Verlangen dem Käufer sofort nach Fristablauf mit-

[15] Pavia & Co. S. p. A. v. Thurmann-Nielsen, (1952) 2 Q. B. D. 85 ff.; Sinason-Teicher, Inter-American Grain Corporation v. Oilcakes & Oilseeds Trading Company Ltd. (1954) l. Ll. L. Rep. 376 ff.; siehe auch Jan Stach Ltd. v. Baker Bosley Ltd. (1958) 2 W. L. R. 419.

[16] Vgl. RGZ 103, 376, 380; OLG Nürnberg NJW 1966, 2278/2279; OLG München NJW 1958, 752; Enneccerus-Lehmann § 101 III 4.

[17] In RGZ 104, 373, 375/376, ist als Beispiel für einen Fortfall des Interesses des Verkäufers der Fall genannt, daß der Verkäufer auf Grund der Verzögerung sein Gegenakkreditiv zurückgezogen oder die Möglichkeit verloren hat, ein solches zu stellen.

[18] Vgl. dazu auch den Fall in BGH WM 1969, 1208.

[19] Vgl. dazu RGZ 96, 255; 104, 39, 41; 104, 373, 375; BGH WM 1958, 456, 458; OLG Nürnberg NJW 1966, 2273; BAG NJW 1967, 414/415; Schlegelberger-Hefermehl Anh. zu § 365, 159; RGRK-HGB-Godin Anh. I zu § 365, 58; Liesecke WM 1966, 177, 460, mit Hinweisen auf die ausländische Gerichtspraxis; aber auch OLG München NJW 1958, 752.

[20] Insbesondere kann es dem Verkäufer nicht zur Last gelegt werden, wenn er die Akkreditivstellung nicht anmahnt; er ist dazu nicht verpflichtet. Vgl. dazu RG JW 1921, 1313; 1922, 647; RG BA XX, 345; RGRK-HGB-Godin Anh. I zu § 365, 57.

teilt. Liegt kein Verschulden des Käufers für die Verzögerung vor, hat der Verkäufer nur das Recht, vom Vertrag zurückzutreten[21].

Unabhängig davon, ob ein Fixgeschäft vorliegt oder nicht, muß der Käufer im Verhältnis zum Verkäufer die Verspätung bei der Akkreditivstellung auch dann gegen sich gelten lassen, wenn sie nicht von ihm selbst, sondern von der von ihm mit der Akkreditivstellung beauftragten Bank verursacht worden ist. Denn die Bank ist im Verhältnis zum Verkäufer Erfüllungsgehilfin des Käufers[22].

Es genügt nicht, daß der Käufer seiner Bank rechtzeitig den Akkreditivauftrag erteilt, sondern er ist dem Verkäufer gegenüber auch dafür verantwortlich, daß die Bank den Auftrag vor Ablauf der mit dem Verkäufer vereinbarten Frist ausführt[23].

Für die Akkreditivbank ergibt sich aus dem Gesagten als Rechtspflicht das Gebot, den Käufer in seinem Außenverhältnis zu schützen; sie darf nicht von seinen Weisungen abweichen und muß den Auftrag zur Akkreditiveröffnung ohne Verzögerung bearbeiten. Sie muß entweder dem Verkäufer unverzüglich ihre Mitteilung über die Akkreditiveröffnung zuleiten oder ihrem Akkreditivkunden unverzüglich mitteilen, sie lehne die Akkreditiveröffnung ab[24].

Aber nicht nur für den Käufer, sondern auch für den Verkäufer bringt die Akkreditivklausel gewisse Pflichten mit sich. Dazu gehört zunächst, daß dieser alles tun muß, damit der Käufer das Akkreditiv auch stellen kann. So muß er dem Käufer z. B. notwendige Einzelheiten über Art oder Beschaffenheit der Dokumente mitteilen, wenn die Vereinbarungen der Parteien im Kaufvertrag insoweit bewußt unvollständig geblieben sind[24a]. Das kann der Fall sein, wenn bei Abschluß des Kaufvertrages noch Unklarheiten z. B. über die Art und den Weg der Warenversendung und damit über die zu beschaffenden Dokumente bestanden. Unterläßt der Verkäufer derartige Mitwirkungshandlungen, so gerät er seinerseits in Verzug. Das kann dazu

[21] Vgl. zum Vorstehenden auch Schmitthoff S. 218 ff. für das englische Recht.

[22] Schlegelberger-Hefermehl Anh. zu § 365, 156; RGRK-HGB-Godin Anh. I zu § 365, 41, S. 577, 578; Liesecke WM 1966, 460.

[23] Dagegen braucht der Käufer entgegen RG BA XX, 253 ff., nicht auch den Akkreditivbetrag bei der Akkreditivbank angeschafft zu haben, um seinen Verpflichtungen gegenüber dem Verkäufer zu genügen. Das Verhältnis zwischen Bank und Käufer berührt den Verkäufer nicht.

[24] RGZ 103, 376, 379/380; 105, 32, 34; Liesecke WM 1966, 460. Schlegelberger-Hefermehl Anh. zu § 365, 98. Für den Fall, daß Akkreditiveröffnung mit einer Kreditinanspruchnahme verbunden werden soll, vgl. unten S. 65 ff.

[24a] Entsprechendes ergibt sich aus einem Schweizer Urteil, veröffentlicht in Semaine Judiciaire1968,633 u . 649; eine Bank hatte den Versuch gemacht, ein Akkreditiv dadurch unbenutzbar zu machen, daß sie pflichtwidrig die ihr obliegende Benennung des zu wählenden Schiffes unterließ,und zwar nicht deshalb, weil Verschiffungsgesichtspunkte dies nahelegten,sondern weil sie sich aus anderen Gründen aus ihrer Akkreditivverpflichtung herauswinden wollte. Das Gericht charakterisierte dies Verhalten als positive Vertragsverletzung.

führen, daß der Käufer seinerseits vom Vertrag zurücktreten oder Schadensersatz wegen Nichterfüllung verlangen kann.

Aus der Akkreditivklausel im Kaufvertrag resultiert die Verpflichtung des Verkäufers, der dazu vorgesehenen Bank diejenigen Dokumente, gegen die Zahlung geleistet werden soll, vollständig und rechtzeitig einzureichen. Ebenso wie die Akkreditivstellung auf seiten des Käufers ist die fristgerechte Dokumenteneinreichung als Hauptverpflichtung des Verkäufers aus dem Kaufvertrag anzusehen[25]. Kommt der Verkäufer dieser Pflicht nicht nach, so gilt Entsprechendes wie bei einer Pflichtverletzung des Käufers[26]. Auf die obigen Ausführungen kann insoweit verwiesen werden.

Die Pflicht zur Dokumenteneinreichung besteht wohlgemerkt nur gegenüber dem Käufer, nicht aber gegenüber der akkreditivstellenden Bank. Da aber die Bank (z. B. bei Kreditgewährung) ein Interesse daran haben kann, daß der im Akkreditiv begünstigte Verkäufer auch ihr gegenüber zur Dokumenteneinreichung verpflichtet ist, läßt sie sich oftmals von dem Käufer (am besten formularmäßig bei Erteilung des Auftrages zur Akkreditiveröffnung) seine Ansprüche gegen den Verkäufer aus dem Grundgeschäft abtreten. Dann können Käufer und Verkäufer ohne Einwilligung der Bank keinen anderen Weg der Zahlung vereinbaren, was für die Bank z. B. dann wichtig ist, wenn sie eine Anzahlung finanziert hat. Eine solche Abtretung kann auch im Interesse des Käufers liegen. Im Falle der Abtretung können (wirkliche oder vermeintliche) Gläubiger nicht mit einstweiligen Verfügungen etc. eingreifen, was in Frage kommt, wenn der Lieferungsanspruch des Käufers — durch eine geleistete Anzahlung — einen wirtschaftlichen Wert verkörpert.

Wie oben erwähnt, ist die Pflicht des Käufers, das Akkreditiv zu stellen, eine Vorleistungspflicht. Infolgedessen kommt § 321 BGB[27] für den seltenen Fall in Betracht, daß bei dem Verkäufer eine so wesentliche Verschlechterung seiner Vermögensverhältnisse eintritt, daß seine Fähigkeit zur Lieferung ernstlich zweifelhaft erscheint. Dem Käufer droht Nichtlieferung durch den Verkäufer. Könnte er sich nicht auf § 321 BGB berufen, so müßte er trotz einer solchen die Lieferung in Frage stellenden Verschlechterung der Vermögenssituation des Verkäufers das Akkreditiv stellen und abwarten, ob der Verkäufer liefert oder nicht. Seine Akkreditivstellung und die damit verbundenen Aufwendungen wären vergeblich, wenn der Verkäufer später nicht leistet; ein Schadensersatzanspruch gegen den Verkäufer wäre wegen dessen schlechter Vermögenslage kaum realisierbar. Bei Vermögensverfall des Verkäufers kann daher der Käufer je nach Lage des Falles vor Stellung des

[25] Schlegelberger-Hefermehl Anh. zu § 365, 161.

[26] Vgl. OLG Nürnberg NJW 1966, 2273; RGRK-HGB-Godin Anh. I zu § 365, 61.

[27] § 321 BGB lautet: „Wer aus einem gegenseitigen Vertrage vorzuleisten verpflichtet ist, kann, wenn nach dem Abschluß des Vertrages in den Vermögensverhältnissen des anderen Teiles eine wesentliche Verschlechterung eintritt, durch die der Anspruch auf die Gegenleistung gefährdet wird, die ihm obliegende Leistung verweigern, bis die Gegenleistung bewirkt oder Sicherheit für sie geleistet wird."

Akkreditivs verlangen, daß ihm durch den Verkäufer eine Sicherheit (z. B. in Form einer Leistungsgarantie einer Bank) gegeben wird[28].

Trotzdem die Erfüllung des Akkreditivs in Erfüllung einer Pflicht aus dem Kaufvertrag erfolgt, gewinnt das Akkreditivverhältnis zwischen Bank und Begünstigtem ab Akkreditiveröffnung eine rechtliche Unabhängigkeit vom Kaufvertrag. Beide Rechtsverhältnisse bestehen nebeneinander. Nicht einmal die Nichtigkeit des Kaufvertrages ergreift ohne weiteres auch das Zahlungsversprechen der Bank aus dem Akkreditiv[29].

III. Akkreditivauftrag des Käufers an die Bank

A. Rechtsnatur des Auftrages

Bei dem Rechtsverhältnis zwischen Akkreditivsteller (Käufer) und Akkreditivbank handelt es sich nach herrschender und zutreffender Ansicht um einen *Werkvertrag*, der eine Geschäftsbesorgung, d. h. „eine wirtschaftliche Leistung geistiger Art" zum Gegenstand hat (§§ 630 ff., 675 BGB)[1]. Inhalt dieses Vertrages ist die Verpflichtung der Bank, gegenüber dem Begünstigten (Verkäufer) ein selbständiges, durch die fristgerechte Einreichung bestimmter vorgeschriebener Dokumente bedingtes Schuldversprechen abzugeben, auf Grund dessen der Verkäufer — unabhängig sowohl von seinen Rechtsbeziehungen zum Käufer als auch von dem zwischen dem Käufer und der Bank bestehenden Rechtsverhältnis — Zahlung des Akkreditivbetrages von der Bank verlangen kann, sofern er dieser die vorgeschriebenen Dokumente fristgerecht einreicht. Die Bank schuldet dem Käufer demnach nicht nur wie beim Dienstvertrag (§§ 611 ff. BGB) eine Tätigkeit, sondern einen Erfolg, was für einen Werkvertrag kennzeichnend ist.

Das Rechtsverhältnis zwischen Akkreditivauftraggeber und Akkreditivbank ist normalerweise unter nationalrechtliche Rechtsbegriffe zu subsumieren. Einmal ist die Regelung in den ER nicht erschöpfend[2]. Zum anderen handelt es sich bei diesem Rechtsverhältnis nicht immer um einen Fall internationalrechtlicher Prägung. Normalerweise domizilieren Akkreditivbank und Akkreditivsteller in demselben Lande, was zur Folge hat, daß in

[28] Vgl. dazu auch RGRK-HGB-Godin Anh. I zu § 365, 58, S. 604; Wiele S. 36. Gegen die Anwendung des § 321 BGB Angersbach S. 80.

[29] RGZ 97, 114; DJZ 1923, 631. In beiden Fällen war der Kaufvertrag im Hinblick auf Gesetze über die Warenbewirtschaftung nichtig; trotzdem behielten die Akkreditive ihre Verbindlichkeit.

[1] RGZ 114, 268, 270; BGH WM 1958, 1542/1543; RGRK-HGB-Godin Anh. I zu § 365, 41, S. 576; Liesecke WM 1966, 460; Baumbach-Duden Anh. I zu § 406, 8 C; Schütz S. 395; Wiele S. 34; Schneider S. 38; Enneccerus-Lehmann § 101 III 4; Schubert BB 1952, 128.

[2] Vgl. Liesecke WM 1966, 460.

Ergänzung der ER das Recht dieses Landes auf das Rechtsverhältnis zwischen beiden anzuwenden ist, unabhängig davon, welches Recht den übrigen Akkreditivbeziehungen zugrunde zu legen ist[3].

Aus dem Vorstehenden folgt, daß der — in der Praxis so bezeichnete — Akkreditivauftrag des Käufers an die Bank ein Angebot zum Abschluß eines Geschäftsbesorgungsvertrages darstellt.

Wünscht der Käufer in Verbindung mit seinem Auftrag zur Eröffnung eines Akkreditivs eine Krediteinräumung, tritt er üblicherweise schon zusammen mit der Auftragserteilung seine Ansprüche gegen den Verkäufer aus dem Kaufvertrag an die Bank ab, was aus vielen Gründen zweckmäßig ist. Das gleiche gilt bei der Erteilung von Aufträgen zur Durchführung eines Dokumenteninkasso, wenn von der Bank eine Vorfinanzierung erbeten wird.

B. Verbindlichkeit und Form des Akkreditivauftrages

Der Akkreditivauftrag ist eine Willenserklärung, für deren Gültigkeit die allgemeinen gesetzlichen Vorschriften gelten. Wesentlicher Inhalt des Vertragsangebotes des Käufers an die Bank ist seine Bitte, die Bank möge sich unter besonders spezifizierten Bedingungen dem Käufer gegenüber ihrerseits verpflichten, an diesen Zahlung zu leisten[4].

Der Akkreditivauftrag muß, um gültig zu sein, von vertretungsberechtigten Personen erteilt werden. Es kommt vor, daß der Auftraggeber es versäumt, den Auftrag zu unterschreiben, oder daß der Auftrag die Unterschrift von Personen trägt, die an sich eine rechtsverbindliche Erklärung für den Käufer nicht abgeben können. In beiden Fällen liegt ein verbindliches Vertragsangebot des Käufers nicht vor; derjenige, der den Akkreditivauftrag in dieser Form im Namen des Käufers bei der Bank einreicht, handelt als Vertreter ohne Vertretungsmacht. Entsprechendes gilt bei telefonisch übermittelten Aufträgen durch nicht allein vertretungsberechtigte Personen. Die Wirksamkeit des Vertrages mit der Bank hängt von der Genehmigung des Käufers ab (§ 177 BGB).

In allen Fällen, in denen nach Lage der Verhältnisse nicht auszuschließen ist, daß sich auf Grund des von nicht vertretungsberechtigten Personen erteilten Auftrags Schwierigkeiten ergeben können, tut die Bank gut daran, mit der Eröffnung des Akkreditivs zu warten, bis der Auftrag des Käufers in rechtsverbindlicher Form vorliegt. Bei sofortiger Eröffnung läuft die Bank Gefahr, daß der Käufer hinterher der Ausführung des Auftrages widerspricht. Dann aber ist es für die Bank zu spät, weil sie dem Begünstigten gegenüber bereits gebunden ist.

Ist die Bank im Einzelfall sicher, daß der Käufer die Ausführung des Auftrags genehmigen wird, so wird sie das Akkreditiv ohne weiteres Ab-

[3] Vgl. dazu oben S. 19.

[4] Zur Annahme des Akkreditivauftrags durch die Bank vgl. S. 67/68.

warten eröffnen. In der widerspruchslosen Entgegennahme der von der Bank dem Käufer übersandten Kopie des Akkreditiveröffnungsschreibens liegt die stillschweigende Genehmigung des zunächst von nicht vertretungsberechtigten Personen erteilten Akkreditivauftrages.

Wenn der Käufer es über einen längeren Zeitraum geduldet hat, daß Akkreditivaufträge von Sachbearbeitern erteilt werden, die zur rechtsgeschäftlichen Vertretung nicht berechtigt sind, wird darin die Erteilung einer Spezialvollmacht liegen[5]. Der Käufer kann sich dann nicht darauf berufen, daß der Akkreditivauftrag von ihm nicht in verbindlicher Form erteilt sei[6].

Für den Akkreditivauftrag ist keine bestimmte *Form* vorgesehen. Der Auftrag kann also sowohl mündlich oder fernmündlich als auch schriftlich erteilt werden. Auf eine mündliche Auftragserteilung wird sich eine Bank jedoch nur einlassen, wenn im Ausnahmefall ganz besondere Umstände sie dazu bewegen. Auch die freie Schriftform ist aus der Praxis im Laufe der Zeit fast völlig verdrängt worden. Diese beiden Arten der Auftragserteilung bergen so viele Quellen für Mißverständnisse und Unklarheiten in sich, daß sie einen reibungslosen Ablauf des seinem Wesen nach formstrengen Akkreditivgeschäftes nicht gewährleisten. Der immer stärker anwachsende Akkreditivverkehr hat deshalb zu einer formularmäßigen Bearbeitung sowohl der Akkreditivaufträge der Käufer an die Banken als auch der von den Banken eröffneten Akkreditive geführt[7].

Es haben sich internationale Standardformulare entwickelt, die von der Internationalen Handelskammer in Form von Mustern veröffentlicht worden sind; an diese lehnen sich die Formulare der Banken an[8]. Die Formulare der IHK betreffen die Eröffnung von Akkreditiven gegenüber dem Begünstigten. Sie enthalten in vorgedruckten Spalten sämtliche Punkte, zu denen Angaben des Akkreditivstellers und Weisungen an die Bank in Betracht kommen. Den Standardformularen für die Akkreditiveröffnung entsprechen die in der Praxis für den Akkreditivauftrag benutzten Formulare. Durch deren Verwendung wird erreicht, daß der Akkreditivsteller veranlaßt wird, bereits im Akkreditivauftrag zu allen wesentlichen Punkten Angaben zu machen und Weisungen zu erteilen. Die Übereinstimmung beider Formulartypen bietet eine Sicherheit dafür, daß die Bank die für ein ordnungsgemäßes Akkreditiv erforderlichen Weisungen auch vollständig erhält und dann das Akkreditiv entsprechend den Weisungen des Akkreditivauftraggebers eröffnen kann. Um klarzustellen, daß die ER in ihrer neuesten

[5] Es kann sich dabei auch um eine Duldungs- oder Anscheinsvollmacht handeln. Vgl. dazu Soergel-Schultze-v. Lasaulx § 167, 17 ff.; RGRK-BGB-Kuhn § 167, 4 ff.; Staudinger-Coing § 167, 9 ff.

[6] Entsprechendes gilt bei Änderungen von Akkreditiven. Dazu unten S. 67 f.

[7] Zu den gleichen Überlegungen in der anglo-amerikanischen Praxis des L/C vgl. Gutteridge-Megrah S. 41 ff.

[8] Vgl. S. 9. Formulare in Publication der IHK Nr. 268.

Fassung[9] maßgebend sein sollen, sollen die Importeure schon in ihren Auftragstext die Worte „Subject to Uniform Customs and Practice for Documentary Credits (1974 Revision), International Chamber of Commerce Publication No. 290" aufnehmen, die dann in den Text der Akkreditiveröffnung und gegebenenfalls in den Text des an eine zwischengeschaltete zweite Bank gerichteten Auftrages übernommen werden. Durch diese Textgestaltung werden die — ohnehin geltenden — Regeln der ER dem Kunden ins Gedächtnis zurückgerufen.

C. Inhalt der Weisungen für die Akkreditiveröffnung

1. *Allgemeine Grundsätze*

Die Weisungen des Käufers im Akkreditivauftrag müssen, wie es in den ER, Allgemeine Regeln d,) heißt, „vollständig und genau" sein; „zu weitgehende Einzelheiten" sind zu vermeiden. Die Bank, die die Weisungen des Käufers zur Grundlage für ihr eigenes Zahlungsversprechen gegenüber dem Begünstigten macht, steht in keiner direkten Beziehung zu dem Warengeschäft zwischen Käufer und Verkäufer und braucht auch keine Kenntnis von Einzelheiten dieses Geschäftes zu haben[10]. „Banks deal in documents, not in goods."

Der Käufer soll einerseits im Akkreditivauftrag die Bank nicht mit detaillierten Vorschriften überlasten, deren Erfüllung für den eigentlichen Akkreditivzweck gar nicht erforderlich ist. Es ist z. B. für eine Verschiffung nach Südamerika in der Regel gleichgültig, ob die Ware in Hamburg, Bremen oder Rotterdam aufs Schiff gebracht wird. Warum also „Hamburg" verlangen, wenn „Nordseehafen" genügt? Andererseits muß aber der Akkreditivauftrag alle notwendigen Angaben auch vollständig enthalten. Nur dann hat die Bank die Möglichkeit, dem Begünstigten einen unzweideutigen Inhalt seiner Akkreditierung mitzuteilen und ihm genau zu sagen, wie die Dokumente, zu deren Honorierung sie sich verpflichtet, beschaffen sein müssen.

[9] Überleitungsregeln für die Abgrenzung zwischen den alten und den neuen ER finden sich in Document 450/251 der I. C. C. Grundsätzlich gelten für die *vor* dem 1. Oktober 1975 eröffneten Akkreditive, auch wenn sie dem Begünstigten später zugehen oder wenn später Änderungen oder Ergänzungen (amendments) erfolgen, die alten ER weiter. Sollen die neuen ER gelten, muß dies bei der Änderung — das gleiche gilt bei Verlängerungen — ausdrücklich in den Text aufgenommen werden, was u. U. der Zustimmung aller Beteiligten bedarf.

[10] Vgl. dazu auch die Besprechung des „Rayner Case" bei Gutteridge aaO., S. 67. McLaughlin aaO., S. 1377/78, hebt mit Recht hervor, daß Einreden der Bank aus dem Warengeschäft selbst dann nicht zulässig sind, wenn die Bank sich von der mangelhaften Qualität der Ware überzeugt hat. Über Ausnahmen vgl. unten S. 155 ff. Vgl. auch ER, Allgemeine Regeln c), Art. 8 I; Erl. IHK, Allgemeine Bestimmungen 2.

Der Aufbau von Akkreditivaufträgen soll den Kunden durch die von den Banken zur Verfügung gestellten Formulare erleichtert werden; die Banken können aber mangels Sachkenntnis vom Warengeschäft in den Formularen nicht mehr als einen allgemeinen Rahmen für die einzelnen Akkreditivbedingungen bieten. Die sinnvolle Anpassung des Akkreditivs an das Warengeschäft liegt außerhalb ihrer Kompetenz und ist ausschließlich Sache des Kunden. Trotz aller Vordrucke erfordert daher die Ausfüllung Umsicht und Sorgfalt und die Berücksichtigung aller Besonderheiten des Einzelfalles. Je klarer die Weisungen des Kunden sind, um so weniger kommen die Banken in die ihnen nicht erwünschte Lage, nach ihrem Ermessen selbst über die Aufnahme von Dokumenten entscheiden und damit eine ihnen nicht angenehme und vielfach auch nicht zumutbare Verantwortung übernehmen zu müssen.

Aus vielerlei Gründen empfiehlt es sich — was die Importeure aber manchmal nicht wollen —, daß der Käufer (bei Akkreditivstellung) formularmäßig seine Ansprüche gegen den Verkäufer aus dem Grundgeschäft an die Akkreditivbank abtritt. Dadurch werden viele — im voraus meist gar nicht vollständig zu übersehende — Zusammenhänge juristisch in den Bereich undisputierbarer Klarheit gezogen (z. B. Eigentumsübergang; Kontinuierlichkeit dinglicher Sicherheiten; Indossamentsfragen; Zwangsvollstreckung). Auf jeden Fall ist eine solche Abtretung vorzusehen, wo der Käufer von der Akkreditivbank irgendeine Form von Kredit in Anspruch nimmt. Es wird empfohlen, sich nicht allein auf Ziffer 19 Abs. 2 AGB zu verlassen. Bei einem Inkasso gilt Entsprechendes hinsichtlich Ziffer 44 AGB.

Im einzelnen ergibt sich für den Aufbau eines Akkreditivauftrages — unbeschadet der besonderen Ausgestaltung im Einzelfall — folgendes:

2. *Benennung des Begünstigten*

Der Käufer kann eine Akkreditierung der richtigen Person oder Firma nur dann herbeiführen, wenn er Namen und Anschrift dieser Person oder Firma in seinem Akkreditivauftrag so genau und vollständig angibt, daß Verwechslungen ausgeschlossen sind. Dies ist vor allen Dingen bei Konzernen wichtig. Der Käufer muß klar erkennen lassen, welche Firma eines Konzerns begünstigt sein soll, die Herstellerfirma oder eine ihr angeschlossene, aber rechtlich selbständige Handels- oder Exportfirma; beide Firmen tragen oft einen ähnlichen oder fast gleichen Namen und unterscheiden sich vielfach lediglich durch einen Zusatz. Das Risiko, daß die Bank auf Grund einer unvollständigen Firmenangabe das Akkreditiv zugunsten eines falschen Begünstigten eröffnet oder daß sonstige Schwierigkeiten bei der Abwicklung entstehen, trägt der Käufer als Auftraggeber.

3. *Angaben betreffend Warenart, -menge und -beschaffenheit*

Besonders hier soll der Auftraggeber sich auf das Notwendige beschränken, dies aber vollständig und genau sagen. Eine noch so detaillierte Warenangabe schafft keineswegs eine absolute Sicherheit für den Käufer, daß auch die richtige Ware in vereinbarter Qualität versandt wird; auch die Quantität ist nicht unbedingt sichergestellt. Die Banken prüfen nicht, ob die versandte Ware die im Akkreditiv geforderte Art und Qualität hat; sie überwachen nur, ob die in den Dokumenten — mit Recht oder Unrecht — enthaltenen Angaben mit den Erfordernissen des Akkreditivs übereinstimmen. Darin liegt aber für den Käufer keine absolute Sicherheit: Die Rechnung enthält lediglich die Behauptung des Verkäufers, die dort beschriebene Ware versandt zu haben — mehr nicht, aber auch nicht weniger, was je nach dem „standing" des Verkäufers unterschiedlich zu beurteilen ist; und auf den Versanddokumenten beschränkt sich der Frachtführer durchweg auf Angaben bezüglich des rein äußeren Zustandes der Ware und ihrer Verpackung. Will der Käufer aus den Dokumenten eine Gewähr für die vertragsgemäße Art, Qualität und Menge der Ware haben, so muß er, anstatt überspannte Anforderungen an die Warenbeschreibung auf Rechnung und Versandpapier zu stellen, als Zusatzdokument die Abnahmebescheinigung einer Warenprüfstelle verlangen[11]. An dieser Stelle sei alledrings darauf hingewiesen, daß solche Dokumente ihren Zweck oft nur beschränkt erfüllen, da sie im allgemeinen auf Stichproben (10 %) beruhen und ohne Verbindlichkeit für den Aussteller aufgemacht werden. In aller Regel sollte für die Rechnung (und die Versanddokumente) nur eine Warenbezeichnung verlangt werden, die die wesentlichen Merkmale der Ware klar enthält.

Technische Einzelheiten sind auch aus dem Grunde zu vermeiden, weil oft für technische Daten im Lande des Begünstigten nicht die gleichen Bezeichnungen wie im Lande des Käufers gelten, so daß leicht Mißverständnisse und Verzögerungen entstehen, zumal die mit der Akkreditivabwicklung befaßten Banken oft gar nicht in der Lage sind, zu entscheiden, ob die aus den Dokumenten ersichtlichen technischen Angaben inhaltlich dasselbe besagen wie die in anderen Worten abgefaßten Angaben des Käufers[12].

Läßt sich die genaue Warenmenge bei Akkreditiveröffnung noch nicht übersehen, oder ist nach der Warenart eine ganz genaue Mengenabmessung (z. B. bei Verladung in Ballen o. ä.) nicht möglich, so soll der Käufer seine diesbezüglichen Angaben mit dem Zusatz „ungefähr" oder „circa" versehen. Ist dies geschehen, sind die Banken gemäß Art. 32 ER berechtigt und verpflichtet, Dokumente zu Lasten des Käufers aufzunehmen, auch wenn sie eine Über- oder Unterschreitung der angegebenen Warenmenge um maximal 10 % ausweisen.

4. *Bestimmung der Akkreditivsumme und der Währung*

Damit die Bank durch das Akkreditiv die Forderung des Verkäufers sichern kann, muß der Käufer ihr angeben, in welcher Währung die Forderung fakturiert werden soll und wie hoch sie sein wird. Etwa zuzuschlagende Nebenkosten sind zu spezifizieren, weil die Banken nicht unter allen Um-

[11] Vgl. zu derartigen Dokumenten im einzelnen S. 41 f., 141 ff.
[12] Vgl. als Beispiel den sog. „Coromandel-Case" auf S. 126, Anm. 53.

ständen verpflichtet sind, Rechnungen mit Nebenkosten zu honorieren, selbst wenn sich der Gesamtbetrag pro Wareneinheit im Rahmen des Akkreditivs hält[13]. Soll die genaue Höhe des Akkreditivbetrages z. Z. der Auftragserteilung noch nicht endgültig fixiert werden — z. B. weil die zu verschiffende Menge nur „circa" bestimmt ist —, so muß die Angabe des Akkreditivbetrages mit dem Zusatz „circa" o. ä. versehen werden. Dann darf die Akkreditivsumme bis zu 10 % nach oben oder unten variieren. Fehlt der Zusatz, so ist die Bank später bei der Bedienung des Akkreditivs berechtigt und dem Käufer gegenüber verpflichtet, keine Überschreitung der Akkreditivsumme zuzulassen[14].

Fakturiert wird je nach der Vereinbarung im Kaufvertrag in der Währung des Exportlandes, der des Importlandes oder in einer Drittwährung[15]. Das Kursrisiko[16] liegt im ersten Falle beim Importeur, im zweitgenannten Falle beim Exporteur, und im letztgenannten Falle haben beide Seiten ein Risiko. Das Kursrisiko läßt sich bei kurzfristigen Geschäften durch ein Devisentermingeschäft ausschließen. Die Wahl der Währung ist dann kursmäßig bedeutungslos. Sie kann aber immer noch preismäßig von Bedeutung sein, da sich manchmal für Abschlüsse in verschiedenen Währungen unterschiedliche Preise entwickeln. Im allgemeinen wird die Preisdifferenz dann gleich den Kosten für die Devisentermindeckung sein.

Wollen Verkäufer und Käufer bei einem Geschäft, bei welchem sie sich wegen langer Lieferfristen oder der Einräumung von langen Zahlungszielen nicht mit einem Devisentermingeschäft helfen können, das Kursrisiko unabhängig von der Wahl derjenigen Währung machen, in der fakturiert wird, so können sie dies durch eine Kursfixierung tun. Das gleiche gilt, wenn sie in einer Drittwährung fakturieren, also weder in der Währung des Exportlandes noch in der Währung des Importlandes.

Durch die Kursfixierung, die primär in den Kaufvertrag und nicht erst in das Akkreditiv gehört, bestimmen die Parteien, welche Währung sie als festen Wertmesser zugrunde legen wollen und welche Währung nachgiebig sein soll.[17]. Hier treten häufig Mißverständnisse und Schwierigkeiten auf. Es ist z. B. zweideutig, bei einem Export von Belgien nach Deutschland in US-

[13] Vgl. dazu S. 112 ff.

[14] Art. 32 ER. Wegen Unterschreitung siehe S. 114.

[15] Zum Zahlungsort von Auslandsschulden s. Mitteilungen 4/68 der IHK / Deutsche Gruppe, S. 40. Danach sind mangels anderer Vereinbarungen, die erforderlichenfalls üblich sind, Fremdwährungsschulden grundsätzlich durch Anschaffung im Heimatland der geschuldeten Währung zu begleichen.

[16] Vgl. dazu die ausführlichen und fundierten Ausführungen von Lipfert, Zahlungsverkehr, S. 102 ff., und Devisen- und Geldhandel, S. 138 ff.

[17] Der Verein Deutscher Maschinenbau-Anstalten e. V. empfiehlt folgende — der hier vertretenen Auffassung entsprechende — Währungsklausel: „Die Preise verstehen sich in $ (hfl.; ffrs; usw.) und sind errechnet auf der Basis einer Kursrelation von 1 $ = DM 3,67. Sollte sich zum Zeitpunkt des Eingangs der Zahlung bei ... (Bank in Deutschland) die Kursrelation geändert haben, so ist vom Käufer derjenige Betrag in $ anzuschaffen, der dem auf der ursprünglichen Kursrelation errechneten DM Betrag entspricht". Zur Rechtslage in Frankreich vgl. Mauro aaO.

Dollar zu fakturieren und als Kursfixierung hinzuzusetzen: „$ 1 = bfrs. 50 ". Ebenso zweideutig ist es, bei dem gleichen Geschäft in deutscher oder belgischer Währung zu fakturieren und den Kurs durch die Klausel „DM 1,— = bfrs. 12" zu fixieren. In beiden Fällen ist die Kursfixierung nicht eindeutig, weil sie die feste gegenüber der nachgiebigen Währung nicht klar genug erkennen läßt. Richtig ist es zu schreiben: „$ 1 = z. Z. bfrs. 50" bzw. „DM 1,— = z. Z. bfrs. $12^1/_2$". Damit ist klar zum Ausdruck gebracht, daß der $ bzw. die DM fest und der bfrs. nachgiebig sein, also das Risiko der Kursschwankung tragen soll[18].

Im übrigen ist anzumerken, daß sich in der Vergangenheit, nach Währungs-Aufwertungen bzw. -Abwertungen der DM-Aufwertung im Jahre 1969, die von deutschen Exporteuren mit ihren Abnehmern vereinbarten Währungsklauseln per Saldo deswegen nicht immer bewährt haben, weil sich die Abnehmer oftmals einfach weigerten, den Währungsverlust zu tragen und dieser aus Kulanzgründen ganz oder teilweise von dem Exporteur übernommen werden mußte. Diese Handhabung entsprach keineswegs der Rechtslage. Wenigstens zur Verbesserung der Verhandlungsposition sollte auf die Vereinbarung eindeutiger Währungsklauseln nicht verzichtet werden.

Zur Kurssicherung bei langfristigen Exportforderungen, für die ein Devisentermingeschäft nicht möglich ist, kommt auch die Aufnahme eines Fremdwährungskredites in der Währung und mit der Laufzeit der Exportforderung in Betracht. Der als Kredit aufgenommene Fremdwährungsbetrag wird sofort in Landeswährung gedreht und der Kredit bei Fälligkeit mit der dann auf die Exportforderung eingehenden Valuta bezahlt. Das Risiko der glatten Abwicklung liegt beim Exporteur.

Seit einigen Jahren gibt es in Deutschland die Möglichkeit, das Risiko des Wechselkurses bei der Hermes zu versichern[18a].

5. *Benennung der Dokumente*

Nach Art. 14 Abs. 1 ER *muß* der Text des Akkreditivs genau angeben, gegen welche Dokumente das Akkreditiv benutzbar sein soll. Daraus folgt, daß die beauftragte Bank die Ausführung eines Akkreditivauftrages verweigern kann, wenn und solange der auftraggebende Importeur die einwandfreie, klare Spezifikation der Dokumente unterläßt. Summarische Ausdrücke wie „erstklassige Dokumente", „die bekannten Dokumente" oder „qualifizierte Dokumente" sollen aus der Praxis verschwinden; Art. 15 ER (Revision 1951) besagte noch, daß mangels detaillierter Angaben im Akkreditiv die Banken nach eigenem Ermessen im Rahmen der Grundsätze der Handelsüblichkeit über die Aufnahme ihnen präsentierter Dokumente ent-

[18] Vgl. dazu auch Lehmann BA XIL, 252 ff., insbesondere 254/55; Kemmer S. 54/55; Lipfert, Devisen- und Geldhandel, S. 54/55.

[18a] Vgl. Dormans, Wechselkurssicherung durch Versicherung, Bank Betrieb 1972, 156.

scheiden[19]. Es lag im Interesse aller Beteiligten, hier eine straffere Regelung zu treffen, die zu Mißhelligkeiten und Meinungsverschiedenheiten weniger Anlaß bietet. Daher ist die klare Vorschrift des Art. 14 geschaffen.

Wird entgegen Art. 14 Abs. 2 ER doch einmal ein Akkreditiv unter Verwendung der nicht mehr als ausreichend angesehenen Kennzeichnung der Dokumente eröffnet, so honorieren die Banken gemäß Art. 14 Abs. 2 ER die Dokumente so, wie sie ihnen präsentiert werden, d. h. ohne Prüfung auf Handelsüblichkeit und ohne eigene Verantwortung. Sinn des Art. 14 Abs. 2 ist es nicht primär, eine Haftungsfreiheit der Banken zu schaffen, sondern disziplinierte Präzision der Auftraggeber herbeizuführen.

Die ER kennen zwei Kategorien von Dokumenten. Zur ersten gehören das Transportdokument (Art. 15—25 ER), das Versicherungsdokument (Art. 26—31 ER)[20] sowie die Handelsrechnung (Art. 32 ER). Für diese Gruppe legen die ER die wesentlichen handelsüblichen Charakteristika fest. Das hat für den Akkreditivsteller den Vorteil, daß er Zusatzangaben bezüglich dieser Dokumente nur zu machen braucht, soweit diese wegen der besonderen Umstände des Einzelfalles Angaben enthalten sollen, die nicht im Rahmen der fixierten Handelsüblichkeit liegen[21].

Mit einer zweiten Gruppe von Dokumenten machen die ER kurzen Prozeß. Die Dokumente dieser Art sind in Art. 33 ER beispielhaft aufgezählt. Es sind Zusatzdokumente, wie z. B. Konsulatsfaktura, Ursprungszeugnis, Qualitäts-, Gewichts- oder Analysenzertifikat. Sie werden mangels besonderer Weisungen von den Banken in der Form aufgenommen, in der sie präsentiert werden, ohne daß auch nur auf die Handelsüblichkeit von Aufmachung und Inhalt geachtet würde[22].

Die ER 1974 sind (Art. 33) in dieser Beziehung — mit Recht — noch rigoroser, als es der alte Art. 31 ER (Rev. 1962) war. Während es früher hieß „die Banken können ..." lautet es jetzt „die Banken nehmen die genannten Dokumente so auf", wie sie ihnen präsentiert werden. Das heißt, daß solche Dokumente — was bisher oft streitig war — auch vom Kreditbegünstigten selbst ausgestellt sein können, falls im Akkreditiv nicht angegeben ist, *wer* das betr. Dokument ausstellen soll.

An dieser Stelle sei auf einige Punkte hingewiesen, deren Beachtung für den Akkreditivsteller bei Abfassung des Akkreditivauftrages besonders wichtig erscheint. Nimmt er Kredit in Anspruch — was meist der Fall ist — nimmt der Käufer die im Hinblick auf die Kreditsicherung erforderlichen Vorschriften, die er im Einvernehmen mit seiner Bank abklärt, in seinen Akkreditivauftrag auf.

[19] Der gleiche Grundsatz galt auch in England; vgl. Chao v. British Traders and Shippers Ltd. (1954) 1 All ER 779, 791.

[20] Nur bei den meist vorkommenden Akkreditiven, denen eine Warenlieferung unter cif-Bedingungen zugrunde liegt. Bei anderen Lieferbedingungen, wie fob, fas, c + f, geht die Versicherung zu Lasten des Käufers und wird in der Regel auch von diesem besorgt.

[21] Zu den einzelnen Dokumenten vgl. S. 110 ff.

[22] Vgl. dazu im einzelnen S. 141 ff.

a) Der Käufer soll angeben, wie das Transportdokument indossiert sein soll. Dabei ist rechtzeitig zu klären, welche Erfordernisse sich unter dem Gesichtspunkt der Kreditsicherung ergeben. Oft dienen die Dokumente der kreditgebenden Bank als Sicherheit für eine Finanzierung des Importgeschäfts. Die sich insoweit hinsichtlich der Indossierung ergebenden formellen Erfordernisse sind vorausschauend in den Akkreditivauftrag einzuarbeiten[23].

b) Im Seeverkehr muß der Käufer unter den verschiedenen Konossementsarten eine klare Wahl treffen (Art. 19 ER). Auch muß er sich über die Verladung an Deck (Art. 22 ER), die Umladung (Art. 21 ER) und die Bezahlung der Frachtkosten und den darüber vom Ablader zu führenden Nachweis (Art. 16 ER) klar äußern. Die Neufassung der ER schützt in all diesen Fällen aus gutem Grund die Sicherheit des Rechtsverkehrs besser als früher, indem sie den Ermessensrahmen der Banken für den Fall unklarer Angaben durch den Käufer schärfer eingrenzt.

c) Nach Art. 18 ER nehmen die Banken nur „reine" Verladedokumente (clean documents) auf. Mitunter besteht in Handelskreisen Streit darüber, ob eine bestimmte Klausel die Dokumente, z. B. ein Konnossement, „unrein" macht. Kommt ein solcher Fall nach Lage der Verhältnisse in Betracht, stellt der Käufer zweckmäßigerweise im Akkreditivauftrag ausdrücklich klar, ob ein Dokument mit dieser Klausel als ordnungsmäßig anerkannt werden soll oder nicht[24].

d) Die von der Transportversicherung zu deckenden Risiken soll der Käufer im einzelnen angeben (Art. 29 ER). Die Bezeichnungen „all risks" oder „usual risks" (Art. 30) schützen ihn durchaus nicht immer hinreichend. Besser ist es, die Risiken aufzuzählen und dabei insbesondere die für den einzelnen Warentransport typischen Gefahren zu berücksichtigen[25]. Auch gegen eine ihm unerwünschte Selbstbeteiligung (Franchise) muß sich der Käufer im eigenen Interesse durch eine klare Angabe schützen (Art. 31 ER).

e) Besondere Sorgfalt muß der Käufer auf die von ihm aufgestellten Erfordernisse verwenden, wenn er eines der in Art. 33 ER aufgeführten Dokumente verlangt.

6. *Angaben betreffend den Warentransport*

Wenn es im Einzelfalle zweckmäßig ist, kann der Käufer besondere Vorschriften bezüglich der *Art der Warenverladung* machen (An-Deck-Verladung; Verladung unter Charterpartie und dgl.). Das vom Begünstigten vorgelegte Transportdokument muß dann die Einhaltung dieser Weisungen erkennen lassen[26].

Der Akkreditivauftrag muß eine Angabe darüber enthalten, von welchem Abladeort auf welchem *Transportweg* die Ware vom Begünstigten zu

[23] Vgl. dazu S. 123; 176 ff.
[24] Vgl. im einzelnen zu dem Problem der „reinen" Dokumente S. 127 ff.
[25] Vgl. auch S. 138 ff.
[26] Vgl. dazu S. 115 ff.

welchem Bestimmungsort versandt werden soll. Diese Angaben sind unerläßlich, weil sonst nicht zu erkennen ist, über welchen Frachtweg sich das Konnossement erstrecken soll[27].

Hinsichtlich der Angaben über den Transport sollten der Käufer und der Begünstigte rechtzeitig Bestimmungen fixieren, die das Nötige klar sagen, aber unnötige Einengungen vermeiden und später nicht zu Schwierigkeiten führen können. An anderer Stelle ist bereits erwähnt worden, daß es z. B. für einen Export aus Deutschland nach Übersee gewöhnlich belanglos ist, in welchem von mehreren in Frage kommenden Häfen die Ware verschifft wird. Schränkt der Käufer in seinem Akkreditivauftrag die Wahlmöglichkeit des Begünstigten zwischen den verschiedenen in Betracht kommenden Häfen unnötig ein, so nimmt er ihm damit — möglicherweise zu seinem eigenen Schaden — die Gelegenheit, den günstigsten Verschiffungsweg zu wählen.

Der Käufer muß der Klarheit wegen darauf achten, daß seine Angaben bezüglich des Transportweges sinnvoll zu den von ihm für das Akkreditiv geforderten Dokumenten passen. Hat er z. B. ein sog. Durch-Konnossement (through bill of lading) gefordert, so sollte die Angabe über den Transportweg auch den vorgesehenen Fluß- oder Landtransport mitumfassen und darf sich nicht auf die Angabe des Seeweges zwischen zwei Häfen beschränken[28]. Umgekehrt darf der Käufer unter einem einfachen See-Konnossement nicht als Transportweg in den Akkreditivauftrag einen Weg aufnehmen, der den Transport zum Abladehafen und vom Löschungshafen zum Sitz des Käufers umfaßt. Art. 19 und 21 ER regeln im Einzelnen, welche Dokumente die Banken aufnehmen und welche nicht.

Vor allem aber sollte der Akkreditivauftrag nicht einen Bestimmungsort angeben, der gar nicht erreicht werden kann, weil er nicht über einen Hafen, Bahnhof o. ä. verfügt. Eine Bank ist, wenn die Dokumente einen vom Akkreditiv abweichenden Bestimmungsort ausweisen, nicht verpflichtet und häufig auch nicht in der Lage zu prüfen, ob es sich hierbei um den dem Wohnsitz des Käufers nächstgelegenen und für seinen Güterverkehr zuständigen Bestimmungsort handelt. Es kann daher in der Praxis (insbesondere beim Landtransport) später zur lästigen Zurückweisung der Dokumente kommen, wenn in dieser Frage bei Erteilung des Akkreditivauftrages nicht sorgfältig verfahren war.

Schließlich muß sich der Käufer bei Erteilung des Akkreditivauftrages darüber klar äußern, ob *Teilverladungen* ausgeschlossen sein sollen oder nicht. Wenn er die Teilverladung verbieten will, muß er eine entsprechende Weisung erteilen (Art. 35 ER); ist nichts gesagt, sind Teilverladungen zulässig.

Die Notwendigkeit von Teilverladungen besteht immer dann, wenn es sich um einen Sukzessivlieferungsvertrag handelt oder wenn die Warenmenge die geschlossene Verladung auf einem Schiff oder in einem Eisenbahntransport usw. nicht zuläßt. Wo Teilversand ausgeschlossen ist, können nur

[27] Vgl. dazu S. 121.

[28] Vgl. dazu die Definition der „through bill of lading" in Erl. IHK, Art. 19 und die Ausführungen — auch zum unechten Durchkonnossement — auf S. 116.

Dokumente honoriert werden, die die gleichzeitige Verladung der gesamten Warenmenge des Akkreditivs auf ein und demselben Transportmittel, z. B. für die gleiche Reise auf demselben Dampfer, ausweisen[29]. Die Teilverladung darf nicht ausgeschlossen werden, wenn bei einem übertragbaren Akkreditiv die Übertragung in Teilbeträgen zugelassen ist (Art. 46 Abs. e ER)[30].

7. *Gültigkeitsdauer des Akkreditivs und Verladefristen*

a) Gültigkeitsdauer des Akkreditivs

Das Verfalldatum ist der letzte Tag, an dem der Begünstigte das Akkreditiv benutzen kann. Das Verfalldatum ist streng von dem Verladetermin zu unterscheiden[31].

Unwiderrufliche und *widerrufliche* Akkreditive *müssen* ein Verfalldatum tragen (Art. 37 ER). Fehlt ein solches Datum und ist dem Begünstigten gleichwohl die Eröffnung des Akkreditivs von der Bank mitgeteilt worden, so hat diese Eröffnungsmitteilung zunächst nur informatorischen Charakter. Verbindlich wird das Akkreditiv für die Bank erst, wenn sie die bei dem Käufer nachgeforderte Angabe des Verfalldatums dem Begünstigten mitgeteilt hat (Art. 6 i. V. m. Art. 37 ER)[32]. Fehlt das Verfalldatum, machen die Banken den Begünstigten zweckmäßigerweise auf die Unverbindlichkeit aufmerksam, ohne hierzu juristisch verpflichtet zu sein.

Es gibt keinen Handelsbrauch für die maximale Laufzeit eines unwiderruflichen Akkreditivs. Mangels besonderer Umstände — die in jüngerer Zeit im Rahmen großer Investitionsgüterexporte allerdings häufiger auftreten — sollten unwiderrufliche Akkreditive jedoch nicht länger als sechs Monate laufen, da sie sonst den Charakter als Instrument zur Abwicklung des Zahlungsverkehrs verlieren und in ein Finanzierungsinstrument übergehen. Es gibt (vor allem im Ausland) Banken, die eine Laufzeit von mehr als sechs Monaten grundsätzlich ablehnen, es sei denn, daß es sich um Investitionsgüterexporte handelt, wo sich eine lange Laufzeit aus der Natur des Einzelfalles ergibt.

Die Angabe der Gültigkeitsdauer sollte, sofern in das Akkreditiv eine zweite Bank eingeschaltet wird, zugleich erkennen lassen, *wo* das Akkreditiv bis zum Ablauf gültig sein soll[33].

Wegen der Verlängerung von Fristen galt früher (Art. 39 Abs. 1 ER Rev. 1962) die zwar sinnvolle, aber nicht sehr klare Regel, daß eine Herausschiebung des letzten Verschiffungsdatums automatisch eine entsprechende Verlängerung der Geltungsdauer des Akkreditivs herbeiführte, daß aber eine Verlängerung dieser Geltungsdauer *nicht* automatisch zu einer Verlängerung der Verschiffungsfrist führte. Die neue Fassung des Art. 39

[29] Zu der Bedeutung von Verladefristen bei Teilverladungen vgl. S. 47.

[30] Vgl. dazu im einzelnen S. 56.

[31] Siehe dazu S. 46.

[32] Ebenso RGRK-HGB-Godin Anh. I zu § 365, 61.

[33] Vgl. zur Bedeutung des Ortes, an dem das Akkreditiv für den Begünstigten benutzbar ist, S. 52 ff.

Abs. b macht nun die beiden Fristen voneinander unabhängig: Eine automatische Verlängerung tritt nicht mehr ein. Die Akkreditivbank muß eine gewollte Fristverlängerung sowohl für das letzte Verschiffungsdatum als auch für die Gültigkeitsdauer des Akkreditivs jeweils gesondert ausdrücklich aussprechen[34].

b) Verladefristen

Die Verladefrist besagt, bis zu welchem Tage die Ware verladen sein muß. Den Nachweis über die Einhaltung der Frist erbringt die Datierung des Transportdokumentes (Art. 15, 39 b ER[35]),

Das Verfalldatum ist sinnvoll auf die Verladefrist abzustimmen. In der Regel ist die Laufzeit des Akkreditivs etwas länger zu bemessen als die Versandfrist. Andernfalls kann der Begünstigte die Versandfrist nicht voll ausnutzen, da er die Dokumente spätestens bis zum Verfalltage des Akkreditivs bei der Bank präsentieren muß und zwischen Verschiffung und Einreichung der Dokumente je nach den technischen Gegebenheiten und Formalitäten sowie nach der Entfernung zwischen Verschiffungshafen und Sitz der Bank eine entsprechende Frist benötigt.

Wegen der Verlängerung der Verladefrist vgl. die oben über Verlängerung der Gültigkeitsdauer des Akkreditivs gemachten Ausführungen.

Gibt der Käufer kein Datum für den Ablauf der Versandfrist an, sondern beschränkt er sich entgegen der Richtlinie der ER Art. 40 b auf Anweisungen wie „prompt“, „unmittelbar“, „baldmöglichst“ o. ä., so muß der Begünstigte die Versendung gem. Art. 40 Abs. b ER innerhalb von 30 Tagen ab Datum der Akkreditiveröffnungsanzeige der eröffnenden oder einer avisierenden Bank an den Begünstigten vornehmen. — Weitere Auslegungsbestimmungen bezüglich der Zeitangaben enthalten die Art. 43 bis 45 ER.

Wichtig ist, daß der Käufer im Akkreditivauftrag den Ablauf von Fristen nicht an Stelle einer Datumsangabe an den Eintritt von Ereignissen knüpfen darf, die den mit der Akkreditivabwicklung befaßten Banken entweder gar nicht bekannt werden oder von ihnen zumindest im Zeitpunkt der Dokumentenaufnahme nicht sicher festgestellt werden können. Zum Beispiel finden sich in Akkreditivaufträgen hin und wieder dem Akkreditivgeschäft wesensfremde Klauseln, die die Akkreditierung des Begünstigten davon abhängig machen wollen, daß die Ware bis zu einem bestimmten Tage am Bestimmungsort angekommen sein muß. Ein solches Akkreditiv wird eine Bank nicht eröffnen. Dagegen ist ein Akkreditiv, in welchem dem Begünstigten Zahlung gegen Vorlage einer Empfangsbestätigung des Käufers versprochen wird, als zulässig anzusehen. Allerdings ist damit das Gebiet der echten Akkreditive schon weitgehend verlassen. Die Trennung zwischen Waren- und Zahlungsgeschäft ist beseitigt; denn der Käufer hat die Mög-

[34] Vgl. dazu auch S. 101 f.

[35] IHK Dok. Nr. 470/187 und 470/182. Ist eine Legalisierung von Dokumenten notwendig, kann diese in jedem Fall innerhalb der — verlängerten — Gültigkeitsdauer des Akkreditivs erfolgen.

lichkeit, die Erteilung der Empfangsbescheinigung und damit die Zahlung an den Begünstigten davon abhängig zu machen, daß er die Ware daraufhin geprüft hat, ob der Begünstigte kontraktgemäß geliefert hat.

Soll das Akkreditiv der Abwicklung eines Sukzessivlieferungsgeschäftes dienen, so ist bezüglich der Fristen für die einzelnen Lieferungen folgendes zu beachten: Sind im Akkreditiv nach Maßgabe des Akkreditivauftrages feste Liefertermine genannt, so bringt eine Fristversäumnis bei der Verladung einer einzelnen Teilpartie das Akkreditiv nicht nur für diesen Teil, sondern auch für die nachfolgenden Teillieferungen zum Erlöschen (Art. 36 ER). Im Interesse eines reibungslosen Geschäftsablaufs sollte der Käufer daher feste Termine für die einzelnen Teillieferungen nur dann verlangen, wenn dies wesentlich und wenn zu übersehen ist, daß der Begünstigte diese Fristen auch einzuhalten vermag. Der Akkreditivauftraggeber kann allerdings auch von der Regel des Art. 36 ER abweichende Weisungen erteilen (Art. 36 ER, letzter Halbsatz). Werden bei Sukzessivlieferungsgeschäften im Akkreditivauftrag überhaupt keine Angaben bezüglich der Fristen für die einzelnen Teillieferungen gemacht, so enthält auch das Akkreditiv keine Terminvorschriften, und der Begünstigte kann für alle Teillieferungen die gesamte Akkreditivfrist in Anspruch nehmen[36]. Aus dem Vorstehenden folgt, daß sich bei Sukzessivlieferungsgeschäften der Käufer bei Abfassung des Akkreditivauftrages sehr genaue Vorstellungen über die Fristen machen muß, damit die tatsächliche Abwicklung des Geschäfts im Ergebnis seinen Wünschen entspricht.

8. *Angaben bezüglich der Unwiderruflichkeit und Widerruflichkeit des Akkreditivs*

Der Akkreditivauftrag muß angeben, ob das Akkreditiv widerruflich oder unwiderruflich eröffnet werden soll. Fehlt eine Weisung hierüber, so eröffnet die Bank ein widerrufliches Akkreditiv, d. h. sie behält sich vor, das Akkreditiv gegenüber dem Begünstigten jederzeit zu annullieren oder abzuändern[37]. Die Bank wird — als Kundendienst — bei Unvollständigkeit des Akkreditivauftrages in diesem Punkt allerdings in der Regel beim Käufer zurückfragen. Fehlt im Akkreditiv selbst eine Angabe über die Widerruflichkeit oder Unwiderruflichkeit, so gilt das Akkreditiv gemäß Art. 1 Abs. b und c ER als widerruflich.

Für die Entscheidung, ob ein widerrufliches oder unwiderrufliches Akkreditiv gewählt wird, sind wirtschaftliche Überlegungen maßgebend, die der Käufer vor Erteilung des Akkreditivauftrages — meist im Rahmen des Kaufvertrages — mit dem Verkäufer abstimmt. Ohne an dieser Stelle die juristische Erörterung des Unterschiedes zwischen einem widerruflichen und unwiderruflichen Akkreditiv vorwegzunehmen[38], ist festzuhalten, daß das

[36] Eisemann S. 29/30.
[37] Vgl. dazu Art. 1 ER und ausführlich S. 75 ff.
[38] Dazu S. 76.

unwiderrufliche Akkreditiv dem Verkäufer größere Sicherheit bietet als das widerrufliche. Wegen der in ihm liegenden festen Verpflichtung der Bank ist es allerdings etwas teurer als das widerrufliche; die Kosten erhöhen sich um die Unwiderruflichkeitsprovision der Bank.

Der Verkäufer verlangt die größere Sicherheit, die in einem unwiderruflichen Akkreditiv liegt, nicht immer nur aus eigenem Sicherungsbedürfnis. Sein Wunsch nach einem unwiderruflichen Akkreditiv kann auch dadurch hervorgerufen sein, daß er bei seiner Bank zum Einkauf oder zur Herstellung der verkauften Ware Kredit aufgenommen hat oder aufnehmen will, zu dessen Besicherung er das unwiderrufliche Akkreditiv benötigt. Ein widerrufliches Akkreditiv wird von den Banken nur in Ausnahmefällen als Kreditunterlage akzeptiert.

Wann fordert nun aber der Verkäufer, wenn ihm ein unwiderrufliches Akkreditiv unnötig oder nicht erreichbar erscheint, ein widerrufliches Akkreditiv, anstatt sich mit dem Einzug der Forderung auf dem Wege über ein Inkasso zu begnügen?

Während der Laufzeit eines widerruflichen Akkreditivs ist eine Sicherheit für den Begünstigten ebensowenig vorhanden wie bei einem Inkasso; denn das Widerrufsrecht der Akkreditivbank erlischt erst in dem Augenblick, in dem sie Zahlung leistet[39]. Zahlen wird die Bank natürlich nur dann, wenn ihr der Gegenwert von dem auftraggebenden Käufer angeschafft oder sie bereit ist, dem Käufer den Akkreditivbetrag zu kreditieren. Einen Vorzug gegenüber dem Inkasso bietet das widerrufliche Akkreditiv für den Verkäufer nur dann, wenn es bei einer Bank im Lande des Begünstigten zahlbar oder wenn es frei „negoziierbar“ gestellt ist[40]. In diesen beiden Fällen erlischt das Widerrufsrecht der Akkreditivbank nach Art. 2 ER bereits mit der Zahlung oder Negoziierung durch die zweite Bank. Bei einem Inkasso dagegen bekommt der Begünstigte erst dann Klarheit, ob die Dokumente honoriert werden, wenn sie über die Inkassobank dem Käufer präsentiert sind und dieser über ihre Bezahlung entschieden hat. Praktisch besteht demnach der Vorteil des widerruflichen Akkreditivs gegenüber dem Inkasso in einem Zeitgewinn für den Verkäufer: Er erhält im Zweifel sein Geld früher als beim Inkasso.

Aus den genannten Gründen liegt es nahe, widerrufliche Akkreditive im Lande des Begünstigten (oder eventuell einem dritten Lande) zahlbar oder negoziierbar zu stellen. Erfolgt dies nicht, so kann mit Rücksicht auf die Kostenersparnis und die Vereinfachung des Geschäftsablaufes von einer Akkreditivstellung überhaupt abgesehen und die Kaufpreisforderung genau so gut im Wege eines Inkasso hereingeholt werden; es sei denn, daß die Akkreditivstellung eine nicht in der dokumentären Zahlungssicherung liegende Bedeutung gewonnen hat (z. B. im Hinblick auf Devisenbewirtschaftung, Einfuhrbeschränkungen oder Stichtage für „Wartezimmer“).

[39] Vgl. S. 78 ff.
[40] Dazu S. 52 ff.

9. *Angaben, die die Einschaltung anderer Banken betreffen*

Eine Bank kann ein Akkreditiv nicht nur zugunsten eines Begünstigten in ihrem eigenen Lande, sondern auch zugunsten eines Verkäufers in jedem beliebigen anderen Lande eröffnen. So kann z. B. eine Hamburger Bank ein Akkreditiv direkt zugunsten eines in Mexiko ansässigen Exporteurs eröffnen. Gewöhnlich aber wird in einem derartigen Fall zusätzlich noch eine in Mexiko ortsansässige Bank eingeschaltet. Dies bietet erhebliche geschäftlich-praktische und rechtliche Vorteile.

Die Einschaltung der Bank im Lande des Begünstigten kann auf zweierlei Weise erfolgen:

Entweder teilt die von der Akkreditivbank eingeschaltete zweite Bank — ohne selbst eine Haftung zu übernehmen — dem Begünstigten lediglich mit (to advise), daß die Akkreditivbank das Akkreditiv eröffnet hat (womit beim Letter of Credit oft die Bereitschaftserklärung verbunden ist, die Dokumente je nachdem mit oder ohne Tratte bei Einreichung unter dem Obligo des Begünstigten zu negoziieren); oder die zweite Bank übernimmt selbst durch Erklärung gegenüber dem Begünstigten zugleich mit der vorgenannten Mitteilung neben der Akkreditivbank gesamtschuldnerisch die Haftung für die Erfüllung des in der Akkreditierung liegenden Schuldversprechens, d. h. sie „bestätigt" (to confirm) das Akkreditiv.

Die Auswahl der zweiten Bank geht in sehr vielen Fällen auf eine in den Kaufvertrag aufgenommene Anregung des Begünstigten zurück, wenngleich dieser an sich nicht das Recht hat, die zweite Bank zu bestimmen. Eigentlich ist es ausschließlich Sache der Akkreditivbank, die zwischengeschaltete zweite Bank auszuwählen, weil diese im Verhältnis zum Importeur ihre Erfüllungsgehilfin wird[41]. Es hat sich jedoch im Zusammenhang mit der Devisenbewirtschaftung und den damit verbundenen zahlreichen Formalitäten in der Praxis vielfach die Übung herausgebildet, daß der Begünstigte seine eigene Bankverbindung angibt, damit das Akkreditiv über diese Bank läuft. Diese Praxis ist im Grunde unnatürlich, weil so die Vertrauensbank der „Gegenseite", nämlich des Begünstigten, zum Geschäftsbesorger und damit verlängerten Art der Käuferseite wird, was manchmal für diese Bank zu Interessenkollisionen und Ärger mit der Kundschaft führen kann[42]. Gleichwohl sprechen manche Vorteile für diese Handhabung; mit einem Außenhandelsgeschäft sind u. U. umfangreiche und Arbeit verursachende Nebenvorgänge verbunden (z. B. Kurssicherungen, Vertreterprovisionszahlungen, Frachtregulierungen, sonstige Nebenkosten, Exportvergünstigungen, Retouren, Devisenbonus). In Zeiten einer Devisenbewirtschaftung erleichtert es die Abwicklung, wenn diejenige Bank eingeschaltet wird, die für den

[41] Vgl. dazu näher S. 82.

[42] Vgl. dazu die für diese Situation bezeichnend mißverständlichen Ausführungen von v. Petersdorff-Campen DB 1958, 947/948, und Ottersbach DB 1958, 1384, die eine Haftung der Bestätigungsbank nicht nur aus dem Akkreditiv, sondern darüber hinaus auch aus dem allgemeinen Bankvertrag zwischen der Bestätigungsbank und dem Begünstigten als deren Kunden herleiten. Vgl. auch Liesecke WM 1966, 466.

Exporteur ohnehin als Außenhandelsbank tätig ist. Es bleibt abzuwarten, ob sich auf längere Sicht nach dem zumindest in der Bundesrepublik längst erfolgten Abbau der Devisenbewirtschaftung wieder die alte Übung durchsetzen wird, der zufolge die Akkreditivbanken die Bankverbindung im Lande des Begünstigten oder einem Drittlande selbst aus dem Kreise ihrer Korrespondenten auswählen, ohne sich dabei von Wünschen des Begünstigten leiten zu lassen.

a) Das bestätigte Akkreditiv

Wird die Bestätigung des Akkreditivs durch eine zweite Bank gewünscht, so muß der Käufer dies ausdrücklich in seinem Akkreditivauftrag angeben[43]. Ohne eine solche ausdrückliche Anweisung beauftragt die Akkreditivbank die zweite Bank lediglich, das Akkreditiv dem Begünstigten ohne Übernahme eines eigenen Obligos mitzuteilen (zu avisieren). Gelegentlich soll das Akkreditiv nicht durch eine Bank im Lande des Begünstigten, sondern durch eine Bank in einem dritten Lande bestätigt werden. Normalerweise ist dieses dritte Land dann das Land derjenigen Währung, auf die das Akkreditiv lautet. Südamerikanische $-Akkreditive zugunsten deutscher Ablader erhalten z. B. oft eine Bestätigung durch eine New Yorker Bank. Eventuell ist mit einer solchen Bestätigung in einem Drittlande (z. B. London oder New York) die Finanzierung des Geschäfts durch einen Rembourskredit verbunden[44].

Entsprechend dem modernen Sprachgebrauch wird hier der Ausdruck „bestätigen" nur gebraucht, wenn die zweite Bank („Bestätigungs"-Bank) sich auch ihrerseits verpflichtet, bei Vorlage der im Akkreditiv geforderten Dokumente Zahlung an den Begünstigten zu leisten[45]. Dies entspricht der auch in Art. 3 b ER verwandten Ausdrucksweise, die sich schon in Art. 5 Abs. 2 ER (Revision 1951) fand. Leider kommt es immer noch vor, daß der Ausdruck „bestätigt" („confirmed") im gleichen Sinne wie unwiderruflich" („irrevocable") gebraucht wird und daß dann beide Ausdrücke sowohl im Verhältnis der Akkreditivbank zum Begünstigten als auch im Verhältnis der zweiten Bank zum Begünstigten benutzt werden[46].

Unabhängig von der Wortwahl muß in Zweifelsfällen immer genau geprüft werden, ob eine Verpflichtung nur für die Akkreditivbank oder für beide Banken begründet werden soll. Um Mißverständnisse auszuschließen,

[43] Über Bestätigungen von Akkreditiven, die — ohne daß ein Auftrag der Akkreditivbank vorliegt — auf Wunsch des Begünstigten vorgenommen werden, vgl. S. 84 ff.

[44] Zum Rembourskredit vgl. unten S. 222 ff.

[45] Ebenso RGRK-HGB-Godin Anh. I zu § 365, 47; Liesecke WM 1966, 462; v. Caemmerer JZ 1959, 362; Schneider S. 49; Wiele S. 30 ff., 50 ff.; Kemmer S. 28; Triegler S. 223; Stoufflet Nr. 31; Käser ZAIP 1956, 79 für die Praxis in den USA.

[46] So z. B. Schmitthoff S. 221 ff.; BGHZ 28, 129; Enneccerus-Lehmann § 101 III 4; Staudinger-Müller Vorbem. zu § 783, 11; RGRK-BGB-Kuhn Vor § 783, 11; Gautschi SchwJZ 1964, 35, 36, 49.

sollten sich die Akkreditivauftraggeber bemühen, eine klare Trennung vorzunehmen und von „unwiderruflich" nur im Zusammenhang mit der Akkreditivstellung durch die erste Bank zu sprechen, den Ausdruck „bestätigt" aber nur zu verwenden, wenn die Begründung einer zusätzlichen akkreditivmäßigen Verpflichtung durch die zweite Bank beabsichtigt ist.

Die in aller Regel, wie erwähnt, auf die Wünsche des Begünstigten zurückgehende Weisung des Käufers im Akkreditivauftrag, das Akkreditiv von einer Bank im Lande des Verkäufers bestätigen zu lassen, beruht auf dem Bestreben des Exporteurs, die Sicherheit für die Zahlung des Kaufpreises nicht nur im Lande des Käufers bei der Akkreditivbank, sondern auch im eigenen Lande zu haben. Nicht selten kennt der Begünstigte die Akkreditivbank im Ausland gar nicht und kann infolgedessen auch nicht übersehen, ob die Abwicklung des Geschäftes mit dieser Bank reibungslos vor sich gehen wird.

Aber selbst wenn der Begünstigte keinen Anlaß zu Mißtrauen gegenüber der Akkreditivbank hat, was meistens der Fall sein wird, kann ihm doch an einer Bestätigung des Akkreditivs durch eine Bank in seinem Lande gelegen sein, damit er zum Zeitpunkt der Einreichung der Dokumente bei dieser Bank die endgültige Auszahlung des Akkreditivbetrages erlangen kann. Eine große Rolle spielt die Bestätigung, wenn im Lande des Käufers Transferschwierigkeiten für Zahlungen nach dem Ausland bestehen. In diesem Falle gewinnt der Exporteur durch die in seinem Lande erfolgte Akkreditivbestätigung die Sicherheit, sofort bei Präsentierung der Dokumente in seinem eigenen Lande Zahlung zu erhalten. Zwischenzeitlich im Lande des Käufers aufgetretene Transferschwierigkeiten können ihm nichts anhaben. Ohne die Bestätigung kann es ihm geschehen, daß er unvermutet „im Wartezimmer" Platz nehmen muß. Durch die Bestätigung hat der Verkäufer demnach den bedeutsamen Vorteil, der Sorge um Währungs- oder politische Schwierigkeiten im Land des Käufers enthoben zu sein. In den Fällen, wo während der Laufzeit von Akkreditiven ein Krieg ausbrach, war die Bestätigung durch eine Bank im eigenen Land von großer Bedeutung. Die bestätigende Bank mußte die Akkreditive bedienen, ohne Rücksicht darauf, ob sie selbst sich bei der Akkreditivbank erholen konnte oder nicht.

Ferner ist noch zu bedenken, daß eine Akkreditivbestätigung das Akkreditiv in seiner Eigenschaft als Kreditunterlage sehr verbessern kann, was wichtig für den Fall ist, daß der Exporteur das Akkreditiv als Grundlage für die Besicherung einer Kreditaufnahme verwenden will.

Ein bestätigtes Akkreditiv untersteht, wenn nicht ausdrücklich das Gegenteil vereinbart ist, dem Recht des Landes der bestätigenden Bank. Das ist sehr oft das Recht des Landes, in welchem auch der Begünstigte seinen Sitz hat, und diesem daher angenehm. Der Gesichtspunkt des anwendbaren Rechts allein braucht aber nicht das entscheidende Motiv dafür zu sein, ein Akkreditiv bestätigen zu lassen; denn auch ein unbestätigtes Akkreditiv kann dem Recht des Landes der zweiten Bank unterworfen werden, z. B. durch Zahlbarstellung oder durch ausdrückliche Erklärung[47].

[47] Dazu unten S. 54 und oben S. 19/20.

Ein kurzes Wort ist noch über das bankgeschäftliche Verhältnis der Akkreditivbank zur bestätigenden Bank zu verlieren. Die „Bestätigung" eines Akkreditivs im Auftrag einer anderen — meist ausländischen — Bank, ist in der Sache eine Krediteinräumung an diese Bank. Der Übernahme eines solchen Auftrages gehen die bei einer Kreditgewährung üblichen Überlegungen voraus. Dabei ist nicht nur zu entscheiden, in welcher Höhe die eine Bank der anderen für Akkreditivbestätigungen eine „Linie" einräumen will, sondern auch, wie hoch das Gesamtobligo aller Debitoren in dem betr. Land werden darf; ferner ist zu prüfen, welches Transferrisiko, welche politischen Gesichtspunkte, welche Währungsüberlegungen, welche Reciprozität etc. bestehen. Sowohl die Inanspruchnahme solcher Kredite als auch deren Gewährung sind wichtige Entscheidungen der beiderseitigen Bankleitungen. Bei der Inanspruchnahme setzen sich die meisten Banken selbst Limite für Obligen der hier in Rede stehenden Art, die sie durch jeweilige Absprachen mit ihren ausländischen Korrespondenzbanken insgesamt in Anspruch nehmen wollen.

b) Das unbestätigte Akkreditiv

Häufig begnügen sich Käufer und Verkäufer damit, ein unbestätigtes Akkreditiv zu vereinbaren. Damit verzichtet der Verkäufer auf einen Teil der Sicherheit, die ihm ein bestätigtes Akkreditiv gewähren würde; andererseits ist ein unbestätigtes Akkreditiv billiger als ein bestätigtes, weil die Bestätigungsprovision der Bestätigungsbank entfällt.

Beim unbestätigten Akkreditiv — und das ist der wichtigste Unterschied zum bestätigten — tritt die zweite Bank in keinerlei vertragliche Beziehungen zum Begünstigten; sie verpflichtet sich insbesondere nicht selbständig zur Zahlung. Vielmehr steht sie nur in einem Rechtsverhältnis zur Akkreditivbank, die ihr den Auftrag erteilt, dem Begünstigten das Akkreditiv zu avisieren (to advise, to notify)[48]. Art. 3 b ER.

c) Zahlbarstellung

Wenn außer der Akreditivbank noch eine zweite Bank in die Akkreditivabwicklung eingeschaltet wird, muß Klarheit geschaffen werden, wo das Akkreditiv zahlbar gestellt werden soll. Sofern sich dies nicht aus den sonstigen Akkreditivbedingungen von selbst ergibt (z. B. bei bestätigten Akkreditiven[49]), sollten Käufer und Akkreditivbank von vornherein darauf achten, daß sowohl der Akkreditivauftrag als auch später das Akkreditiveröffnungsschreiben den Ort nennen, an dem das Akkreditiv für den Begünstigten benutzbar sein soll.

[48] Art. 3 Abs. 2 Satz 1 ER; vgl. auch Liesecke WM 1966, 462; aber auch Schlegelberger-Hefermehl Anh. zu § 365, 121, die der Ansicht sind, daß die zweite Bank dem Begünstigten gegenüber für die sorgfältige Durchführung des Akkreditivs als ordentliches Kreditinstitut hafte. Eine rechtliche Grundlage hierfür besteht aber nicht.

[49] Vgl. dazu S. 82 ff.

Zahlstelle ist diejenige Bank, die als Vertreterin der Akkreditivbank für diese die Dokumente prüft und aufnimmt sowie Zug um Zug gegen Aufnahme der Dokumente den Akkreditivbetrag an den Begünstigten auszahlt. Die aus dem Akkreditiv zur Zahlung verpflichtete Bank stellt dem Begünstigten das Geld bei der Zahlstelle zur Verfügung und gibt ihm Gelegenheit, dort die Dokumente einzureichen und das Geld in Empfang zu nehmen. Die Zahlstelle ist nicht zu verwechseln mit dem Erfüllungs- oder Leistungsort im Rechtssinne (§ 269 BGB), also dem Ort, an dem die Akkreditivbank als Schuldnerin ihre Leistungshandlung vorzunehmen hat[50]. Die Zahlstellenangabe macht die Geldschuld der Akkreditivbank nicht zu einer Bringschuld, sondern beläßt sie als Schickschuld und bestimmt nur den Überweisungsweg. Juristischer Erfüllungsort ist, wie immer im Zweifel bei Schickschulden, der Wohnsitz des Schuldners, d. h. hier der Sitz der Akkreditivbank[51].

Ist die eingeschaltete zweite Bank Zahlstelle, so bringt dies für den Begünstigten, sofern diese Bank ihren Sitz in seinem Lande hat, viele Vorteile mit sich, selbst wenn die zweite Bank nur Avisbank ist, also keine selbständige Verpflichtung aus dem Akkreditiv gegenüber dem Begünstigten übernimmt[52]. Folgende drei Punkte sind hier besonders hervorzuheben:

1. Zur Wahrung der Dokumenten-Einreichungsfrist genügt es, wenn der Begünstigte die Dokumente vor Ablauf des Akkreditivs bei der Zahlstelle einreicht. Gewöhnlich wird dies der Klarheit wegen durch einen ausdrücklichen Hinweis im Akkreditivauftrag und Akkreditiveröffnungsschreiben betont: z. B. „benutzbar bis ... bei der X-Bank" (= zweite Bank). Wann die Dokumente von der zweiten Bank an die Akkreditivbank weitergereicht werden, ist im Hinblick auf die Wahrung der Akkreditivfrist unmaßgeblich. Der Vorteil für den Begünstigten ist offensichtlich: Er kann die Laufzeit des Akkreditivs — da die zweite Bank sich normalerweise in seinem Lande befindet — länger ausnutzen, als wenn er die Dokumente so rechtzeitig versenden müßte, daß sie mit Sicherheit vor Verfall bei der Akkreditivbank im Lande des Importeurs ankommen.

2. Die als Zahlstelle bestimmte zweite Bank gilt sowohl unter einem bestätigten als auch unter einem unbestätigten Akkreditiv als von der Akkreditivbank stillschweigend beauftragt und bevollmächtigt, die Doku-

[50] Vgl. RGZ 106, 99, 100; OLG Hamburg JW 1938, 1891; OLG Kiel OLGE 41, 96; OLG Dresden OLGE 41, 244; RGRK-HGB-Godin Anh. I zu § 365, 55 a, 48; auch oben S. 20.

[51] Vgl. dazu Erman-Sirp § 269, 5.

[52] Für den „deferred payment credit" vertritt indessen Grader v. d. Maas, Rev. de la Banque 1964, 286 ff., die Ansicht, daß die Avisbank dem Begünstigten selbständig auf Zahlung hafte, wenn sie die Dokumente in ihrer Funktion als Zahlstelle aufgenommen habe (vgl. auch Epschtein-Bontoux S. 245). Dem ist aber nicht zu folgen, weil die Avisbank zu keiner Zeit wie eine Bestätigungsbank haftet. Gerade dies macht den — juristisch — grundlegenden Unterschied zwischen bestätigtem und nicht bestätigtem Akkreditiv aus. Wie hier: Blondeel Rev. de la Banque 1964, 56; Zeidler Bank-Betrieb 1964, 295; Schinnerer S. 65; Hahn S. 45.

mente für sie verbindlich zu prüfen und im Falle ihrer Ordnungsmäßigkeit sofort den Akkreditivbetrag zu Lasten der Akkreditivbank an den Begünstigten auszuzahlen[53]. Der Begünstigte braucht also auf das Geld nicht zu warten, bis die Akkreditivbank selbst die Dokumente erhalten, nach Prüfung über ihre Aufnahme entschieden und dann den Betrag bei der zweiten Bank angeschafft hat[54].

3. Wenn nicht eine andere Klausel im Akkreditiv auf einen gegenteiligen Parteiwillen schließen läßt, gilt in der Regel für die Akkreditivabwicklung das Recht am Ort der Zahlstelle als vereinbart, da dort der Schwerpunkt für die technische Geschäftsabwicklung liegt. Das hat für den Begünstigten den Vorteil, daß sich eine gerichtliche Auseinandersetzung mit der Akkreditivbank nach dem Recht seines Landes richtet und daß ein eventuell notwendiger Prozeß vor einem Gericht seines Landes zu führen ist[55].

Sind die drei genannten Auswirkungen der Zahlbarstellung vorteilhaft für den Begünstigten, so bleibt zum Schluß eine vierte zu erwähnen, die ein Risiko für ihn darstellt.

4. Wenn eine Bank ihr Akkreditiv bei einer anderen Bank zahlbar stellt, erfüllt sie ihre Zahlungsverpflichtung mit schuldbefreiender Wirkung, wenn sie dem Begünstigten den Gegenwert der Dokumente gegen deren Einreichung bei der Zahlstelle zur Verfügung hält[56]. Die Zahlstellenvereinbarung ist Teil des Vertrages zwischen der Akkreditivbank und dem Begünstigten. Der Begünstigte kann nicht später einseitig diese Vereinbarung aufheben und von der Bank ohne deren Zustimmung Zahlung auf einem anderen Zahlungswege unter Umgehung der Zahlstelle verlangen. Befürchtet oder erkennt also der Begünstigte, daß die Zahlstelle durch Gutschrift auf einen debitorischen oder einem gepfändeten Konto oder — wegen devisenrechtlicher Vorschriften — auf einem Sperrkonto vornehmen wird, kann er dies der Akkreditivbank nicht entgegenhalten und von ihr Zahlung auf anderem Wege fordern. Er läuft in diesem Falle Gefahr, daß die Akkreditivbank den Akkreditivbetrag zwar bei der Zahlstelle anschafft, daß er aber an diesen Betrag trotz Einreichung ordnungsmäßiger Dokumente nicht zur freien Verfügung herankommt. In einem solchen Fall muß er sich mit der Akkreditivbank evtl. auf eine andere Zahlungsform einigen oder das Akkreditiv verfallen lassen und mit dem Käufer eine andere Zahlungsabwicklung vereinbaren. Die Akkreditivbank wird meist — unter dem Gesichtspunkt des Kundendienstes — dem Wunsche des Begünstigten, die Zahlstelle zu ändern, nachkommen, wenn nicht der Wille ihres Auftraggebers oder eigene schutzwürdige Interessen der Bank dagegen stehen; eine

[53] Vgl. dazu ER, Allgemeine Regeln, e); RGRK-HGB-Godin Anh. I zu § 365, 41, S. 578.

[54] Vgl. dazu S. 85 ff., wo auch dargestellt wird, wie zu verfahren ist, wenn die zweite Bank *nicht* Zahlstelle ist. Ferner S. 100.

[55] Vgl. dazu im einzelnen und über abweichende Ausgestaltung des Akkreditivs oben S. 19.

[56] Anders allerdings beim bestätigten Akkreditiv, sofern nicht die Bestätigungsbank ausdrücklich als alleinige Zahlstelle benannt ist. Vgl. dazu S. 86 ff.

Rechtspflicht zur Änderung der Zahlstelle wird man nur unter besonders gelagerten Umständen annehmen können. Eine Zustimmung der ursprünglich als Zahlstelle eingesetzten Bank zur Änderung des Zahlungsweges ist nicht erforderlich.

Ist die Auszahlung bei der vorgesehenen Zahlstelle zum Zeitpunkt der Dokumenteneinreichung überhaupt nicht mehr möglich, etwa weil die Zahlstelle nicht mehr besteht oder aus anderen Gründen (z. B. Beschlagnahme) verhindert ist, den Akkreditivbetrag auszuzahlen, so entfällt die Verpflichtung der Akkreditivbank, dem Begünstigten die Akkreditivsumme bei dieser Zahlstelle zur Verfügung zu halten, wegen Unmöglichkeit nach § 275 BGB. Damit entfällt aber nicht zugleich die Zahlungsverpflichtung der Akkreditivbank überhaupt. Die Zahlstellenvereinbarung ist, da sie nur der technischen Abwicklung des Geschäftes dient, nicht als so wesentlicher Bestandteil des Geschäftes anzusehen, daß die Unmöglichkeit der Geschäftsabwicklung über eine bestimmte Zahlstelle die Erfüllung der Akkreditivverpflichtung als solcher unmöglich macht und die Bank von ihrer Verpflichtung befreit[57].

Die Akkreditivbank muß unter diesen Umständen dem Begünstigten den Gegenwert des Akkreditivs Zug um Zug gegen Einreichung der Dokumente auf anderem Wege anschaffen. Dabei ist es im Verhältnis zum Begünstigten unmaßgeblich, ob sie den Akkreditivbetrag — was bei den in normalen Zeiten üblichen Postlauffazilitäten allerdings kaum praktisch wird — bereits vorzeitig bei der Zahlstelle angeschafft hatte und diesen Betrag auf Grund der veränderten Umstände selbst nicht zurückerhalten kann. Die Zahlstelle ist Auszahlungsstelle für die Akkreditivbank und nicht Annahmestelle des Begünstigten. Die Vorausanschaffung des Akkreditivbetrages bei der Zahlstelle geschieht auf Grund einer internen Vereinbarung zwischen den beiden Banken und gegenüber dem Begünstigten unter dem eigenen Risiko der Akkreditivbank. Über die Frage, ob die Akkreditivbank im Falle einer solchen doppelten Zahlung Regreß bei dem Käufer als ihrem Auftraggeber nehmen kann, liegt, soweit ersichtlich, keine höchstrichterliche Rechtsprechung vor. Grundsätzlich wird aber davon auszugehen sein, daß der Akkreditivauftraggeber, der die Bank veranlaßt hat, das Akkreditiv an einem bestimmten Ort zahlbar zu stellen, die mit der Ausführung dieses Auftrages verbundenen notwendigen Auslagen gem. §§ 675/670 BGB zu erstatten hat, auch wenn dies wegen besonderer Umstände zu einer Doppelzahlung führt. Abweichendes könnte nur gelten, wenn die Vorausanschaffung nicht aus Gründen des Kundendienstes erfolgt ist, sondern aus — hiervon unabhängigen — Gesichtspunkten, die allein im Verhältnis der Korrespondenzbanken untereinander begründet sind.

Aus dem Gesagten ergibt sich

aa) für das unbestätigte Akkreditiv:

Das unbestätigte Akkreditiv ist mangels anderweitiger Vereinbarung bei der Akkreditivbank zahlbar. Wünscht der Begünstigte eine Zahlbarstellung

[57] Vgl. auch Palandt-Danckelmann § 275, 1 c.

in seinem Lande, so muß er den Käufer veranlassen, in das Akkreditiv eine entsprechende Bestimmung aufnehmen zu lassen. Sollte die Akkreditivbank auf Anwendung des an ihrem eigenen Sitz geltenden Rechts bestehen wollen[58], so muß sie mit dem Käufer absprechen, daß dem Begünstigten das Akkreditiv in seinem Lande zahlbar gestellt, aber ein Zusatz gemacht wird, daß die Zahlbarstellung keinen Einfluß auf die Rechtsanwendung hat (z. B. „Gerichtsstand am Sitz der Akkreditivbank").

bb) für das bestätigte Akkreditiv

Bestätigte Akkreditive sind mangels anderslautender Weisung sowohl bei der eröffnenden als auch bei der bestätigenden Bank zahlbar 59. Es ist zweckmäßig und auch üblich, daß bei bestätigten Akkreditiven eine klare Weisung erfolgt, was natürlich die Haftung der nicht als Zahlstelle benannten Bank unberührt läßt. In der Praxis findet sich eine Zahlstellenangabe bei einem bestätigten Akkreditiv auch dann, wenn das Akkreditiv weder bei der eröffnenden noch bei der bestätigenden, sondern bei einer dritten Bank zahlbar sein sollen. Das kommt in Betracht, wenn die bestätigende Bank nicht die Hausbank des Begünstigten ist oder ihren Sitz weit entfernt vom Begünstigten hat. Beispiel: Ein Akkreditiv ist in Deutschland zugunsten eines Exporteurs in Mexiko eröffnet und in New York bestätigt (im Hinblick auf die Akkreditiv-Währung). Dieses Akkreditiv wird der Exporteur u. U. in Mexiko zahlbar stellen lassen, damit ihm die Geschäftsabwicklung erleichtert wird. Dann ist es weder bei der eröffnenden noch bei der bestätigenden Bank, sondern bei der Bank in Mexiko zahlbar.

10. Angaben bezüglich der Übertragbarkeit des Akkreditivs

Gemäß Art. 46 ER hat der Käufer die Möglichkeit, der Akkreditivbank die Weisung zu erteilen, ein *übertragbares* Akkreditiv zu eröffnen. Durch das übertragbare Akkreditiv soll dem Begünstigten die Befugnis eingeräumt werden, seine Rechte aus dem Akkreditiv ganz oder teilweise durch Weisung an die Zahlstelle, aber ohne weitere Mitwirkung des Käufers auf einen von ihm selbst ausgewählten Dritten übertragen zu lassen[60]. Weist der Käufer die Bank ohne weitere Präzisierung an, ein „übertragbares Akkreditiv" zu eröffnen, so ist das übertragbare Akkreditiv auch teilweise übertragbar, wenn nicht der Käufer ausdrücklich Teilverladungen ausschließt (Art. 46 Abs. e ER). Um die Teilübertragung zu verhindern, muß der Auftraggeber daher bereits im Akkreditivauftrag die Teilverladung untersagen[61].

[58] Vgl. dazu S. 19.

[59] Vgl. dazu näher S. 86 ff.

[60] Zur rechtlichen Seite der Überzeugung vgl. im einzelnen S. 93 ff.

[61] Früher sprach man in diesem Zusammenhang häufig von „Teilbarkeit" des Akkreditivs. In Anlehnung an den Wortlaut der ER sollte dieser Ausdruck aber besser vermieden werden.

Der Käufer entschließt sich im allgemeinen nur ungern dazu, ein übertragbares Akkreditiv zu stellen. Die Bereitschaft, ein Akkreditiv zu stellen, beruht weitgehend auf dem Vertrauen in die Vertragstreue eines ihm individuell bekannten Partners; die Bezahlung aus dem Akkreditiv erfolgt, bevor der Käufer die Ware erhalten und auf ihren vertragsmäßigen Zustand untersucht hat. Dieses Vertrauen überträgt sich nicht ohne weiteres auf jeden beliebigen Dritten, auf den der Verkäufer das Akkreditiv übertragen läßt, zumal der Käufer diesen Zweitbegünstigten in der Regel nicht kennt. Der Käufer wird sich jedoch hinsichtlich der Übertragbarkeit häufig den praktischen Bedürfnissen des einzelnen Geschäftes oder den Geschäftsgewohnheiten der verschiedenen Branchen anpassen und dem Wunsch des Verkäufers nach Stellung eines übertragbaren Akkreditivs nachkommen müssen. Seinem Bedürfnis nach Sicherheit kommt die Bestimmung des Art. 46 Abs. e ER entgegen: Ein Akkreditiv kann nur einmal übertragen werden. Der Käufer kann sich also zu seiner Beruhigung darauf verlassen, daß das Akkreditiv nur von Personen benutzt werden wird, über deren Vertrauenswürdigkeit wenigstens sein Vertragspartner, der Erstbegünstigte, Bescheid weiß.

Auch für die Banken kann die Übertragbarkeit eines Akkreditivs mit Komplikationen verbunden sein. Zu ihrem Schutz ist bestimmt, daß ihre Zustimmung zweimal erforderlich ist: Zunächst einmal muß die eröffnende Bank grundsätzlich bereit sein, das Akkreditiv übertragbar zu stellen; außerdem braucht diejenige Bank, die später auf Verlangen des Begünstigten die Übertragung auf den Zweitbegünstigten vornehmen soll (in der Praxis meist die Zahlstelle, gelegentlich aber auch die eröffnende Bank selbst), den Übertragungsauftrag nur dann auszuführen, wenn sie mit der gewünschten Übertragung, insbesondere mit der Person des Zweitbegünstigten, einverstanden ist (Art. 46 Abs. b ER)[62]. Sie wird eine Weigerung in aller Regel nur dann aussprechen, wenn die Person des Zweitbegünstigten oder frühere Erfahrungen mit ihm hierzu Anlaß bieten oder wenn die vorgeschlagenen Modalitäten sie in Schwierigkeiten führen könnten. Aus naheliegenden Gründen ist die Bank nicht verpflichtet, für die Verweigerung ihrer Zustimmung zur Übertragung Gründe anzugeben[63].

Dem Begünstigten bietet ein übertragbares Akkreditiv den Vorteil, seine Lieferanten für ihre Forderungen unmittelbar an dem Zahlungsanspruch aus dem Akkreditiv beteiligen zu können, ohne daß ihm — abgesehen von einer Übertragungsprovision — besondere Kosten entstehen und ohne daß der Käufer die Namen der Lieferanten und deren Preise erfährt. Würde der Verkäufer die Namen seiner Lieferanten preisgeben und den Käufer

[62] Anderer Ansicht, allerdings zum entsprechenden Art. 49 Abs. 6 ER (Revision 1951), RGRK-HGB-Godin Anh. I zu § 365, 51, der die zweite Zustimmung nicht für erforderlich hält; vgl. auch Megrah, The Banker 1963, 473; Gutteridge-Megrah S. 157; Hahn S. 71/72. Dies steht aber im Widerspruch zum jetzigen Wortlaut der ER. Wie hier Schlegelberger-Hefermehl Anh. zu 365, 150; J. Geßler S. 84 ff.; Stauder AWD 1968, 47, 48; Schönle S. 110 ff.

[63] Geßler AWD 1968, 452, nimmt Begründungspflicht gegenüber Akkreditivauftraggeber an.

veranlassen, besondere Akkreditive zu deren Gunsten zu stellen, so liefe er Gefahr, für die Zukunft aus dem Zwischenhandel ausgeschaltet zu werden. Ohne die Übertragungsmöglichkeit müßte der Verkäufer u. U. seinen Lieferanten anderweitige Sicherheiten für ihre Forderungen stellen[64]; in vielen Fällen sind die Exporteure hierzu finanziell nicht stark genug. Oft sind sie nämlich, wenn sie auch in der Form einer selbständigen Firma auftreten, wirtschaftlich nur Vermittler oder Agenten; oder sie sind zwar echte Eigenhändler, aber finanziell bei weitem nicht in der Lage, ihre gesamten Umsätze mit Mitteln oder Sicherheiten, die außerhalb des speziellen Geschäftes liegen, auf die eigenen Schultern zu nehmen. In all diesen Fällen müssen sie die Finanzierung oder Sicherheit ihrer Deckungsgeschäfte mit dem Lieferanten in der speziellen Transaktion selbst suchen, d. h. in dem ihnen von den ausländischen Käufern gestellten Bankakkreditiv. Dazu bietet sich in erster Linie die Übertragung des zu ihren Gunsten eröffneten Akkreditivs und in zweiter Linie die Eröffnung eines sog. Gegenakkreditivs (Back to Back Credit) an[65].

11. Angaben, die den Übermittlungsweg für Akkreditiv und Dokumente betreffen

a) Übermittlungsweg für die Akkreditiveröffnung

In Ermangelung einer abweichenden Weisung durch den Käufer ist die Bank berechtigt, die Akkreditiveröffnung im normalen Geschäftsgang durch briefliche Mitteilung an den Begünstigten vorzunehmen. Das gilt selbst dann, wenn die Laufzeit für das Akkreditiv sehr kurz bemessen ist und eine telegraphische oder telefonische Akkreditiveröffnung den reibungslosen Geschäftsablauf besser fördern würde. Will daher ein Käufer — unter entsprechend erhöhtem Kostenaufwand — die Eröffnung in beschleunigter Form durchgeführt haben, so muß er eine entsprechende Weisung in seinen Auftrag aufnehmen. In der Praxis geschieht das in der Form, daß der Käufer auf dem Formular unter mehreren, üblicherweise vorgedruckten Arten der Akkreditiveröffnung (Brief, Luftpost, Telegramm) die von ihm gewünschte Art kenntlich macht.

b) Übermittlungsweg für die Dokumente

Ebenso, wie der Käufer der Akkreditivbank vorschreiben kann, auf welchem Wege sie das Akkreditiv eröffnen soll, kann er auch Weisungen hinsichtlich des Übermittlungsweges für die Dokumente in den Akkreditivauftrag aufnehmen. In Betracht kommen die Übermittlung durch „ordinary mail" und die Übermittlung per Luftpost oder auf einem anderen Wege, der schneller ist als der Warentransport. Im innereuropäischen Verkehr spielt der Zeitunterschied meist keine wesentliche Rolle. Für Importe aus Übersee dagegen kann eine Übermittlung mit „ordinary mail" bedeuten, daß die

[64] Vgl. dazu z. B. S. 243.
[65] Vgl. dazu S. 242 ff.

Dokumente wochenlang reisen, während sie mit Luftpost bereits in wenigen Tagen bei der Akkreditivbank ankommen können. Für den Käufer bedeutet die Dokumentenversendung durch „ordinary mail", daß er den Gegenwert, wenn das Akkreditiv in seinem Lande zahlbar ist, um die Dauer der Schiffsreise der Dokumente später aufzubringen hat, als wenn die Versendung per Luftpost erfolgt, bei der die Reise nur wenige Tage dauert. Legt er Wert auf diesen liquiditäts- und zinsmäßig u. U. wesentlichen Zeitgewinn, so wird er die Versendung mit „ordinary mail" verlangen. Da der Begünstigte der Versendung der Dokumente mit „ordinary mail" jedoch ohnehin zustimmen müßte, wird in der Praxis der mit dieser Versendungsart angestrebte Zweck meist auf anderem, weiter unten noch näher erläutertem Wege erreicht: Käufer und Verkäufer einigen sich auf ein Akkreditiv mit luftpostlicher Dokumentenversendung, aber verzögerter Auszahlung des Akkreditivbetrages (deferred payment), z. B. 90 Tage dato Konnossement.

Bei der Bestimmung des Übermittlungsweges ist genau darauf zu achten, auf welchen Ort das Verfalldatum des Akkreditivs bezogen ist. Es ist nämlich widersinnig und oft praktisch undurchführbar, in einem Akkreditiv nach Übersee mit kurzer Laufzeit eine Versendung der Dokumente mit „ordinary mail" zu verlangen, wenn das Akkreditiv bei der Akkreditivbank zahlbar ist; denn die Dokumente müssen innerhalb der Laufzeit des Akkreditivs bei der Akkreditivbank ankommen, was mit „ordinary mail" eventuell gar nicht möglich ist.

Die Weisungen hinsichtlich des Übermittlungsweges richten sich an den, den es angeht, also an die zur Entgegennahme und Weiterleitung der Dokumente eingeschaltete Bank oder, falls eine solche Bank nicht beteiligt ist, unmittelbar an den Begünstigten. Sie stellen aber keine Hauptbedingung in dem Sinne dar, daß Akkreditivbank und Käufer zur Zurückweisung der Dokumente berechtigt wären, wenn der Begünstigte oder die zweite Bank einen anderen als den vorgeschriebenen Übermittlungsweg gewählt hatten; denn dieser hat nichts mit dem materiellen Inhalt des Akkreditivs zu tun, sondern betrifft nur die Abwicklungstechnik.

Weicht der Begünstigte (oder die zweite Bank) von dem vorgeschriebenen Übermittlungsweg ab und versendet die Dokumente anstatt mit „ordinary mail" per Luftpost, so wird den Akkreditivbedingungen und damit dem Interesse des Akkreditivauftraggebers dadurch Rechnung getragen, daß die Akkreditivbank mit der Einlösung der Dokumente bis zu dem Tage wartet, an welchem die Dokumente mit „ordinary mail" bei ihr angekommen wären. Im umgekehrten Falle, wenn also „Luftpost" vereinbart war, aber die Dokumente erst mit „ordinary mail" kommen, wartet die Akkreditivbank, wenn das Akkreditiv bei ihr benutzbar und infolgedessen eine verbindliche Prüfung der Dokumente von der Bank im Lande des Begünstigten nicht vor der abredewidrigen Übersendung vorgenommen ist, mit der Zahlung ebenfalls bis zur Ankunft der Dokumente. Den Schaden aus der verspäteten Zahlung trägt — mit Recht — der Begünstigte; seine Sache wäre es gewesen, für die richtige Dokumentenübermittlung zu sorgen. Gegebenenfalls kann er die Bank, bei der er die Dokumente zur Weiterleitung eingereicht hat, auf Schadensersatz in Anspruch nehmen, falls die unrichtige Versendung auf ein schuldhaftes Versehen der Bank zurückzuführen ist.

Nur wenn das Akkreditiv bei der zweiten Bank zahlbar gestellt war, kann diese Bank, wenn sie die Dokumente honoriert hat, ihrerseits luftpostlich oder telegrafisch von der Akkreditivbank sofortige Zahlung verlangen und braucht sich nicht bis zur Ankunft der Dokumente bei der Akkreditivbank vertrösten zu lassen, auch wenn die Dokumente versehentlich per Schiff reisen. Die Zahlung der Akkreditivbank, die ja die Dokumente noch nicht gesehen hat, hat in einem solchen Fall nicht die Bedeutung einer Genehmigung der aufgenommenen — u. U. nicht akkreditivgerechten — Dokumente, insoweit nimmt sie erst nach tatsächlicher Prüfung Stellung.

Erreichen die Dokumente infolge eines Versehens bei der Übermittlung überhaupt nicht mehr vor Verfall des Akkreditivs diejenige Bank, bei der sie honoriert werden sollen (Akkreditivbank oder Zahlstelle), so verfällt das Akkreditiv, es sei denn, der Begünstigte erwirkt bei dem Käufer und der Akkreditivbank rechtzeitig die Zustimmung zu einer Verlängerung (Art. 37 f ER). Dabei wird der Käufer seine Zustimmung in der Praxis davon abhängig machen, daß entweder die Dokumente wenigstens noch so rechtzeitig vor der Ware ankommen, daß er die Ware umgehend einlösen kann, oder daß ihm eine Konnossementsgarantie[66] gestellt wird, die er an Stelle der verspäteten Dokumente dem Frachtführer zwecks Empfangnahme der Ware am Bestimmungsort andienen kann.

12. Angaben, die die Zeit und Form der Bezahlung betreffen

Der Akkreditivauftrag muß auch angeben, zu welcher Zeit und in welcher Form die Zahlung aus dem Akkreditiv erfolgen soll. Dabei sind in der Praxis mehrere Varianten möglich, von denen hier nur die wichtigsten genannt werden sollen.

Das Natürlichste und dem Wesen des Akkreditivs am meisten Entsprechende ist die Barzahlung durch die Bank Zug um Zug gegen Einreichung der Dokumente. In dieser Form wickeln sich die meisten Akkreditive ab, auch dann, wenn die Akkreditivbank dem Käufer zur Akkreditiveinlösung einen Kredit gewährt. Der Kredit wird außerhalb des Akkreditivs vereinbart und abgewickelt[67].

Das Akkreditiv kann auch in der Form eröffnet werden, daß die Bank (nicht Zahlung verspricht, sondern) sich verpflichtet, vom Käufer Zug um Zug gegen Aushändigung der Dokumente dessen Akzept einzuholen. Früher war es unklar, ob die Akkreditivbank in diesem Fall nur dafür verantwortlich war, daß der Käufer das Akzept Zug um Zug gegen die Dokumentenübergabe leistete, oder ob sie auch dafür haftete, daß der Wechsel später auch eingelöst wurde. Für das Akkreditiv ist diese Frage in Art. 3

[66] Näheres über derartige Konnossementsgarantien siehe S. 257 ff.

[67] Vgl. dazu S. 175 ff.

Abs. a Punkt 2 jetzt dahin geklärt, daß die akkreditivstellende oder ein Akkreditiv bestätigende Bank auch für die spätere Einlösung des Wechsels haftet. Das ist auch sinnvoll[68].

In der Praxis — insbesondere im Verkehr mit den angelsächsischen Ländern — sind häufig Akkreditive zu beobachten, in denen sich die Bank nicht zur sofortigen Zahlung an den Begünstigten gegen Einreichung der Dokumente verpflichtet, sondern lediglich die Verpflichtung übernimmt, eine vom Käufer auf sie gezogene Tratte zu akzeptieren. Bei derartigen Tratten handelt es sich in der Regel um Zieltratten[69]. Ein solches Bankakzept ermöglicht es dem Verkäufer, durch Diskontierung sogleich den Akkreditivbetrag zu erhalten; derartige Bankakzepte lassen sich zu besonders günstigen Bedingungen unterbringen. Der Vorteil für die Akkreditivbank und den Käufer besteht darin, erst bei Fälligkeit der Tratte effektive Zahlung leisten zu müssen.

Für den Fall, daß der Verkäufer dem Käufer ein Zahlungsziel einräumen will, hat sich im Akkreditivgeschäft noch eine andere Form entwickelt. Sie wird als „deferred payment credit" (Akkreditiv mit hinausgeschobener Zahlung) bezeichnet. Dabei handelt es sich darum, daß die Akkreditivbank sich nicht wie beim normalen Akkreditiv zur Zahlung Zug um Zug gegen Einreichung der Dokumente verpflichtet, sondern Zahlung für einen näher zu bestimmenden Zeitpunkt *nach* Einreichung der Dokumente verspricht. Die Bankverpflichtung gewährleistet hier dem Verkäufer, daß er zum vorgesehenen Termin tatsächlich Zahlung erhält.

13. Besondere Angaben

Soweit der Käufer und der Begünstigte im Einzelfall zusätzliche oder solche Akkreditivbedingungen vereinbart haben, die von den Standardklauseln der Formulare abweichen, muß der Käufer der Bank entsprechende klare Weisungen erteilen. Es kann sich da beispielsweise um eine besondere Art der Kostenverteilung zwischen Käufer und Begünstigtem oder um besondere Transportbedingungen oder um das Verlangen besonderer, nicht handelsüblicher Dokumente handeln. Eine Aufstellung aller vorkommenden Besonderheiten zu geben, ist unmöglich.

Die Bank nimmt die vom Käufer vorgeschriebenen Sonderbestimmungen so in das Akkreditiv auf, wie sie der Käufer angegeben hat, ohne den Begünstigten zu konsultieren oder die Zweckmäßigkeit zu überprüfen. Der Käufer muß daher im eigenen Interesse bei der Formulierung der Einzelheiten darauf achten, sachlich nicht von den zwischen ihm und dem Begünstigten getroffenen Vereinbarungen abzuweichen, was gerade bei Zusatzwünschen leicht der Fall sein kann.

[68] Wegen Haftung der Bank für die Einlösung eines in Ausführung eines Inkassoauftrages eingeholten Akzeptes s. S. 152, 206. Über defered acceptance credits vgl. Zeidler, Bank Betrieb 1968, 349.

[69] Zu Sichttratten vgl. S. 205; vgl. im übrigen auch S. 222 ff. zum sog. Rembourskredit.

IV. Behandlung des Akkreditivauftrages bei der Bank

A. Formelle und sachliche Prüfung

1. Prüfung aus Zweckmäßigkeitsgründen ohne Rechtspflicht (Kundendienst)

Liegt der Bank der Auftrag eines Kunden zur Akkreditiveröffnung vor, so unterzieht sie ihn einer formellen und sachlichen Prüfung, ehe sie ihn ausführt.

Die Beweggründe und Gesichtspunkte für diese Prüfung sind vielfältig und verschiedenartig. Weite Gebiete dieser Prüfung und der sich aus ihr ergebenden Mitteilungen an den Kunden sind reiner Kundendienst. Die Bank stellt ihre Erfahrungen auf dem Gebiete des Außenhandels dem Kunden bei der Akkreditivabwicklung zur Verfügung. Sie berät ihn oft, wenn ihr die Akkreditivstellung in der vom Käufer gewünschten Form nach den Besonderheiten des einzelnen Geschäftes nicht zweckentsprechend oder unvollständig zu sein scheint. Es wäre jedoch irrig, aus dieser oft vorgenommenen freiwilligen beratenden Tätigkeit eine Vertragspflicht der Bank zur Beratung und Betreuung des Kunden bei der Erteilung des Akkreditivauftrages herleiten zu wollen. Die Abfassung eines Vertragsangebotes ist Sache dessen, der das Angebot macht, während sich die Überlegungen des Partners darauf beschränken, ob er das Angebot in der ihm vorliegenden Form annehmen kann und will. Eine Verpflichtung, auf eine Abänderung des Vertragsangebotes hinzuwirken, besteht jedoch nicht. Auch aus dem allgemeinen Verhältnis Kunde—Bank läßt sich eine solche Verpflichtung der Bank zur Kundenberatung bei der Entgegennahme von Akkreditivaufträgen und eine korrespondierende Haftung der Bank nicht ableiten. Beim Akkreditiv wäre eine solche Verpflichtung auch deshalb undenkbar, weil die Bank, der das Vertragsangebot des Käufers für den Akkreditiv-Geschäftsbesorgungsvertrag zugeht, das zugrunde liegende Warengeschäft nicht kennt und infolgedessen die Absichten und die wahren Interessen des Käufers bei der Akkreditivgestaltung und -abwicklung nicht beurteilen kann. Vielleicht liegt dem Käufer (z. B. wegen gefallener Preise) sogar daran, daß der Ablader das Akkreditiv nicht in Anspruch nimmt. Deshalb bezieht sich auch Art. 7 ER, der die Bank zur „sorgfältigen Prüfung aller Dokumente und Schriftstücke" verpflichtet, nicht auf den Akkreditivauftrag, sondern lediglich auf diejenigen Dokumente und Schriftstücke, die im Zuge der Ausführung des Auftrages in die Hände der Bank gelangen.

Soweit also die Bank den Akkreditivauftrag im Interesse des Käufers prüft, ist diese Prüfung eine freiwillige Ermessenssache der Bank ohne Obligo für diese. Die Bank kann, wenn sie eine Unstimmigkeit oder Unzweckmäßigkeit im Akkreditivauftrag zu sehen glaubt und einfach Unkenntnis vermutet, den Käufer darauf ansprechen. Das gilt z. B., wenn der Käufer die Laufzeit des Akkreditivs kürzer als die Verschiffungsfrist bemißt, wenn er unter einem cif-Kontrakt die Versicherungspolice vom Verkäufer anzufordern unterläßt oder wenn er unzweckmäßige Bestimmungen bezüglich des Ablade- oder Bestimmungsortes trifft. Entgegnet der Käufer der Bank, daß er ihrer Anregung nicht folgen möchte — und sei es auch nur in der geheimen Absicht, dem Verkäufer die Bedienung des Akkreditivs zu erschweren, um selbst aus dem Vertrag herauszukommen —, so ist damit der Fall für die Bank ausgestanden. Solange es ihre eigene Rechtsstellung gegenüber dem Begünstigten nicht berührt, sind Vernunft und Zweckmäßigkeit im Akkreditivauftrag nicht Dinge, deretwegen die Bank von sich aus eine eigene Initiative zu ergreifen hätte.

Erkennt die Bank, daß der Kunde sich im Akkreditivauftrag offenbar verschrieben hat (Datum oder Land oder Währung o. ä.), so wird man allerdings eine Verpflichtung der Bank aus dem allgemeinen Kundenverhältnis zum Käufer annehmen müssen, den Kunden auf den Fehler aufmerksam zu machen. Nur wird eine Haftbarmachung der Bank unter diesem Gesichtspunkt im allgemeinen an der Beweisfrage über das tatsächliche Erkennen des Fehlers scheitern. Eine Haftung der Bank dafür, daß sie solche Irrtümer bemerkt, besteht nämlich nicht.

2. *Prüfung im eigenen Interesse der Bank mit Rücksicht auf das Außenverhältnis*

Anders als die Zweckmäßigkeitserwägungen, die die Bank im Kundeninteresse anstellt, ist die Prüfung zu beurteilen, die die Bank unter dem Gesichtspunkt ihrer eigenen Stellung im Akkreditivgeschäft (auch ohne Kreditengagement) anstellt. Sie muß prüfen, ob sie in der Lage und willens ist, die Verpflichtungen zu erfüllen, die für sie mit der Übernahme des Akkreditivauftrages, wie er vom Käufer erteilt ist, verbunden sind. Um sich vor Schaden zu bewahren, muß sich die Bank vergewissern, daß die Akkreditivbedingungen sie selbst in keine untragbare oder auch nur unangenehme Rechtslage bringen, insbesondere, daß die Bedingungen nur eine eindeutige Auslegung zulassen. Dazu gehört, daß der Begünstigte ihr konveniert, daß die Fristen klar abgegrenzt sind, daß die Dokumente, zu deren Aufnahme sich die Bank verpflichtet, richtig ausgewählt und vollständig und richtig beschrieben sind und daß der Akkreditivbetrag nach Währung und Höhe eindeutig bestimmt ist. Insoweit haben die oben bereits besprochenen Währungsklauseln[1] eine hervorragende Bedeutung für die Zahlungsverpflichtung der Bank, weil die Bank sich nicht der Gefahr aussetzen sollte, zu Lasten des Akkreditivstellers einen Betrag an den Begünstigten zu zahlen, den entweder der Begünstigte als zu niedrig, oder der Akkreditivsteller als zu hoch beanstandet.

Schwierigkeiten, die der Bank für ihr Außenverhältnis infolge von Unklarheiten erwachsen können, sind durch die formularmäßige Auftragserteilung seltener geworden; die Formulare sind durchweg so aufgebaut, daß sie dem Auftraggeber für unvollständige und unklare Anweisungen, die sich zu seinem eigenen Schaden und zum Schaden der Bank auswirken können, wenig Gelegenheit geben. Eine wirkliche Lücke bilden allerdings nicht ausgefüllte Spalten im Formular. Im Einzelfalle können Schwierigkeiten auch durch die vom Auftraggeber erteilten Zusatzanweisungen zu den formularmäßigen Akkreditivbedingungen entstehen. Einen Beispielsfall hierfür haben wir bereits an anderer Stelle erwähnt: Man kann die Akkreditierung in aller Regel nicht von der Ankunft der Ware zu einem bestimmten Zeitpunkt an einem bestimmten Ort abhängig machen. Es ist nicht möglich, an dieser Stelle eine Aufzählung weiterer, ähnlich gelagerter Fälle zu geben. Jedenfalls muß eine Bank gerade bei den Zusatzanweisungen ihres Auftraggebers nachprüfen, inwieweit sie zu Differenzen führen können, wenn sie in das Akkreditiv übernommen werden.

Zu den Überlegungen, die die Bank mit Rücksicht auf das Außenverhältnis anstellt, kann auch die Frage der Rechts- und Sittenwidrigkeit des Grundgeschäftes hinzutreten. Diese Frage braucht zwar das Akkreditiv nicht zu berühren, weil das Akkreditiv gegenüber dem Grundgeschäft ein selbständiges Rechtsgeschäft ist[1a]. Immerhin wird aber eine Bank, wenn der Auftrag des Käufers erkennen läßt, daß das zwischen ihm und dem Begünstigten bestehende Vertragsverhältnis gegen ein gesetzliches Verbot oder gegen die guten Sitten verstößt, in dieser Richtung eine Prüfung anstellen und die Akkreditierung des Begünstigten ablehnen. Derartige Fälle kommen vor allem in Krisenzeiten vor, manchmal aber auch zu anderen Zeiten, z. B. illegale Kapitalflucht auf der Basis eines nur zum Schein abgeschlossenen Warengeschäftes. Es ist eine Frage des Einzelfalles, ob eine Bank ihre Mithilfe bei der Abwicklung derartiger Geschäfte aus rechtlichen Erwägungen oder schon im Hinblick auf ihr standing auch ohne Vorliegen einer Rechtspflicht versagt. Eine Rechtspflicht, sich von der Ordnungsmäßigkeit des Grundgeschäftes zu überzeugen und in dieser Richtung Nachforschungen anzustellen, besteht für die Banken nicht, wenn nicht eine solche Pflicht öffentlich-rechtlich (z. B. durch Devisengesetze des eigenen Landes) begründet ist. Zweifelhaft ist schon, ob eine Bank bei Durchführung eines Akkreditivs mitwirken darf, das zwar nach den Devisengesetzen des eigenen Landes erlaubt, aber nach den Vorschriften eines anderen beteiligten Landes verboten ist. Wenn die Bank von vornherein die Gesetz- und/oder Sittenwidrigkeit des Geschäftes nach den Grundsätzen der für sie geltenden Rechtsordnung positiv kennt, ist sie verpflichtet, die Akkreditiveröffnung abzulehnen, da sie sich andernfalls der Gefahr der Beihilfe zu strafbaren Handlungen aussetzt[2]. Banken werden es in der Praxis ablehnen, Akkreditive im Einzelfall fremdem Recht zu unterwerfen, wenn sie damit in die Lage kommen können, innerhalb dieses Geschäftes gegen das betreffende ausländische Recht (vorwiegend Devisenbestimmungen und Embargolisten) zu verstoßen.

[1] Vgl. S. 39.

[1a] Über die Fortdauer der Bankhaftung aus einem Akkreditiv bei wegen Gesetzesverstoß nichtigem Grundgeschäft siehe RGZ 97, 114; RG in DJZ 1923, 631.

[2] Vgl. dazu S. 161.

Die Grenzen der Sittenwidrigkeit eines Geschäftes sind schwer zu bestimmen. Grundsätzlich neigen aber die Banken dazu, sich mit Grenzfällen möglichst wenig zu befassen, weil sie meist schon in den Bereich jener Geschäfte gehören, deren Durchführung ganz unabhängig von der Frage der Sittenwidrigkeit mit dem guten Ruf der Bank nicht vereinbar ist.

3. *Prüfung unter Krediterwägungen*

Mit der Annahme eines Akkreditivauftrages durch eine Bank ist grundsätzlich noch keine Kreditgewährung an den Käufer verbunden. Vielmehr kann eine Bank gem. § 669 BGB verlangen, daß der Käufer ihr den Akkreditivbetrag in voller Höhe einschießt, ehe sie dem Begünstigten gegenüber ihr Zahlungsversprechen abgibt[3]. Rechtlich besteht demnach zwischen Akkreditiv und Kreditgeschäft keine unmittelbare Verknüpfung.

Im allgemeinen werden jedoch beim Akkreditiv die rein juristischen von den wirtschaftlichen Erwägungen überlagert; die Mehrzahl der Akkreditive ist in irgendeiner Form mit einer Kreditgewährung der Bank an den Akkreditivauftraggeber verbunden. Dabei kann sich die Kreditgewährung darauf beschränken, daß die Bank ohne eigenen Einschuß des Kunden oder mit einem nur teilweisen Einschuß die Akkreditiveröffnung vornimmt, von dem Kunden aber erst in dem Augenblick, in welchem sie selbst aus dem Akkreditiv in Anspruch genommen wird, in voller Höhe des Akkreditivbetrages Zahlung verlangt; dann leiht sie dem Kunden ihren eigenen Kredit, aber noch nicht ihr Geld. In vielen Fällen tritt die Bank bei Fälligkeit des Akkreditivs auch noch mit ihrem Geld in Vorlage und gewährt dem Kunden eine Finanzierung des Postlaufs und womöglich auch noch eine Anschlußfinanzierung, damit er die importierte Ware zunächst absetzen und die Bank aus dem eingegangenen Erlös bzw. aus den für die Ware eingehenden Wechseln befriedigen kann. Die mit dieser Anschlußfinanzierung zusammenhängenden Fragen werden in einem besonderen Abschnitt zu würdigen sein[4].

Einfach sind die Überlegungen der Bank, wenn der Kunde für den Gegenwert des Akkreditivs ohne weiteres blanko gut ist oder wenn er den Kredit mit Sicherheiten außerhalb des speziellen Geschäftes einwandfrei besichert, z. B. im Rahmen einer gesicherten Kreditlinie, in die das Akkreditiv einbezogen wird.

Wirklich ernsthaft zur Diskussion gestellt wird das Kreditproblem erst in den Fällen, in denen die Bank die Sicherheit für den Kredit ganz oder zum Teil im Rahmen des dem Akkreditiv zugrunde liegenden Geschäftes selbst finden muß. In diesem Falle ist also die Importware selbst die hauptsächliche Sicherheit für den in Rede stehenden Kredit. Bei finanziell starken Importeuren begnügt sich die Bank damit; diese Sicherheit ist nicht vollkommen, da keine Marge zugunsten der Bank vorhanden ist. Wird nämlich später die Ware vom Kunden nicht aufgenommen, so muß die Bank die Ware selbst

[3] Ebenso RGRK-HGB-Godin Anh. I zu § 365, 64, 65; Dandy aaO., S. 31.
[4] Vgl. S. 176 ff.

verwerten und mit dem Erlös den Kredit abdecken. Im Zweifel wird aber, wenn der Kunde die Ware vertragswidrig nicht aufnimmt oder nicht aufnehmen kann, der mögliche Verkaufserlös unter dem Einkaufspreis liegen. Die Bank gewährt in diesem Falle dem Kunden einen Blankokredit in Höhe der möglichen Preisschwankung. Sie tut das nur, wenn sie überzeugt ist, daß die Finanzkraft des Importeurs ausreicht, um solche Preisschwankungen aufzufangen. Vielfach lassen sich die Banken zu ihrer Sicherheit vor Herauslegung des Akkreditivs nachweisen, daß die Ware an solvente Abnehmer zu festen Preisen vorverkauft ist, womit Preisverluste weitgehend ausgeschlossen sind.

Wollen die Banken so weit nicht gehen, verlangen sie vom Kunden einen Einschuß; der Kunde muß dann einen bestimmen, mindestens die denkbaren Preisschwankungen deckenden Prozentsatz des Gegenwertes des Akkreditivs aus eigenen Mitteln einschießen, während die Bank den Rest kreditiert. Dieser Einschuß wird je nach Kunde, Warenart und Markt- oder Konjunkturlage verschieden bemessen (10 bis max. 50 %).

Wie die Verknüpfung von Kreditgeschäft und Akkreditivgeschäft im einzelnen durchgeführt wird (Zugriff auf die Transportdokumente, Sicherungseigentum bzw. Pfandrecht an der Ware, Zessionen, Hereinnahme der Abnehmerwechsel), sei an anderer Stelle erörtert. Hier interessiert nur, daß die Bank, wenn sie die Importware als Sicherheit für den Kredit nehmen will, von vornherein den ganzen Ablauf des Akkreditivgeschäftes so anlegen muß, daß ihr möglichst während der ganzen Dauer des Geschäftsablaufes der Zugriff auf die Ware rechtlich und tatsächlich ununterbrochen erhalten bleibt. Auf diese Krediterwägungen sind viele Rechtsgrundsätze und Maßnahmen der Akkreditiv-Praxis aufgebaut, obgleich Akkreditiv und Kreditgeschäft theoretisch — wie oben erwähnt — nichts miteinander zu tun haben. Die Erkenntnis der wirtschaftlichen Verbindung der Geschäfte bei Aufrechterhaltung der rechtlichen Trennung dient in hohem Maße der Gedankenklarheit beim Studium des Dokumentenakkreditivs. Im Zweifel sollte die Bank darauf Wert legen, daß ihr ein kreditnehmender Käufer bei Erteilung des Auftrages zur Herauslegung des Akkreditivs, seine Ansprüche gegen den Verkäufer aus dem Grundgeschäft abtritt (meist formularmäßig).

Es ist nicht immer einfach, das Sicherheitsstreben der kreditgebenden Bank wirklich zu realisieren, da sich aus technischen Gründen, z. B. bei Umladung der Ware vom Schiff auf die Eisenbahn zwecks Weiterversendung an die Abnehmer, Zwischenstadien ergeben, in denen sich manchmal eine Unterbrechung im juristischen Bestand der Sicherheit nicht vermeiden läßt[5]. Derartige Unterbrechungen bei Prüfung des Akkreditivauftrages vorauszusehen und ihnen womöglich durch Änderung des Akkreditivinhaltes oder durch Einbau anderweitiger Sicherheiten zu begegnen, ist für die Banken von entscheidender Wichtigkeit. Kann eine Bank im Einzelfall auf die un-

[5] Deshalb kann auch Mauer aaO. bei der von ihm befürworteten stärkeren Schematisierung der Sicherheitenstellung bei Importakkreditiven nicht ganz gefolgt werden.

unterbrochene Fortdauer einer dinglichen Sicherheit nicht verzichten — d. h. auch nicht für 48 Stunden zum Zwecke der Umverladung — muß evtl. die Ware über einen konzessionierten Lagerhalter geleitet werden, um dies Ziel zu erreichen.

Auch die Vorschriften über die Versicherung des Importgutes werden mit anderen Augen angesehen, wenn mit dem Akkreditivgeschäft eine Kreditgewährung verbunden ist. Bei einer Kreditgewährung verlangt die Bank, daß der Versicherungsschutz alle in Betracht kommenden Risiken einschließt und im Schadensfalle eine ausreichende Versicherungssumme zur Kreditabdeckung zur Verfügung steht. Hält die Bank auf Grund der Prüfung des Akkreditivauftrages die Versicherung nicht für ausreichend, so wird sie die Akkreditiveröffnung auf Kreditbasis ablehnen oder davon abhängig machen, daß der Auftraggeber den Mangel durch entsprechende Änderung der Versicherungsklausel behebt.

B. Abänderungen des Akkreditivauftrages

1. Praktische Handhabung bei Abänderungen des Akkreditivauftrages

Ist die Bank bei der Prüfung des Akkreditivauftrages zu dem Ergebnis gelangt, daß gewisse Abänderungen entweder zweckmäßig oder in ihrem eigenen Interesse notwendig sind, so verständigt sich in der Praxis normalerweise der zuständige Sachbearbeiter der Bank mit dem Käufer oder dessen Sachbearbeiter; er teilt ihm mit — zumeist telefonisch —, aus welchem Grunde die Bank den Akkreditivauftrag in der vorliegenden Form nicht annehmen kann oder will oder einen Änderungsvorschlag hat. Kommt eine Einigung über die Abänderung zwischen den Partnern zustande, so führt die Bank anschließend den Auftrag in der veränderten Fassung aus. Die Abänderung wird üblicherweise von beiden Seiten schriftlich bestätigt; die Banken haben sich in Ziff. 8 (3) AGB zu einer solchen Bestätigung ihrerseits für den telegrafischen und telefonischen Verkehr sogar verpflichtet; die schriftliche Gegenbestätigung des Auftraggebers unterbleibt dagegen in der Praxis oft.

2. Verbindlichkeit der Abänderungen

Für die Verbindlichkeit von Abänderungen des Akkreditivauftrages gilt Entsprechendes wie für die Verbindlichkeit des Auftrages selbst. Das ist insbesondere auch der Fall, wenn die Abänderung auf seiten des Akkreditivauftraggebers durch nicht vertretungsberechtigte Personen in Auftrag gegeben bzw. vereinbart wird. Auf das oben S. 35/36 Gesagte kann verwiesen werden.

Von sich aus darf die Bank grundsätzlich von den Weisungen des Akkreditivauftraggebers nicht abweichen. Sie ist vielmehr gehalten, sich im Bedarfsfalle mit dem Käufer vor Eröffnung des Akkreditivs in geänderter Form in Verbindung zu setzen. Dies ergibt sich aus §§ 675, 665 BGB.

In besonders gelagerten Fällen, „wenn mit dem Aufschub Gefahr verbunden ist“, kann die Bank gemäß § 665 BGB von sich aus von den Weisungen des Auftraggebers abweichen, wenn sie den Umständen nach annehmen darf, daß der Auftraggeber bei Kenntnis der Sachlage die Abweichung billigen würde. Mag dies auch die gesetzlich festgelegte Grundregel sein, so muß doch darauf hingewiesen werden, daß eine Abweichung vom Akkreditivauftrag ohne Einvernehmen mit dem Akkreditivauftraggeber für die Bank gefährlich ist und zudem dem formalen Wesen des Akkreditivgeschäfts, bei dem die Bank insbesondere das zugrunde liegende Warengeschäft in der Regel nicht kennt, widerspricht. Nur in seltenen Fällen wird die Bank über die Interessen ihres Kunden so genau unterrichtet sein, daß sie erkennen kann, wo seine konkreten Weisungen seinen wahren Absichten zuwiderlaufen. Aber selbst bei genauer Kenntnis besteht die Gefahr, daß die Bank die Situation falsch einschätzt. Weicht sie von den Weisungen des Akkreditivauftrags ab und widerspricht dem der Käufer, so drohen der Bank Schadensersatzansprüche; zudem braucht der Käufer das weisungswidrig ausgeführte Geschäft nicht gegen sich gelten zu lassen[6]. Die — abgeänderte — Akkreditiveröffnung ist natürlich genehmigt, wenn der Käufer die Akkreditivkopie erhält und nicht unverzüglich widerspricht.

Im Zusammenhang mit Abänderungen des Akkreditivauftrages ist noch auf Art. 5 ER hinzuweisen: Wenn eine Bank durch Kabel, Telegramm oder Telex angewiesen wird, ein Akkreditiv in derselben Weise zu eröffnen, mitzuteilen oder zu bestätigen, wie von ihr schon ein früheres Akkreditiv behandelt worden war, dann gilt diese Bezugnahme auf das frühere Akkreditiv in seiner ursprünglichen Form, also ohne Berücksichtigung späterer Änderungen, die das in Bezug genommene Akkreditiv erfahren hat. Sollen diese Änderungen auch für das zweite Akkreditiv gelten, muß auf die zu berücksichtigenden Änderungen ausdrücklich hingewiesen werden.

C. Annahme des Akkreditivauftrages — Vertragsschluß

Bei Eingang eines Akkreditivauftrages eines Kunden gegen Guthaben oder eines Fremden gegen gleichzeitigen vollen Einschuß muß sich die Bank unverzüglich entscheiden, ob sie den Auftrag annehmen, also den Geschäftsbesorgungsvertrag mit dem Auftraggeber abschließen will oder nicht; sie darf jedoch eine angemessene Frist zur Prüfung des Auftrages für sich in Anspruch nehmen. Erklärt sich die Bank innerhalb dieser angemessenen Frist nicht, so gilt ihr Schweigen gem. § 362 HGB als Annahme des Angebotes[7]. In der Praxis hat es sich eingebürgert, die Annahme des Auftrages nicht ausdrücklich, sondern nur durch konkludente Handlung zu erklären, indem die Bank ihrem Kunden eine Kopie ihres an den ausländischen Begünstigten gerichteten Akkreditiveröffnungsschreibens zuschickt. Unterbleibt die

[6] Vgl. zum entsprechenden Problem bei Abweichungen vom Akkreditiv S. 103 ff.
[7] Ebenso BGH BB 1955, 767.

Absendung einer solchen Kopie und gibt die Bank dem Kunden auch sonst keine Nachricht, so kann sie sich später zum Beweis dafür, daß sie die Akkreditiveröffnung habe ablehnen wollen, nicht darauf berufen, sie habe dem Kunden keinen Durchschlag zukommen lassen und der Kunde habe daraus auf die Ablehnung schließen müssen. Der Vertrag gilt vielmehr gemäß § 362 HGB als zustande gekommen; der Kunde hat gegen die Bank einen Anspruch auf alsbaldige Akkreditiveröffnung entsprechend den erteilten Weisungen.

In den meisten Fällen will der Kunde im Zusammenhang mit der Akkreditiveröffnung Kredit in Anspruch nehmen. Eine Kreditinanspruchnahme liegt nicht nur dann vor, wenn der Kunde die Bank bittet, ihm Geld vorzustrecken; sie ist vielmehr schon dann gegeben, wenn der Kunde von der Bank verlangt, daß sie für ihn ohne volle Deckungsanschaffung eine Haftung (ein Obligo) übernimmt, was durch die Akkreditiveröffnung geschieht. Ist ein solcher Kreditfall gegeben, so gilt der Grundsatz des § 362 HGB wegen der Annahme des Akkreditivauftrages erst dann, wenn die Kreditfrage vorher zwischen Kunde und Bank geklärt ist[8]. Andernfalls kommt der auf Eröffnung des Akkreditivs gerichtete Geschäftsbesorgungsvertrag nur zustande, wenn die Bank ihn ausdrücklich annimmt, d. h. wenn sie Kreditgewährung und Akkreditiveröffnung zusagt. Die beiden Vorgänge sind wirtschaftlich so eng miteinander verknüpft, daß eine Trennung in dieser Frage nicht möglich ist. Einem Fremden oder einem Kunden, der eine Bank ohne Geldanschaffung mit einer Akkreditiveröffnung beauftragt, braucht die Bank, wenn sie ihm keinen Kredit gewähren und deshalb das Akkreditiv nicht eröffnen will, nicht zu antworten.

D. Buchungen

Mit der Annahme des Akkreditivauftrages gehen Hand in Hand eine Reihe von Buchungsvorgängen, in denen sich im Verhältnis Bank — Käufer das eingeleitete Geschäft niederschlägt[9].

In jedem Fall belastet die Bank zur Festhaltung des Obligoverhältnisses ein auf den Namen des Kunden lautendes *Akkreditiv*-Konto und erkennt dafür ein Sammelkonto, auf welchem sie alle für ihre Kunden eingegangenen Akkreditivverpflichtungen erfaßt; man kann dieses Konto als *Akkreditiv-Verpflichtungs-Konto* bezeichnen. Die Obligobuchungen erfolgen in der gleichen Währung, auf die das Akkreditiv lautet. Wird das Akkreditiv von einer zweiten Bank bestätigt, so belastet diese in entsprechender Weise ein auf den Namen der Akkreditivbank laufendes Akkreditiv-Debitoren-Konto und erkennt dagegen ein Sammelkonto.

[8] Dies ist schon der Fall, wenn noch nicht in Anspruch genommene Teile einer bestätigten Kreditlinie zur Verfügung stehen.

[9] Vgl. dazu Lindner aaO.; für Frankreich: Stoufflet Nr. 49.

Die Verfügungsfreiheit des Kunden über sein laufendes Konto bleibt unberührt. Allerdings kann die Bank auf dem laufenden Konto einen internen Vermerk in Höhe des Akkreditivbetrages anbringen. Der Vermerk hat den Zweck, die Bank die Übersicht über die Verbindlichkeiten des Kunden zu erhalten und ihn bei übermäßiger Inanspruchnahme seines Guthabens oder seines offenen Kredits an seine Akkreditivverpflichtung zu erinnern und gegebenenfalls von ihm unter Berufung auf Ziff. 19 (1) AGB die Stellung von Sicherheiten zu verlangen.

Hat der Kunde bei Akkreditiveröffnung oder während der Laufzeit des Akkreditivs einen Einschuß zu leisten, so wird dieser Betrag zu Lasten seines laufenden Kontos einem auf seinen Namen laufenden *Akkreditiv-Deckungs*-Konto gutgebracht, wo er im Guthaben des Kunden verbleibt, aber im beiderseitigen Einvernehmen als „spezielle Sicherheit" der Bank gem. Ziff. 19 (1) AGB seiner Verfügungsgewalt entzogen und für die Akkreditivabwicklung festgelegt ist.

Lautet das Akkreditiv nicht auf Deutsche Mark, sondern auf Währung und hat die Bank für den vom Kunden eingeschossenen Betrag die Währung zu dessen Lasten angeschafft, so bringt sie diese einem *Akkreditiv-Währungs-Deckungs*-Konto gut, für das im übrigen das gleiche wie für das Akkreditiv-Deckungs-Konto gilt. Kursschwankungen treffen in diesem Falle den Kunden.

Wird das Akkreditiv vom Begünstigten bedient, so erfolgt die Auszahlung an ihn zu Lasten des laufenden Kontos des Kunden oder des Akkreditiv-Deckungs-Konto, je nachdem, ob der Kunde den Akkreditivbetrag vorzeitig angeschafft hat oder nicht. Die Buchungen zur Festhaltung des Obligos werden ausgeglichen.

Wird das Akkreditiv vom Begünstigten nicht in voller Höhe in Anspruch genommen und verbleibt daher dem Kunden nach Verfall des Akkreditivs ein Guthaben auf dem Akkreditiv-Deckungs-Konto, kann der Kunde über diesen Betrag wieder frei verfügen, da die Zweckbindung durch das Erlöschen des Akkreditivs entfallen ist. Üblicherweise wird der Betrag von der Bank sofort wieder dem laufenden Konto des Kunden gutgebracht. Gleichzeitig werden auch in diesem Falle die Buchungen zur Festhaltung des Obligos ausgeglichen.

Abschließend ist noch zu erwähnen, daß der Kunde sich durch die vorzeitige Abbuchung des Akkreditivbetrages auf ein Akkreditiv-Deckungs-Konto zinsmäßig nicht schlechter steht, als wenn der Betrag auf seinem laufenden Konto verblieben wäre. Ist die Abbuchung aus einem Guthaben auf laufendem Konto erfolgt, so werden dem Kunden während der Laufzeit des Akkreditivs bis zur Inanspruchnahme die Habenzinsen weiterhin auch auf den Deckungsbetrag gutgebracht; hat die Belastung auf dem laufenden Konto einen Debetsaldo herbeigeführt oder erhöht, so werden das laufende Konto und das Deckungskonto zinsmäßig kompensiert. Anders ist die Lage u. U., wenn der Kunde die Akkreditivdeckung in Währung anzuschaffen hat. In diesem Falle ist die Zinskompensation davon abhängig, ob die Bank ihrerseits den im Ausland für Rechnung des Kunden angeschafften Währungsbetrag verzinst erhält.

V. Eröffnung des Akkreditivs

Liegt der vollständige Akkreditivauftrag vor und hat die Bank diesen angenommen, erfolgt die Eröffnung des Akkreditivs. Schon früher wurde darauf hingewiesen[1], daß die Bank im Interesse des Käufers verpflichtet ist, das Akkreditiv unverzüglich zu eröffnen. Das bedeutet: Sie muß die Eröffnung ohne Verzögerung im Rahmen ihres gewöhnlichen Geschäftsbetriebs vornehmen.

Bleibt der Vorgang aus von der Bank zu vertretenden Gründen unangemessen lange bei ihr liegen, so kann der Käufer die Bank durch Mahnung (§ 284 BGB) in Verzug setzen. Unter den Voraussetzungen des § 326 BGB[2] ist er auch berechtigt, von dem Geschäftsbesorgungsvertrag mit der Bank zurückzutreten oder Schadensersatz wegen Nichterfüllung zu verlangen.

In Akkreditivaufträgen findet sich häufig die Weisung des Käufers, das Akkreditiv solle „sofort", „schnellstens", „telegrafisch" oder bis zu einem genau bezeichneten Zeitpunkt (z. B. „bis zum 1. 6. 1967") eröffnet werden[3]. In derartigen Fällen ist der Geschäftsbesorgungsvertrag zwischen Bank und Käufer als Fixgeschäft im Sinne des § 376 HGB anzusehen. Verzögert sich hier die Eröffnung des Akkreditivs, so kann der Käufer ohne weiteres vom Vertrag zurücktreten, gleichgültig, ob die Verzögerung auf einem Verschulden der Bank beruht oder nicht. Bei Verschulden der Bank ist der Käufer auch berechtigt, Schadensersatz wegen Nichterfüllung zu verlangen.

Die vorbezeichneten Rechte stehen dem Käufer allerdings nur zu, wenn er sich seinerseits vertragsgemäß verhält. Dazu gehört insbesondere, daß er der Bank den vorgesehenen Einschuß leistet oder sonstige Sicherheiten stellt, wenn die Bank die Eröffnung des Akkreditivs davon abhängig gemacht hat.

In der Praxis geht der Eröffnung oft — auf Grund zunächst noch unvollständiger Angaben des Auftraggebers — eine vorläufige Unterrichtung an den Begünstigten voraus. Diese Ankündigung begründet nach Art. 4—6 ER noch keine Haftung der Bank, sondern gibt nur unverbindlich Nachricht von der bevorstehenden Akkreditierung. Unverbindlich in diesem Sinne ist eine Mitteilung auch dann, wenn in ihr begriffsnotwendige Bestandteile des Akkreditivs fehlen oder wenn der Text unklar ist (incomplete or unclear); insbesondere wenn kein Verfallsdatum angegeben ist (Art. 37 ER).

Da hier leicht Mißverständnisse auftreten können, wird den Banken dringend empfohlen, eine bloß unverbindliche Vorankündigung auch als solche zu kennzeichnen und den — vielleicht nicht sachkundigen — Begünstigten

[1] S. 32.

[2] Vgl. dazu im einzelnen S. 31 ff.

[3] Vgl. dazu S. 58.

darauf hinzuweisen, daß es sich noch nicht um eine rechtlich bindende Erklärung handelt. Das gilt insbesondere dann, wenn die Vorankündigung bereits das Verfalldatum nennt, das gem. Art. 37 ER eine unabdingbare Voraussetzung für die verbindliche Eröffnung eines Akkreditivs ist[4].

A. Die Akkreditivverpflichtung der Bank

Nach heute überwiegender Auffassung in Rechtsprechung und Literatur stellt das Akkreditiv ein abstraktes Schuldversprechen der Bank im Sinne des § 780 BGB dar[5]. Das besagt: Die Bank verpflichtet sich gegenüber dem Begünstigten zur Zahlung des im Akkreditiv genannten Betrages, sofern ihr fristgerecht die im Akkreditiv genannten Dokumente vorgelegt werden. Aus dem Wesen dieses Schuldversprechens folgt, daß es rechtlich völlig losgelöst ist sowohl vom Kaufvertrag zwischen Akkreditivsteller und Begünstigtem als auch vom Geschäftsbesorgungsverhältnis zwischen Akkreditivauftraggeber und Akkreditivbank[6]. Dies gilt sowohl für unwiderrufliche als auch — wie noch zu zeigen sein wird — für widerrufliche Akkreditive[7].

Nach deutschem Recht[7a] kommt ein abstraktes Schuldversprechen durch einen Vertrag zustande. Das bedeutet, daß ab Wirksamwerden der Akkreditiveröffnung zwischen der Akkreditivbank und dem Begünstigten ein Vertragsverhältnis besteht. Es finden zur Beurteilung ihres gegenseitigen Verhaltens die (strengeren) Vertragsregeln und nicht nur Deliktsregeln Anwendung. Trotz Bestehens eines Vertragsverhältnisses bleibt es natürlich dabei, daß der Begünstigte der Bank gegenüber keine „Verpflichtung" zur Einreichung der Dokumente übernimmt. Das Akkreditiv ist erst dann eröffnet,

[4] Vgl. dazu S. 45.

[5] RGZ 106, 304, 307; 107, 7, 9; 144, 133, 136; BGHZ 28, 129; BGH WM 1964, 223; OLG Nürnberg NJW 1966, 2273; RGRK-HGB-Godin Anh. I zu § 365, 41, S. 575; 49; Schlegelberger-Hefermehl Anh. zu § 365, 123; v. Caemmerer JZ 1959, 364; Nielsen DB 1964, 1727; Baumbach-Duden Anh. I zu § 406, 8 C, D; Enneccerus-Lehmann § 101 III 4; vgl. auch Art. 3 ER; für den L/C siehe Finkelstein S. 32/33. Neuerdings wendet sich Kübler S. 187 ff., mit beachtlichen Argumenten gegen die Ansicht, das Akkreditiv sei als abstraktes Schuldversprechen des § 780 BGB anzusehen. Nach seiner Auffassung ist das Akkreditiv ebenso wie die weiter unten behandelte „Bankgarantie auf erstes Anfordern" eine „stereotypisierte kausale Zahlungsgarantie", die als instrumentum sui generis von der Praxis entwickelt wurde und den einst durch § 780 BGB gesetzten engen Rahmen längst gesprengt hat.

[6] Vgl. ER, Allgemeine Regeln, c); RGRK-HGB-Godin Anh. I zu § 365, 49; Schlegelberger-Hefermehl Anh. zu § 365, 95; BGHZ 28, 129; OLG Nürnberg NJW 1966, 2273; Liesecke WM 1966, 459, mit Hinweisen auf die englische, französische, italienische und schweizerische Gerichtspraxis. Über Ausnahmen von diesem Grundgesetz vgl. unten S. 155 ff.

[7] Dazu S. 75 ff.

[7a] Ebenso Schweiz, Semaine Judiciaire 1954, 521; 1961, 127; 1965, 289; 1968, 652.

wenn die Eröffnungsmitteilung der Bank als Angebot zum Abschluß eines Schuldversprechensvertrages dem Begünstigten zugegangen ist (§§ 130, 145 BGB). Einer ausdrücklichen Annahme dieses Angebots durch den Begünstigten bedarf es nicht, da dies nicht verkehrsüblich ist (§ 151 BGB). Immerhin muß sich der Annahmewille des Begünstigten in irgendeiner Weise kundtun. Dies geschieht in der Regel stillschweigend dadurch, daß der Begünstigte der Akkreditiveröffnung nicht widerspricht[8].

Manche ausländische Rechtsordnungen — und ein Teil der Bankpraxis — gehen davon aus, daß die Bindung der Bank schon mit der Absendung des Akkreditivs eintritt. Maßgebend ist das jeweilige für das Verhältnis zwischen Akkreditivbank und Begünstigtem maßgebende Recht. Die Folge der deutschen Rechtslage ist, daß die Bank — wenn ihr Kunde einen entsprechenden Auftrag erteilt — in der kurzen Zeitspanne zwischen Absendung des Akkreditivs und dessen Ankunft beim Begünstigten das Akkreditiv noch widerrufen kann und evtl. sogar auf Weisung ihres Kunden widerrufen muß.

Entspricht das Akkreditiv den zwischen Käufer und Verkäufer im Kaufvertrag getroffenen Vereinbarungen nicht, so kann der Begünstigte der Akkreditiveröffnung gegenüber der Bank widersprechen. Juristisch gesehen lehnt er damit das Vertragsangebot der Bank ab. Er wird das aber nur tun, wenn er einen Vorwand sucht, von dem ihm eventuell unangenehm gewordenen Warengeschäft mit dem Käufer loszukommen. Die nicht ordnungsgemäße Akkreditivstellung durch den Käufer kann ihn u. U. zum Rücktritt vom Kaufvertrag berechtigen[9]. Ein Rücktrittsrecht dürfte ihm aber nur zustehen, wenn das Akkreditiv in so wesentlichen Punkten von den kaufvertraglichen Vereinbarungen abweicht, daß es ihm nicht zugemutet werden kann, dieses Akkreditiv zu akzeptieren.

Im Regelfall wird der Verkäufer bei Abweichungen des gestellten Akkreditivs vom Kaufvertrag nicht gegenüber der Bank widersprechen. Denn damit würde er die Sicherheit verlieren, die ihm auch ein nicht ganz ordnungsgemäßes Akkreditiv bietet; ein mangelhaftes Akkreditiv ist besser als gar keines. Normalerweise wird der Begünstigte unverzüglich dem Käufer gegenüber die Mängel des Akkreditivs rügen und fordern, daß der Käufer das Akkreditiv durch die Bank ändern läßt. Unterläßt der Verkäufer die sofortige Rüge, so muß er das Akkreditiv so, wie es eröffnet worden ist, gegen sich gelten lassen; dem Käufer gegenüber kann er sich später nicht mehr darauf berufen, daß das — nicht unverzüglich gerügte — Akkreditiv nicht dem Kaufvertrag entspreche.

Es sei noch erwähnt, daß in ausländischen Rechten entsprechend den unterschiedlichen Rechtsordnungen zur Frage, wann und wie die Zahlungsverpflichtung der Akkreditivbank entsteht, Ansichten vertreten werden, die

[8] Schlegelberger-Hefermehl Anh. zu § 365, 124; RGRK-HGB-Godin Anh. I zu § 365, 41, S. 575; 44.

[9] Vgl. dazu auch S. 30 f.

von der deutschen Auffassung abweichen[10]. Zum Beispiel: Die Akkreditivverpflichtung der Bank entstehe bereits in dem Augenblick, in dem diese das an den Begünstigten gerichtete Akkreditiveröffnungsschreiben absendet. Oder: Das Akkreditiv sei kein Vertrag zwischen Bank und Begünstigtem, sondern werde durch einseitige Verpflichtungserklärung der Bank wirksam; das Akkreditiveröffnungsschreiben müsse daher dem Begünstigten nur zugehen, bedürfe aber keiner Annahme mehr. Der Zeitpunkt der Entstehung der Zahlungsverpflichtung kann für die Frage wesentlich werden, bis wann die Akkreditivbank (oder der Akkreditivsteller über die Akkreditivbank) die Möglichkeit hat, das Akkreditiv noch einseitig zu ändern oder zurückzurufen.

Es kommt häufig vor, daß Zweigniederlassungen ausländischer Banken ein Akkreditiv eröffnen mit der Maßgabe, daß das Akkreditiv am Orte der Zweigniederlassung benutzbar sein soll. Da die Zweigniederlassung kein selbständiges Rechtssubjekt darstellt, ist der Inhaber der Hauptniederlassung Träger der Rechte und Pflichten, die aus dem Betrieb der Zweigniederlassung erwachsen[11]. Die Akkreditivverpflichtung, die die Zweigniederlassung eingegangen ist, ist eine Verpflichtung, die den Hauptsitz trifft. Wenn daher der Begünstigte bei Einreichung akkreditivgerechter Dokumente aus kommerziellen Gründen keine Zahlung von der Zweigniederlassung erhalten kann, etwa weil diese nicht mit den nötigen finanziellen Mitteln ausgestattet ist, muß die Hauptniederlassung die Dokumente einlösen.

Problematisch ist der Fall, wenn die Zweigniederlassung das Akkreditiv deshalb nicht einlösen kann, weil zwischen Eröffnung des Akkreditivs und Benutzung desselben durch den Begünstigten infolge hoheitlicher Maßnahmen die Zweigniederlassung an der Auszahlung des Akkreditivbetrages verhindert ist. In Betracht kommen hier: Beschlagnahme der Zweigniederlassung, wenn zwischen dem Staat, in dem diese sich befindet, und dem Staat, in dem der Sitz der Hauptniederlassung liegt, ein Krieg ausbricht; Nationalisierung von Zweigniederlassungen ausländischer Banken; ferner Änderungen der Devisenbewirtschaftung nach Akkreditiveröffnung. Es ist fraglich, ob auch in solchen Fällen das Akkreditiv von der Hauptniederlassung einzulösen ist. Ein allgemein gültiger, international anerkannter Rechtsgrundsatz, auf den man sich vorbehaltlos verlassen könnte, ist in dieser Frage nicht festzustellen. Das liegt vor allem daran, daß hoheitliche Eingriffe auf der einen Seite oft entsprechende hoheitliche Maßnahmen auf der anderen Seite zur Folge haben, durch die dann unabhängig von der rein zivilrechtlichen Beurteilung die Haftung der Hauptniederlassung bestimmt wird. Meist bestehen diese Gegenmaßnahmen darin, daß der Hauptnieder-

[10] Vgl. z. B. für Frankreich und Belgien die Zusammenstellung bei van der Gucht Rev. de la Banque 1952, 173; Kübler S. 184 mit Nachweisen; Cass. 20. 10. 53, S. 1954, I, 121; für Österreich: Schinnerer Öst.BA 1962, 249; für die USA: Finkelstein S. 283/284; Käser ZAIP 1956, 84; auch ZKW 1961, 1090; für Italien: Kübler S. 186 mit Nachweisen.

[11] RGZ 107, 44, 45/46; 116, 330, 332; 130, 23, 25, 32; RGRK-HGB-Würdinger § 13, 11.

lassung einfach verboten wird, die in der Zweigniederlassung begründeten Verbindlichkeiten zu begleichen. Damit muß insbesondere dann gerechnet werden, wenn die Verpflichtungen der Zweigniederlassung einen solchen Umfang haben, daß die Bezahlung aller Schulden das Haupthaus in seinem Bestand gefährden würde[12].

In Anbetracht der unsicheren Rechtslage sollen hier nur einige Beispiele gegeben werden, wie in der Praxis derartige Fälle abgewickelt worden sind:

Bei der jüngst vorgenommenen Nationalisierung der ausländischen Banken in Tansania haben, soweit bekannt, die Mutterhäuser die Verbindlichkeiten ihrer tansanischen Niederlassungen erfüllt. Früher hat sich Ähnliches in Ägypten zugetragen. In keinem Falle wurde die Rechtslage als solche bis zu Ende ausdiskutiert.

Das Reichsgericht hat sich in Beschlagnahmefällen, die allerdings keine Akkreditive betrafen, auf den Standpunkt gestellt, die Hauptniederlassung müsse grundsätzlich für die Verbindlichkeiten, die in der Zweigniederlassung entstanden sind, einstehen[13]. Es gelangte dann jedoch unter Berücksichtigung des Versailler Vertrages, in dem die deutsche Regierung derartige Beschlagnahmen anerkannt hatte, zu dem Ergebnis, daß die anerkannte Beschlagnahme einer Klageerhebung gegen die Hauptniederlassung in Deutschland entgegenstehe.

Im Schreiben einer englischen Bank mit Zweigniederlassungen im Ausland heißt es, daß das Mutterhaus in London für alle bei den ausländischen Zweigniederlassungen begründeten Verbindlichkeiten einstehe, vorausgesetzt, daß die Bank of England durch Erteilung der erforderlichen Devisengenehmigung ihre Zustimmung zur Bezahlung des Akkreditivs gebe. Über die Frage, unter welchen Voraussetzungen die Devisengenehmigung erteilt oder verweigert werden würde, wurde keine verbindliche Prognose gemacht.

B. Unwiderrufliche und widerrufliche Akkreditive

1. *Rechtsnatur*

Ein Akkreditiv kann unwiderruflich oder widerruflich eröffnet werden. Das Akkreditiv, d. h. die im Akkreditiveröffnungsschreiben der Akkreditivbank an den Begünstigten enthaltene Verpflichtungserklärung der Bank, soll die ausdrückliche Angabe enthalten, ob das Akkreditiv unwiderruflich oder widerruflich ist. Fehlt eine solche Angabe, so gilt das Akkreditiv als widerruflich, auch wenn ein Verfalldatum angegeben ist (Art. 1 und 2 ER).

Das unwiderrufliche Akkreditiv ist, wie oben schon ausgeführt, ein abstraktes Schuldversprechen im Sinne des § 780 BGB. Durch die Unwider-

[12] Vgl. dazu Bandomir Bank-Betrieb 1967, 173/174.

[13] RGZ 107, 44: auf Dresdner Bank, London, gezogener, in London zahlbarer Wechsel; RGZ 130, 23: beschlagnahmtes Konto, das bei Zweigniederlassung einer deutschen Bank im Elsaß geführt wurde. Vgl. auch RGZ 116, 330.

ruflichkeit erlangt der Begünstigte die Gewißheit, daß er für seine Lieferung unter allen Umständen bezahlt werden wird, da die Bank ihr Zahlungsversprechen nicht zurückziehen kann. Demgegenüber spielen die — seltenen — Ausnahmefälle, in denen die Bank trotz der Unwiderruflichkeit des Akkreditivs die Zahlung der Akkreditivsumme an den Begünstigten verweigern kann, praktisch eine ganz untergeordnete Rolle. Das gleiche gilt für die in ganz engen Grenzen bestehende Möglichkeit für den Käufer, durch Erwirken gerichtlicher Maßnahmen den Begünstigten an der Benutzung des Akkreditivs zu hindern. In diesen Sonderfällen, die später in anderem Zusammenhang noch ausführlich erörtert werden[14], beruht die Möglichkeit, daß aus dem Akkreditiv u. U. nicht geleistet wird, fast ausnahmslos auf Umständen, die in der Sphäre des Begünstigten liegen. Festzuhalten ist hier, daß ein Begünstigter, der seine Verpflichtungen loyal erfüllt, in dem unwiderruflichen Akkreditiv eine uneingeschränkte Sicherheit für seine Kaufpreisforderung erblicken kann.

Ebenso wie das unwiderrufliche Akkreditiv ist das widerrufliche Akkreditiv ein abstraktes Schuldversprechen im Sinne des § 780 BGB. Seine Besonderheit besteht darin, daß die Bank ihr Zahlungsversprechen unter Vorbehalt jederzeitigen Widerrufs abgibt (Art. 2 ER)[15]. Die ER (Revision 1974) bestimmen in Art. 37, daß auch widerrufliche Akkreditive ein Verfalldatum haben müssen. Beim widerruflichen Akkreditiv heißt es zur Klarstellung üblicherweise „gültig bis 14. März 1976, sofern nicht vorher annulliert". Die Widerruflichkeit wird durch folgende Worte zum Ausdruck gebracht: „Dieses Akkreditiv ist widerruflich und kann jederzeit ohne Nachricht an den Begünstigten abgeändert oder annulliert werden." Sie werden sowohl im Auftrag der eröffnenden Bank an die Bank, bei der das Akkreditiv benutzbar ist, als auch im Text der Mitteilung an den Begünstigten verwendet. In der Literatur wird teilweise die Ansicht vertreten, das widerrufliche Akkreditiv sei rechtlich anders einzuordnen als das unwiderrufliche oder es sei gar rechtlich irrelevant[16]. Beidem ist nicht beizutreten. Ein vereinbartes Widerrufsrecht ändert an der Rechtsnatur eines Vertrages nichts.

Solange also eine Bank unter einem widerruflichen Akkreditiv von ihrem Widerrufsrecht keinen Gebrauch macht oder sobald sie das Widerrufsrecht verloren hat, gilt für die rechtliche Einordnung des widerruflichen Akkreditivs und für seine Abwicklung dasselbe wie für das unwiderrufliche Akkreditiv.

[14] Vgl. dazu S. 155 ff. Es gibt leider in neuerer Zeit theoretische juristische Arbeiten, in denen die so gut wie nie vorkommenden Ausnahmefälle, die noch dazu ihre Wurzeln ausnahmslos in der Sphäre des Begünstigten haben, so übermäßig aufgebauscht werden, daß die Grundregel völlig in den Hintergrund gedrängt wird.

[15] Ebenso RGZ 107, 7, 9; Schlegelberger-Hefermehl Anh. zu § 365, 132; RGRK-HGB-Godin Anh. I zu § 365, 43; Liesecke WM 1966, 460; Soergel-Lippisch §§ 780—781, 27. Vgl. auch Kübler S. 180 mit Anm. 3.

[16] Schütz BB 1964, 333; Staudinger-Müller Vorbem. zu § 783, 11, S. 2624; Gautschi SchwJZ 1964, 35; Stoufflet Nr. 29; Cordier Nr. 157.

2. *Innen- und Außenverhältnis beim widerruflichen Akkreditiv*

Beim widerruflichen Akkreditiv ist zwischen dem Innenverhältnis (Käufer — Bank) und dem Außenverhältnis (Bank — Begünstigter/Verkäufer) zu unterscheiden[17].

Der Käufer kann im Innenverhältnis der Bank die Weisung erteilen, das Akkreditiv zu widerrufen. Im Regelfall teilt dann die Bank dem Begünstigten den Widerruf unverzüglich mit. Damit hat das Akkreditiv im Verhältnis zwischen Bank und Begünstigtem aufgehört zu existieren. Da die Widerruflichkeit von vornherein vereinbart war, kommen irgendwelche Ansprüche des ehemaligen Begünstigten gegen die Bank — insbesondere Regreßansprüche — nicht in Betracht. Die Bank braucht sich — auch bei Kenntnis der Interna — nicht darum zu kümmern, ob der Käufer im Verhältnis zum Begünstigten materiell zum Widerruf berechtigt ist.

Spricht die Bank trotz rechtzeitiger Weisung des Käufers den Widerruf nicht aus, so bleibt sie dem Begünstigten aus dem Akkreditiv verpflichtet; sie verliert allerdings gegenüber dem Käufer aus der Nichtbefolgung der erteilten Widerrufsweisung ihren Erstattungsanspruch.

Der Käufer hat nicht die Möglichkeit, das Akkreditiv von sich aus durch seine eigene Erklärung gegenüber dem Begünstigten zu widerrufen; er kann nicht unmittelbar gestaltend in das Außenverhältnis zwischen Bank und Begünstigtem eingreifen[18].

Umgekehrt ist die Bank, die ein widerrufliches Akkreditiv eröffnet hat, dem Begünstigten gegenüber im Außenverhältnis auch ohne eine entsprechende Weisung des Käufers berechtigt, das Akkreditiv zu widerrufen. Normalerweise hat die Bank hierzu aber keinen Anlaß und wird deshalb auch keinen Widerruf aus heiterem Himmel aussprechen. Praktisch kommt ein Widerruf gegen den Willen des Käufers nur dann in Betracht, wenn die Bank Gründe hat, sich gleichzeitig auch von dem Geschäftsbesorgungsvertrag mit dem Käufer zu lösen. Die Tatsache, daß das Akkreditiv dem Verkäufer gegenüber widerruflich ist, besagt nicht, daß die Bank auch ihrem Auftraggeber, dem Käufer, gegenüber jederzeit willkürlich den Geschäftsbesorgungsvertrag kündigen darf. Das Innenverhältnis zwischen Käufer und Bank richtet sich unabhängig von der Widerruflichkeit des Akkreditivs im Außenverhältnis nach allgemeinen Grundsätzen. Kommt z. B. ein Käufer der Aufforderung der Bank, den Akkreditivbetrag vereinbarungsgemäß ganz oder teilweise einzuschießen, nicht nach, oder liegen z. B. die Voraussetzungen der AGB für eine Kreditkündigung vor, so ist damit ein Grund für eine Kündigung des Geschäftsbesorgungsvertrages seitens der Bank

[17] So auch RGRK-HGB-Godin Anh. I zu § 365, 43, S. 590; Herold-Hilgermann S. 182. Diese Trennung wird nicht immer hinreichend beachtet; so vertritt z. B. Gautschi SchwJZ 1964, 35, die Ansicht, der Käufer sei zum Widerruf gegenüber dem Verkäufer berechtigt.

[18] Zur Frage, ob und unter welchen Voraussetzungen der Käufer dem Verkäufer die Benutzung des Akkreditivs durch einstweilige Verfügung verbieten lassen kann, vgl. S. 159 ff.

gegeben[19]. Mit der Kündigung ist die Weisungsbefugnis des Käufers im Hinblick auf die Akkreditivgestaltung beseitigt; die Bank kann dann das Akkreditiv widerrufen, ohne sich dadurch dem Käufer gegenüber schadensersatzpflichtig zu machen.

Rein theoretisch ist natürlich auch möglich, daß eine Bank einmal im Außenverhältnis ein Akkreditiv (aus Irrtum, durch Verwechslung usw.) gegenüber dem Begünstigten widerruft, ohne daß entweder eine Weisung des Käufers oder gleichzeitig eine begründete Auflösung des Geschäftsbesorgungsvertrages mit dem Käufer vorliegt. In einem solchen Fall handelt die Bank unter Umständen vertragswidrig gegenüber ihrem Auftraggeber und ist diesem (nicht dem Begünstigten) wegen positiver Vertragsverletzung verantwortlich.

3. *Der Widerruf, insbesondere sein Zeitpunkt*

Nach Art. 2 ER kann die Bank das widerrufliche Akkreditiv jederzeit abändern oder annullieren. In der Praxis teilt die Bank einen Widerruf regelmäßig dem Begünstigten unverzüglich mit[20]. Unterläßt die Akkreditivbank dies jedoch, so kann der Begünstigte daraus keinerlei Rechte herleiten, selbst dann nicht, wenn die Möglichkeit frühzeitiger Mitteilung bestanden hatte. Der Widerruf der Bank beruht in der Regel auf einer Weisung des Käufers; primär ist es dessen Aufgabe, den Verkäufer über den Widerruf zu informieren. Diese Pflicht ergibt sich aus dem Grundsatz von Treu und Glauben, dem der Kaufvertrag unterliegt. Normalerweise kommt eine Widerrufsweisung des Käufers nicht aus heiterem Himmel, sondern hat ihren Grund in Unstimmigkeiten zwischen Käufer und Verkäufer im Rahmen des Kaufvertrages. Mit diesem hat die Bank jedoch nichts zu tun; ihre Funktion beschränkt sich auf den Akkreditivvorgang, d. h. auf die technische Zahlungsabwicklung.

Ein Widerruf ist nicht mehr möglich, wenn der Akkreditivvorgang zwischen der Bank und dem Begünstigten abgewickelt ist, d. h. wenn die Bank gezahlt oder Tratten akzeptiert oder negoziiert hat[21]. Problematisch ist nur die Frage, zu welchem genauen Zeitpunkt das Widerrufsrecht der Bank erlischt. In Betracht kommen folgende „Stationen" der Akkreditivabwicklung: Versendung der Ware durch den Verkäufer, Einreichung der Dokumente bei der Bank und Aufnahme der Dokumente durch die Bank nach erfolgter Prüfung.

Die Versendung der Ware durch den Verkäufer kann den maßgeblichen Endpunkt für die Widerrufsfrist nicht bestimmen, da sich dieser Vorgang völlig außerhalb der Beziehungen zwischen Bank und Begünstigtem abspielt. Er hat keinen Einfluß auf das Akkreditivverhältnis.

[19] Vgl. RGRK-HGB-Godin Anh. I zu § 365, 66.

[20] Vgl. dazu Megrah, Paget's Law, S. 636; Schmitthoff S. 223.

[21] So RGZ 107, 7, 9; RGRK-HGB-Godin Anh. I zu § 365, 43, S. 590; Schlegelberger-Hefermehl Anh. zu § 365, 134; Liesecke WM 1966, 459/460; Schütz S. 397; Wiele S. 44/45; Finkelstein S. 153; Wessely S. 17.

Mit Einreichung der Dokumente erfüllt der Begünstigte die Bedingung, unter der das Zahlungsversprechen der Bank steht. Es wird daher teilweise die Ansicht vertreten, die Bank verliere ihr Widerrufsrecht zu diesem Zeitpunkt[22]. Dem kann nicht zugestimmt werden. Zwei Erwägungen sprechen dagegen:

Nach Art. 2 ER wird der Widerruf des Akkreditivs dann, wenn dieses einer Filiale der Akkreditivbank oder einer anderen Bank übermittelt und bei ihr benutzbar gemacht worden ist, erst wirksam, wenn er bei der Filiale oder der anderen Bank eingegangen ist. Hat die Filiale oder die andere Bank im Zeitpunkt des Eingangs des Widerrufs das Akkreditiv bereits bedient, so verbleibt ihr das Recht, sich für ihre Zahlung, Akzeptleistung oder Negoziierung bei dem Verpflichteten zu erholen. Dieser Bestimmung ist zu entnehmen, daß die Filiale oder andere Bank den Widerruf zu beachten hat, selbst wenn die Dokumente bereits bei ihr eingereicht worden sind und von ihr als akkreditivgerecht angesehen werden (aber noch nicht honoriert sind); beachtet sie den Widerruf nicht, verliert sie das Recht, Rembours zu verlangen. Verallgemeinernd läßt sich daraus der Schluß ziehen, daß es nach den Intentionen der ER für die Widerrufsfrist nicht auf die Einreichung der Dokumente bei der Bank ankommt, sondern lediglich darauf, ob die Bank gezahlt, akzeptiert oder negoziiert hat[23].

Noch ein weiteres Argument spricht für diese Lösung: Nach Art. 2 ER braucht die Akkreditivbank den Widerruf dem Begünstigten nicht mitzuteilen. Im Zeitpunkt der Dokumenteneinreichung kann sich die Bank bereits dafür entschieden haben, die Dokumente nicht zu honorieren. Die Einreichung der Dokumente durch den Begünstigten kann diesen Entschluß der Bank nicht zunichte machen. Die gegenteilige Annahme würde einen Wettlauf zwischen Widerruf und Einreichung in Gang setzen und praktisch der Bank entgegen Art. 2 ER einen Zwang auferlegen, dem Begünstigten den Widerruf schnellstens mitzuteilen, um das Widerrufsrecht nicht zu verlieren. Nach allem erlischt das Widerrufsrecht der Bank dem Begünstigten gegenüber erst, wenn die Bank die Dokumente nach erfolgter Prüfung aufgenommen[24] und gezahlt, akzeptiert oder negoziiert hat.

Der Auszahlung des Akkreditivbetrages, der Akzeptleistung oder Negoziierung gleichzustellen ist eine rechtsgeschäftliche Zusage der Bank an den Begünstigten, die Dokumente zu honorieren. Es kommt häufig vor, daß der Begünstigte eine gewisse Zeit nach Einreichung der Dokumente bei der Bank anfragt, ob er mit der Auszahlung der Akkreditivsumme rechnen könne. Hat die Bank zu diesem Zeitpunkt bereits die Prüfung der Dokumente abgeschlossen und sieht sie die Dokumente als akkreditivgerecht an, so kann

[22] So Cass. 12. 1. 59, Bulletin des Arrêts, Chambres Civiles, 1959 III Nr. 14; Hahn S. 42.

[23] Ebenso Liesecke aaO.

[24] Die Dokumentenaufnahme ist als faktischer Tatbestand, nicht als rechtsgeschäftliche Willenserklärung zu werten, vgl. Liesecke WM 1966, 466, 469.

sie die Bezahlung der Dokumente zusagen. Diese Zusage steht rechtlich der Zahlung gleich, deren bankmäßiger Durchführung dann nur noch technische Bedeutung zukommt. Entsprechend der genannten Zusage der Bank disponiert der Begünstigte, und es würde ihn unzumutbar belasten, wenn auch nach einer derartigen Zusage die Bank — etwa auf Grund einer in letzter Minute eingehenden Weisung des Auftraggebers — noch eine Widerrufsmöglichkeit hätte. Liegt eine solche Weisung noch im Bereich des Möglichen, so achten die Banken darauf, nicht vorschnell verbindliche Einlösungszusagen zu geben.

C. Akkreditivstellung mit Einschaltung einer weiteren Bank

1. Rechtliche Stellung der zweiten Bank im Verhältnis zur Akkreditivbank und zum Akkreditivsteller (Innenverhältnis)

Im Auslandsgeschäft kommt das Akkreditiv zwar häufig in seiner Grundform als Dreiecksverhältnis Käufer — Akkreditivbank — Begünstigter vor. Oft wird aber aus den auf Seite 49 ff. dargelegten Erwägungen zwischen die Akkreditivbank und den ausländischen Begünstigten noch eine Bank in dessen Land oder auch eine Bank in einem dritten Land eingeschaltet.

In der Regel wird der Auftrag einer Bank an eine ausländische Korrespondenzbank, dem Begünstigten ein zu seinen Gunsten eröffnetes Akkreditiv mitzuteilen (und evtl. auch zu bestätigen), schriftlich — meist an Hand von Formularen — erteilt. Durch die moderne technische Entwicklung ergibt es sich immer häufiger, daß der Weg über Telegramm oder Telex gewählt wird. Um hier Mißverständnisse auszuschalten, ist in Art. 4 Abs. a—c ER das einzuhaltende Verfahren genau geregelt. Die das Telegramm etc. absendende Bank muß im Text der Nachricht unbedingt klarstellen, ob diese bereits den endgültigen Akkreditivtext und den bindenden Auftrag zur verpflichtenden Weiterleitung an den Begünstigten enthält, oder ob es sich zunächst nur um eine unverbindliche Unterrichtung im Hinblick auf das folgende noch schriftlich eintreffende endgültige — und dann erst verbindliche — Akkreditiv handelt. Soll das Telegramm nur eine unverbindliche Unterrichtung enthalten, muß es unbedingt die Worte „details to follow" oder sinnentsprechende Worte enthalten. Die gleiche Bedeutung hat der Hinweis im Telegramm etc., daß das Akkreditiv erst nach Eingang der schriftlichen Bestätigung wirksam sein soll. Fehlen diese Hinweise, wird das Telegramm etc. bereits als bindender Auftrag bzw. Ermächtigung an die Korrespondenzbank angesehen. Die erste Bank ist natürlich verpflichtet, angekündigte „deatails" auch tatsächlich rechtzeitig folgen zu lassen. Tut sie das nicht ordnungsmäßig, macht sie sich regreßpflichtig. Wegen Bezugnahmen auf frühere Parallelgeschäfte siehe Art. 5 ER. Um Doppeleröffnungen zu vermeiden, ist auf einem Akkreditiv, das schon durch Kabel etc. vorangekündigt war, deutlich sichtbar der Vermerk „Bestätigung unseres Kabels vom . . ." anzubringen.

Wenn von der Akkreditivbank eine zweite Bank in das Akkreditiv eingeschaltet wird, schließt die Akkreditivbank mit dieser Bank einen Geschäftsbesorgungsvertrag gem. § 675 BGB[25].

Die beauftragte Bank hat die ihr übertragene Geschäftsbesorgung auszuführen; die Auftraggeberin hat die dem Auftrag angemessene Vergütung zu zahlen. Außerdem muß sie der beauftragten Bank die zur Aufnahme des Akkreditivs erforderlichen Mittel rechtzeitig anschaffen. Zweckmäßigerweise gibt die eröffnende Bank der Bank, bei der das Akkreditiv benutzbar ist, im Text des Formulars — aber so, daß es auf dem Durchschlag für den Begünstigten nicht erscheint — ihre Informationen betr. die Deckungsanschaffung. In den Augen des Akkreditivstellers bilden die beiden zusammenwirkenden Banken sozusagen ein „team"; im Verhältnis zueinander sind sie aber Vertragspartner, zwischen denen sich auch gegensätzliche Auffassungen und Interessen ergeben können. Klarere Bestimmungen über das Verhältnis dieser beiden Banken untereinander bringen Art. 8 Abs. d—g ER. Die eröffnende Bank muß der bestätigenden Bank bzw. der Zahlstellenbank etwaige Beanstandungen unverzüglich mitteilen; sie muß die beanstandeten Dokumente zur Verfügung der anderen Bank halten und darf aus Hinweisen der anderen Bank auf etwaige Mängel der Dokumente oder aus Vorbehalten, die diese gegenüber dem Begünstigten ausgesprochen hat, keine Rechte für das Verhältnis der Banken untereinander ableiten. In Fällen, wo es angebracht ist, empfiehlt es sich, daß die erste Bank der zweiten vorschreibt, daß die Dokumente direkt bei ihr einzureichen sind. Diese Vorschrift hat den Zweck, daß die zweite Bank die Dokumente nicht über eine dritte Bank präsentieren kann, wozu sie u. U. Lust verspürt, um die Gutschrift des Akkreditivbetrages auf ihrem (debitorischen!) Konto bei der ersten Bank zu vermeiden, die ihr möglicherweise das Geschäft gerade deshalb zugewiesen hat, um diesen Effekt zu erreichen (betr. Länder mit Schwierigkeiten in der Zahlungsbilanz).

Inhalt des Vertrages zwischen den beiden Banken bildet für die zweite Bank die Verpflichtung, sich weisungsgemäß zwischen Akkreditivbank und Begünstigtem in das Akkreditiv einzuschalten; dafür verpflichtet sich die Akkreditivbank, der zweiten Bank die bei der Ausführung des Vertrages entstehenden Auslagen zu ersetzen und die anfallenden Provisionen zu zahlen. Bei mangelhafter Auftragsausführung muß die Akkreditivbank ihre Beanstandungen „drahtlich oder auf anderem schnellen Wege" (Art. 8 Abs. e ER) unter Angabe der Gründe mitteilen und zum Ausdruck bringen, daß sie die Dokumente zur Verfügung der anderen Bank halte. Gleichzeitig verweigert sie Auslagenersatz oder fordert einen bereits geleisteten Vorschuß zurück[26].

[25] Schlegelberger-Hefermehl Anh. zu § 365, 118; RGRK-HGB-Godin Anh. I zu § 365, 46; Liesecke WM 1966, 462, 463; Schütz S. 65; Schönle S. 108 unterscheidet zwischen Dienstvertrag, wenn die zweite Bank nur Durchleitungsstelle ist, und Geschäftsbesorgungsvertrag, wenn die eingeschaltete Bank Zahlstelle oder Bestätigungsbank ist. Bank Melli Iran v. Barclays Bank (1951) 2 T. L. R. 1057; Gutteridge-Megrah S. 64.

Im Verhältnis zum Käufer ist die zweite Bank Erfüllungsgehilfin der Akkreditivbank (§ 278 BGB), und zwar sowohl für die Verpflichtung der Akkreditivbank aus dem Geschäftsbesorgungsvertrag mit dem Käufer als auch für die Verpflichtung des Käufers gegenüber dem Verkäufer, das Akkreditiv zu stellen[27]. Es bestehen keine unmittelbaren Rechtsbeziehungen zwischen der zweiten Bank und dem Akkreditivauftraggeber[28].

Hat der Käufer durch eigene Initiative die Auswahl der zweiten Bank veranlaßt, so ist eine Haftung der Akkreditivbank für das Verhalten der zweiten Bank ausgeschlossen. Auch wenn die Akkreditivbank die zweite Bank von sich aus gewählt hat, haftet sie auf Grund Art. 12 ER nicht für etwa von dieser Bank gemachte Fehler. Gleichwohl wird man in Übereinstimmung mit der bisherigen Rechtsprechung[29] annehmen müssen, daß sie für sorgfältige Auswahl haftet. Zum Ausgleich für die Haftungsbeschränkung ist die Akkreditivbank verpflichtet, die ihr aus fehlerhafter Akkreditivabwicklung evtl. gegen die zweite Bank zustehenden Ansprüche auf Verlangen an den Käufer abzutreten. Diese in Ziff. 9 (1) Satz 3 AGB getroffene Bestimmung ist vor allem im Hinblick auf das Fehlen unmittelbarer vertraglicher Beziehungen zwischen dem Käufer und der zweiten Bank von Bedeutung[30].

2. *Rechtliche Stellung der zweiten Bank im Verhältnis zum Begünstigten (Außenverhältnis)*

Die rechtlichen Beziehungen zwischen dem Begünstigten und der zweiten Bank richten sich danach, welche Funktion dieser Bank im Akkreditivvorgang zugewiesen ist, insbesondere danach, ob das Akkreditiv von ihr bestätigt (a) oder nur avisiert (mitgeteilt) ist (b).

a) Bestätigtes Akkreditiv

Eine selbständige Verpflichtung gegenüber dem Begünstigten hat die zweite Bank nur dann, wenn sie das von ihr dem Begünstigten mitgeteilte Akkreditiv ihrerseits „bestätigt" hat. Das Wesen der Bestätigung besteht

[26] Diese Praxis ist in England ausdrücklich durch ein Gerichtsurteil anerkannt. Vgl. grundlegend Westminster Bank Ltd. v. Banco Nazionale di Credito (1928) 31 Ll. L. Rep. 306, in folgendem Auszug (auch zitiert bei Gutteridge-Megrah S. 395): „... If parties keep documents which are sent them in consequence of some mandate which they themselves have issued, and keep them for an unreasonable time, that may amount to a ratification of what has been done as being done within their mandate". Vgl. zu Art. 8 Abs. e ER noch S. 143 ff.

[27] Vgl. RGRK-HGB-Godin Anh. I zu § 365, 41, S. 578; teilweise abweichend Schlegelberger-Hefermehl Anh. zu § 365, 120.

[28] RGRK-HGB-Godin Anh. I zu § 365, 46; Schlegelberger-Hefermehl Anh. zu § 365, 120; Schütz S. 395.

[29] Vgl. RG BA XVIII, 165; Schütz S. 15/16, Anm. 3 zu Ziffer 9 AGB.

[30] Zur Möglichkeit der sog. Drittschadensliquidation bei schuldhafter Vertragsverletzung der zweiten Bank vgl. Schönle S. 109.

darin, daß die zweite Bank selbständig neben der Akkreditivbank gegenüber dem Begünstigten die Verpflichtung übernimmt, bei Vorlage akkreditivgerechter Dokumente Zahlung zu leisten; Akkreditivbank und bestätigende Bank sind Gesamtschuldner. Die Bestätigung ist ebenso wie die Akkreditiveröffnung ein abstraktes Schuldversprechen im Sinne des § 780 BGB[31], über dessen Entstehung auf das oben zur Akkreditiveröffnung Gesagte verwiesen werden kann[32].

Um Mißverständnisse zu vermeiden, sollte jede bestätigende Bank darauf achten, daß sie dem Begünstigten gegenüber ausdrücklich ihre „Bestätigung" erklärt. Notwendig ist das allerdings nicht; aus den Umständen kann sich ergeben, daß trotz Verwendung anderer Vokabeln die zweite Bank eine selbständige Verpflichtung übernehmen will[33]. Abzulehnen ist die Ansicht, die zweite Bank hafte stets als Bestätigungsbank, wenn sie nicht ausdrücklich dem Begünstigten mitteile, daß sie eine Verpflichtung ihrerseits nicht übernehme, weil die Sicherheit des Rechtsverkehrs dies erfordere[34]. Die Bestätigung geht regelmäßig auf die Wünsche des Verkäufers zurück. Dieser weiß also, ob er (nach dem Kaufvertrag) eine Bestätigung „beanspruchen" kann oder nicht. Hat er mit dem Käufer hierüber nichts vereinbart, so liegt kein Grund vor anzunehmen, daß die Mitteilung der zweiten Bank, zu seinen Gunsten sei ein Akkreditiv eröffnet worden, als Bestätigung aufzufassen ist. Es besteht also keine Notwendigkeit, daß die zweite Bank ihr Obligo ausdrücklich ausschließt. Zudem gilt auch hier der allgemeine Grundsatz, daß eine rechtliche Verpflichtung nur dann entsteht, wenn eine entsprechende Willenserklärung abgegeben wird, die von dem Erklärungsempfänger als Verpflichtungserklärung verstanden werden kann. Ein bloßes Schweigen der zweiten Bank, d. h. eine Mitteilung des Akkreditivs durch die zweite Bank ohne Hinzufügung der Erklärung, sie übernehme keine eigene Haftung, erfüllt diese Voraussetzungen aber nicht.

Bestätigt werden können sowohl unwiderrufliche als auch widerrufliche Akkreditive. Juristisch bestehen gegen die Bestätigung eines widerruflichen Akkreditivs keine Bedenken. Sie ist aber eine rein theoretische Möglichkeit[35]. Mit Recht wird sie in den ER nicht erwähnt, was aber nicht besagt, daß sie unzulässig sei; die ER sind in dieser Hinsicht durch Parteivereinbarungen ergänzbar.

Lautet der Akkreditivauftrag des Käufers dahin, das Akkreditiv von einer Bank im Lande des Verkäufers — oft auch von einer Bank an einem Finanzplatz in einem dritten Lande, z. B. London oder New York — be-

[31] RGRK-HGB-Godin Anh. I zu § 365, 41, S. 575; 47; Schlegelberger-Hefermehl Anh. zu § 365, 94, 129; vgl. auch Art. 3 Abs. 2 Satz 2 ER; OLG München v. 30. 9. 1965 — 14 U 335/65.

[32] Siehe S. 71 ff.

[33] Schlegelberger-Hefermehl Anh. zu § 365, 125, 129; Liesecke WM 1966, 462; Wiele S. 61/62; Blondeel Rev. de la Banque 1964, H. 1.

[34] So aber RGRK-HGB-Godin Anh. I zu § 365, 44.

[35] Vgl. Schlegelberger-Hefermehl Anh. zu § 365, 128; Wiele S. 31; Megrah, Paget's Law, S. 636.

stätigen zu lassen, so teilt die Akkreditivbank der zweiten Bank die Akkreditiveröffnung zur Weiterleitung an den Begünstigten mit und beauftragt sie gleichzeitig, das Akkreditiv ihrerseits zu bestätigen. Alsdann erklärt die zweite Bank, wenn sie zur Übernahme dieses Auftrages bereit ist, dem Begünstigten gegenüber schriftlich ihre Bestätigung des von der ersten Bank eröffneten Akkreditivs.

Der Wortlaut der ER spricht übrigens in der jetzt geltenden Fassung des Art. 3 Abs. b im Gegensatz zur Fassung der ER 1951 nicht mehr von einem „*Auftrag*" der Akkreditivbank an die zweite Bank, sondern von einer „*Ermächtigung*", dem Begünstigten das Akkreditiv zu bestätigen. Damit ist gegenüber dem früheren Zustand im Grunde nur eine neue Variante in das Akkreditivgeschäft hineingekommen, so daß es in der praktischen Gestaltung des Akkreditivs jetzt drei Möglichkeiten gibt:

1. Die Akkreditivbank erteilt expressis verbis den *Auftrag* zur Bestätigung, und das ist unverändert der am häufigsten vorkommende normale Fall, der selbstverständlich durch den Wechsel in der Wortwahl der ER nicht ausgeschlossen werden sollte. Dies ergibt sich schon daraus, daß Art. 3 b ER ausdrücklich auch von einem Bestätigungsersuchen spricht. Wo ein solcher Auftrag erteilt ist, muß die angesprochene zweite Bank ihn auf Kosten der Akkreditivbank bzw. des Käufers ausführen oder, sofern sie die Bestätigung aus Gründen des Risikos oder aus sonstigen Erwägungen nicht ausführen will, das Akkreditiv unverzüglich an die eröffnende Bank zurückgeben.

2. Die eröffnende Bank erteilt der zweiten Bank die *Ermächtigung*, dem Akkreditiv ihre Bestätigung hinzuzufügen. Ob diese Hinzufügung der Bestätigung dann erfolgt, hängt davon ab, ob der Begünstigte eine Bestätigung wünscht, und ferner davon, ob die zweite Bank der ersten — sei es unter Krediterwägungen oder unter Transfergesichtspunkten — eine Linie zur Verfügung stellt. Will die zweite Bank die Bestätigung nicht vornehmen, obwohl der Begünstigte dies wünscht, sollte sie das Akkreditiv zurückgeben (wie Ziffer 1). Neuerdings sind im Hinblick auf den nicht ganz eindeutigen Text der Art. 3 Abs. 2 ER 1962 und Art. 3 Abs. b ER 1974 auch Fälle vorgekommen, wo zweite Banken, die zur Hinzufügung ihrer Bestätigung nicht bereit waren, das Akkreditiv dem Begünstigten trotz dessen Bestätigungsverlangen nur ohne Verbindlichkeit avisiert haben. Dies ist nicht unbedenklich, weil die Akkreditivbank bei Rückgabe des Akkreditivs die Möglichkeit gehabt hätte, das Akkreditiv über ein anderes Institut (wo sie noch eine offene Linie hat) zu leiten, welches bereit ist, die Bestätigung vorzunehmen. Die Wahl der Vokabel „Ermächtigung" soll an dieser Stelle nicht die Bedeutung haben, die Bestätigung oder Nichtbestätigung von der Willkür der zweiten Bank abhängig zu machen, sondern bezweckt, die Entscheidung auf die Wünsche des Begünstigten abzustellen, der bei seiner Willensbildung natürlich auch den Kostengesichtspunkt beachtet.

Gemeinsam ist den Fällen 1 und 2, daß mangels gegenteiliger Vereinbarung die bestätigende Bank die Akkreditivbestätigung auf die mit der Akkreditivbank vereinbarte Kreditlinie derselben anrechnet.

3. Die eröffnende Bank erteilt der zweiten Bank weder einen Auftrag noch eine Ermächtigung zur Akkreditivbestätigung, sondern beauftragt die zweite Bank lediglich, das Akkreditiv dem Begünstigten zu avisieren; dabei setzt sie üblicherweise ausdrücklich — und meist formularmäßig — hinzu, daß eine Haftungsübernahme durch die zweite Bank nicht vorgesehen ist („without adding your confirmation"). In diesem Fall ist klar zum Ausdruck gebracht, daß die eröffnende Bank die Bestätigung des Akkreditivs nicht wünscht und sich eine solche Bestätigung auch nicht auf ihre Kreditlinien anrechnen lassen will. Das schließt jedoch nicht aus, daß die zweite Bank und der Begünstigte ohne Unterrichtung der Akkreditivbank eine Bestätigung des Akkreditivs vereinbaren, wobei in diesem Fall selbstverständlich die Kosten zu Lasten des Begünstigten gehen. In der Praxis kommen solche Fälle von Zeit zu Zeit vor. Sie beruhen im allgemeinen darauf, daß Käufer und Verkäufer sich über die Kostenfrage nicht haben einigen können oder daß in der Zwischenzeit Umstände eingetreten sind, die es dem Verkäufer geraten erscheinen lassen, sich das ursprünglich als unbestätigt vorgesehene Akkreditiv auf seine Kosten bestätigen zu lassen.

Eine Bank, die unter solchen Umständen eine Akkreditivbestätigung erteilt, muß sich vorher über die damit verbundenen Risiken klarwerden. Diese liegen darin, daß die zweite Bank, nachdem sie das Akkreditiv einmal bestätigt hat, über die Aufnahme der Dokumente und die Auszahlung des Gegenwertes entscheiden muß, ohne daß die Akkreditivbank die von ihr getroffenen Maßnahmen unbedingt schützt. Das gilt besonders in den Fällen, in denen das ursprüngliche Akkreditiv bei der eröffnenden Bank zahlbar gestellt war, was zugleich die Entscheidung über die Dokumentenaufnahme, insbesondere in den Fällen der Ermessensentscheidungen, in der Hand dieser Bank läßt. Zu erwähnen ist in diesem Zusammenhang auch das Transferrisiko, das bei einem ohne Auftrag oder Ermächtigung bestätigten Akkreditiv die zweite Bank erheblich größer sein kann, als wenn sie die Bestätigung unterlassen hätte.

Unter einem bestätigten Akkreditiv, über dessen Zahlbarstellung nichts gesagt ist[36], kann sich der Begünstigte nach seiner Wahl an diejenige der beiden Banken halten, deren Inanspruchnahme ihm am zweckmäßigsten erscheint. Beide sind ihm auf Grund ihrer jeweils selbständigen Schuldversprechen zur Zahlung verpflichtet. Ist der Zahlungsverkehr zwischen seinem Lande und dem Lande der bestätigenden Bank abgebrochen, hält er sich an die Akkreditivbank; die Akkreditivbank kann die Zahlung nicht unter Hinweis darauf verweigern, daß sie den Betrag bereits bei der bestätigenden Bank angeschafft habe und infolge Krieg, Besetzung, Konkurs o. ä. selbst nicht mehr an das Geld herankönne. Eine solche Bereitstellung hat keine schuldbefreiende Wirkung[37]. Umgekehrt gilt das gleiche: der Begünstigte

[36] Dazu S. 52 ff.

[37] Vgl. aber zum unbestätigten Akkreditiv mit Zahlbarstellung bei der zweiten Bank und zum bestätigten Akkreditiv mit ausdrücklicher Zahlbarstellung bei der zweiten oder einer dritten Bank S. 54 f.

kann nach seiner Wahl die bestätigende Bank auf Zahlung in Anspruch nehmen, auch wenn er selbst oder diese Bank keine Möglichkeit hat, sich den Betrag von der Akkreditivbank anschaffen zu lassen.

Die bestätigende Bank ist allerdings im letzten Falle, wenn das Akkreditiv auf die Währung des Importlandes oder eine sonstige Fremdwährung lautet, nicht verpflichtet, unter erhöhten Kosten und — zumeist — unter Verstoß gegen die geänderten Devisenvorschriften die vertragsgemäße Fremdwährung effektiv zu beschaffen[38]. Sie muß in Übereinstimmung mit den inzwischen erlassenen Gesetzen das Akkreditiv so bedienen, wie es für Währungsverpflichtungen der in Betracht kommenden Art dann für sie gesetzlich vorgeschrieben ist, evtl. also auch in Landeswährung (§ 244 BGB). Die Bestimmung einer Währung im Akkreditiv ist insoweit nicht als unabdingbare Akkreditivbedingung aufzufassen; die Unmöglichkeit der effektiven Zahlung in der Akkreditivwährung gibt der verpflichteten Bank nicht die Berechtigung, wegen Unmöglichkeit der Leistung die Bedienung des Akkreditivs abzulehnen. Die Währungsklausel ist insoweit nur als Wertmesser aufzufassen. Dementsprechend tragen z. B. die Devisengesetze üblicherweise den veränderten Umständen Rechnung, indem sie andere Arten der Zahlung zulassen und vorschreiben.

In der Praxis hat sich allgemein die Übung entwickelt, auch bestätigte Akkreditive zahlbar zu stellen, und zwar normaler Weise bei dem bestätigenden Institut — manchmal auch bei einem dritten Institut. Rein juristisch wäre es für den Begünstigten natürlich vorteilhafter, wenn keine Zahlstelle benannt wäre, so daß dann — was aber kaum mehr der Fall ist — das Akkreditiv sowohl bei der eröffnenden Bank als auch bei der bestätigenden Bank benutzbar wäre. Die Gründe sind leicht einzusehen:

Nur wenn jede der beiden Banken selbständige Zahlstelle für ihre eigene Zahlungsverpflichtung ist, hat der Begünstigte ungehindert entsprechend der jeweiligen Zweckmäßigkeit die Möglichkeit, nach seiner freien Wahl die eine oder die andere Bank auf Zahlung in Anspruch zu nehmen, und zwar auf direkte Zahlung an ihn selbst. Ist das Akkreditiv für beide Zahlungsversprechen bei nur einer Bank zahlbar gestellt, so heißt das, daß der Gegenwert dem Begünstigten bei dieser Bank zur Verfügung gehalten werden muß, gleichgültig, ob der Begünstigte die Dokumente bei der Akkreditivbank oder bei der bestätigenden Bank präsentiert. Kann aber der Begünstigte bei der Zahlstelle auf Grund hoheitlicher Eingriffe oder sonstiger Umstände (z. B. Pfändungen) zwar in einer für diese schuldbefreienden Weise, aber nicht zu seiner freien Verfügung Zahlung erhalten, so ist für ihn auch das Zahlungsversprechen der anderen Bank wertlos, da diese nicht Zahlstelle ist. Denn er kann außer in den bereits oben S. 50 erwähnten Ausnahmefällen nicht von der Akkreditivbank verlangen, daß sie ihm in Erfüllung ihrer eigenen Verbindlichkeit das Geld anstatt über die Zahlstelle auf andere Weise anschafft, damit er frei darüber verfügen kann. Der

[38] Vgl. RGZ 144, 133, 137.

praktisch bedeutsame Vorteil eines bestätigten Akkreditivs ohne besondere Zahlbarstellung gegenüber einem unbestätigten besteht also nicht nur darin, daß zwei Banken dem Begünstigten auf Zahlung haften, sondern außerdem noch darin, daß die Akkreditivbank und die bestätigende Bank jede auch Zahlstelle für ihre eigene Verpflichtung ist. Auf diesen Vorteil wird in der Praxis (durch Zahlbarstellung bei der bestätigenden Bank) oftmals verzichtet, für die Beteiligten, insbesondere den Begünstigten, nach Lage der Verhältnisse von vornherein feststeht, daß die Dokumenteneinreichung auf alle Fälle doch nur bei der bestätigenden Bank erfolgen wird.

Für Vorhaben, die von der Kreditanstalt für Wiederaufbau (KfW) finanziert sind, gibt es gelegentlich Akkreditive, für die die KfW der von der ausländischen Akkreditivbank eingeschalteten deutschen Bank eine Rembourszusage erteilt. Da diese Zusagen nicht uneingeschränkt sind, empfiehlt es sich, den Inhalt der Rembourszusage bei der Formulierung der Akkreditivbestätigung zu berücksichtigen und erforderlichenfalls einzuarbeiten. Für internationale Institute (z. B. Weltbank und IDA) gilt Entsprechendes (vgl. S. 223).

b) Unbestätigtes Akkreditiv

Wird die Bank im Lande des Begünstigten lediglich beauftragt, dem Begünstigten das von der Akkreditivbank eröffnete Akkreditiv anzuzeigen (to advise, to notify), d. h. es ohne Hinzufügung ihrer eigenen Haftung anzuzeigen (Art. 3 Abs. b Satz 1 ER), so teilt die Bank dem Begünstigten mit, daß die Akkreditivbank zu seinen Gunsten ein Akkreditiv eröffnet habe. Dadurch wird keine Haftung der Bank gegenüber dem Begünstigten begründet. Der größeren Klarheit halber weist sie üblicherweise hierauf sogar noch ausdrücklich hin. Alle Mitteilungen der Akkreditivbank, die ihr während der Laufzeit und der späteren Abwicklung des Akkreditivs gemacht werden, leitet sie an den Begünstigten weiter.

Das Akkreditiv bleibt mangels anderweitiger Vereinbarung bei der Akkreditivbank zahlbar. Die zweite Bank ist nicht ohne weiteres Zahlstelle, sondern handelt nur als verlängerter Arm der Akkreditivbank; sie wird bei der Akkreditivabwicklung nicht aus eigenem Recht tätig. Die Akkreditivbank ist auch nicht verpflichtet, die Überweisung des Geldes später über sie vorzunehmen, wenn das auch praktisch üblich ist, weil im Zweifel die Dokumente über sie vorgelegt werden.

Unter einem solchen *unbestätigten, bei der Akkreditivbank zahlbaren Akkreditiv* verlädt der Begünstigte die Ware und reicht dann der zweiten Bank die Dokumente zur Weiterleitung an die Akkreditivbank ein. Dabei genügt es zur Fristwahrung nicht, wenn die Dokumente am letzten Gültigkeitstage des Akkreditivs der zweiten Bank präsentiert werden, bei der Akkreditivbank jedoch erst nach Verfall des Akkreditivs vorkommen. Denn die zweite Bank ist — weil nicht Zahlstelle — nicht ohne besondere Vereinbarung Stellvertreterin der Akkreditivbank in dem Sinne, daß die ihr gegenüber vorgenommenen Handlungen in bezug auf die Fristwahrung als der Akkreditivbank gegenüber rechtzeitig vorgenommen gelten.

Die zweite Bank hat bei einem solchen Akkreditivgeschäft keinen Anlaß, die Dokumente vor der Weiterleitung daraufhin zu prüfen, ob sie akkreditivgerecht sind. Auch aus einem bereits anderweitig begründeten Bank-Kunden-Verhältnis zwischen ihr und dem Begünstigten läßt sich eine solche Verpflichtung nicht ableiten, was natürlich die Möglichkeit für eine unverbindliche Dokumentenprüfung aus reiner Gefälligkeit nicht ausschließt, die in der Praxis regelmäßig stattfindet.

Oft ist mit der Akkreditivabwicklung ein Kreditgeschäft zwischen der durchleitenden Bank und dem Verkäufer verbunden, wenn etwa diese Bank dem Begünstigten nach Dokumenteneinreichung den Akkreditivbetrag vorschießt, bis die Akkreditivbank den Gegenwert nach Prüfung der Dokumente angeschafft hat. In solchen Fällen prüft die zweite Bank die Dokumente aus eigenem Interesse auf ihre Ordnungsmäßigkeit. Die Krediteinräumung hat aber hier wie überall mit dem Akkreditivgeschäft selbst nichts zu tun und bedeutet nicht die widerspruchslose Aufnahme der Dokumente für oder durch die Akkreditivbank. Kommt diese später zu dem Ergebnis, daß die Dokumente nicht akkreditivgerecht sind, und verweigert sie aus diesem Grunde die Honorierung, so teilt die zweite Bank dies dem Begünstigten mit und verlangt von ihm gegen Rückgabe der Dokumente den vorgeschossenen Betrag zurück. Das gleiche geschieht, wenn die Akkreditivbank unter einem widerruflichen, bei ihr selbst zahlbaren Akkreditiv nach Einreichung der Dokumente bei der zweiten Bank von ihrem Widerrufsrecht Gebrauch macht, die zweite Bank aber dem Begünstigten den Akkreditivbetrag bereits vorgeschossen hatte. Daß die Akkreditivbank zu diesem Zeitpunkt noch zur Ausübung ihres Widerrufsrechts befugt ist, folgt aus dem oben S. 78 ff. Ausgeführten.

Anders ist die Sachlage, wenn ein *unbestätigtes Akkreditiv bei der zweiten Bank* zahlbar gestellt ist. Welche Wirkungen die Zahlbarstellung hat, ist bereits oben auf S. 52 ff. ausführlich erörtert worden. Mit der Zahlbarstellung soll eine Verlagerung der technischen Abwicklung des unbestätigten Akkreditivs auf die zweite Bank erreicht werden[39].

Infolgedessen ist für die Frage der fristgerechten Einreichung der Dokumente allein maßgebend, ob die Dokumente vor Ablauf des Akkreditivs bei der zweiten Bank vorkommen, also dort, wo das Zug-um-Zug-Geschäft „Akkreditivbetrag gegen Dokumente" vollzogen werden soll. Da ferner der zweiten Bank im Zweifel nicht zugemutet werden soll, die Dokumentenprüfung unter anderen als den an ihrem Ort geltenden Grundsätzen vorzunehmen, darf in der Zahlbarstellung der Ausdruck eines Parteiwillens gesehen werden, daß für Fragen der Akkreditivabwicklung, insbesondere der

[39] Bei sog. frei negoziierbaren Akkreditiven (vgl. dazu unten S. 234 ff.) wird eine bestimmte Zahlstelle nicht benannt. Die negoziierende Bank ist aber mit den gleichen Aufgaben betraut wie eine von vornherein namentlich in das Akkreditiv eingeschaltete Zahlstelle; sie ist, wie diese, Erfüllungsgehilfin der Akkreditivbank (zu international-privatrechtlichen Fragen in diesem Zusammenhang vgl. S. 20).

Dokumentenaufnahme, diese Grundsätze im Verhältnis aller Beteiligten zueinander Anwendung finden sollen[40].

Schließlich ist in der Zahlbarstellung eine Vollmachterteilung seitens der Akkreditivbank an die zweite Bank zu erblicken, stellvertretend für sie die Dokumente zu prüfen und über ihre Aufnahme zu entscheiden (vgl. Art. 8 Abs. b ER). Die Entscheidungsbefugnis der Zahlstellenbank kann dabei natürlich nicht weiterreichen, als eine eigene Entscheidung der Akkreditivbank reichen würde. Die Akkreditivbank hat es im Einverständnis mit den Beteiligten der Zahlstellenbank überlassen, für sie die Feststellung zu treffen, ob der Begünstigte die Akkreditivbedingungen erfüllt hat und ob damit sein Zahlungsanspruch gegen die Akkreditivbank fällig geworden ist, und zwar so, als ob die zweite Bank selber Akkreditivbank wäre. Für den Bereich, in dem der Bank ein Ermessensspielraum zusteht, ist die Ausübung des Ermessens durch die Zahlstellenbank für die Akkreditivbank bindend. Nimmt sie aber, evtl. irrtümlich, fehlerhafte Dokumente auf, so gelten diese nicht infolge der Aufnahme als durch die Akkreditivbank genehmigt. Ist diese mit der Aufnahme und Honorierung der Dokumente durch die zweite Bank nicht einverstanden, weil die Dokumente in Wahrheit nicht akkreditivgerecht sind, so kann sie — unter Angabe der Gründe — ihrerseits die Annahme der Dokumente ablehnen und diese der zweiten Bank zur Verfügung stellen (Art. 8 Abs. e ER)[41]. Die Zurückweisung der Dokumente durch die Akkreditivbank führt dazu, daß die Zahlstellenbank ihrerseits den an den Begünstigten ausgezahlten Akkreditivbetrag Zug um Zug gegen Rückgabe der fehlerhaften Dokumente zurückverlangen kann. Die Zahlung der Zahlstellenbank findet ihren Rechtsgrund im Akkreditiv, das aber nur dann dem Begünstigten einen Zahlungsanspruch gibt, wenn er akkreditivgerechte Dokumente einreicht. Erfolgen Zahlungen aus dem Akkreditiv auf mangelhafte Dokumente, so wird auf eine Nichtschuld gezahlt, was der auszahlenden Bank gegen den Begünstigten einen Anspruch auf Rückzahlung des Betrages aus ungerechtfertigter Bereicherung gewährt[42].

Hält der Begünstigte seine Dokumente für akkreditivgerecht, so muß er seine Meinungsverschiedenheiten mit der Akkreditivbank ausfechten. An dieser Auseinandersetzung ist die Zahlstellenbank, da sich ihre Stellung auf die einer Beauftragten der Akkreditivbank beschränkt, juristisch selber nicht beteiligt. Zu beachten ist allerdings, daß — wie schon gesagt — die Entscheidungen der zweiten Bank über die Ordnungsmäßigkeit der Dokumente im Rahmen des Ermessensspielraums einer aufnehmenden Bank[43] für die Akkreditivbank bindend sind (Art. 8 b ER). Nimmt z. B. die Zahlstellenbank Dokumente auf, die als „stale" angesehen werden könnten, und hält sie sich dabei in dem durch Art. 41 ER gezogenen Rahmen, so kann die Akkreditivbank dem Begünstigten gegenüber die Annahme der Dokumente nicht mit der Begründung verweigern, die Dokumente seien „stale".

[40] Vgl. dazu RGZ 119, 259, und die Einschränkung oben S. 19/20.
[41] Vgl. dazu auch S. 144.
[42] Vgl. dazu auch S. 146.
[43] Dazu S. 99 ff.

Der Gedanke, daß die zweite Bank nur als Beauftragte der Akkreditivbank tätig wird und daß alle Streitigkeiten bezüglich der Ordnungsmäßigkeit der Dokumente und deren Honorierung zwischen dem Begünstigten und der Akkreditivbank (nicht der Zahlstellenbank) auszutragen sind, nötigt zu besonderer Aufmerksamkeit gegenüber dem aufgestellten Grundsatz, daß im Zweifel das Akkreditiv dem Recht am Sitz der als Zahlstelle eingesetzten Bank unterworfen ist[44]. Es braucht dem Willen der Akkreditivbank durchaus nicht immer zu entsprechen, ihre Vertragsbeziehungen zu dem Begünstigten dem Recht eines entfernten Ortes zu unterstellen, dessen Inhalt sie vielleicht nicht genau kennt. Selbst wenn die Akkreditivbank bereit ist, eine für den Begünstigten günstig gelegene Zahlstelle zu vereinbaren, muß sie bei der Akkreditiveröffnung prüfen, ob sie nicht trotzdem auf der Anwendung der an ihrem eigenen Sitz geltenden Rechtsgrundsätze bestehen und eine von dem oben gekennzeichneten Grundsatz abweichende Bestimmung hinsichtlich der Rechtsanwendung in den Akkreditivtext aufnehmen soll.

D. Das übertragbare Akkreditiv

1. Durchführung der Übertragung

Nach Art. 46 ER besteht die Möglichkeit, ein *übertragbares* Akkreditiv zu eröffnen[45]. Das bedeutet, daß „der Begünstigte berechtigt ist, der für die Zahlung oder Akzeptleistung vorgesehenen oder jeder zur Negoziierung berechtigten Bank Weisung zu geben, das Akkreditiv im ganzen oder zum Teil einem Dritten oder mehreren Dritten (Zweitbegünstigten) verfügbar zu machen". Diese Berechtigung ist nur gegeben, wenn, wie es in Art. 46 Abs. d ER heißt, die eröffnende Bank das Akkreditiv ausdrücklich als „übertragbar" bezeichnet hat.

Der Käufer veranlaßt durch seine Weisung im Akkreditivauftrag, daß das Akkreditiv als übertragbares Akkreditiv eröffnet wird. Eine Übertragbarstellung ohne eine solche Weisung darf die Bank nicht vornehmen; dies wäre im Innenverhältnis zum Käufer eine eigenmächtige Maßnahme der Bank, die der Käufer nicht anzuerkennen braucht; die Bank gewänne insoweit keinen Erstattungsanspruch gegen ihn und würde sich u. U. sogar schadensersatzpflichtig machen. Aus diesem Grund wird eine Bank von sich aus ein Akkreditiv niemals übertragbar stellen. Hat die Bank das Akkreditiv auf Weisung des Käufers übertragbar gestellt, endet die Einflußmöglichkeit des Käufers; bei der späteren Durchführung der Übertragung wirkt er nicht mehr mit.

Das übertragbare Akkreditiv ist ein diffiziles Instrument und hat in Art. 46 ER eine eingehende und ziemlich komplizierte Regelung erhalten. Schon die Revision 1962 der ER hatte gegenüber der alten Fassung des

[44] Oben S. 19/20.

[45] Zu den wirtschaftlichen Überlegungen, die zur Stellung eines übertragbaren Akkreditivs führen, vgl. S. 56/57.

Art. 49 ER (Revision 1951) sowohl sachlich als auch in der Formulierung eine Anzahl von Änderungen mit sich gebracht, die inzwischen völlig von der Praxis übernommen worden und jetzt auch in die ER 1974 eingegangen sind[46].

Nach Art. 46 Ziffer e ER darf die Übertragungserklärung gegenüber dem Zweitbegünstigten grundsätzlich keine vom Akkreditiv in seiner ursprünglichen Form abweichenden Bedingungen enthalten[47]. Folgende Änderungen sind indessen — mit Rücksicht auf den kommerziellen Zweck des Instruments der Übertragbarkeit — zulässig (Art. 46 Abs. e und f ER): Es dürfen der Akkreditivbetrag und die Preise pro Wareneinheit ermäßtigt sowie die Gültigkeitsdauer des Akkreditivs und die Verschiffungsfrist verkürzt werden. Dem Erstbegünstigten steht das Recht zu, die im Stückpreis ermäßtigte Rechnung des Zweitbegünstigten nach Einreichung bei der Bank durch seine eigene (um die Zwischenhandelsspanne erhöhte) Rechnung zu ersetzen. Auf diese Weise kassiert er den Unterschiedsbetrag, ohne daß der Käufer den Namen seines Lieferanten und die Höhe seiner Gewinnspanne erfährt, natürlich vorausgesetzt, daß das Konnossement neutral aufgemacht ist und den vom Lieferanten berechneten Preis nicht erkennen läßt.

Bei der Übertragung kann auf Wunsch der Name des Erstbegünstigten an die Stelle des Akkreditivauftraggebers gesetzt werden, damit — zur Sicherung wettbewerblicher Diskretion — der Zweitbegünstigte den Namen des Endabnehmers der Ware nicht erfährt (es sei denn, dessen Name muß nach den Originalbedingungen auf einem anderen Dokument erscheinen, das der Zweitgebünstigte beizubringen hat, worauf rechtzeitig zu achten ist).

Kommt der Erstbegünstigte der Aufforderung der übertragenden Bank, seine Rechnung an die Stelle derjenigen des Zweitbegünstigten zu setzen, nicht rechtzeitig nach, so ist die Bank nach Art. 46 Abs. f ER berechtigt, die Faktura des Zweitbegünstigten ohne weitere Verantwortlichkeit gegenüber dem Erstbegünstigten an die Akkreditivbank weiterzuleiten. Der Erstbegünstigte verliert damit den Geheimnisschutz bezüglich seiner Bezugsquellen. Dagegen behält er bis zum Ablauf des Originalakkreditivs das Recht, seine Faktura nachzureichen und den Differenzbetrag zu erheben, da er insoweit Begünstigter aus dem Akkreditiv bleibt. Den unliebsamen Schwierigkeiten, die beim Fakturenaustausch entstehen können, begegnen die Banken zweckmäßigerweise dadurch, daß sie sich die Faktura des Erstbegünstigten schon vor der Übertragung einreichen lassen.

Nach der Regel des Art. 46 Abs. e Satz 2 ER ist ein übertragbares Akkreditiv grundsätzlich sowohl ganz als auch in einzelnen Teilen — an denselben oder an mehrere Zweitbegünstigte — übertragbar. Mehrere Teilübertragungen, die natürlich zusammengenommen den Gesamtbetrag des Akkreditivs

[46] Vgl. zu den Unterschieden zwischen alter (1951) und neuer (1962) Fassung Götte Bank-Betrieb 1963, 110 ff.

[47] Wann insbesondere eine Änderung der Lieferungsbedingungen (c. i. f., f. o. b. o. ä.) eine unzulässige Abweichung vom Inhalt des ursprünglichen Akkreditivs bedeutet, ergibt sich aus den Ausführungen auf S. 132 ff.

nicht überschreiten dürfen, gelten als eine einheitliche Übertragung. Der Grundsatz, daß eine Weiterübertragung durch den Zweitbegünstigten unzulässig ist, gilt auch für übertragene Teilakkreditive. Bei der Übertragung mehrerer Teile des Akkreditivs an verschiedene Zweitbegünstigte kann jeder von ihnen, unabhängig vom Verhalten der anderen Lieferanten, seinen Anteil am Akkreditivgegenwert beanspruchen, sobald er den von ihm geforderten Lieferanteil erbracht und die darüber ausgestellten Dokumente präsentiert hat.

Der Käufer kann die Übertragbarkeit einzelner Teile des Akkreditivs dadurch ausschließen, daß er die Teilverladung untersagt (Art. 46 Abs. e Satz 2 ER). Der Begünstigte hat dann nur die Möglichkeit, das Akkreditiv einmal im ganzen zu übertragen. Auch kann er dann das Akkreditiv nicht zu einem Teil selbst bedienen und zu einem weiteren Teil durch einen anderen bedienen lassen. Die Regel, daß ein übertragbares Akkreditiv nur einmal übertragen werden kann, heißt nur, daß der Zweitbegünstigte nicht eine weitere Übertragung an einen Dritten vornehmen kann. Es soll aber nicht ausgeschlossen sein, daß der Zweitbegünstigte das Akkreditiv an den Erstbegünstigten zurücküberträgt und dieser dann eine erneute Übertragung vornimmt, für deren Auswahl er sich dann verantwortlich fühlen wird.

Die Bankkosten für die Übertragung hat mangels gegenteiliger Vereinbarung der Erstbegünstigte zu tragen (Art. 46 Abs. c ER). Vor Bezahlung dieser Kosten ist die Bank zur Übertragung selbst dann nicht verpflichtet, wenn sie dieser bereits zugestimmt hat (Art. 46 Abs. b ER).

Besonderer Erörterung bedarf noch der Abs. g des Art. 46 ER, der die Übertragung an einen dritten Ort im gleichen oder in einem anderen Land behandelt.

Übertragungen in ein drittes Land sind nach Art. 46 Abs. g ER neuerdings zulässig, es sei denn, daß dies im ursprünglichen Akkreditiv ausdrücklich ausgeschlossen ist. Diese Einschränkungsmöglichkeit liegt manchmal im Interesse des Akkreditivauftraggebers, dem es vielfach nicht gleichgültig ist, aus welchem Lande die Ware und damit auch die Dokumente stammen.

Eine Verlagerung der Zahlstelle bei Übertragungen an einen dritten Ort geschieht auf Wunsch des Erstbegünstigten. Unbeschadet des Rechts der übertragenden Bank, sich seinem Begehren aus sachlichen Gründen überhaupt zu verschließen, kann er bestimmen, ob die Zahlung oder Negoziierung bei der übertragenden Bank oder bei einer Bank an dem Platz vorgenommen werden soll, an den das Akkreditiv übertragen wird. Veranlaßt der Erstbegünstigte die Verlagerung der Zahlstelle, so kann er gleichzeitig bestimmen, daß die Verladefristen und die Laufzeit des Akkreditivs gegenüber dem Zweitbegünstigten verkürzt werden. Hat er dem Zweitbegünstigten die volle Laufzeit des Originalakkreditivs eingeräumt, ihm also gestattet, die Dokumente erst am letzten Tag der Gültigkeit des Originalakkreditivs bei der Zahlstelle am eigenen Ort einzureichen[48], so hat er nach Art. 46 Abs. f das Recht, seine Rechnung auch noch nach Ablauf der Akkreditivfrist einzu-

[48] Vgl. dazu Götte Bank-Betrieb 1963, 112/113.

reichen; seine Einreichung erfolgt bei der übertragenden Bank, d. h. nicht bei der Bank, bei der das übertragene Akkreditiv für den Zweitbegünstigten benutzbar war.

2 Rechtsnatur der Übertragung

Über die Rechtsnatur des Übertragungsvorgangs herrscht keine ganz einmütige Auffassung[49]. Art. 46 ER läßt eines klar erkennen: dem Zweitbegünstigten soll ein eigener und direkter Zahlungsanspruch gegen die Bank verschafft werden[50]. Dieser ist nach Durchführung der Übertragung in seinem Bestand von dem Verhalten des Erstbegünstigten unabhängig, so, als sei das ursprüngliche Akkreditiv in Höhe des übertragenen Teils gleich zugunsten des Zweitbegünstigten eröffnet worden.

Art. 46 ER (Revision 1962) — ebenso wie sein Vorgänger, Art. 49 ER (Revision 1951) — verdankte seine Entstehung und Weiterentwicklung zur heutigen Form (Art. 46 ER) dem Umstand, daß die früher übliche Anwendung des Zessionsrechts auf den Übertragungsvorgang dem wirklichen Inhalt des Parteiwillens nicht gerecht wurde und daher aufgegeben ist[51]. Dem Charakter der Übertragung wird auch nicht gerecht, sie als „angenommene Anweisung" im Sinne der §§ 783 ff. BGB anzusehen[52]. Die Übertragung stellt vielmehr ein von der aus dem Akkreditiv verpflichteten Bank (Akkreditivbank sowie gegebenenfalls Bestätigungsbank) zugunsten des Zweitbegünstigten abgegebenes abstraktes Schuldversprechen im Sinne des § 780 BGB dar[53].

Nicht die Rechtsnatur, sondern nur der „Werdegang" dieses Schuldversprechens weicht von dem der normalen Akkreditiveröffnung oder -bestätigung ab. Er läßt sich wie folgt skizzieren: Der Käufer verspricht im Kaufvertrag dem Verkäufer, in das Akkreditiv eine Ermächtigung aufnehmen zu lassen, auf Grund derer der Verkäufer im Wege eines „amendment" das ursprüngliche Akkreditiv so verändern können soll, daß es — im Rahmen der Übertragbarkeitsgrenzen — zugunsten des Zweitbegünstigten hinsicht-

[49] Vgl. die Zusammenstellung bei Hahn S. 53 ff.

[50] Zustimmend Nash S. 16.

[51] Die Übertragung wurde nach §§ 398 ff. BGB als Abtretung behandelt, d. h. eine Übertragung war nur dann ausgeschlossen, wenn dies im Akkreditiv ausdrücklich gesagt oder mit der Übertragung eine Veränderung des Leistungsinhalts verbunden war. Siehe dazu RGRK-HGB-Godin Anh. I zu § 365, 52; vgl. auch Ward-Harfield S. 129; Erikson v. Refiners Export Co., 264 App. Div. 525, 35 N. Y. Suppl. (2 d) 829. Neuerdings hat Hahn S. 70 ff. den — nicht überzeugenden — Versuch unternommen, die Übertragung des Akkreditivs als Zession des Erstbegünstigten an den Zweitbegünstigten zu definieren, die dem letzteren nur „mitgeteilt" werden müsse. Der Zessionsvertrag zwischen Erst- und Zweitbegünstigtem enthalte zugleich die Ermächtigung an den letzteren, Dokumente einzureichen. Gegen Hahn auch Schönle S. 111.

[52] Vgl. dazu RGRK-HGB-Godin aaO.

[53] Vgl. dazu auch RGRK-HGB-Godin aaO.

lich der zu übertragenden Summe und zugunsten des Erstbegünstigten hinsichtlich der Differenzsumme aufgespalten wird. Diese Abrede im Kaufvertrag zwischen Käufer und Verkäufer (Erstbegünstigter) wird durch eine besondere Übertragbarkeitserklärung der Akkreditivbank in das zugunsten des Erstbegünstigten eröffnete Akkreditiv übernommen, so daß die Vereinbarung zwischen Käufer und Verkäufer auch in das Akkreditiv selbst Eingang findet.

Tritt nun der Begünstigte an die Bank heran und begehrt die Übertragung des Akkreditivs, und stimmt die Bank dem zu, so kommt es juristisch zu einer Vereinbarung zwischen Begünstigtem und Bank: Die Bank verpflichtet sich, in Höhe des zu übertragenden Akkreditivs ein selbstschuldnerisches Zahlungsversprechen gegenüber dem Zweitbegünstigten abzugeben. Mit der Abgabe dieses Versprechens erfüllt die Bank nicht nur ihre Verpflichtung aus dieser Vereinbarung, sondern zugleich auch ihre Verpflichtung aus dem zunächst gegenüber dem Erstbegünstigten abgegebenen Zahlungsversprechens. In Höhe des übertragenen Akkreditivs ist die Übertragung eine Leistung an Erfüllungs Statt im Sinne des § 364 BGB. Diese ist jedoch auflösend bedingt: Nimmt der Zweitbegünstigte das Akkreditiv nicht innerhalb der für ihn vorgesehenen Zeit in Anspruch und erlischt demzufolge das dem Zweitbegünstigten gegenüber abgegebene Akkreditivversprechen, so hat der Erstbegünstigte innerhalb der Gültigkeitsdauer des Originalakkreditivs noch die Möglichkeit, dieses durch Einreichung akkreditivgerechter Dokumente zu benutzen[54].

Überträgt also die Bank auf Wunsch des Erstbegünstigten einen Teil des Akkreditivs auf den Zweitbegünstigten, so vermindert sich ihre Akkreditivverpflichtung gegenüber dem Erstbegünstigten um den übertragenen Teil; dem Erstbegünstigten verbleibt insoweit nur noch der Zwischenhandelsnutzen. Die Bank nimmt eine Teilung des ursprünglich einheitlichen Schuldverhältnisses in zwei oder mehrere voneinander vollkommen unabhängige Schuldverhältnisse mit verschiedenen Gläubigern vor[55]. Daraus folgt im übrigen, daß eine zwischen Bank, Akkreditivsteller und Erstbegünstigtem

[54] Vgl. hierzu Schönle S. 111.

[55] Vgl. dazu die Ausführungen von Lison, Rev. de la Banque 1952, 5, die der oben dargelegten Ansicht entsprechen: „La banque qui ouvre un crédit transférable s'engage par avance envers la personne qui sera désignée par le bénéficiaire du crédit. Le crédit transférable n'est en somme qu'une variété de crédit irrévocable par laquelle la banque s'engage non seulement envers le bénéficiaire désigné, mais encore envers le bénéficiaire inconnu au moment de l'engagement de la banque et qui sera ultérieurement désigné. Lorsque le bénéficiaire primitif a transmis le crédit à un tiers, ce dernier se trouve investi comme le bénéficiaire et son droit remote rétroactivement au jour ou le contrat a été conclu."
Ebenso Megrah, Gilbart Lectures aaO, S. 50: „If the beneficiary requests transfer to a number of suppliers, a fresh offer is made by the paying banker to each and the main credit is translated into a series of substituted credits. Here there are the elements of both transfer and division and the credit could properly be styled an irrevocable (or revocable) ‚transferable and divisible credit'."

vereinbarte Abänderung oder Annullierung des Akkreditivs, sofern sie den übertragenen Teil berührt, ohne die Zustimmung des Zweitbegünstigten nicht mehr möglich ist.

3. Übertragung bei Einschaltung einer zweiten Bank

Ist eine zweite avisierende oder bestätigende Bank in den Akkreditivvorgang eingeschaltet, so gilt, unabhängig davon, ob die zweite Bank Zahlstelle für das von der Akkreditivbank übertragbar eröffnete Akkreditiv ist, oder nicht, folgendes:

Der Erstbegünstigte richtet das Verlangen, das Akkreditiv auf einen Dritten zu übertragen, in der Praxis immer an die zweite (avisierende oder bestätigende) Bank. Diese Bank nimmt das Übertragungsverlangen in offener Stellvertretung für die Akkreditivbank entgegen, prüft es und nimmt die Übertragung durch Abgabe einer entsprechenden Übertragungserklärung gegenüber dem Zweitbegünstigten vor. Es ist heute unbestritten und entspricht dem Wesen des Geschäftes, daß in dem Auftrag an die zweite Bank, dem Begünstigten ein übertragbares Akkreditiv zu avisieren oder zu bestätigen, die Ermächtigung seitens der Akkreditivbank an die zweite Bank enthalten ist, namens der Akkreditivbank als deren Stellvertreterin die Zustimmung zur Übertragung auf den Zweitbegünstigten gemäß Art. 46 ER auszusprechen. Durch die Übertragungserklärung der zweiten Bank erhält der Zweitbegünstigte einen Anspruch aus abstraktem Schuldversprechen gegen die Akkreditivbank und unter einem bestätigten Akkreditiv auch gegen die bestätigende Bank. Die erfolgte Übertragung muß der Akkreditivbank umgehend von der ausführenden Bank mitgeteilt werden, damit der Erstbegünstigte nicht mehr seinerseits dort die Dokumente präsentieren kann. Bei Inanspruchnahme wird der übertragene Teil der Akkreditivsumme an den Zweitbegünstigten, der anteilige Rest an den Erstbegünstigten gezahlt.

4. Übertragbares widerrufliches Akkreditiv

Art. 46 ER unterscheidet nicht zwischen widerruflichem und unwiderruflichem Akkreditiv. Daraus ist zu schließen, daß Übertragungen auch unter widerruflichen Akkreditiven möglich sind. Allerdings werden die widerruflichen Akkreditive durch die Übertragung in ihrem Wert als Sicherheit nicht besser; der Erstbegünstigte kann unter einem widerruflichen Akkreditiv dem Zweitbegünstigten nur einen durch den Widerruf seitens der Bank auflösend bedingten Anspruch gegen die Akkreditivbank verschaffen. Ein solcher nur bedingter Anspruch ist als Sicherung für die Kaufpreisforderungen der Lieferanten gegen den Erstbegünstigten von nur geringem Wert, weshalb eine Übertragung widerruflicher Akkreditive kaum vorkommt. Allerdings ist zu bedenken, daß ein übertragenes, widerrufliches Akkreditiv nicht von dem Erstbegünstigten, sondern nur von der Akkreditivbank widerrufen werden kann; nur der Käufer, nicht aber der Erstbegünstigte ist befugt, die Bank anzuweisen, den Widerruf auszusprechen.

Wenn der Erstbegünstigte vorhat, seinem Lieferanten ein übertragbares Akkreditiv als Sicherheit zu bieten, tut er gut daran, sich unter allen Umständen ein unwiderrufliches Akkreditiv stellen zu lassen, damit er nicht später die unangenehme Überraschung erlebt, daß sein Lieferant die Sicherheit in Form der Übertragung eines nur widerruflichen Akkreditivs ablehnt und andere Sicherheiten verlangt oder nicht lieferungsbereit ist.

5. *Abtretung des Zahlungsanspruchs des Begünstigten gegen die aus dem Akkreditiv verpflichtete Bank bei nicht übertragbarem Akkreditiv*

Im Anschluß an eine Formulierung des BGH[56] ist streitig geworden, ob bei einem nicht übertragbaren Akkreditiv der Begünstigte den Zahlungsanspruch gegen die Akkreditivbank (oder Bestätigungsbank) abtreten kann, während es ihm selber weiterhin obliegt, der Bank diejenigen Dokumente einzureichen, die eine von ihm selbst vorgenommene Versendung der Ware nachweisen. In dem vom BGH entschiedenen Fall hatte der Begünstigte „alle ihm aus einem zu seinen Gunsten eröffneten Akkreditiv zustehenden Ansprüche" abgetreten. Der BGH hielt diese Abtretung unter Hinweis auf Art. 49 ER (Revision 1951)[57] für unwirksam, ohne allerdings im einzelnen zu prüfen, ob sich die vorgenommene Abtretung in eine Abtretung des „nackten" Zahlungsanspruchs aus dem Akkreditiv oder in eine Abtretung des Kaufpreisanspruchs aus dem Akkreditiv oder in eine Abtretung des Kaufpreisanspruchs des Begünstigten aus dem Kaufvertrag gegen den Käufer hätte umdeuten lassen. Der lapidare und nicht näher begründete Satz des BGH: „H. (der Begünstigte) war Gläubiger der Akkreditivforderung geblieben, weil die Abtretung nach Art. 49 ER (Revision 1951) unwirksam war", hat dazu geführt, daß die h. M. in Deutschland die Abtretung des reinen Zahlungsanspruchs für unzulässig hielt[58].

[56] WM 1959, 970, 971/972.

[57] Im hier interessierenden Zusammenhang besteht zwischen Art. 49 ER (Revision 1951) und dem heute geltenden Art. 46 ER kein Unterschied.

[58] RGRK-HGB-Godin Anh. I zu § 365, 50; Schlegelberger-Hefermehl Anh. zu § 365, 149; Baumbach-Duden Anh. I zu § 406, 8 F; Soergel-Lippisch §§ 780—781, 27; vgl. auch Liesecke WM 1960, 211; 1966, 463/464; Gautschi SchwJZ 1964, 38.

[59] Vgl. dazu die eingehenden Ausführungen von Nielsen DB 1964, 1727 ff. Ebenso wie hier: J. Gessler S. 101 ff.; AWD 1968, 295; Schütz BB 1964, 335; Schütz S. 396/397; Käser ZAIP 1956, 93. Im übrigen ist unbestritten, daß der Begünstigte einen anderen unwiderruflich bevollmächtigen oder ermächtigen kann, unter Einreichung der Dokumente des Begünstigten Zahlung an sich zu verlangen; vgl. Schlegelberger-Hefermehl Anh. zu § 365, 149; Liesecke WM 1966, 464; Soergel-Lippisch aaO; auch Ward-Harfield S. 162/163. Damit wird aber praktisch der Erfolg der Abtretung des reinen Zahlungsanspruchs erreicht: Der vom Begünstigten Bevollmächtigte oder Ermächtigte erhält das Geld gegen Einreichung der Dokumente des Begünstigten, das er auf Grund der Vereinbarung mit diesem im Innenverhältnis behalten können soll.

[60] Schmitthoff S. 228; § 5—116 UCC; Funk B. L. J. 1966, 13; Ward-Harfield S. 164/165; Stoufflet Nr. 421; Lison Rev. de la Banque 1952, 677 ff.

Dieser Auffassung konnte jedoch vom juristischen Standpunkt aus nicht gefolgt werden. Denn die ER in ihrer damaligen Fassung wollten nach ihrem Sinn und Zweck den Fall der Abtretung des reinen Zahlungsanspruchs gar nicht erfassen. Vielmehr war dort nur der Fall geregelt, daß ein *Zweitbegünstigter* berechtigt werden soll, seine eigenen Dokumente zur Benutzung des zugunsten des Erstbegünstigten eröffneten Akkreditivs zu verwenden[59]. Die Abtretung des reinen Zahlungsanspruchs sollte deswegen nicht als ausgeschlossen betrachtet werden. Sie beeinträchtigt weder die Interessen des Käufers noch die der Akkreditivbank. Die Einreichung der Dokumente bleibt auch nach einer solchen Abtretung allein Sache des Begünstigten; zediert ist lediglich der nackte Zahlungsanspruch aus dem Akkreditiv. Die Akkreditivsumme wird, soweit der Begünstigte seine Forderung abgetreten hat, an den Zessionar ausgezahlt, nachdem der Begünstigte die vorgeschriebenen Dokumente eingereicht hat. Die Abtretbarkeit des reinen Zahlungsanspruchs wird auch im Ausland anerkannt[60]. Durch die Neufassung der ER 1974 ist die vorliegende juristische Streitfrage in dem hier vertretenen Sinne geklärt: Art. 47 ER 74 bestimmt ausdrücklich, daß auch bei nicht übertragbaren Akkreditiven der reine Anspruch auf Auszahlung der Akkreditivsumme — die natürlich erst verlangt werden kann, wenn der Begünstigte die Dokumente eingereicht hat — zulässig ist, wenn eine solche Zession nach dem sonstigen für das Geschäft maßgebenden rechtlichen Vorschriften möglich ist.

Eine solche — vom Begünstigten (Verkäufer) vorzunehmende — Abtretung sollte nur erfolgen, um die Finanzierung des speziellen *Warengeschäfts* zu ermöglichen, das dem Akkreditiv zugrunde liegt, oder nur dann, wenn diese Finanzierung anderweitig gesichert ist. Es widerspräche in hohem Maße anständigem Geschäftsgebaren, wenn sich der Begünstigte durch die Abtretung an einen beliebigen Gläubiger der Möglichkeit beraubte, die Eingänge aus dem Akkreditiv zur Bezahlung des betreffenden Warengeschäfts zu benutzen und es damit ordnungsgemäß zum Abschluß zu bringen.

VI. Benutzung des Akkreditivs durch den Begünstigten

A. Einreichung der Dokumente

1. Einreichung durch den Begünstigten selbst oder durch einen Dritten

Im Regelfalle[1] reicht der Begünstigte selbst der (eröffnenden, bestätigenden, avisierenden) Bank die Dokumente ein. Er nimmt dabei unter entsprechender Kennzeichnung (Nr. usw.) auf das Akkreditiv Bezug und fordert die Bank zur Zahlung des Akkreditivbetrages auf. Verzögerungen, Fehlleitungen usw., die durch ungenügende oder falsche Kennzeichnung entstehen, hat der Begünstigte sich als selbst verschuldet zuzuschreiben.

[1] Über die Verpflichtung des Begünstigten, als Zahlungsweg das Akkreditiv (und keinen anderen) zu benützen s. S. 27, 33.

Es ist nichts dagegen einzuwenden, wenn der Begünstigte die Dokumente durch einen Bevollmächtigten in seinem Namen und für seine Rechnung einreichen läßt. Oft wird im Interesse der Zeitersparnis ein Teil der Dokumente im Namen des Begünstigten direkt von Reedern oder Maklern in den Hafenstädten an die Banken geleitet. Das ist zulässig; ein Nachweis der Vollmacht zur Einreichung wird üblicherweise nicht verlangt. Auf ausreichende Kennzeichnung ist hier besonders zu achten. Zweckmäßigerweise avisieren die Begünstigten den Banken rechtzeitig diese Einreichung von dritter Seite; erforderlich ist dies jedoch nicht. Die Bank sollte stets die Einreichung quittieren. In der Erteilung einer Empfangsbestätigung ist nicht schon die Erklärung zu erblicken, die Dokumente seien als akkreditivgerecht akzeptiert[1a].

Die Einreichung von Dokumenten in Vollmacht für einen Dritten berechtigt, auch wenn eine Faktura des Begünstigten beigefügt ist, nicht ohne weiteres zur Entgegennahme des Gegenwertes für den Begünstigten. Trotz Einreichung der Dokumente durch einen Bevollmächtigten wird Zahlung nur an den Begünstigten geleistet, wenn nicht im Einzelfalle eine Zession ausreichend nachgewiesen ist oder die Vollmacht sich ausdrücklich auch auf die Entgegennahme des Akkreditivbetrages bezieht[1b].

Nicht selten bedient sich der Begünstigte zur Einreichung der Dokumente bei der Akkreditivbank der Mitwirkung einer anderen Bank. Beispiel: Ein Hamburger Importeur hat zugunsten eines mexikanischen Exporteurs durch eine Hamburger Bank ein Dollarakkreditiv eröffnen und von einer New Yorker Bank avisieren und bestätigen lassen. Der mexikanische Exporteur wird nun in der Regel die Einreichung in New York über seine mexikanische Hausbank vornehmen. Die mexikanische Bank handelt dann gegenüber der New Yorker Bank in eigenem Namen als Beauftragte des Exporteurs. Als Legitimation genügt bei Banken der Besitz der Dokumente. Es ist Handelsbrauch, daß Besitz der Dokumente eine Bank (nicht andere Dritteinreicher) auch ohne weiteres zur Entgegennahme der Akkreditivsumme für Rechnung des Exporteurs ermächtigt. Die New Yorker Bank muß in diesem Falle, wenn die mexikanische Bank Zahlung an sich verlangt, an diese zahlen; direkte Zahlung an den Begünstigten unter Umgehung der vorlegenden Bank wäre nicht zulässig, da die Bank in New York damit u. U. ein Kreditengagement der mexikanischen Bank gefährden könnte. Die Beachtung des Kreditaspekts ist vor allem wichtig, weil oft die einreichende Bank auf die Dokumente einen Vorschuß gewährt[2]. In Fällen einer Dokumenteneinreichung über Banken ist den beteiligten Banken zu empfehlen, rechtzeitig untereinander die Frage einer eventuellen Gebührenteilung zu klären.

[1a] Vgl. RGZ 97, 144.

[1b] Über die Frage, ob eine etwaige Forderung der Bank gegen den Begünstigten der Forderung des Zessionars im Range vorgeht, vgl. S. 153.

[2] Vgl. S. 165 f. und 186 ff. betr. Pfändung. Wegen Inkasso s. S. 208.

2. Geschlossene Einreichung und Einreichung in Einzelsendungen

Wünschenswert ist es, daß der Begünstigte die Dokumente mit entsprechendem Anschreiben geschlossen in einer Sendung vorlegt.

Es läßt sich aber oft nicht vermeiden, daß der Bank die Dokumente getrennt in verschiedenen Sendungen nacheinander zugehen. In dem oben unter 1. erwähnten Falle gehen ihr z. B. die Konnossemente usw. direkt vom Spediteur oder Reeder und die anderen Dokumente vom Begünstigten zu. Auch kommt es vor, daß die Versicherungspapiere direkt von der Versicherung an die Bank abgesandt werden. Nach bestehendem Handelsbrauch müssen die Banken das zulassen. Sie nehmen eingehende Dokumente in Verwahrung, bis die Einreichung vollständig ist, und zahlen alsdann den Akkreditivbetrag aus oder weisen die Dokumente zurück. Bis zu diesem Zeitpunkt verwahren sie die Dokumente für den Begünstigten nach den gesetzlichen Vorschriften über die unentgeltliche Verwahrung.

Es empfiehlt sich für die Bank, jedes einzelne Dokument schon bei Eingang zu prüfen und festgestellte Mängel gleich zu rügen, damit diese eventuell noch rechtzeitig abgestellt werden können. Verpflichtet ist die Bank zu einer sofortigen Rüge jedoch nicht; sie kann mit der Prüfung warten, bis die Einreichung vollständig vorliegt. Erfolgt die Einreichung der Dokumente nicht vor Ablauf des Akkreditivs vollständig, so verfällt das Akkreditiv.

Nur wenn die Teileinreichungen sich als Mißbrauch darstellen, der durch den sachgemäßen Ablauf des Geschäftes nicht gerechtfertigt ist, kann die Bank die Teileinreichungen zurückweisen und dem Begünstigten die ordnungsgemäße, geschlossene Einreichung anheimstellen.

3. Bei welcher Bank erfolgt die Einreichung?

In der Praxis reicht der Begünstigte dann, wenn ihm das Akkreditiv durch eine Bank in seinem oder einem dritten Lande — mit oder ohne deren Bestätigung — übermittelt worden ist, fast immer dieser Bank die Dokumente ein, auch wenn das Akkreditiv dort nicht zahlbar ist. Ist das Akkreditiv bei einer dritten Bank zahlbar, so kann die Einreichung auch direkt dort erfolgen. Legt der Begünstigte die Dokumente über eine andere Bank vor, hat nur diese — nicht mehr der Begünstigte — einen Anspruch auf Auskehrung der Akkreditivsumme.

Theoretisch kann der Begünstigte bei bestätigten und bei unbestätigten Akkreditiven die Dokumente auch unter Umgehung der zweiten Bank unmittelbar der Akkreditivbank präsentieren und von dieser auf Grund ihres Zahlungsversprechens Zahlung begehren[3]. In diesem Falle verliert die zweite Bank zwar den Anspruch auf die Dokumentenaufnahmeprovision an die erste Bank; der Begünstigte gewinnt aber dadurch nichts, da für ihn die Spesenbelastung nicht geringer wird. Gegen die Direkteinreichung bei der

[3] Darin liegt aber noch keine Umgehung einer etwa vereinbarten Zahlstelle, sofern die Akkreditivbank auch im Falle der Direkteinrichtung Zahlung über die Zahlstelle leistet. Vgl. dazu ausführlich S. 52 ff.

ersten Bank ist vom rechtlichen Standpunkt aus nichts einzuwenden, weil es keinen Verpflichtungsgrund für den Begünstigten gibt, sich der „Durchleitungsstelle“ zu bedienen oder im Falle eines bestätigten Akkreditivs das Zahlungsversprechen der zweiten Bank statt des Zahlungsversprechens der ersten Bank in Anspruch zu nehmen[4]. Praktisch kommt eine Direkteinreichung in normalen Zeiten so gut wie nie vor, da die Einschaltung der zweiten Bank dem Begünstigten eine Erleichterung der Geschäftsabwicklung bringt und gewöhnlich sogar auf seine Veranlassung hin vorgenommen ist. Für außergewöhnliche Zeiten (Krieg, Besetzung usw.) ist aber daran festzuhalten, daß direkte Einreichung bei der Akkreditivbank zulässig ist. Ist die zweite Bank Zahlstelle, stellt die Akkreditivbank auch bei Direkteinreichung den Akkreditivbetrag bei der Zahlstelle zur Verfügung, worauf mit Rücksicht auf etwa erfolgte (aber der Akkreditivbank nicht notwendigerweise bekannte) Bevorschussungen und mit diesen verbundene Abtretungen zu achten ist. Freilich ist die Zahlstelle nicht dagegen geschützt, daß Begünstigter und Akkreditivbank ohne ihr Wissen (aber ohne Böswilligkeit auf seiten der Akkreditivbank) sich auf einen anderen Zahlungsweg einigen. In Fällen, wo dies denkbar ist, muß die Zahlstelle für etwaige Vorschüsse vom Exporteur Sicherheit verlangen.

4. *Verladefrist und Gültigkeitsdauer des Akkreditivs*

Die Bank braucht Dokumente nur zu honorieren, wenn sie ihr[5] innerhalb der im Akkreditiv angegebenen Gültigkeitsdauer eingereicht werden. Im einzelnen gelten hier die entsprechenden Vorschriften des Zivilrechts (§§ 186 bis 193 BGB) über Fristen, ergänzt durch Art. 37 bis 39 und 43 bis 45 ER. Sofern nichts anderes bestimmt ist, darf das Ausstellungsdatum der Dokumente auch *vor* dem Datum der Akkreditiveröffnung liegen.

Oft nennt das Akkreditiv einen — vor dem Verfallstag des Akkreditivs liegenden — letzten *Verschiffungstag*. In diesem Fall muß das Konnossement ausweisen, daß die Verschiffung innerhalb der Verschiffungsfrist erfolgt ist. Konnossemente, die später datiert sind als am letzten Verschiffungstag werden nicht angenommen. Ist — was unerwünscht ist — der letzte Verschiffungstag nicht mit einem Datum gekennzeichnet, sondern mit Ausdrücken wie „sofort“, „prompt“, „baldmöglichst“ oder dergl., wird dies so interpretiert, daß die Verladung innerhalb von 30 Tagen verlangt wird, und zwar gerechnet ab Datum der Akkreditiveröffnungsanzeige der eröffnenden oder einer avisierenden Bank an den Begünstigten, Art. 40 Abs. b ER. Sind außer dem Konnossement noch andere Dokumente verlangt, dürfen diese auch nach dem letzten Verschiffungstag ausgestellt sein, sofern

[4] Vgl. dazu eingehend S. 86 ff.

[5] Gemeint ist die Bank, bei der das Akkreditiv „zahlbar“ ist, also die Akkreditivbank, die bestätigende Bank oder eine dritte als Zahlstelle eingesetzte Bank. Vgl. dazu die Ausführungen S. 52 ff. Wegen übertragender Akkreditive vgl. Art. 46 Abs. g ER und hier S. 90 ff.

sie nur innerhalb der Laufzeit des Akkreditivs ausgestellt und beigebracht sind (vgl. Art. 39 Abs. b ER).

Wenn auf einem Akkreditiv vermerkt ist: „Gültig bis 17. Januar 1976 in Düsseldorf", so müssen die Dokumente am 17. Januar vor Beendigung der bekanntgegebenen oder aushängenden Schalterstunden bei der Bank „eingegangen" sein. Einwurf in den Briefkasten der Bank am letzten Gültigkeitstage des Akkreditivs nach Schalterschluß genügt nicht mehr. Die Frist ist dann abgelaufen. Bei Einreichung in letzter Minute wird empfohlen, sich nicht mit Einwerfen in den Briefkasten kurz vor Schalterschluß zu begnügen, sondern wegen der Wichtigkeit der Fristwahrung eine klare physische Entgegennahme der Dokumente durch Übergabe an die zuständige Stelle der Bank herbeizuführen. Die Dokumente müssen vollständig sein, und es genügt nicht, wenn ein Teil, sei es auch der wesentliche, vor Ablauf der Frist eingereicht wird und nur „Kleinigkeiten" nachgereicht werden. Zu spät ist zu spät. Verspätung durch Verzögerung bei der Post geht zu Lasten des Begünstigten.

Der Begünstigte trägt das Risiko der Fristversäumnis durch Zufall, höhere Gewalt oder Verschulden Dritter (z. B. Poststreik, Verkehrsunfall, Geiselnahme). Er wird in solchen Fällen veranlassen, daß der Käufer das Akkreditiv (freiwillig) verlängern läßt. Es wäre nicht ohne Risiko, sich darauf zu verlassen, daß der Käufer eine klar ohne jeden Mißbrauch angebotene gleichwertige Ersatzlösung (z. B. Einreichung bei einer anderen erreichbaren Filiale derselben Bank; telegraphische bzw. telefonische Unterrichtung) genehmigen wird, sofern sie für ihn ohne irgendeinen Nachteil ist, und er möglicherweise dazu im Einzelfalle sogar verpflichtet ist. Die Akkreditivbank wird in solchen Fällen die Aufnahme der Dokumente je nach Lage des Falles entweder ablehnen oder nur unter Vorbehalt vornehmen (evtl. zum Inkasso).

Zur Kontrolle und Beweissicherung versehen die Banken in der Regel eingehende Korrespondenz dieser Art mit einem Eingangsstempel, der eine Stundenangabe trägt. Ohne Zustimmung des Käufers ist die Bank ihrerseits im Rahmen der Akkreditivabwicklung nicht berechtigt und auch mit seiner Zustimmung noch nicht verpflichtet, eine wenn auch noch so kurze Fristverlängerung zu gewähren, sei die Entschuldigung des Begünstigten für die Verspätung auch noch so glaubhaft und plausibel.

Wegen der *Verlängerung*[6] der im ursprünglichen Akkreditiv enthaltenen Fristen (einmal letzter Verschiffungstag; zum anderen letzter Tag für die Einreichung der Dokumente bei der Bank) galt bisher die Regel,

a) daß eine Verlängerung der Verschiffungsfrist nach Art. 39 (Rev. 62) automatisch eine entsprechende Verlängerung der Einreichungsfrist beinhaltete;

b) daß aber eine Verlängerung der Einreichungsfrist keine automatische Hinausschiebung des Verschiffungsdatums bewirkte.

[6] Wegen zwischenzeitlicher Pfändungen siehe S. 187.

Diese komplizierte Regelung ist beseitigt. Nach Art. 37—39 ER werden beide Fristen völlig selbständig behandelt. Eine etwaige Verlängerung[7] muß für jede der beiden Fristen ausdrücklich erfolgen, sonst gilt die alte Frist weiter. Bei einer Verlängerung der Einreichungsfrist müssen nach Art. 39 Abs. b nur die Verschiffungspapiere innerhalb der Verschiffungsfrist ausgestellt sein, während die anderen Dokumente ruhig ein späteres — aber innerhalb der verlängerten Gültigkeitsdauer liegendes — Datum tragen dürfen[8]. Die neue Regelung ist gut. Sie gilt auch dann, wenn das festgesetzte Verfalldatum auf einen Tag fällt, an dem die Banken aus anderen als den unter Art. 11 ER aufgeführten Gründen geschlossen sind und demgemäß das Verfalldatum auf den nächstfolgenden Arbeitstag hinausgeschoben wird (Art. 39 Abs. a ER).

Unterhält eine Bank, bei der ein Akkreditiv zahlbar ist, eine Filiale im Lande des Exporteurs, oder hat sie dort einen Agenten bestellt, so kann zwar der Exporteur bei dieser Filiale oder dem Agenten die Dokumente einreichen und den Auftrag erteilen, sie an die Akkreditivbank weiterzuleiten. Zur Wahrung der Einreichungsfrist genügt aber eine derartige Vorlage selbst dann mangels anderweitiger Vereinbarung nicht, wenn die Filiale oder der Agent speziell zum Zwecke der Entgegennahme von Dokumenten eingesetzt ist. Banken pflegen Einrichtungen dieser Art nur zu unterhalten, um dem Exporteur eine technische Hilfe bei der Dokumentenvorlage zu geben. Soll die Dokumentenvorlage bei der Filiale oder dem Agenten auch zur Wahrung der Einreichungsfrist genügen, so bedarf es dazu schon deshalb einer Zusatzvereinbarung, weil die Zustimmung des Käufers erforderlich ist. Der Käufer hat nämlich ein berechtigtes Interesse daran und gegenüber dem Exporteur einen Anspruch darauf, daß die Dokumente fristgerecht bei der zahlenden Bank selbst vorliegen, damit diese sie nach Einlösung an ihn weiterreichen kann. Die Weiterleitung würde sich aber verzögern, wenn die Dokumente erst am Verfalltage des Akkreditivs bei der Filiale oder dem Agenten vorgelegt und erst nach Verfall des Akkreditivs an die zahlende Bank gleitet würden. Unabhängig von der Frage der Fristwahrung bestehen keine Bedenken dagegen, daß Akkreditivbanken oder Zahlstellenbanken ihre Niederlassung oder ihren Agenten im Lande des Begünstigten ermächtigen, in ihrem Namen die Dokumente verbindlich als akkreditivgerecht zu akzeptieren.

Ebenso wie eine verspätete Dokumenteneinreichung berechtigt auch eine verfrühte Einreichung die Bank u. U. zur Zurückweisung. Eine verfrühte Einreichung liegt vor, wenn im Akkreditiv entweder ein Termin für die früheste Bedienung des Akkreditivs bestimmt ist und die Dokumente vor diesem Termin präsentiert werden oder ein Termin für die früheste Verschiffung bestimmt ist und der Begünstigte die Ware vor diesem Termin absendet, um dann das Akkreditiv zu bedienen.

[7] Siehe auch S. 46.

[8] Nach IHK Dok. Nr. 182 und 187 kann eine etwa notwendige Legalisierung innerhalb der — verlängerten — Gültigkeitsdauer des Akkr. erfolgen.

B. Grundsätze der Dokumentenaufnahme

1. Wann muß die Bank Dokumente aufnehmen und wann muß sie sie zurückweisen?

Die angedienten Dokumente werden vor der Auszahlung des Akkreditivbetrages an den Begünstigten von der Bank daraufhin geprüft, ob sie akkreditivgerecht sind. Grundlage für die Dokumentenprüfung ist der Text des Akkreditivs. Bei der Prüfung ist größte Sorgfalt und Sachkunde am Platze.

Im Zusammenhang mit der Aufnahme der Dokumente durch die Bank ist der Grundsatz der sogenannten Dokumenten-(Akkreditiv-)strenge entwickelt worden. Dieser besagt: Die Bank hat genau die Übereinstimmung der vorgelegten Dokumente mit dem Wortlaut der Akkreditivbedingungen zu prüfen; sie darf nur gegen solche Dokumente Zahlung leisten, die sich nach dieser Prüfung als akkreditivgerecht erweisen[9]. Noch ein zweiter Grundsatz ist hier zu beachten: Dokumenten- und Warengeschäft haben, von der Akkreditiv-, Bestätigungs- oder Zahlstellen-Bank her gesehen, nichts miteinander zu tun; die Aufnahme der Dokumente beruht lediglich auf der Prüfung der Dokumente ohne Rücksicht auf das dem Akkreditiv zugrunde liegende Warengeschäft (ER, Allgemeine Regeln, c) und Art. 8 Abs. a).

Aus diesem letzten Grundsatz folgt, daß sich die Prüfung der Banken nicht darauf erstreckt, ob das zugrunde liegende Warengeschäft gut oder schlecht oder gar nicht erfüllt ist. Auch bei Nachweis, daß das Warengeschäft voll erfüllt ist, nimmt die Bank nicht akkreditivgerechte Dokumente nicht auf.

Darüber hinaus prüfen die Banken auch nicht, ob die Dokumente (trotz Übereinstimmung mit dem Akkreditivtext) formelle und/oder materielle Mängel aufweisen, die sie für eine gute Abwicklung des Warengeschäftes als ungeeignet erscheinen lassen[10]. Vielmehr prüfen die Banken lediglich, ob

[9] RGZ97, 144, 147/148; 105, 48, 51 ff.; 106, 26, 30; 114, 268, 271; BGH WM 1958, 291, 292; BGH NJW 1971, 558; Schlegelberger-Hefermehl Anh. zu § 365, 93; Soergel-Lippisch §§ 780—781, 24; RGRK-BGB-Kuhn § 783, 17.

[10] Art. 9 ER. Beispiele: RG BA XX, 292/293 u. XXII, 93 ff. Daß die englische Rechtsprechung selbst in dieser Frage eine starre Regelung ablehnt und sich die Entscheidung von Fall zu Fall vorbehält, ergibt sich aus der vorsichtigen Formulierung in dem bei Gutteridge-Megrah S. 91, zitierten Urteil in der Sache National Bank of Egypt v. Hannevig's Bank. Dort heißt es:

„In some cases the obligation of a banker under such a credit, may need very careful examination. I only say at present that to assume that for one-sixteenth per cent of the amount he advances, a bank is bound carefully to read through all bills of lading presented to it in ridiculously minute type and full of exceptions. To read through the polices and exercise a judgment as to whether the legal effect of the bill of lading and the policy is, on the whole, favourable to their clients, is an obligation which I should require to investigate considerably before I accepted it in that unhesitating form."

Vgl. dazu Gutteridge-Megrah S. 130 ff.; Ames, Harvard Law Review, Vol. IV, 297 ff.

die Dokumente mit dem Wortlaut des Akkreditivs übereinstimmen. Um akkreditivgerecht zu sein, müssen die Dokumente ein in den wesentlichen Punkten im Akkreditiv vorgeschriebenes oder sonst feststehendes äußeres Erscheinungsbild haben, bei dessen Ermittlung es im wesentlichen auf ihren Wortlaut ankommt. Dieser Grundsatz hat in den Artikeln 7 bis 9 ER seinen Ausdruck gefunden. An ihm ist unbedingt festzuhalten. Die gelegentlichen Versuche in Literatur[11] und Rechtsprechung[12], das Prinzip der Dokumentenstrenge aufzulockern und zu fordern, daß die Banken die Dokumente unter dem Gesichtspunkt prüfen, ob der Inhalt mit dem gewünschten Geschäftsablauf übereinstimmt, wie er aus dem Inhalt des Akkreditivs zu erkennen ist, beruhen auf einer Verkennung der Kompetenz der Banken. Denn eine solche Prüfung würde bei den Banken eine Branchenkenntnis oder eine Kenntnis des speziellen Warengeschäfts voraussetzen, die von den Banken nicht verlangt werden kann und die sie auch nicht haben wollen.

Die ER (Revision 1974) bringen keine Aufweichung des Grundsatzes der Akkreditivstrenge, sondern eher noch eine Verschärfung: Art. 7 stellt klar, daß die aufnehmenden Banken nicht nur die Übereinstimmung der Dokumente mit den Akkreditivbestimmungen prüfen müssen; sie müssen außerdem noch prüfen, ob die — jedes für sich akkreditivgerechten — Dokumente sich untereinander nicht widersprechen. Es darf also der erkennbare Inhalt eines Dokumentes nicht unvereinbar sein mit dem Inhalt eines anderen Dokuments.

Wie alle — notwendigerweise — starren Grundsätze unterliegt auch der Grundsatz der Dokumentenstrenge Aufweichungsversuchen, die Rechtsprechung und Literatur im Einzelfall zu unternehmen geneigt sind. Es handelt sich dabei insbesondere um die Frage, inwieweit die Bank von den Weisungen des Akkreditivauftrags, die im Akkreditiv ihren Niederschlag gefunden haben, bei Aufnahme der Dokumente abweichen kann. In diesem Zusammenhang zitiert die Literatur den § 665 BGB[13], auf dessen Problematik im Akkreditivgeschäft bereits im Rahmen der Frage, inwieweit die Bank vom Akkreditivauftrag bei Eröffnung des Akkreditivs abweichen kann, eingegangen worden ist[14]. Es kann gar nicht genug davor gewarnt werden, daß Banken unter Berufung auf § 665 BGB — ohne die vorherige Zustimmung des Akkreditivauftraggebers — Dokumente unter Abweichung von den Akkreditivbedingungen aufnehmen. Bedauerlicherweise findet sich in einer BGH-Entscheidung der Satz: „Geringfügige Abweichungen müssen dem Begünstigten (und ebenso der Bank gegenüber ihrem Auftraggeber) gestattet sein, wenn eine vernünftige Beurteilung der vorgelegten Papiere zu dem

[11] Vgl. Herold-Hilgermann S. 180/81.

[12] RG BA XXII, 93 ff., wo das RG die Auffassung vertritt, schon die bloßen Bedenken der Bank in Hinsicht auf die materielle Ordnungsmäßigkeit der Dokumente verpflichteten die Bank zu Nachprüfungen.

[13] Z. B. RGRK-HGB-Godin Anh. I zu § 365, 70; Baumbach-Duden Anh. I zu § 406, 8 E; Schütz S. 396; Herold-Hilgermann S. 180/81.

[14] Siehe S. 67/68.

sicheren Ergebnis führt, daß der Zweck der Akkreditivbedingungen erreicht ist", oder „wenn die Bank auch ohne Zuziehung von Fachkennern völlig einwandfrei beurteilen kann, daß die Abweichung unerheblich und für ihren Auftraggeber unschädlich ist"[15]. Der BGH hieß es gut, daß eine Bank statt der geforderten zweifachen Ausfertigung eines Dokuments nur eine Ausfertigung als akkreditivgerecht angenommen und honoriert hatte. Derartigen Ansätzen, die Dokumentenstrenge aufzuweichen, muß entschieden entgegengetreten werden. Wenn, wie im Fall des BGH, die zweifache Ausfertigung verlangt wird, so ist kein Raum für eine „vernünftige Beurteilung" oder für „Zweckmäßigkeitserwägungen" seitens der Bank. Wenn nur eine Ausfertigung angedient wird, während das Akkreditiv zwei verlangt, so sind schlicht die Akkreditivbedingungen nicht erfüllt, was zur Zurückweisung der Dokumente führen muß. Die Beteiligten hätten sich rechtzeitig eine zweckmäßigere Fixierung der Akkreditivbedingungen überlegen sollen.

Als Zahlungsinstrument des Außenhandels lebt das Akkreditiv von seiner formalen Strenge. Alle Beteiligten müssen unbedingt darauf vertrauen können, daß die Akkreditivbedingungen uneingeschränkt voll erfüllt werden. (Andererseits darf die Bank nicht „mehr" verlangen, als der Text des Akkreditivs vorschreibt, auch wenn das nach ihrem eigenen Urteil sachgemäß wäre.) Würde den Banken eine Ermessensbefugnis im Sinne der zitierten BGH-Entscheidung eingeräumt, schwände dieses Vertrauen dahin, weil dieses Abweichen von der Formstrenge einen ständigen Unsicherheitsfaktor schaffen würde: Der Käufer wüßte nicht mehr, ob er tatsächlich die geforderten Dokumente erhält, der Verkäufer wäre versucht, Dokumente einzureichen, die es nach seiner Ansicht „ebensogut tun" wie die im Akkreditiv verlangten, und schließlich würde den Banken ein Ermessensrahmen eingeräumt, den sie gar nicht beanspruchen wollen und den die ER gerade einzuschränken unternommen haben. Ein Aufweichen der Dokumentenstrenge wäre ein Bärendienst gegenüber allen Akkreditivbeteiligten; es würde durch Zerstörung von Sicherheit und Vertrauen die Finanzierungsmöglichkeiten der Importeure und Exporteure beeinträchtigen. In vollem Umfang ist den Worten Lord Summers in einer englischen Entscheidung zu folgen: „Im Dokumentengeschäft ist kein Raum für Dokumente, die beinahe dieselben sind oder die es ebensogut tun[16]." Die hier vertretene strenge Auffassung ist nicht „rücksichtslos". Man darf nicht vergessen, daß die Beteiligten es selber in der Hand haben, von vornherein durch rechtzeitiges Nachdenken für eine Formulierung der Akkreditivbedingungen zu sorgen, die ihre glatte Durchführbarkeit gewährleistet.

Aus dem Gesagten folgt, daß die aufnehmende Bank den Wortlaut und das sonstige äußere Erscheinungsbild der eingereichten Dokumente anhand

[15] BGH WM 1960, 38/39. Zustimmend dazu, wenn auch z. T. vorsichtig formulierend, Schlegelberger-Hefermehl Anh. zu § 365, 104, 112; RGRK-HGB-Godin Anh. I zu § 365, 70; Baumbach-Duden Anh. I zu § 406, 8 E; Schütz S. 396; Liesecke WM 1966, 464; Schönle S. 107; Petersen WM 1962, 622 ff. Vgl. auch Seine v. 31. 3. 1953, Rev. de la Banque 1953, 555, mit zustimmender Besprechung v. Sauvage; vgl. aber auch BGH WM 1971, 159 und BGH NJW 1971, 558.

des Wortlauts des Akkreditivs und der für eine solche Prüfung allgemein geltenden Grundsätze, z. B. der ER und der AGB, zu prüfen hat. Diese Prüfung hat mit „angemessener Sorgfalt" zu erfolgen (Art. 7 ER)[17].

Nimmt die Bank mangelhafte Dokumente auf, so sind bezüglich ihrer Haftung gegenüber dem Auftraggeber folgende Fälle zu unterscheiden:

Ist der Mangel für die Bank auf Grund des äußeren Erscheinungsbildes der Dokumente trotz sorgfältiger Prüfung unerkennbar, z. B. eine gefälschte Unterschrift auf einem Konnossement, so haftet sie dem Auftraggeber nicht für einen Schaden, der diesem durch den Mangel entsteht. Dies folgt aus Art. 9 ER, der das Risiko einer solchen unerkennbaren Mangelhaftigkeit, der Interessenlage zwischen Bank und Auftraggeber völlig gerecht werdend, auf diesen abwälzt.

Ist der Mangel für die Bank bei Anwendung angemessener Sorgfalt indessen erkennbar, hat sie es jedoch an einer sorgfältigen Dokumentenprüfung fehlen lassen, so muß sie dem Auftraggeber für einen daraus resultierenden Schaden einstehen. Mangelnde Sorgfalt wird durch die in Art. 9 ER enthaltenen Freizeichnungsklauseln nicht gedeckt[18].

Wenn durch diese Bestimmung die Haftung der Bank „für Form, Vollständigkeit, Genauigkeit, Echtheit, Verfälschung oder Rechtswirksamkeit der Dokumente oder für die allgemeinen und besonderen Bedingungen, die in den Dokumenten angegeben oder denselben hinzugefügt sind", ausgeschlossen ist, so geht dies nicht so weit, daß die Bank für formelle und materielle Mängel der Dokumente, die aus deren äußerem Erscheinungsbild ersichtlich sind, überhaupt nicht einzustehen hat. Dem widerspricht schon Art. 7 ER, der den Banken die sorgfältige Dokumentenprüfung zur Pflicht macht. Die Freizeichnungsklausel soll die Bank dann schützen, wenn sie trotz sorg-

[16] Equitable Trust Company of New York v. Dawson Partners Ltd. (1926) 27 Ll. L. Rep. 49, 52. "It is both common ground and common sense that in such a transaction the accepting bank can only claim indemnity if the conditions on which it is authorised to accept are in the matter of the accompanying documents strictly observed. There is no room for documents which are almost the same, or which will do just as well. Business could not proceed securely on any other lines. The bank's branch abroad, which knows nothing officially of the details of the transaction thus financed, cannot take upon itself to decide what will do well enough and what will not. If it does as it is told, it is safe; if it declines to do anything else, it is safe; if it departs from the conditions laid down, it tacts at its own risk. The documents tendered were not exactly the documents which the defendants had promised to take up, and prima facie they were right in refusing to take them."
Ebenso: English, Scottish and Australian Bank Ltd. v. Bank of South Africa (1922) 13 Ll. L. R. 21, 24; J. H. Rayner u. Company Ltd. v. Hambros Bank Ltd. (1943) 1 K. B. 37, 42/43; London and Foreign Trading Corporation v. British and North European Bank (1921), 9 Ll. L. R. 116. Vgl. ferner Gutteridge-Megrah S. 87. Vgl. auch RGZ 106, 30; BGB WM 1958, 291; Nielsen WM 1962, 778 ff.; Wiele S. 48/49.

[17] Vgl. dazu auch Ziff. 5 AGB. Der in den ER verwendete Begriff der „angemessenen Sorgfalt" entspricht der „Sorgfalt eines ordentlichen Kaufmanns" im Sinne des § 347 HGB.

fältiger Prüfung Dokumente aufnimmt, die sich später formell oder materiell als mangelhaft erweisen. Dabei ist zu berücksichtigen, daß sich keineswegs immer eindeutig entscheiden läßt, ob ein vorgelegtes Konnossement etwa der Form nach ordnungsgemäß ist oder ob eine Klausel in einer Versicherungspolice den Wert der Versicherung so beeinträchtigt, daß die Police nicht mehr als akkreditivgerecht gelten kann. In solchen Fällen ist die Bank gezwungen, nach ihrem Ermessen über die Aufnahme der Dokumente zu entscheiden[19]. Dabei können Fehlentscheidungen vorkommen. Denn die Bank kann die Usancen des einzelnen Warengeschäfts, die Üblichkeit und Bedeutung von Versicherungsklauseln oder die von Land zu Land verschiedenen Gepflogenheiten bezüglich der Aufmachung von Dokumenten gar nicht im einzelnen kennen. Das Risiko solcher Fehlentscheidungen soll gem. Art. 9 ER der Auftraggeber tragen, der es ja weitgehend in der Hand hat, rechtzeitig durch angemessene Präzisierung seines Akkreditivauftrags derartige Entscheidungen der Bank überflüssig zu machen.

Am Ende ihrer Prüfung hat die Bank zu entscheiden, ob sie die Dokumente aufnimmt oder nicht. Diese Entscheidung ist grundsätzlich nicht in ihr Ermessen gestellt, sondern es gilt folgendes:

Kommt die Bank zu der Überzeugung, daß die Dokumente mit dem Akkreditivtext und den sonstigen Erfordernissen völlig übereinstimmen, *muß* sie die Dokumente aufnehmen und sie durch Auszahlung des Akkreditivbetrages honorieren.

Kommt die Bank zu der Überzeugung, daß die vorgelegten Dokumente den Anforderungen des Akkreditivtextes und evtl. der ER nicht entsprechen, so ist sie dem Begünstigten gegenüber berechtigt und dem Käufer gegenüber mangels anderweitiger Vereinbarung verpflichtet, die Dokumente zurückzuweisen.

Mit den Fällen, in denen die Bank die Dokumente weder klar aufnehmen noch klar zurückweisen muß, sondern wo sie für die Aufnahme oder Nicht-

[18] Ebenso KG JW 1924, 2048 ff.; Schlegelberger-Hefermehl Anh. zu § 365, 111; Liesecke WM 1966, 463; Trost-Schütz S. 418.
Vgl. in diesem Zusammenhang auch die interessante Entscheidung BGH WM 1958, 587, der folgender Sachverhalt zugrunde lag:
Firma A hatte zugunsten der Firma B ein Bankakkreditiv eröffnen lassen, auszahlbar gegen Dokumente über den Versand von 100 t Milchpulver und ein Prüfungszertifikat, aus dem sich ergeben sollte, daß das Pulver „im Sprühverfahren" hergestellt war. Der Bank wurden die Dokumente und das Zertifikat präsentiert, wobei auf dem Zertifikat diejenigen Worte, die sich auf das Sprühverfahren bei der Herstellung bezogen, in Anführungsstriche gesetzt waren. Die Bank hat die Dokumente nicht beanstandet und den Betrag zu Lasten ihres Auftraggebers an den Begünstigten ausgezahlt. Daraufhin hat der Auftraggeber die Dokumente zurückgewiesen und die Bank auf Rückzahlung des Betrages verklagt, weil sie die Anführungsstriche übersehen habe; solche Anführungsstriche aber besagten, daß die von ihnen eingeschlossenen Bemerkungen nur eine fremde Meinung wiedergeben, nicht aber auf einem eigenen Urteil dessen beruhen, der das Zertifikat ausgestellt hat. Der BGH hat die Bank antragsgemäß verurteilt.

[19] Vgl. dazu S. 108 ff.

aufnahme einen gewissen Ermessensspielraum hat, befaßt sich der nächste Abschnitt:

2. *Wann steht die Aufnahme der Dokumente im Ermessen der Bank?*

Trotz der bereits erwähnten begrüßenswerten Bemühungen der IHK, die Verantwortlichkeiten noch klarer als bisher zu umreißen, werden die Banken auch in Zukunft in den ER nicht in allen Fällen eine eindeutige Grundlage für die Aufnahme oder Verwerfung der Dokumente finden. Es gibt Fälle, in denen die Bank die Dokumente zurückweisen *darf*, sie aber nicht unbedingt zurückweisen *muß*. Es sind dies die Fälle, in denen die Aufnahme oder Zurückweisung der Dokumente in das pflichtgemäße Ermessen der Bank gestellt ist (z. B. Art. 32 Abs. b und c ER). Dabei ist keineswegs eine Willkür der Banken zugelassen; aber es gibt doch eine Sphäre, wo die starre Regel aufhört und wo die Bank jeweils von Fall zu Fall pflichtgemäß, und dann auch für den Käufer verbindlich, entscheidet, ob sie die ihr präsentierten Dokumente aufnehmen will oder nicht. Die Entscheidung richtet sich nach vielerlei Gesichtspunkten, z. B. nach Branche des Verkäufers und des Käufers, Warenart, Umfang des Geschäftes, beteiligten Ländern, weltpolitischer Lage usw., vor allem auch nach dem standing und der Eigenart der Beteiligten. Die Trennungslinie ist schwer zu ziehen. Über den Umfang der Entscheidungsbefugnis der Banken herrschen je nach Ländern und Plätzen, ja sogar nach Bankinstituten, unterschiedliche Traditionen und Ansichten. Diese Verschiedenheit ist einer der Hauptgründe, warum England die „Einheitlichen Richtlinien" der IHK lange Zeit nicht angenommen hatte, weil nach dortiger Meinung die allzu starke Einengung der Entscheidungsfreiheit der Banken für diese eine nicht tragbare Belastung und für die Interessen der Kunden eine Beeinträchtigung bedeutete[20].

Allgemein dürfte hier folgende grundsätzliche Überlegung anzustellen sein:

Da der Exporteur das Akkreditiv in der Regel geraume Zeit vor der Inanspruchnahme kennt, hat er fast immer die Möglichkeit, es sorgfältig zu studieren und rechtzeitig über den Käufer Abänderungen (amendments) von Einzelheiten herbeizuführen (Hafen ändern, Teilverschiffung gestatten, Verpackung anders regeln, Analysenvorschrift ändern oder streichen usw.)[21]. Auf diese Weise kann rechtzeitig mit Zustimmung von Käufer und Akkreditivbank fast jede Unstimmigkeit beseitigt werden. Macht der Begünstigte von dieser Möglichkeit keinen Gebrauch, so hat er die unangenehmen Folgen seiner Saumseligkeit mit Recht selbst zu tragen. In solchen Fällen werden die Banken, sofern die Fälle überhaupt in das Gebiet der Ermessensentscheidung hineinragen, im Zweifel zu einer strengen, d. h. für den Be-

[20] Vgl. dazu S. 5 und den Hinweis bei Gutteridge-Megrah S. 90 Anm. (l), daß auf Grund der Natur des englischen Rechtes als eines sog. „Case-Law" englische Gerichte ohne Anerkennung starrer Regeln jeweils von Fall zu Fall die Grenzen des Ermessens der Bank zu bestimmen pflegen.

[21] Vgl. S. 67 f.

günstigten ungünstigen Einstellung neigen. Wie es sich in anderen Fällen verhält, ist jeweils bei der Behandlung der einzelnen Dokumente (S. 110 ff.) erörtert.

Festzuhalten ist hier, daß in der Zone der Ermessensfreiheit, unbeschadet der Meinungsverschiedenheiten über ihre Reichweite, die Bank wirklich frei nach ihrem pflichtgemäßen Sachverstand entscheidet. Dabei müssen die Banken alle Finessen der bankmäßigen Akkreditivsphäre kennen, nicht aber die Einzelheiten der verschiedenen Warenbranchen. Die pflichtgemäße Entscheidung der Bank in diesem Ermessensrahmen muß der Käufer gegen sich gelten lassen; die Ermessensfreiheit der Bank in diesem Zusammenhang ist feststehender Handelsbrauch, auf den oft noch ausdrücklich im Akkreditiv Bezug genommen wird, meist durch Verweisung auf die ER, die übrigens den Ermessensspielraum der Banken von Revision zu Revision immer mehr eingeschränkt haben.

Im Sprachgebrauch der ER ist die Mehrzahl der Fälle, in denen nach bestehendem Handelsbrauch die Banken freie Entscheidungsbefugnis haben, durch folgende Ausdrücke fixiert: „die Bank ist berechtigt, zurückzuweisen", „die Bank kann zurückweisen", „kann honorieren" usw. Die Richtlinien schließen sich damit dem deutschen juristischen Sprachgebrauch an, nach dem diese Worte eine Berechtigung der Bank zum Ausdruck bringen, aber keine starre Verpflichtung. In allen diesen Fällen ist die Bank juristisch gedeckt, gleichgültig, ob sie sich für oder gegen die Ausübung der Berechtigung entscheidet. Normalerweise wird sie von der durch die Richtlinien als normal fixierten Behandlung nur abweichen, wenn hierfür einleuchtende Gründe vorliegen.

In der Praxis kamen Ermessensentscheidungen bislang gelegentlich auch dann vor, wenn der Akkreditivauftrag zu allgemein gehalten war (etwa der bloße telegrafische Auftrag: „Eröffnet unwiderruflich Akkreditiv zugunsten X und Y, gültig bis Z, gegen handelsübliche Dokumente über die Verschiffung einer bezeichneten Ware"); diese Fälle sollen nach Art. 14 ER ausgemerzt werden. Ferner gibt es Fälle, in denen sich die Angaben im Akkreditiv erst bei Vorkommen der Dokumente als zweideutig erweisen. Hier darf und muß die Bank pflichtgemäß das freie Ermessen walten lassen, von dem sie mit der Sorgfalt eines ordentlichen Kaufmannes Gebrauch machen muß. Die Artikel 7 ff. und 14 ff. ER stellen für die Handhabung dieses Ermessens eine Reihe von Grundsätzen auf, die aber nicht erschöpfend sind und auch keinen Anspruch auf Vollständigkeit erheben.

Ein Recht des Käufers zur Erteilung nachträglicher Weisungen gegen den Willen der Bank ist nicht gegeben. Freilich wird die Bank, wenn die technische Möglichkeit besteht und nicht andere Gesichtspunkte, die aus einem etwaigen Kreditverhältnis herrühren, entgegenstehen, dem Käufer bei Zweifelsfällen freiwillig Gelegenheit geben, ihr seine Wünsche mitzuteilen, damit der wirtschaftliche Geschäftsablauf nicht unnötig aus formal-juristischen Gründen gehemmt wird[22].

[22] Wegen Rückfragen beim Käufer siehe S. 151 f.

Fassen wir zusammen: Bei der Abwicklung eines Akkreditivs sind die Banken insoweit an den Wortlaut des Akkreditivauftrages gebunden, als dieser einen klaren Willen des Käufers erkennen läßt. Darüber hinaus sind die Banken dem Käufer nur für die pflichtgemäße Handhabung ihres Ermessens, nicht aber für das Ergebnis ihrer Entscheidung verantwortlich. Soweit die ER noch einen Ermessensrahmen darstellen, muß sich die Entscheidung der Bank innerhalb dieses Rahmens bewegen.

Die Abgrenzung der Verantwortung hat im Laufe der Jahre in Einzelfällen gelegentlich zu Streitigkeiten und Zweifeln geführt. Auf eine Reihe von wichtigen und in der Praxis vorkommenden Fällen, die eine einwandfreie Abwicklung des Akkreditivs gefährden und die deshalb zum großen Teil inzwischen auch in irgendeiner Form in den ER geregelt sind, soll im folgenden eingegangen werden.

C. Prüfung der einzelnen Dokumente

1. Rechnung (evtl. Konsulatsfaktura)

Zunächst wird die Faktura (Rechnung) geprüft, die der Begünstigte eingereicht hat; denn das mindeste, was man verlangen muß, ist, daß der Absender selbst klar bestätigt, daß die von ihm in Rechnung gestellte Lieferung den Erfordernissen des Akkreditivs entspricht. Behauptet er dies selbst nicht einmal oder bestätigt er sogar ausdrücklich in seiner Faktura, daß die berechnete Ware nicht der im Akkreditiv vorgeschriebenen entspricht, so kann die Bank die Dokumente gleich zurückweisen (Art. 32 ER). Es muß sich um die im Akkreditiv genannte Ware handeln, auch wenn im Kaufvertrag (evtl. durch allgemeine Lieferungsbedingungen) die Ersatzlieferung einer anderen Ware (z. B. von einem anderen Hersteller, als im Akkreditiv genannt) vorbehalten war[22a].

Insbesondere muß die Beschreibung der Ware in der Rechnung mit der Beschreibung im Akkreditiv wörtlich übereinstimmen (vgl. Art. 32 Abs. c ER)[23].

Auf eine genaue Warenbezeichnung in der Faktura kann gem. Art. 30 Abs. c ER auch dann nicht verzichtet werden, wenn die Warenbeschreibung in den übrigen Dokumenten (z. B. Analyse, ControllCo-Bescheinigung o. ä.) keinen Zweifel daran läßt, daß mit der in der Faktura gewählten Bezeichnung die im Akkreditiv geforderte Ware gemeint ist.

[22a] BGH in NJW 1970, 992; WM 1970, 552.

[23] Wieviel Sorgfalt die Banken darauf verwenden müssen, nachzuprüfen, ob die Warenbeschreibung auf der Faktura genau mit der im Akkreditiv geforderten Beschreibung übereinstimmt, zeigt mit besonderer Deutlichkeit der unter dem Namen „Truck-Case“ bekanntgewordene Rechsstreit zwischen der Bank Melli Iran und der Barclays Bank in London.

Dem Streit lag folgender Sachverhalt zugrunde:

Eine englische Firma hatte an einen persischen Abnehmer 100 Lastwagen (Trucks) verkauft. Die Bank Melli hatte daraufhin ein unwiderrufliches, von der Barclays

Auch in den übrigen Punkten, wie Aussteller, Preis, Währung[24], Menge usw., muß die Rechnung genau mit dem Akkreditiv übereinstimmen. Die Rechnung muß mangels anderer Weisung im Akkreditiv auf denjenigen ausgestellt sein, der als Auftraggeber für das Akkreditiv genannt ist (Art. 32 ER). Die Auslegung von Ausdrücken wie „etwa", „circa" o. ä. ist in Art. 34 ER geregelt. Es ist nicht zwingend vorgeschrieben, daß die Rechnung rechtsgültig unterschieben sein muß; jedoch wird allgemein zwecks Festlegung klarer Verantwortlichkeiten die Unterschrift des Ausstellers unter der Rechnung verlangt. Die Banken sind nicht verpflichtet, die Zeichnungsberechtigung der Unterzeichner oder die Echtheit der Unterschriften zu prüfen. Denn die Rechtsgültigkeit der Unterschriften betrifft nicht das formale äußere Erscheinungsbild, sondern den materiellen Inhalt der Dokumente, für den die Banken gem. Art. 9 ER keine Haftung übernehmen.

Übersteigt der Rechnungsbetrag die Akkreditivsumme, weil der Waren*preis* höher ist, als im Akkreditiv angegeben, so muß die Bank die Honorierung der Dokumente ablehnen[25]; sie kann auf Wunsch eine der auf Seite 146 ff. behandelten Ersatzlösungen aufgreifen. Eine Kombination von

Bank bestätigtes Akkreditiv zugunsten des englischen Verkäufers eröffnet. In den Akkreditivbedingungen hieß es, Bezahlung werde gegen Einreichung von Versanddokumenten über die Verladung von 100 neuen (new) Lastwagen erfolgen. Eingereicht wurden Dokumente, auf denen (d. h. insbesondere auf deren Rechnung) die Lastwagen als „in new condition" bezeichnet wurden. Die Barclays Bank honorierte die Dokumente und belastete die Bank Melli. Nun wurden die Lastwagen geliefert und es stellte sich heraus, daß sie zwar „neu" (d. h. ungebraucht) waren, daß sie aber vor der Lieferung einen Winter über ungeschützt im Freien gestanden hatten und verrostet und unbrauchbar waren. Die Bank Melli wollte daraufhin im Auftrage des Importeurs der Belastung ihres Kontos durch die Barclays Bank widersprechen. Sie berief sich zu diesem Zwecke darauf, die Barclays Bank habe Dokumente aufgenommen, die nicht akkreditivgerecht seien. Im Prozeß entschied die Kings Bench Division zugunsten der Bank Melli (1951, 2 TLR 1057). McNair, J., führte in der Urteilsbegründung folgendes aus:

I now proceed to examine the documents tendered. The invoice tendered was in the following terms: — "To 100 'one ton' Chevrolet trucks in new condition ex site at Balcelle near Antwerp Belgium £ 40.000.". I feel no doubt at all that the phrase "in new condition" is not or may not be synonymous with the term "new". It is, of course, true that the term "new" is capable of different meanings in relation to different subjectmatters. For example, the term "new" when applied to wine, as in the phrase "putting new wine into old bottles", has clearly a different meaning from that it bears when applied to a motor-car; but "in new condition" in relation to a motor vehicle seems to me to be essentially different from "new".

Vgl. auch International Banking Corporation v. Irving National Bank, 274 Fed. Rep. 122.

[24] Thierbach aaO, weist darauf hin, daß unter einem auf Währung lautenden Akkreditiv eine DM-Faktura auch dann nicht aufgenommen werden kann, wenn sie den Vermerk trägt: "the DM-prices shown in this invoice represent our legal claims; the foreign currency equivalence is given for information only".

[25] Ebenso Gutteridge-Megrah S. 126/127.

Honorierung der Dokumente zum Akkreditivpreis und Inkasso wegen des Überpreises ist nicht möglich.

Übersteigt der Rechnungsbetrag die Akkreditivsumme, weil die Waren*menge* höher ist, als im Akkreditiv genannt oder nach der Toleranzregel in Art. 34 Abs. b ER zulässig ist, so bestehen sachlich keine Bedenken, die Einreichung in Höhe des Akkreditivs aus diesem zu honorieren und wegen der Restmenge einen Inkassoauftrag entgegenzunehmen[26]; der Wortlaut des Art. 32 Abs. b ER ist so gefaßt, daß dieses Verfahren nicht ausgeschlossen ist. Manche Banken lassen sich in diesem Fall zwei getrennte Rechnungen ausstellen. Wegen der Schwierigkeiten, die jedoch generell mit einer Verbindung von Akkreditiv und Inkasso verbunden sind, ergeben sich foglende Überlegungen:

Das Akkreditiv ist ein in sich selbständiges Rechtsverhältnis, bei dem die Einreichung der Dokumente nicht mit der Auflage verbunden werden kann, daß sich die Bank von dem Begünstigten ein neues Rechtsverhältnis in Form des Inkassoauftrages aufzwingen lassen muß. Bei der Bank tritt durch die Übernahme des Inkassoauftrages leicht eine Interessenkollision ein, weil sie im Rahmen des Akkreditivs die Interessen des Käufers, im Rahmen des Inkassos jedoch die Interessen des Begünstigten zu wahren hätte.

Allgemein wird von einer Kombination Akkreditiv/Inkasso anhand derselben Dokumente abgeraten. Es empfiehlt sich, das Akkreditiv textgerecht bedienen zu lassen und wegen des Mehrbetrages eine gesonderte Faktura zum Inkasso hereinzunehmen. Diese hat dann — was klarzustellen ist — mit den Akkreditiv-Dokumenten nichts zu tun; bei der Durchführung des Inkassos darf insbesondere kein Pfandrecht an den Versanddokumenten, die auf Grund des Akkreditivs aufgenommen sind, geltend gemacht werden.

Es ist sehr wohl möglich, daß der Rechnungsbetrag die Akkreditivsumme aus anderen Gründen als wegen Mehrpreis oder Mehrmenge übersteigt. Zum Beispiel ist es denkbar, daß die Lieferfirma bei einer von ihr zu erbringenden unteilbaren Leistung (z. B. Lokomotive, Brücke, Kraftwerk, Großmaschine) wegen bestehender Preisgleitklauseln oder Gewichtsverschiebungen o. ä. aus dem Lieferkontrakt einen Anspruch auf einen erhöhten Preis hat, der die Akkreditivsumme übersteigt. In einem solchen Falle widerspricht — wenn diese Gleitklauseln usw. nicht in das Akkreditiv aufgenommen waren — die Kombination von Akkreditiv und Inkasso dem Wesen des Akkreditivs, und die Bank ist nicht verpflichtet, die Dokumente mit dem

[26] Zustimmend: Donald H. Scott and Co., Ltd. v. Barclays Bank Ltd., L. R. (1923) S K 13:
"The only remaining point is a suggestion that a bill was tendered for more than the amounts in the letter of credit. As to that, in my view, for the excess amount over the letter of credit no bill was drawn against the credit, but there was only a request to collect; and the fact that such a request to collect was made did not afford any reason for rejecting the document drawn against the credit itself, there having been two drafts, one drawn against the credit, the other for collection."
A. A. jedoch Gutteridge, Megrah, S. 127; vgl. dazu auch Davis S. 87/88; Megrah, Paget's Law, S. 655/56.

Akkreditivbetrag zu honorieren und wegen des Restes einen Inkassoauftrag in der Weise entgegenzunehmen, daß die Aushändigung der ganzen Dokumente nur gegen zusätzliche Bezahlung der Inkassobeträge erfolgen darf. Hier ist eine Änderung des Akkreditivs die beste Lösung. Oder es muß zunächst Bedienung des Akkreditivs gegen Auszahlung des niedrigen Akkreditivbetrages erfolgen, der eine Verrechnung der Preisdifferenzen außerhalb des Akkreditivs folgt.

Im übrigen ist zu bedenken, daß bei solchen Großobjekten das Akkreditiv nur noch beschränkt den Sinn einer Kaufpreissicherung durch Zug-um-Zug-Bezahlung der Dokumente hat, sondern mehr den Rahmen für einen Zahlungsplan unter Bankenhaftung abgibt. In solchen Fällen gelten für die Akkreditivabwicklung Sondergesichtspunkte, die nicht allgemein erörtert, sondern nur aus dem individuellen Fall entwickelt werden können.

Die Ordnungsmäßigkeit der Faktura kann gelegentlich auch zweifelhaft werden, weil sich zwar der Rechnungsbetrag in der Gesamtsumme im Rahmen des Akkreditivs hält, die einzelnen Rechnungsposten aber nicht dem Wortlaut des Akkreditivs entsprechen. Beispiel: Das Akkreditiv lautet auf „$ 10 000 für 10 Tonnen Ware, die Tonne zu $ 1000". Es wird eine Rechnung präsentiert über $ 10 000; als Einzelposten sind angegeben: „10 Tonnen Ware zu je $ 960 = $ 9600; Lagergeld für 10 Tage je $ 40 = $ 400." Grundsätzlich wird man sagen müssen, daß eine solche Rechnung nicht aufnahmefähig ist. Es könnte Differenzen wegen der Versicherung des Warenwertes geben[27]. Auch sonst braucht es dem Käufer durchaus nicht gleichgültig oder angenehm zu sein, wenn der Preis pro Wareneinheit vom Verkäufer einseitig gesenkt wird und dafür Lagerkosten oder sonstige Nebenkosten zugeschlagen werden, von denen im Akkreditiv nichts gesagt und im Zweifel zwischen Käufer und Verkäufer auch nichts vereinbart ist. Man braucht nur an den Fall zu denken, daß der Käufer Kommissionär ist, dessen Nutzen nach dem Netto-Warenpreis berechnet wird. Solche und ähnliche Umstände wird der Käufer der Bank nicht angeben. Die Bank hat daher im Zweifel davon auszugehen, daß sie die Interessenlage des Käufers in dieser Hinsicht nicht beurteilen kann und daher ohne seine Zustimmung eine Faktura der oben beschriebenen Art nicht aufnehmen darf. Inwieweit von diesem Grundsatz wegen Geringfügigkeit der Abweichungen Ausnahmen zulässig sind, bleibt von Fall zu Fall zu entscheiden.

Alle diejenigen Nebenkosten, die der Verkäufer entsprechend den in das Akkreditiv aufgenommenen Lieferungsbedingungen entrichtet hat, dürfen selbstverständlich auf der Faktura erkennbar vom Brutto-Warenpreis abgesetzt werden, auch wenn dies im Akkreditiv nicht noch einmal ausdrücklich betont ist.

Lautet also in dem o. a. Beispielsfalle das Akkreditiv auf c. i. f., so kann der Begünstigte ohne weiteres folgende Faktura einreichen: „10 Tonnen Ware = $ 10 000; Netto-Warenpreis je Tonne $ 900 = $ 9000; Frachtkosten je Tonne $ 50 = $ 500; Versicherungskosten je Tonne $ 50 = $ 500."

[27] Vgl. S. 138 f.

In diesem Falle ist aus dem Akkreditiv erkennbar, daß die Nebenkosten für Fracht und Versicherung auf c. i. f.-Basis in den Kaufpreis einkalkuliert sind; damit entfällt das Argument, die Aufteilung des Preises in der Faktura sei nicht vom Wortlaut des Akkreditivs gedeckt und die Faktura aus diesem Grunde nicht aufnahmefähig.

Es ist unzweckmäßig, daß die Rechnung — oder auch ein anderes Dokument — nicht ausschließlich die vorgeschriebene Ware betrifft. Eine ausdrückliche Vorschrift, daß alle eingereichten Dokumente sich auf keine anderen, als die im Akkreditiv genannten Lieferungen oder Leistungen beziehen dürfen, ist zwar in die ER nicht aufgenommen. In der Praxis sollte aber darauf hingewirkt werden, um unnötige Komplikationen zu vermeiden.

Endlich kann noch die Faktura in ihrer Gesamtsumme den Akkreditivbetrag *unter*schreiten. Handelt es sich in solch einem Falle um eine Teilverladung und entspricht das Verhältnis zwischen Rechnungsbetrag und Teilmenge dem Verhältnis zwischen der gesamten Warenmenge und dem Gesamtpreis, so hängt die Ordnungsmäßigkeit der Faktura nur davon ab, ob der Teilversand nach den Akkreditivbedingungen zulässig ist (vgl. Art. 35 ER). Beruht aber der ermäßitgte Rechnungsbetrag auf einem Preisnachlaß, der im Text des Akkreditivs nicht erwähnt war, muß man wohl mangels ausdrücklicher Zustimmung des Käufers die Bank für berechtigt halten, die Dokumente zurückzuweisen (obwohl in Art. 32 Abs. b ER nur der Fall der *Über*schreitung des Akkreditivbetrages in diesem Sinne geregelt ist), sofern nicht im Einzelfall der Grund für die Preisunterschreitung klar als unschädlich erkennbar ist. Denn erstens könnte die Ursache für den Preisnachlaß ein Qualitätsmangel an der Ware sein; und zweitens brauchte der Käufer selbst bei gleichbleibender Qualität kein Interesse an einem Preisnachlaß zu haben, wenn er, wie in dem oben schon erwähnten Falle, nur vermittelnd an dem Geschäft beteiligt ist und die Höhe seiner Vergütung sich nach dem Warenpreis richtet.

2. *Transportdokumente*

a) Konnossement

Das unter einem Akkreditiv am häufigsten vorkommende Transportdokument ist das *Seekonnossement,* weil das Akkreditiv seine überragende Bedeutung im Überseegeschäft hat[28]. An diesem Dokument sollen im folgenden die Grundsätze der Prüfung von Transportdokumenten erörtert werden. Diese Grundsätze gelten für die Dokumente anderer Transportarten (Flußladeschein, Eisenbahnfrachtbriefduplikat, Posteinlieferungsschein, Luftposteinlieferungsschein, Lufttransportfrachtbrief) entsprechend, sofern sie nicht auf spezifische Besonderheiten des Seeverkehrs zurückgehen oder sich Abweichungen aus dem Unterschied der Rechtsnatur der einzelnen Dokumente ergeben[29]. Das Konnossement muß „richtig" sein; d. h. es muß der

[28] Vgl. hierzu und zum folgenden Liesecke WM 1964, 1282 ff.

[29] Zu anderen Transportdokumenten siehe unten S. 135.

Wahrheit entsprechen. Verantwortlich hierfür ist der Aussteller. Das Ausstellen unrichtiger Dokumente (z. B. mit unrichtigem Verladedatum) ist nach internationaler und nach deutscher Auffassung sittenwidrig und verpflichtet zum Schadensersatz nach § 826 BGB. Ein Revers des Abladers des Inhalts, daß er den Reeder von allen Folgen der Ausstellung des unrichtigen oder vordatierten oder vorzeitig ausgehändigten Konnossements freistellt, ist nichtig, gleichgültig ob er *vor* oder *nach* der Ausfertigung des Konnossements übergeben ist. Wer sich auf solche Geschäfte einläßt, muß und soll damit rechnen, daß er den Schaden nicht abwälzen kann[29a]. Die Vorschriften über Konnossemente sind in den Art. 19—23 ER enthalten.

aa) Art der Konnossemente

Wenn ein Konnossement verlangt ist, muß auch ein Konnossement vorgelegt werden. Spediteurübernahmebescheinigungen genügen nicht[30]; diese enthalten handelsüblich nur die Bezeichnung des Gutes auf Grund der Angaben des Auftraggebers (s. auch § 7 c der Allgemeinen Deutschen Spediteurbedingungen).

Das Konnossement muß ein *Konnossement der im Akkreditiv genannten Art* sein.

Üblicherweise wird die Art des Konnossements („an Bord", „Längsseits" usw.) im Akkreditiv ausdrücklich vorgeschrieben. Fehlt eine ausdrückliche Vorschrift, lassen vielfach die in das Akkreditiv aufgenommenen Lieferungsbedingungen des Kaufkontraktes (c. i. f., f. o. b. usw.) auf das vorzulegende Konnossement schließen; in den Incoterms ist zu jeder Lieferungsklausel die entsprechende Konnossementsart angegeben.

Ist im Akkreditiv weder eine bestimmte Art von Seekonnossementen vorgeschrieben noch das vorzulegende Konnossement aus dem sonstigen Wortlaut des Akkreditivs deutlich zu ersehen, so muß gemäß Art. 20 Abs. a ER ein An-Bord-Konnossement vorgelegt werden. Konnossemente, die von Spediteuren[31] oder unter einer Charterpartie[32] ausgestellt sind, Segelschiff-

[29a] BGH in WM 1973, 241 mit zahlreichen Hinweisen auf in- und ausländische Literaturstellen.

[30] BGH in WM 1970 S. 158.

[31] Englische Banken betonen gelegentlich im Akkreditiv durch den Zusatz „Steam Ship Company's B/L", daß sie keine Spediteurkonnossemente aufnehmen. Das ist an sich überflüssig und hat zu einem Mißverständnis und zum Prozeß geführt, weil der Begünstigte diesen Zusatz so verstanden hat, als dürfe er nur bei der Linienschiffahrt verladen, eine Einschränkung, die er mit dem Abnehmer nicht vereinbart hatte. Vgl. W. E. Fisher Ltd. v. Enrico Furst & Co., Queen's Bench Division (Commercial Court) v. 11. 11. 1960, Ll. L. R. 1960, 2, 340 = AWD 1961, 180; dazu auch Liesecke WM 1964, 1285.

[32] Von einer „Charterpartie" spricht man, wenn Gegenstand des Vertrages zwischen Ablader und Reeder nicht das Verladegut, sondern das Beförderungsmittel ist. Der Reeder übernimmt nicht die Verladung und den Transport (unter den

konnossemente und solche, die ausdrücklich eine tatsächlich erfolgte Verladung an Deck ausweisen, sind zurückzuweisen, wenn das Akkreditiv nichts anderes besagt (Art. 19 Abs. a, 20 Abs. b, 22 Abs. a ER). Eine Bestimmung — meist im Kleingedruckten — daß an Deck Verladung erfolgen darf, bewirkt noch nicht, daß das Konnossement nicht aufnahmefähig ist (Art. 22 Abs. b; 23 Abs. b ER). Nach Art. 19 Abs. b ER sind jedoch — vorbehaltlich anderer Akkreditivbestimmungen — aufnahmefähig „Durchkonnossemente" (through bills of lading), die von Schiffahrtsgesellschaften oder deren Agenten ausgestellt sind, selbst wenn sie mehrere verschiedenartige Transportarten umfassen.

Das in den ER als aufnahmefähig bezeichnete *Durchkonnossement* ist dadurch gekennzeichnet, daß der ausstellende Verfrachter (im Binnenverkehr: Frachtführer) die volle Verantwortung für die ganze Reise der zur Beförderung übernommenen Ware trägt. Er hat für den Schaden einzustehen, der durch Verlust oder Beschädigung des Gutes in der Zeit zwischen Annahme des Gutes und Ablieferung an den Empfänger entsteht (§§ 429, 606 HGB). Da beim Durchkonnossement die Ware naturgemäß umgeladen wird, haftet der Verfrachter damit auch für die Beförderung des Gutes auf dem Teilabschnitt, auf dem er nicht selbst als Beförderer tätig wird.

In der Praxis kommen häufig sog. *unechte Durchkonnossemente* vor, über deren Aufnahmefähigkeit im Akkreditivgeschäft Zweifel bestehen. Unechte Durchkonnossemente sind Konnossemente mit sog. Speditionsklauseln, wonach der ausstellende Verfrachter seinerseits lediglich die Beförderung bis zu einem Umladehafen übernimmt, die Weiterbeförderung der Ware durch einen anderen Verfrachter jedoch nur als Spediteur veranlaßt[33]. Das besagt, daß er die Verantwortung für Verlust und Beschädigung des Gutes nur für den Abschnitt der Reise trägt, in dem er selbst die Beförderung vornimmt, nicht aber für die restliche Reise bis zum Bestimmungsort; für diesen Teil übernimmt er lediglich die Spediteurhaftung. Das unechte Durchkonnossement stellt demnach eine Kombination eines „Normalkonnossements" mit einem nach Art. 19 Abs. a ER nicht aufnahmefähigen Spediteurkonnosse-

handelsüblichen Bedingungen), sondern stellt dem Ablader lediglich ein Schiff oder einen Teil des Schiffsraumes zur Verfügung. Verladung und Transport geschehen durch den Ablader unter dessen eigenem Risiko. Charterpartien kommen besonders dann vor, wenn mehrere Ablader desselben Gutes zusammen eine volle Schiffsladung an das gleiche Reiseziel zu transportieren haben (z. B. Weizen von Kanada nach Deutschland). Die Charterkosten sind dann oft pro rata billiger als die Frachtkosten unter einem normalen Frachtvertrag. Dafür teilen sich die Ablader in die sonst zu Lasten des Reeders gehenden Risiken.

Wegen Nichtübereinstimmung von Chartervertrag und Konnossement unter einer Charterpartie vgl. BGH NJW 1959, 720 ff.

[33] Eine solche Klausel lautet z. B.: "When the ultimate destination at which the Carrier may have engaged to deliver the goods is other than the vessel's port of discharge, the Carrier acts as Forwarding Agent only".

ment dar. Damit entspricht das Gesamtkonnossement nicht den Anforderungen der ER[34].

Dennoch sehen die Banken in der Praxis diese Form des Konnossements meist als annehmbar an[35]. Mag auch der Wortlaut der ER diese Handhabung nicht decken, so besteht doch ein praktisches Bedürfnis für die Anerkennung derartiger Dokumente. Wenn eine Ware in verschiedenen Etappen ihren Bestimmungsort erreichen soll, finden sich nur wenige Verfrachter, die auch für die Teilstrecken, auf denen sie nicht selbst den Transport übernehmen wollen oder können, die Verfrachterverantwortung zu tragen bereit sind; also stellen sie *unechte* Durchkonnossemente aus. Wird z. B. eine Ware von Mexiko über London nach Rotterdam verschifft, so ist der Verfrachter, der den Transport von Mexiko nach London bewerkstelligt, zwar bereit, die Haftung für diese Teilstrecke zu übernehmen, nicht aber auch als Verfrachter für den Transport von London nach Rotterdam einzustehen. Er verpflichtet sich regelmäßig nur, als *Spediteur* dafür Sorge zu tragen, daß die Ware in London ordnungsmäßig auf ein Schiff nach Rotterdam umgeladen wird.

Die Aufnahme unechter Durchkonnossemente durch die Banken entspricht in der Regel den Interessen des Käufers. Dieser ist an der Ware interessiert, und auch ein unechtes Durchkonnossement erbringt den Nachweis, daß die Ware tatsächlich vom Verkäufer auf den Weg gebracht worden ist. Für den Käufer ist dieser Nachweis das Wichtigste.

Unter Kreditgesichtspunkten birgt die Aufnahme eines unechten Durchkonnossements für die Banken gewisse Risiken. Während das echte Durchkonnossement, das der Bank vom Begünstigten angedient wird, dieser den Zugriff auf die Ware am letzten Bestimmungsort gestattet, ist dies beim unechten Durchkonnossement nicht der Fall, da zum Empfang der Ware am Bestimmungsort nur derjenige legitimiert ist, der das Konnossement des zweiten (oder letzten) Verfrachters in Händen hat. Dieses Konnossement bekommt die Bank aber erst — sofern sie sich überhaupt ausbedungen hat, daß es ihr zur Verfügung gestellt wird — nachdem sie bereits gegen das unechte Durchkonnossement gezahlt hat. Sie hat daher keine kontinuierliche dingliche Sicherheit an der Ware für ihre Aufwendungen[36]. Dieser Gesichtspunkt mag hin und wieder dazu führen, daß Banken unechte Durchkonnossemente zurückweisen. Juristisch sind sie dabei in jedem Fall gedeckt.

Alle Schwierigkeiten und Unsicherheiten werden vermieden, wenn die Beteiligten rechtzeitig vor Fixierung der Akkreditivbedingungen den konkreten Ablauf des Geschäftes, einschließlich der technischen Gegebenheiten der Beförderung, bis zu Ende durchdenken, so daß im Akkreditivauftrag in den Fällen, in denen Durchkonnossemente zu erwarten sind, klar zum Ausdruck

[34] Ebenso Liesecke WM 1964, 1286; Schlegelberger-Liesecke § 656, 27. Zur Frage der eingedruckten Klauseln vgl. aber S. 129 ff.

[35] Dies entspricht auch der englischen Praxis, wie von Londoner Banken eingeholte Auskünfte ergeben haben.

[36] Vgl. dazu ausführlich S. 176 ff.

gebracht wird, ob unechte Durchkonnossemente aufgenommen werden sollen oder nicht. Dann können sich alle Beteiligten, insbesondere auch die Bank bezüglich ihrer Kreditsicherheiten, auf diese Sachlage einstellen; unangenehme Überraschungen für Verkäufer und Käufer, die durch die juristische Möglichkeit entstehen, daß die Banken derartige Dokumente eventuell zurückweisen, werden vermieden.

In Art. 19 Abs. b ER ist bestimmt, daß auch short Form Bills of Lading aufgenommen werden dürfen. Das sind Konnossemente in abgekürzter Form, in denen Teile der Bestimmungen über den Transport nicht enthalten, sondern durch Verweisung auf ein anderes Dokument gekennzeichnet sind. Ausdrücklich ist in der genannten Bestimmung gesagt, daß die Kennzeichnung der Ware auch nach unitized cargoes (z. B. Paletten oder Containern) erfolgen kann.

bb) Container-Geschäft

In diesem Zusammenhang ist noch auf eine für das Dokumentengeschäft bedeutsame Neuerung im Transportwesen hinzuweisen: das *Container-Geschäft.* In zunehmendem Maße werden Güter, sofern sie sich dafür eignen, in großen Behältern (Containern) befördert. Der Container wird meist schon im Landesinnern, etwa beim Verkäufer oder einem Spediteur, beladen und versiegelt, als Ganzes auf das Schiff gebracht und im Bestimmungsland sodann zum Käufer transportiert. Erst dort verläßt die Ware den Behälter wieder. Der wirtschaftliche Vorteil dieser Beförderungsart liegt auf der Hand: Sie führt zu Zeitersparnis, Entlastung der Häfen, geringeren Frachtkosten und geringerem Verlust an Gütern[37]. Es ist zu erwarten, daß in Zukunft ein immer größerer Teil der Warenbeförderung im Überseeverkehr auf diese Weise vor sich gehen wird.

Probleme entstehen dadurch, daß der Container schon im Landesinneren fest verschlossen wird[38], so daß der Reeder — wenn er den Container auf das Schiff übernimmt — von seinem Inhalt keine Kenntnis mehr nehmen kann. Den Containerinhalt von örtlichen Spediteuren bescheinigen zu lassen, würde zu viel Unruhe und Ungewißheit in den Dokumentenverkehr hereintragen[39].

Durch die ER 1974 sind die Containerprobleme teilweise gelöst worden. Die neuen ER regeln zwei verschiedene Fälle:

[37] Vgl. dazu im einzelnen Glynn, Mills & Co. aaO, S. 12/13. Siehe auch den Aufsatz „Risikofragen des Transportversicherers im Container-Verkehr" in der Zeitschrift Commerce in Germany 1968, 14.

[38] In der Praxis hilft man sich z. B. damit, daß in die Container-Dokumente Angaben über die in den Containern enthaltenen Kollis aufgenommen werden. Vgl. dazu und zu Haftungsfragen: Liesecke BB 1965, 1435/36.

[39] Wenn container bills of lading zugelassen sind, brauchen Konnossemente nicht beanstandet zu werden, wenn sie Klauseln wie „said to contain" oder „shipper's load and count" enthalten.

Art. 19 b 3 bestimmt, daß Konnossemente, die von Schiffahrtsgesellschaften oder von deren Agenten (also nicht von Spediteuren oder dergl.!) und die unitisierte Ladungen ausweisen, wie solche in Paletten oder in Containern, unter Akkreditiven akzeptiert werden, sofern nicht etwas anderes vorgeschrieben ist.

Art. 23 ER behandelt den Begriff des „kombinierten Transportdocuments", das einen kombinierten Transport mit mindestens zwei verschiedene Beförderungsarten (z. B. Land und See) vorsieht[40]. Der Hauptanwendungsfall ist die Containerverladung. Der kombinierte Transport muß ausdrücklich vorgesehen sein. Ist das der Fall, kann die akkreditivstellende Bank den Aussteller des Dokuments vorschreiben (also auch einen Spediteur). Tut sie dies nicht, nehmen die Banken die Dokumente über kombinierte Transporte (also auch Containerdokumente) so an, wie sie präsentiert werden.

Den praktischen Bedürfnissen ist mit diesen Regeln weitgehend Rechnung getragen. Die problematische Frage, wer eigentlich zur Ausstellung von Containerdokumenten befugt sein soll (nur Reeder oder auch Spediteure) ist nicht generell entschieden, sondern den Dispositionen des Akkreditivstellers im Einzelfall überlassen.

Wegen des Inhalts des Containers muß man sich auf die Angaben des Abladers verlassen, wie es auch in vielen anderen Fällen ohne Containerverladung auch vorkommt (vgl. Art. 17). Besondere Maßnahmen (z. B. Einschaltung der Controll Co) bleiben für den Einzelfall immer möglich.

Ein gewisses Risiko besteht bei der Containerverladung auch für die ein Warengeschäft finanzierenden Banken. Die durch das Konnossement repräsentierte Ware dient ihnen im Regelfall als Sicherheit für einen dem Importeur im Zusammenhang mit einem Akkreditivgeschäft gewährten Kredit; das Konnossement gestattet der Bank notfalls den Zugriff auf die Ware zum Zwecke ihrer Befriedigung[41]. Aus den oben genannten Gründen beweist ein „Container-Konnossement" nicht, daß eine bestimmte Ware und eine bestimmte Warenmenge verschifft worden ist. Die Bank weiß letztlich nicht, was eigentlich verladen worden ist und ob sie durch den Besitz des Konnossements auch tatsächlich die erwartete Sicherheit erhält. Für fraudulöse Machenschaften zwischen Käufer und Verkäufer zum Schaden der Bank kann sich hier ein weiter Spielraum ergeben, der die Empfehlung nahelegt, nur mit unbedingt zuverlässigen Kunden Dokumentengeschäfte mit Container-Verschiffung abzuwickeln.

cc) Unterschrift

Die neuen ER sagen gar nichts darüber, ob ein Konnossement unterschrieben sein muß, weil hierüber international keine einheitliche Auffassung

[40] Vgl. Broschüre No 273 der IHK über die vertraglich anwendbar zu machenden „Uniform Rules for a combined Transport Document".

[41] Dazu S. 176 ff.

festzustellen ist. Ein deutsches Konnossement muß nach dem Text des deutschen Gesetzes (§§ 445 HGB, 126 Abs. 1 BGB; für Ladeschein § 445 Abs. 2), um rechtswirksam und damit aufnahmefähig zu sein, die Unterschrift des Ausstellers tragen[42]. Für ausländische Konnossemente richtet sich die Gültigkeit nach dem am Ausstellungsort geltenden Recht. Läßt dieses faksimilierte Unterschriften zu, sind diese auch aufnahmefähig (z. B. Konnossemente aus Belgien und Holland). Das Konnossement muß ein Datum tragen; dies wird als Verladedatum betrachtet. Das Schiff muß namentlich genannt sein (Art. 20 Abs. b ER).

Vermerke, durch die das Konnossement geändert wird (z. B. „Längsseit" in „An Bord"), müssen gesondert unterschrieben sein, weil die Abänderung im Zweifel später vorgenommen und infolgedessen von der ursprünglichen Unterschrift nicht gedeckt ist. Dies gilt auch in den Fällen, in denen die Bank gemäß den besonderen Bedingungen des Einzelakkreditivs sowohl zur Aufnahme des ursprünglichen als auch zur Aufnahme des abgeänderten Konnossements berechtigt wäre. Eine fehlende Unterschrift unter der Abänderung macht das Konnossement äußerlich unvollständig. Das erklärt sich aus folgender Überlegung: Wenn im Akkreditiv dem Begünstigten die Wahl zwischen mehreren Arten von Konnossementen belassen ist, geht die Bank davon aus, daß der Begünstigte ihr ein Konnossement der Art, wie es sich nach seinem Wortlaut darstellt, einreicht. Im Falle eines „An-Bord"-Vermerkes auf einem ursprünglich anderslautenden Konnossement reicht der Begünstigte demnach ein „An-Bord"-Konnossement ein. Als solches ist das Konnossement aber nur dann ordnungsgemäß, wenn der nachträgliche „An-Bord"-Vermerk gesondert datiert und unterschrieben ist bzw. mit dem Handzeichen des Frachtführers oder seines Agenten versehen ist (Art. 20 b ER). Das Datum des Vermerks gilt dann als Verschiffungsdatum und somit als Beweismittel für die Einhaltung der Verschiffungsfrist.

Nur wenn das Konnossement bereits vor der Änderung den klaren Anforderungen des Akkreditivs entsprach (z. B. ein „Längsseit"-Konnossement unter einem f. a. s.-Kontrakt) und die Abänderung eine nicht verlangte Mehrleistung erkennen läßt (z. B. der „An-Bord"-Vermerk auf einem solchen Konnossement), ist die Formgültigkeit der Abänderung belanglos; das Konnossement ist aufnahmefähig, wenn es als „Längsseit"-Konnossement unterschrieben war, der „An-Bord"-Vermerk dagegen keine zusätzliche Unterschrift trägt.

[42] A. A. Schlegelberger-Liesecke, Anm. 11 zu § 642 HGB, die, wie beim Frachtbrief (§ 426 Abs. 2 Nr. 9), auch für das Konnossement ein Faksimile auch für Deutschland genügen lassen, da oft massenweise Abfertigung in kurzer Frist nötig sei. In der Praxis ist das für Hamburg akzeptiert. Siehe auch BGH in WM 1958, 459. Auf jeden Fall ist der Mangel der fehlenden handgeschriebenen Unterschrift durch Annahme seitens des Käufers geheilt, vgl. RGZ 153 S. 59 ff.

Ob die Unterschrift echt, gefälscht oder von nichtberechtigten Personen vollzogen ist, brauchen die Banken nicht zu prüfen (Art. 7 ER). Es muß nur überhaupt eine Unterschrift vorhanden sein[43].

dd) Transportweg

Die Konnossemente und/oder sonstigen Verladepapiere müssen den im Akkreditiv verlangen *Transportweg* bis zum angegebenen Bestimmungsort decken. Wie oben schon erwähnt, sollte das Akkreditiv in dieser Hinsicht unnötige Einschränkungen vermeiden, also z. B. nicht einen bestimmten Nordseehafen benennen, wo „Nordseehafen" sachlich genügen würde[44].

ee) Voller Satz der Konnossemente

Die eingereichten Konnossemente müssen mangels anders lautender Spezialregelungen den *„vollen Satz" (full set)* der ausgestellten Konnossemente darstellen. Das ist heute in aller Welt handelsüblich[45]. Es ist also bedeutungslos, ob dies im Akkreditiv ausdrücklich ausbedungen ist, was in aller Regel geschieht, oder nicht. Die Banken sind zur Honorierung einzelner Ausfertigungen weder verpflichtet noch berechtigt. Davon bleibt die unten noch zu erörternde Sonderregelung für den Fall unberührt, daß ein Teil der Dokumente auf dem Reiseweg verlorengeht[46].

Unter einem „vollen Satz" sind sämtliche Originalausfertigungen des über einen Warentransport ausgestellten Konnossements zu verstehen, die die Rechte an der verschifften Ware verkörpern.

Damit nachgewiesen werden kann, wie viele Originale ausgefertigt worden sind, muß jedes einzelne Konnossement einen Vermerk enthalten, aus dem sich die Stückzahl der Originale ergibt.

Unberücksichtigt bleiben beim „vollen Satz" die Kopien und diejenigen Originale, die gelegentlich für den Reeder und den Frachtführer ausgestellt werden, wenn sie als „not negotiable" gekennzeichnet sind, aus ihnen also

[43] Vgl. dazu BVBR v. 3. 4. 1954: „Die Erörterung führte zu dem Ergebnis, daß zur Rechtsgültigkeit der Konnossemente nach deutschem Recht gemäß § 126 BGB handschriftliche Unterzeichnung durch den Aussteller erforderlich ist, so daß faksimilierte Konnossemente nach § 125 BGB nichtig sind. Der Ausschuß sah sich im Hinblick auf die Gefahr, daß sich Dritte auf die Nichtigkeit berufen könnten, daher nicht in der Lage, eine Emfpehlung dahin zu geben, die „Einheitlichen Richtlinien und Gebräuche für Dokumentenakkreditive" so zu ändern, daß auch Konnossemente mit faksimilierten Unterschriften anzuerkennen sind. Eine solche Änderung erscheint auch nicht zweckmäßig, weil die Beteiligten alsdann genötigt werden, die verschiedenen Rechtssituationen in den Ausstellerländern zu berücksichtigen."

[44] Vgl. zu den diesbezüglichen Angaben im Akkreditivauftrag S. 43 f.

[45] Ebenso Gutteridge-Megrah S. 92, unter Hinweis auf Scott v. Barclay (1923) 2 K. B. 1; Liesecke WM 1964, 1282, gegen Eisemann S. 73, der der Ansicht ist, der volle Satz sei nur dann anzudienen, wenn dies ausdrücklich verlangt sei.

[46] Vgl. S. 168 ff.

keine Rechte an der Ware hergeleitet werden können. Damit aber die übrigen Originale (nämlich diejenigen, die „negotiable“ sind) zusammengenommen einen „vollen Satz“ bilden, muß sich aus ihrem Text ergeben, daß eine Anzahl weiterer Ausfertigungen vorhanden ist, diese aber nicht negoziierbar sind. Werden dagegen z. B. einer Bank drei Ausfertigungen eines Konnossements präsentiert, auf denen lediglich vermerkt ist, daß sich außer diesen drei Ausfertigungen noch zwei weitere in der Hand des Reeders bzw. des Frachtführers befinden, so muß die Bank die Dokumente zurückweisen. Es ist nicht zu erkennen, ob sie einen „vollen Satz“ darstellen. Denn solange nicht der Aussteller erklärt und mit seiner Unterschrift bestätigt hat, daß nur die besagten drei Ausfertigungen negoziierbar sind, besteht die Gefahr, daß auch die zwei weiteren Ausfertigungen negoziierbar sind, Dritte also durch Indossierung (Übertragung) dieser Ausfertigungen Eigentum an der Ware erwerben können.

In der Praxis trifft man vereinzelt auf Akkreditive, die nicht gegen „vollen Satz“, sondern ausdrücklich gegen „2/3-Konnossemente“ benutzbar sind, während eine negoziierbare Ausfertigung mit der Ware reist. Es handelt sich um Fälle, bei denen wegen der Kürze des Seeweges der Ware angenommen werden kann, daß die über die Banken geleiteten Dokumente später als die Ware am Bestimmungsort eintreffen. Die Erfahrung lehrt, daß solche Akkreditive für alle Beteiligten Unsicherheit schaffen und Schaden anrichten können; die Akkreditivbank kann ein Akkreditiv, unter dem nicht alle negoziierbaren Ausfertigungen des Konnossements in ihre Hände gelangen, nicht als sichere Grundlage für einen Kredit an den Importeur ansehen, was immer dann zu Mißhelligkeiten führt, wenn der Importeur außerhalb des speziellen Geschäftes keine vollwertigen Kreditsicherheiten zu bieten hat. Eine weitere Schwierigkeit auf seiner Seite droht, wenn er über die frühzeitig eingetroffene Ware bereits teilweise verfügt hat und erst aus den später eintreffenden Dokumenten (z. B. einem Qualitätszertifikat) gewisse Mängel der Ware ersieht. Auch der Exporteur kann in eine wenig erfreuliche Situation geraten, nämlich dann, wenn die Akkreditivbank ihm die eingereichten Dokumente wegen Fehlerhaftigkeit unbezahlt zurückgibt und er die Ware wieder an sich bringen möchte, aber das dem Kapitän für den Importeur mitgegebene negoziierbare dritte Konnossement nicht zurückrufen kann. Vollends prekär wird die Lage des Exporteurs, wenn in solch einem Falle seine Hausbank das Akkreditiv bevorschußt hatte und den Kredit zurückfordert, weil (wegen später entdeckter Mängel) das Akkreditiv nicht ausgezahlt werden konnte.

Kurzum, Akkreditive sollten stets nur gegen „vollen Satz“ benutzbar gestellt werden, auch wenn technische Probleme aufzutreten drohen, weil die Ware schneller als die Dokumente am Bestimmungsort eintreffen wird. Diese Probleme lassen sich entweder über eine Konnossementsgarantie[47] oder durch bestimmte Weisungen an den Kapitän, wie er bis zum Eintreffen der Dokumente am Bestimmungsort für den Verbleib der Ware zu sorgen hat,

[47] Dazu S. 257 ff.

oder auch durch Einschaltung einer Bank am Bestimmungsort meist einwandfrei lösen. Wenn sich die Abspaltung eines negoziierbaren Drittels gar nicht vermeiden läßt, dann sollte dies nicht vor Einreichung des vollen Satzes bei der Zahlstelle am Sitze des Exporteurs geschehen; diese Bank wird stets die Möglichkeit haben, 1/3-Konnossement auf schnellstem Wege einem Korrespondenten am Bestimmungsort zuzuleiten und diesen mit der Wahrung der Interessen des Empfängers und der Akkreditivbank zu betrauen.

ff) Verschiffungsfrist — „stale"

„An-Bord"-Konnossemente müssen durch Datierung erkennen lassen, ob die Ware *rechtzeitig*, d. h. spätestens an dem im Akkreditiv bestimmten letzten Tage der Versandfrist *verschifft* worden ist[48]. Im Zweifel gilt das Datum der Ausstellung des Konnossements (Art. 15 ER)[49]. Ein später angebrachter „An-Bord"-Vermerk muß gemäß Ziffer cc gestaltet sein; dann ist dessen Datum an Stelle des Ausstellungsdatums maßgebend für die Einhaltung der Versandfrist (Art. 20 Abs. b ER). Etwas anderes gilt, wenn der „An-Bord"-Vermerk nicht im Akkreditiv gefordert war und das Konnossement auch in der früher ausgestellten Fassung schon den Akkreditiv-Bestimmungen entsprochen hatte. Verkauft also der Exporteur f. a. s. und ist das im Akkreditiv geforderte „Längsseit"-Konnossement rechtzeitig vor Ablauf der Versandfrist ausgestellt, so kann ein später vom Frachtführer angebrachter „An-Bord"-Vermerk auch nach Ablauf dieser Frist angebracht sein, ohne daß die Aufnahmefähigkeit des Dokuments beeinträchtigt wird.

Konnossemente dürfen nicht *„stale"* sein. Andernfalls müssen die Banken sie mangels besonderer Vereinbarung mit ihrem Auftraggeber zurückweisen.

„Stale documents" sind solche Dokumente, die zwar innerhalb der Laufzeit des Akkreditivs eingereicht werden, bei denen aber zwischen ihrer Ausstellung und ihrer Einreichung bei der Bank eine „unangemessene Frist" verstrichen ist. Nach dem alten Art. 41 ER (1962) konnten die mit der Zahlung, Negoziierung oder Akzeptierung befaßten Banken die Dokumente zurückweisen, wenn sie ihnen nach ihrem Urteil mit übermäßiger Verspätung präsentiert waren.

Was unter einer „unangemessenen Frist" und einer „übermäßigen Verspätung" zu verstehen ist und nach welchen Grundsätzen die Banken ihr Ermessen ausüben sollen, hat früher vielfältige Probleme aufgeworfen[50].

[48] Wegen Verlängerung siehe S. 45 f. und 102.

[49] Ist die Frist nicht eingehalten, so muß die Bank mangels anderweitiger Vereinbarung mit dem Importeur die Dokumente zurückweisen und darf nicht von sich aus über die Stichhaltigkeit der für die Verspätung angegebenen Gründe entscheiden; dazu sehr instruktiv Stein v. Hambros Bank (1922), 10 Ll. L. Rep. 529. In dem Falle hatte die Bank ein Konnossement, das eine verspätete Verschiffung aufwies, aufgenommen, weil sie den Grund der Verspätung (Hafenstreik) für beachtenswert hielt. Die Bank wurde verurteilt.

[50] So: Sanders v. Maclean (1883) 11 Q. B. D. 327, 337 (zit. bei Gutteridge-Megrah S. 110).

Art. 41 ER will hier jetzt Klarheit schaffen. In jedem Akkreditiv soll neben dem Verfallsdatum genau bestimmt sein, innerhalb welcher Frist ab Ausstellungsdatum des Verladedokuments die Einreichung zu erfolgen hat. Mangels solcher Vorschrift hat die Einreichung innerhalb von 21 Tagen nach dem Ausstellungsdatum des Verladedokuments zu erfolgen — auch wenn das Akkreditiv als solches noch länger in Kraft ist. Der Akkreditivsteller hat es selber in der Hand, durch klare Vorschriften Komplikationen auszuschließen[51]; z. B. durch die Vorschrift „vorzulegen innerhalb von X Tagen nach Ausstellung der Verschiffungsdokumente".

gg) Indossament

Das Konnossement ist eine Urkunde, durch die sich der Verfrachter verpflichtet, das zur Beförderung über See übernommene Gut an den durch das Konnossement legitimierten Empfänger gegen Zahlung der Fracht und Rückgabe des Konnossements auszuhändigen (§§ 642 ff. HGB). Der Seefrachtführer ist verpflichtet, demjenigen, der ihm das Gut zur Beförderung übergibt — also dem Ablader — ein Konnossement auszuhändigen, welches auf dessen Verlangen an Order zu stellen ist. Fehlt die Orderklausel, so ist das Konnossement ein Rektapapier, da es nicht zu den sogenannten „geborenen", sondern zu den „gekorenen" Orderpapieren gehört.

Rektakonnossemente kommen in der Praxis so gut wie nie vor. Sie können nicht durch Indossament mit den diesem eigenen Wirkungen übertragen werden. Übertragung an Dritte durch Abtretungserklärung und Übergabe des Konnossements ist natürlich möglich, hat aber praktisch keine Bedeutung, weil einer solchen Übertragung die die Stellung des neuen Gläubigers sichernden Wirkungen des Indossaments fehlen. Zur Sicherung von Bankkrediten sind Rektakonnossemente gänzlich ungeeignet.

In dem Wortlaut eines Akkreditivs ist so gut wie immer eine genaue Weisung darüber enthalten, wer aus dem Konnossement berechtigt sein soll. Üblicherweise wird ein Konnossement „an Order — blanko indossiert" verlangt. Dei bisherige Regel des Art. 21 (Rev. 1962), nach dem die Banken mangels anderweitiger Vorschrift verlangen konnten, daß der Name des Akkreditivbegünstigten auf dem Konnossement als Ablader oder als Indossant erschien, ist jetzt ersatzlos gestrichen worden. Es kann also jetzt in diesen Fällen die Order des Abladers, aber auch die eines Spediteurs oder die eines Dritten gewählt werden. In Fällen, wo die Ware als Kreditsicherheit dienen soll, wird vielfach ein Konnossement gefordert, das an die Order der Akkreditivbank ausgestellt oder an diese indossiert ist.

[51] Gutteridge-Megrah S. 109; Schlegelberger-Hefermehl Anh. zu § 365, 138; Megrah, Paget's Law, S. 656. — An dieser Stelle bezweifelt Megrah, ob eine Zurückweisung von Dokumenten als stale — trotz des Art. 41 ER (1962) — überhaupt eine sachliche Berechtigung habe. Im Grunde handele es sich dabei um eine Abkehr vom Grundsatz der Unwiderruflichkeit; mißbräuchliche Ausnützung der Bestimmungen der ER sei möglich. Die — etwas summarische Regelung des neuen Art. 41 ER beseitigt die Unsicherheitsfaktoren.

Das Indossament auf dem Konnossement hat eine vielfältige Wirkung: Zunächst begründet es (zwar keine textgemäße Haftung des Verfrachters, wohl aber) eine Vermutung dafür, daß der Verfrachter das Ladegut so übernommen hat, wie es in dem Konnossement beschrieben ist (vgl. § 656 HGB). Bestreitet der Verfrachter dies, trifft ihn die Beweislast. Das Indossament legitimiert den Empfänger der Sendung als empfangsberechtigt, dem der Verfrachter gegen Aushändigung des quittierten Konnossements zur Aushändigung verpflichtet ist. Das Indossament auf einem Konnossement begründet nicht die — aus einem Indossament auf einem Wechsel oder Scheck sich ergebende — Garantiehaftung der Zwischenindossanten; der Erwerber kann aus dem Konnossement also nur gegen den Schuldner vorgehen; gegen seinen unmittelbaren Vormann aber nur auf Grund des dem Erwerb des Konnossements zugrundeliegenden Kausalverhältnisses.

Das (Rekta- oder Order-)Konnossement ist, ebenso wie der Ladeschein und der Orderlagerschein der staatlich konzessionierten Lagerhalter ein *Traditionspapier.* Dadurch wird es möglich, den Besitz von Waren, die sich auf hoher See befinden, ohne körperliche Übergabe zu übertragen. Die Übergabe des Papiers ersetzt — natürlich nur so lange, wie das Gut sich bei dem Frachtführer befindet — die Übergabe des Gutes; beim Rektakonnossement an den Berechtigten, beim Orderkonnossement an den durch Indossament Legitimierten. Für die Pfandbestellung gilt Entsprechendes (§§ 929 BGB; 647 HGB). Der gutgläubige Indossatar eines Konnossements erwirbt den Besitz und folglich auch das Eigentum an den im Konnossement verbrieften Waren auch dann, wenn das Konnossement gestohlen war. War die im Konnossement verbriefte Ware unterschlagen, so wird der Indossatar kraft guten Glaubens Eigentümer (§§ 929, 932 BGB). War dagegen das Gut gestohlen, verloren oder abhandengekommen, so erwirbt der Indossatar durch die Übergabe zwar das Eigentum an der Konnossementsurkunde, aber im Hinblick auf § 935 BGB nicht das Eigentum an der Ware.

Die Konnossemente müssen demnach, um zur Aufnahme geeignet zu sein, das im Akkreditiv geforderte *Indossament* tragen. Sie dürfen weder gar nicht oder blanko indossiert sein, wenn ein bestimmtes Indossament verlangt war, noch an eine bestimmte Order lauten, wenn sie blanko oder gar nicht indossiert sein sollten[52]. Ein Blankoindossament an Stelle einer bestimmten Order würde einem Dritten die Möglichkeit geben, sich durch Einsetzung seines Giros in die Indossamentenkette einzureihen; umgekehrt würde eine bestimmte Order an Stelle eines Blankoindossaments die Legitimation aus dem Dokument auf eine Person übertragen, der sie nach dem Willen der Akkreditivbank und ihres Auftraggebers vielleicht nicht zusteht oder die zumindest aus dem Dokument nicht ersichtlich sein soll. Selbst wenn durch ein vom Akkreditivtext abweichendes Indossament zunächst nur der Akkreditivbank Nachteile drohen (im Hinblick auf eine Kreditsicherung), darf sie die Dokumente mit nicht akkreditivgerechtem Giro nicht ohne Zustimmung

[52] Zustimmend O'Halloran S. 21

ihres Auftraggebers aufnehmen, weil das im Akkreditiv geforderte Indossament auf dessen Auftrag zurückgeht.

hh) Warenbezeichnung

Die auf dem Konnossement angegebene *Warenbezeichnung* braucht keine Detailangaben über die Ware zu enthalten (Art. 30 Abs. c ER). Auch kann die Mengenbezeichnung (kg, t) eine andere sein, sofern nur die Menge selbst die gleiche ist. Es genügt, wenn alle Dokumente zusammen dem vollen Wortlaut des Akkreditivs entsprechen, wenn sich nur die detaillierte vollständige Waren- und Mengenangabe aus der Rechnung ergibt[53]. Die Zulässigkeit einer mehr allgemein gehaltenen Warenbezeichnung im Konnossement (nicht in der Rechnung) beruht z. T. darauf, daß die Reedereien für die Konnossemente Warentypenbezeichnungen geprägt haben, welche die verladene Ware üblicherweise nicht in allen Einzelheiten bezeichnen, wie dies im Kaufvertrag zwischen Käufer und Begünstigtem geschieht und entsprechend akkreditivgerecht in die Rechnung aufgenommen wird.

Die den Banken aufgebürdete Ermessensentscheidung, ob eine auf dem Konnossement angeführte Warenbezeichnung mindestens die wesentlichen Wareneigenschaften erkennen läßt, wie sie im Akkreditiv vorgeschrieben sind und wie sie auch die beigefügte Rechnung enthält, ist nicht immer leicht zu treffen. Den Banken wird aber selbst dann, wenn sich ihre Entscheidung später als objektiv falsch herausstellt, selten der Vorwurf gemacht werden können, sie hätten es an der sorgfältigen Handhabung ihres Ermessens fehlen lassen; und nur in diesem Falle wäre der Käufer der Bank gegenüber zur Zurückweisung der Dokumente berechtigt.

[53] Für eine gleichartige Handhabung in England vgl. Midland Bank Ltd. v. Seymour (1955, 2 Ll. L. R. 147), Journal of the Institute of Bankers, Vol. LXXVI, Part VI, 293 ff., 298; Soproma S. p. A. v. Marine & Animal By-Products Co. (1966) 1 Ll. L. Rep. 367; Gutteridge-Megrah S. 106 ff.; Megrah, Risk Aspects, S. 23; Schmitthoff S. 218. Für die USA in gleichem Sinne: Laudisi v. American Exchange National Bank, New York, 146 N. E. Rep. 347 = B. L. J. Digest, § 766 „Letters of Credit".

Nach früherer englischer Auffassung waren nur Konnossemente aufnahmefähig, in denen Waren- und Mengenbezeichnung mit der des Akkreditivs übereinstimmte. Vgl. dazu den sogenannten „Coromandel-Case", J. H. Rayner & Co. Ltd. v. Hambros Bank Ltd. (1943) 1 K. B. 37 ff. In diesem Falle war ein L/C gestellt worden, benutzbar gegen Versanddokumente über die Verschiffung von „Coromandel Groundnuts". Angedient wurden Konnossemente über „Machineshelled groundnut kernels". Das Gericht bestätigte die Rechtmäßigkeit der Zurückweisung dieser Konnossemente, obgleich die Faktura die Bezeichnung „Coromandel Groundnuts" enthielt. Ferner: The London and Foreign Trading Corporation v. British and North European Bank (1921) 9 Ll. L. Rep. 116. Hier stand das Gericht auf dem Standpunkt, eine Bank dürfe unter einem L/C über 500 t Weizen ein Konnossement, in welchem die gleiche Menge Weizen umgerechnet in 5895 „bags" angegeben ist, nicht aufnehmen, selbst wenn auf der beigefügten Rechnung eine ordnungsmäßige Umrechnung der 5895 „bags" in 500 t vorgenommen sei. Vgl. dazu auch Megrah, Paget's Law, S. 636.

ii) „Reine" Konnossemente (clean)

Banken dürfen für ihren Auftraggeber grundsätzlich nur Dokumente aufnehmen, die *„rein" (clean)* sind. Das sind gem. Art. 18 a ER solche Dokumente, die keine hinzugefügten Klauseln oder Angaben enthalten, die einen mangelhaften Zustand der Ware und/oder der Verpackung ausdrücklich vermerken. Art. 18 b besagt ausdrücklich, daß nur „reine Dokumente" aufnahmefähig sind, sofern im Akkreditiv nicht ausdrücklich einschränkende Klauseln oder Vermerke bezeichnet sind, die hingenommen werden dürfen.

Es ist nicht immer leicht zu beurteilen, ob eine Angabe auf dem Versanddokument einen Qualitätsmangel an der Ware oder Verpackung erkennen läßt. Einige Anhaltspunkte waren in dem früheren Art. 18 Abs. 3 ER (Revision 1951) gegeben; dort hieß es, daß Klauseln, die nicht ausdrücklich besagen, daß Ware oder Verpackung unzulänglich sind, sowie Klauseln, denen zufolge der Frachtführer für Risiken aus der Ware oder Verpackung nicht haftet, sowie endlich Klauseln, denen zufolge der Frachtführer von Gewicht, Maß, Güte und Spezifikation der Ware keine Kenntnis hat, die Dokumente noch nicht „unrein" machen. Bei der Neufassung der ER 1962 hat man diesen Versuch einer Abgrenzung der unschädlichen Klauseln von denen, die das Dokument „unclean" machen, aufgegeben; das ist zu begrüßen, da eine so allgemein gehaltene und die praktischen Möglichkeiten nicht erschöpfende Aufzählung der noch zulässigen Grenzfälle die Unsicherheit eher vergrößert als vermindert. Statt dessen hat die IHK zu dem Begriff „clean" 1963 eine besondere Broschüre[54] herausgegeben, die im ersten Teil einen Kommentar und im Anhang eine Aufzählung der in der Praxis vorkommenden Klauseln enthält, die in irgendeiner Weise den Konnossementsvermerk „shipped in apparent good order" einschränken, ohne direkt den Zustand der Ware oder der Verpackung als „mangelhaft" (defective) zu bezeichnen. Damit wird bezweckt, daß Käufer und Verkäufer sich schon bei Vertragsabschluß Gedanken darüber machen, welche dieser Klauseln sie für die spezielle Warengattung als zulässig in das Akkreditiv aufnehmen wollen, um späteren Auslegungsschwierigkeiten bei der Bedienung des Akkreditivs zuvorzukommen.

Endgültig gelöst ist das Problem „clean" oder „unclean", das in der Praxis[55] und Literatur[56] immer wieder zu strittigen Abgrenzungsversuchen geführt hat, noch nicht. Es werden immer Fälle vorkommen, in denen die

[54] IHK Dok. 223. Die im Text unveränderte Broschüre trägt ab 1974 die Nr. 283.

[55] National Bank of Egypt v. Hannevig's Bank Ltd., Ll. L. Rep. 1919, S. 66 ff.

[56] Minett aaO. S. 115, hat aus der Praxis der englischen Banken zusammengestellt, welche Klauseln nach englischem Brauch die Dokumente unrein machen und welche nicht:

a) Clauses defining defects or specifically stigmatising the goods and/or their packing, i. e., clauses particularising *facts* observed on shipment — Unclean;

b) Informative clauses — Clean;

c) Clauses expressing doubt about the apparent good order of the goods and/or

Akkreditivbanken nach pflichtgemäßem Ermessen zu entscheiden haben, ob einzelne Vermerke nach Art. 18 ER noch oder nicht mehr zulässig sind. Dabei darf sich ihre Entscheidung sicherlich nicht allein darauf stützen, ob das Wort „mangelhaft" in dem Vermerk enthalten ist. Vielmehr wird im Zweifel ein Vermerk unabhängig von der Wortwahl das Dokument immer dann „unclean" machen, wenn er auf eine in der Ware oder ihrer Verpackung bezogene Tatsache hinweist, die einen während des Transportes drohenden oder bereits eingetretenen Schaden erkennen läßt.

Den Banken ist es selbstverständlich unbenommen, im Zweifelsfalle unbeschadet ihres Rechtes zur eigenen Ermessensentscheidung die Meinungsäußerung des Käufers beizuziehen und diese zu befolgen, wenn sie (unter Kreditgesichtspunkten) kein eigenes Bankinteresse an dem ordnungsmäßigen Zustand der Dokumente haben.

Neben den Klauseln, die ein Konnossement „unrein" machen, berechtigen und verpflichten auch solche Klauseln die Banken zur Zurückweisung der Dokumente, die eine andere wesentliche Eigenschaft des Konnossements aufheben oder einschränken oder ihr widersprechen[57].

Als Klausel dieser Art wurde in jüngerer Zeit — vor allem in England — vielfach die sog. „Caspiana-Klausel"[58] angesehen. Sie besagt, daß der Schiffsführer, falls die Löschung der Ware in dem im Konnossement genannten Bestimmungshafen durch höhere Gewalt unmöglich wird, berechtigt ist, die Ware im nächstgelegenen geeignet erscheinenden Hafen zu löschen.

their packing, i. e., *opinions* formed by the carrier's staff by the time of shipment — Clean;

d) Clauses adding to or elaborating the printed terms and conditions in the bill of lading — Clean.

e) Mixed Clauses of a) plus d) or c) — Unclean."

Enger angelehnt an die ER Gutteridge-Megrah S. 96 ff. Siehe auch Lebuhn S. 81 ff.

[57] Zwei BGH-Entscheidungen zu einer Klausel betr. den Haftungsausschluß für Untergewicht siehe NJW 1961, 665, 823.

[58] Wortlaut der Klausel:

"(1) If and to the extent that this bill of lading provides for the discharge or the delivery of the goods at a named port of discharge, any obligation of the carrier to discharge or deliver the goods at the named port is hereby expressly declared and agreed to be subject to and to be qualified by all the exceptions, limitations, conditions, and liberties accorded to the carrier by this bill of lading and (but without prejudice to the generality of the foregoing) in the event of the happening of any event or events therein referred to, such exceptions, limitations, conditions, and liberties shall be construed (inter alia) as permitting final discharge or delivery at a port or ports, place or places alternative to that named port or as permitting the vessel with the goods on board to refrain from proceeding to or to depart from or subsequently to return to that named port (all as the case may be) and everything done or omitted to be done in pursuance of such exceptions, limitations, conditions, and liberties shall from part of the contract or intended voyage notwithstanding that such act or omission shall or may operate to any extent to delay, defeat or frustrate, whether in whole or in part, discharge or delivery at that named port.

(2) The provisions of this clause shall be construed as being in addition to and

Entgegen der von Londoner Banken gelegentlich geäußerten Auffassung ist in England entschieden worden[59], daß es dem berechtigten Interesse der Schiffsführer entspreche und daher auch ohne spezielle Klausel zulässig sei, die Ladung an einem anderen als dem vorgesehenen Bestimmungsort zu löschen, wenn die Löschung infolge von von ihnen nicht zu vertretender Umstände am Bestimmungsort unmöglich sei. In ähnlicher Weise äußern sich auch kontinentale Autoren[60]. Dem ist zu folgen, denn auch vom Standpunkt des deutschen Rechts werden durch eine solche Klausel in billigenswerter Weise die Interessen der Schiffsführer gewahrt. Damit kommt der „Caspiana-Klausel" nur noch deklaratorische Bedeutung zu; sie ist also im Grunde überflüssig, jedenfalls hindert sie nicht die Aufnahme des Konnossements.

Einer Aufnahme des Konnossements stünde es entgegen, wenn es eine Klausel enthielte, die es dem freien Ermessen des Schiffsführers überließe, statt des vorgesehenen Bestimmungsorts einen anderen zu wählen.

kk) Vorgedruckte Klauseln

Die Banken sind nicht verpflichtet, das ganze Konnossement daraufhin durchzulesen, ob es — insbesondere auf der Rückseite — vorgedruckte Klauseln enthält, welche die Verbindlichkeit des geschriebenen Textes in Frage stellen, modifizieren oder aufheben[61]. Die Banken brauchen lediglich zu prüfen, ob die schriftlichen, in das Formular eingesetzten speziellen Angaben über die versandte Ware mit den Erfordernissen des Akkreditivs übereinstimmen. Sie brauchen nicht damit zu rechnen, daß der *gedruckte* Text des Konnossements bereits Angaben über den Zustand der Ware und ihrer Verpackung enthält[62], infolgedessen brauchen sie nur Klauseln zu berücksichti-

not in derogation of all other exceptions, limitations, conditions, and liberties accorded to the carrier by this bill of lading.

(3) If and to the extent that any provision of this clause or any other provision of this bill of lading shall be repugnant to or inconsistent with any Hague Rules legislation incorporated herein, that provision shall be void but only to the extent of such repugnancy or inconsistancy and no further."

[59] G. H. Renton & Co. Ltd. v. Palmyra Trading Corporation of Panama (1956), 3 All ER 957. Das erstinstanzliche Urteil hierzu, welches der entgegenstehenden Auffassung der Londoner Banken entsprach, ist abgedruckt in „The Times", 8. Oktober 1955.

[60] Liesecke WM 1964, 1282/83; 1966, 180; Schlegelberger-Hefermehl Anh. zu § 365, 105; mißverständlich RGRK-HGB-Godin Anh. I zu § 365, 73.

[61] Ebenso Gutteridge-Megrah S. 103 ff.

[62] Gleichwohl kommen solche Klauseln vor, z. B. die Klausel „on deck at shippers' risk"; sie wälzt sämtliche aus der An-Deck-Verladung erwachsenen Risiken auf den Ablader ab und betrifft somit das Verpackungsrisiko. Abgesehen davon aber, daß eine Bank diese Klausel, ohne sich haftbar zu machen, übersehen darf, ist sie in Deutschland unwirksam (BGHZ 6, 127 ff.).

gen, welche schriftlich oder durch Stempel auf dem Konnossement deutlich sichtbar angebracht sind. Es ist handelsüblich, Sonderklauseln nur auf der Vorderseite des Konnossements anzubringen. Es ist daher z. B. auch unschädlich, wenn sich im allgemeinen gedruckten Text eine Klausel befindet, die die An-Deck-Verladung „vorbehält" oder wenn im gedruckten Text „Transshipment vorbehalten" ist, selbst wenn das Akkreditiv Transshipment ausschließt (Art. 21 Abs. b ER). Zurückzuweisen sind nach Art. 22 Abs. a ER nur solche Konnossemente, aus denen sich konkret ergibt, daß die Ware an Deck verladen worden ist[63]. Entsprechendes dürfte für kleingedruckte Klauseln gelten, die es dem Aussteller gestatten, das Konnossement als unechtes Durchkonnossement[64] zu verwenden. Auch hier kommt es darauf an, ob im konkreten Fall ein Durchkonnossement erforderlich ist oder nicht.

Im übrigen gehören Angaben über die Verladeart zweckmäßigerweise gar nicht in das Konnossement, damit die dokumentäre Geschäftsabwicklung nicht gestört wird. Häufig lehnen es deshalb Reedereien auch ab, derartige Angaben in einem Konnossement zu machen[65].

In diesem Zusammenhang ist schließlich auf die seit einiger Zeit von England her eingeführten *„short form bills of lading"* hinzuweisen. Derartige Konnossemente enthalten nicht den vollen Text der Transportbedingungen in Form auf der Rückseite abgedruckter Klauseln, sondern nur noch einen Hinweis auf die Geltung bestimmter Bedingungen, deren Wortlaut bei der Reederei eingesehen werden kann. Art. 19 Abs. b Punkt 2 ER legt die Zulässigkeit dieser short form bills of lading ausdrücklich fest.

ll) Umladung — Teilverschiffung

Konnossemente, in denen die *Umladung (transshipment)* der Ware während des Transportes vorgesehen ist oder aus denen sich eine vor der Einreichung bereits erfolgte Umladung ergibt, sind aufnahmefähig. Etwas anderes gilt nur, wenn die Umladung im Akkreditiv ausdrücklich für unzulässig erklärt ist. In diesem Falle dürfen die Banken Konnossemente, die eine vor der Einreichung erfolgte Umladung erkennen lassen oder in denen Umladung während der Reise vorgesehen ist, nicht aufnehmen. Sie nehmen aber Dokumente auf, in denen die Umladung — durch eingedruckte Klauseln — nur vorbehalten, nicht aber ausdrücklich als vorgesehen vermerkt ist (Art. 21 Abs. b ER)[66]. Bei kombinierten Transportdokumenten[67] ist es in der Regel nicht zweckmäßig, die Umladung zu verbieten.

[63] Liesecke WM 1964, 1287; auch OLG Hamburg, Urteil v. 1. 7. 1957 — 2 U 28/57. Vgl. aber dazu auch die amerikanischen Entscheidungen Re The Peter Helms (1938), A. M. C. 1220, und Givaudan Delawanna Inc. v. Nederlandsch-Amerikaansch Stoomvart (1950), A. M. C. 1235; Gutteridge-Megrah S. 112/113.

[64] Dazu S. 116/117.

[65] Vgl. Far Eastern Conference, Notice to Shippers, 22nd May, 1953.

[66] Ebenso Soproma S. p. A. v. Marine & Animal By-Products Corporation (1966) 1 Ll. L. Rep. 367; vgl. dazu auch Liesecke WM 1964, 1286.

[67] Vgl. S. 119

Das Konnossement muß auch bei Umladung den Abladehafen als Ausstellungsort angeben und darf nicht im Umladehafen ausgestellt sein (Art. 21 Abs. a ER). Das gilt zunächst selbstverstädlich unter einem c. i. f.-Kontrakt, unter welchem der Käufer einen Anspruch darauf hat, daß ihm aus dem Konnossement der Nachweis über die Kostendeckung für Fracht und Versicherung für die gesamte Reise und nicht nur für einen Teil derselben erbracht wird. Es ist aber auch ganz allgemein anzunehmen, weil andernfalls der Wortlaut des Akkreditivs durch das Konnossement nicht erfüllt ist. Nur wenn das Akkreditiv einen bestimmten Abladehafen nicht benennt, entfällt auch die Verantwortung der Banken dafür, daß der Ausstellungsort des Konnossements der Ablade- und nicht der Umladehafen ist.

Sollen *Teilverschiffungen* ausgeschlossen sein, muß dies im Akkreditiv ausdrücklich gesagt werden (Art. 35 Abs. b ER). Ist also nach dem Akkreditiv die *Teilverschiffung* der Ware nicht ausdrücklich verboten, so nehmen die Banken Konnossemente, aus denen sich die Versendung nur eines Teiles der gegen Akkreditiv verkauften Ware ergibt, auf (Art. 35 ER). Das Zahlungsversprechen der Bank unter einem Akkreditiv ist also in bezug auf die Warenmenge und den Gesamtpreis grundsätzlich nur nach oben hin begrenzt. Der Begünstigte ist aber der Bank gegenüber nicht verpflichtet, das Zahlungsversprechen ganz oder teilweise in Anspruch zu nehmen. Zwar wird er sich dem Importeur gegenüber in vielen Fällen vertragswidrig verhalten, wenn er sich einzelne Teillieferungen bezahlen läßt, um dann die Lieferungen einzustellen und das Akkreditiv in Höhe des Restbetrages verfallen zu lassen. Mit dieser Auseinandersetzung ist aber die Bank nicht befaßt. Sie honoriert bis zur oberen Grenze ihres Zahlungsversprechens alle Dokumente aus Teillieferungen, die ihr vor Ablauf des Akkreditivs präsentiert werden, und prüft nur, ob die einzelnen Dokumente, abgesehen von der Warenmenge und dem Gesamtpreis (der Stückpreis muß natürlich dem Akkreditiv entsprechen) mit dem Wortlaut des Akkreditivs übereinstimmen. Man wird diesen Grundsatz selbst dann anwenden müssen, wenn Gegenstand der Lieferung eine nur als Ganzes brauchbare Anlage ist, der Begünstigte von dieser Anlage am letzten Tage der Verschiffungsfrist einen Teil verlädt und mit Sicherheit erkennen läßt, daß er den Rest nicht mehr unter dem Akkreditiv versenden kann und will. Würde die Bank in solch einem Falle die Bedienung des Akkreditivs in Höhe des Wertes der fristgemäßen Teilverschiffung verweigern, so übernähme sie im mutmaßlichen Interesse des Importeurs ein oft aussichtsloses Prozeßrisiko. Denn der Wortlaut des Akkreditivs, unter welchem Teilverschiffungen zugelassen sind, spräche gegen sie; und ob hinsichtlich des Akkreditivs ein Einwand aus § 242 BGB (Treu und Glauben) durchgriffe, erscheint sehr zweifelhaft[68]. Verladungen auf demselben Schiff für dieselbe Reise werden gemäß Art. 35 Abs. b ER nicht als Teilverschiffungen angesehen, auch wenn die Verschiffungsdokumente an verschiedenen Tagen datiert sind, oder wenn Verladungen auf demselben Schiff für dieselbe Reise an verschiedenen Häfen erfolgen. Sie sind also auch zulässig, wenn Teilverschiffungen ausgeschlossen sind.

[68] Vgl. dazu S. 156 ff.

Sind im Akkreditiv Teilverladungen ausdrücklich ausgeschlossen worden, ist besondere Aufmerksamkeit erforderlich. Nach Art. 35 Abs. b ER sind zwar auch dann die dort vorgesehenen Möglichkeiten zulässig (an verschiedenen Tagen datierte Konnossemente; Verladungen mit demselben Schiff in verschiedenen Häfen), weil sie gar nicht als „Teilverladungen" im Sinne der ER anzusehen sind. Dies gilt aber nur dann, wenn die Anwendbarkeit dieser Grundsätze nicht durch andere Vorschriften im Akkreditivtext unmöglich gemacht wird; z. B. wenn ein bestimmter Abladehafen (oft unnötigerweise) ausdrücklich vorgeschrieben ist. Die Zulässigkeit der Teilverschiffung hebt die Bestimmung über den Abgangsort der Ware nicht auf und gestattet nicht automatisch die Verladung an verschiedenen Orten. Nur wenn im Akkreditiv kein bestimmter Hafen benannt ist, sondern die diesbezüglichen Angaben allgemein gehalten sind, z. B. „Europäischer Hafen" oder „Atlantik-Hafen", dürfen Banken unter einem Akkreditiv, bei dem Teilverschiffung verboten sind, ohne weiteres Konnossemente aufnehmen, aus denen hervorgeht, daß die Verladung in verschiedenen Häfen der genannten Art erfolgt ist.

An dieser Stelle ist noch auf Art. 36 ER hinzuweisen. Danach verfällt der noch nicht in Anspruch genommene Rest eines Akkreditivs, wenn für die einzelnen Teilverschiffungen bestimmte Termine im Akkreditiv genannt sind und der Begünstigte einen dieser Termine ungenutzt verstreichen läßt[69].

Ob die einzelnen Teillieferungen mangels ausdrücklicher Vereinbarung einen gleichen oder annähernd gleichen Anteil der Gesamtwarenmenge ausmachen müssen, ist in den „Einheitlichen Richtlinien" nicht gesagt und wird sich nur von Fall zu Fall nach den besonderen Umständen entscheiden lassen. Grundsätzlich wird man nur sagen können, daß sich der Begünstigte seiner Verpflichtung zur termingerechten Sukzessivlieferung nicht entledigt, wenn er infolge Warenknappheit zunächst eine minimale, zum selbständigen Weiterverkauf ungeeignete Warenmenge auf den Weg bringt[70].

Wenn Teilverladung nicht gestattet ist, ist eine *Aus*ladung in verschiedenen Häfen, auch wenn sie auf derselben Reise angelaufen werden, nicht zulässig, da dies als Teilverschiffung anzusehen ist.

mm) Lieferungsbedingungen

Das Konnossement muß hinsichtlich der Regelung der *Frachtkosten* dem Wortlaut des Akkreditivs oder den im Akkreditiv genannten *Lieferungsbedingungen* (z. B. c. i. f., f. o. b., c. + f., o. ä.) entsprechen[71].

Erfolgt die Versendung der Ware unter einem c. i. f.-Kontrakt, so muß die Rechnung die c. i. f.-Klausel und das Konnossement einen Vermerk enthalten, daß die Fracht bezahlt ist. Der Vermerk kann durch Stempel

[69] Vgl. dazu bereits S. 44 f.

[70] Da hinsichtlich der Teilverschiffung in der Praxis noch besonders viele Fragen ungeklärt sind, wird in dieser Frage nachdrücklich eine unzweideutige Regelung im Text des einzelnen Akkreditivs empfohlen.

[71] Vgl. dazu auch Liesecke WM 1966, 178. Zu den Lieferungsbedingungen im einzelnen vgl. auch Schmitthoff S. 7 ff.

oder auf andere Weise angebracht sein. Der Vermerk „Fracht vorauszahlbar" oder „Fracht im voraus zu zahlen" oder Worte ähnlicher Bedeutung genügen, wie in Art. 16 b ER ausdrücklich festgestellt ist, nicht. Dokumente mit einem solchen Vermerk berechtigen und verpflichten die Bank zur Zurückweisung. Die Bank darf also nicht nach freiem Ermessen über ihre Aufnahme entscheiden.

Die Klausel „Fracht zahlbar bei Dampferankunft" (freight payable at destination) ist mangels gegenteiliger Weisung im Akkreditiv auf einem Konnossement bei normalem Akkreditiv auch unter einem c. i. f.-Kontrakt zulässig, sofern der Frachtbetrag auf der Rechnung erkennbar abgesetzt ist. Die c. i. f.-Klausel besagt nur, daß die Frachtkosten usw. zu Lasten des Verkäufers gehen; wann, wo und wie sie zu entrichten sind, ist nicht bestimmt. Folglich kann die technische Bezahlung dem Käufer überlassen bleiben, sofern sich der Kaufpreis um diese Kosten ermäßigt. Es darf keine Unvereinbarkeit mit speziellen Akkreditivbedingungen oder anderen zu präsentierenden Dokumenten bestehen (Art. 16 c).

Hinsichtlich von Rembours-Akkreditiven oder eines gegen Nachsichttratten benutzbaren L/C wird empfohlen, eine Vereinbarung zwischen Käufer und Begünstigtem, derzufolge die Frachtkosten bei Dampferankunft vom Käufer zu zahlen sind, in den Text des Akkreditivs oder des L/C aufzunehmen. In diesen Fällen könnte sich nämlich der Käufer sonst weigern, Konnossemente mit dem Vermerk „freight payable at destination" aufzunehmen; denn ihm ist in Höhe des vollen c. i. f.-Preises eine Anschlußfinanzierung gewährt. Folglich braucht er es nicht zu dulden, daß er in Höhe der Transportkosten bei Dampferankunft vorausbelastet wird, wenn der Wechsel — wie es üblich ist — zu diesem Zeitpunkt noch nicht fällig ist[72].

Haben Käufer und Verkäufer schon im Kaufvertrag vereinbart, daß die Fracht bei Dampferankunft bezahlt werden soll, so ist es der Klarheit wegen überhaupt immer gut, wenn dies auch im Akkreditiv steht und dabei zugleich angegeben wird, in welcher Währung die Frachtzahlung erfolgen soll; das gilt zumindest dann, wenn der eigentliche Akkreditivbetrag nicht in der Währung des Ankunftslandes der Ware zu zahlen ist, wohl aber die Fracht. Eine entsprechende Klausel lautet: „freight payable at destination in the currency of the country of destination".

Hat der Käufer dies bestimmt, so ist klar, daß die Frachtkosten in einer anderen Währung als der Akkreditivbetrag gezahlt werden sollen. Das Konnossement muß in diesem Falle die Klausel wiederholen. Es wird als zweideutig zurückgewiesen, wenn es nur den Vermerk „freight payable at destination" ohne Währungsangabe enthält.

[72] Vgl. dazu auch die bei Gutteridge-Megrah S. 113/114 in Auszügen wiedergegebene amerikanische Entscheidung Dixon, Irmaos & Cia Ltda. v. Chase National Bank of the City of New York, C. C. A. 2d (1944), 144 F. (2 d) 759. Gutteridge-Megrah (S. 114/115) halten nicht nur unter einem gegen Nachsichttratten benutzbaren L/C, sondern ganz allgemein unter einem c. i. f.-Akkreditiv nicht bezahlte Frachtdokumente nicht für aufnahmefähig.

Art. 16 Abs. d ER stellt jetzt ausdrücklich klar, daß die Banken Verschiffungsdokumente, die durch aufgestempelte Vermerke oder dergl. zusätzlich Kosten die durch Ein- bzw. Ausladen oder dergl. verursacht sind ausweisen, annehmen, wenn dies nicht ausdrücklich im Akkreditivtext ausgeschlossen ist. Natürlich darf die Akkreditivsumme insgesamt nicht überschritten sein; es handelt sich hier nur um die evtl. Summenverschiebung hinsichtlich des „reinen Warenwerts".

Gelegentlich tragen Dokumente unter einem c. i. f.-Akkreditiv zwar den Bezahlt-Vermerk für Fracht und Versicherung und einen „On Board"-Vermerk, lauten aber auf eine andere *Lieferungsbedingung* (z. B. f. a. s.), nach der die Gefahr des zufälligen Unterganges der Ware früher als unter einem c. i. f.-Kontrakt vom Verkäufer auf den Käufer übergeht. Meist ist dies der Fall, wenn der Begünstigte unter anderen Bedingungen eingekauft hat, als er im Export weiterverkauft.

Derartige Dokumente dürfen von den Banken mangels Zustimmung des Käufers nicht aufgenommen werden[73], und selbst bei Vorliegen dieser Zustimmung brauchen die Banken sie nicht aufzunehmen, wenn sie selbst aus Gründen der Kreditsicherung ein Interesse an der genauen Einhaltung des Akkreditivs haben. Dafür ist folgende Überlegung maßgebend:

Bei Verträgen auf „f. a. s."-Basis trägt der Käufer das Verladerisiko, während unter einem c. i. f.-Kontrakt der Verkäufer die Ware auf seine Kosten und Gefahr über die Reeling zu schaffen hat. Da dieses Risiko durch den Versicherungsschutz nie völlig ausgeschlossen wird und den Banken auch gar nicht zugemutet werden kann, den Umfang des Versicherungsschutzes im Einzelfalle nachzuprüfen, würde die Annahme von f. a. s.-Dokumenten eine Vertragsänderung zum Nachteil des Käufers (und gegebenenfalls der nach Sicherheit strebenden Bank) bedeuten. Eine solche Änderung kann der Verkäufer dem Käufer und der Bank nicht einseitig aufzwingen.

Es kommt demnach nicht darauf an, daß die Dokumente im Wortlaut die Lieferungsbedingungen wiedergeben, wie sie im Akkreditiv stehen; maßgebend ist vielmehr, daß Käufer und Akkreditivbank materiell, d. h. in bezug auf Kosten *und* Gefahrtragung, nicht schlechter gestellt sind, als sie nach den Lieferungsbedingungen im Akkreditiv gestellt sein müssen[74]. Der Verkäufer kann also „c. i. f." verkauft haben und gleichwohl unter dem Akkreditiv direkt oder durch einen Zulieferanten f. o. b.-Dokumente anliefern, die die Vermerke „Fracht bezahlt" und „on board" (oder einen entsprechenden Vermerk) tragen und denen eine bezahlte Versicherungspolice beigefügt ist. In diesem Falle entsteht keine Benachteiligung des Käufers oder der Akkreditivbank, weil die Gefahr des zufälligen Unterganges bei f. o. b.-, c. & f.- und c. i. f.-Kontrakten in gleicher Weise auf den Käufer übergeht, wenn die Ware im Abladehafen die Reeling des Schiffes überschritten hat.

[73] A. A. Nash S. 21. Vgl. in diesem Zusammenhang auch Liesecke WM 1966, 175/176, zum sog. unechten oder uneigentlichen f. o. b.-Geschäft.

[74] Insoweit stimmen wir mit Nash aaO überein.

b) Andere Transportdokumente

Die vorstehend für das Konnossement aufgestellten Grundsätze gelten, wie oben S. 107 bereits ausgeführt, grundsätzlich entsprechend auch für andere Transportdokumente. Art. 24 ER, der die in Frage kommenden Dokumente einzeln aufzählt, sagt, daß die Banken diese Dokumente als ordnungsmäßig ansehen, wenn sie den Empfangsstempel des Frachtführers oder seines Agenten oder eine diesbezügliche Unterschrift tragen. Als Versendedatum wird das Ausstellungsdatum angesehen (Art. 15 ER). Auch für die in Art. 24 ER genannten „anderen Verladedokumente" gilt natürlich der allgemeine Grundsatz, daß die Banken spezielle Weisungen (z. B. Zulässigkeit von FIATA, FRC oder FCT Dokumenten) im Akkreditiv zu beachten haben.

Nach der Revision der ER im Jahre 1962 hat sich bei der akkreditivgerechten Beurteilung von *Eisenbahnfrachtdokumenten* in der Praxis eine Unsicherheit ergeben: In einer Anmerkung zu Art. 27 ER (Revision 1951) war gesagt, daß anstelle eines Eisenbahnfrachtbriefduplikats eine Spediteurempfangsbescheinigung mit Benennung des Empfängers der Ware in Verbindung mit einer Empfangsbescheinigung der Eisenbahn aufnahmefähig sein sollte, wenn ein Frachtbriefdoppel aus dem Grunde nicht zu erlangen war, daß die verladene Ware keinen ganzen Waggon füllte und deshalb mit anderen Gütern zusammen verladen werden mußte. In der Neufassung der ER ist diese Anmerkung nicht mehr enthalten. Damit hat sich aber an dem bisher bestehenden Rechtszustand nichts geändert. Nach wie vor genügen in solchen Fällen anstelle des Frachtbriefdoppels die genannten Dokumente.

In zunehmendem Maße hat der Luftfrachtverkehr[75] an Bedeutung gewonnen. Übliches Transportdokument ist der *Luftfrachtbrief*. Hier ist in der Praxis die Frage akut geworden, ob von einem Spediteur unterzeichnete oder den Stempel eines Spediteurs tragende Luftfrachtbriefe unter einem Akkreditiv aufnahmefähig sind, sofern nicht ausdrücklich der Frachtbrief einer Luftverkehrsgesellschaft als Frachtführerin verlangt ist. Art. 24 ER enthält hierzu keine Stellungnahme. Infolgedessen sind der Beurteilung diejenigen Vorschriften zugrunde zu legen, die generell die Frage regeln, wer üblicherweise einen Luftfrachtbrief ausstellen kann. Nach den einschlägigen internationalen Abkommen hat der Absender den Luftfrachtbrief auszustellen. Da regelmäßig der Luftfrachtführer den Luftfrachtbrief auf Verlangen des Absenders ausstellt, wird vermutet, daß der Luftfrachtführer als Beauftragter des Absenders handelt. Luftfrachtführer kann nach den hier

[75] Abkommen zur Vereinheitlichung von Regeln über die Beförderung im internationalen Luftverkehr — Warschauer Abkommen in der Fassung von Den Haag 1955 (BGBl. 1958 II S. 291 ff.) — nebst Zusatzabkommen vom 18. 11. 1961 zur Vereinheitlichung von Regeln über die von einem anderen als dem vertraglichen Luftfrachtführer ausgeführte Beförderung im internationalen Luftverkehr (BGBl. 1963 II 1159 ff.).

in Betracht kommenden Bestimmungen auch ein Spediteur sein[76]. Die Unterzeichnung durch den Luftfrachtführer kann durch einen Stempel ersetzt werden[77]. Daraus folgt, daß grundsätzlich die von Spediteuren unterzeichneten oder unterstempelten Luftfrachtbriefe aufnahmefähig sind. Anzumerken ist hier noch, daß die Einreichung eines „full set" der Luftfrachtbriefe meist nicht möglich ist, weil ein Original üblicherweise vom Aussteller zurückbehalten wird[78].

c) Kombinierte Transportdokumente

Bisher war es im internationalen Verkehr ausreichend, wenn der Transport vom Absendeort bis zum Bestimmungsort in nur einer Transportart durchgeführt wurde (Straße, Eisenbahn, Binnenschiffahrt, Seefahrt, Luftfahrt). Die technische Entwicklung der letzten Jahrzehnte hat einen immer stärkeren praktischen Bedarf nach einem kombinierten Transport bewirkt. Die Absender wollen ihre Ware von einem inländischen Absendeort in einem Arbeitsgang über mehrere Transportarten zum ausländischen Bestimmungsort auf den Weg bringen, so daß sich die mehreren Transportarten aneinander anschließen. Die Verwendung von Containern und Paletten hat diesen Bedarf noch verstärkt. Die Entwicklung eines kombinierten Transportes verlangt eine entsprechende kombinierte Dokumentation.

Infolgedessen hat man in den letzten Jahren starke Bemühungen angestellt, ein einheitliches kombiniertes Dokument zu entwickeln, das von einem kombinierten Transport-Operator (cto) ausgestellt wird. Als Ergebnis dieser Bemühungen ist zunächst festzustellen, daß das kombinierte Transportdokument (ebenso wie der Paletten- und Container-Verkehr) erstmalig in den ER für Dokumentenakkreditive (Rev. 1974) offiziell Anerkennung gefunden hat (Artikel 23). Außerdem hat die IHK inzwischen „Einheitliche Richtlinien für ein kombiniertes Transportdokument" herausgegeben, um die Entwicklung in der gewünschten Richtung voranzutreiben[78a]. Diese Einheitlichen Richtlinien sind noch nicht — wie die „Einheitlichen Richtlinien für die Dokumenten-Akkreditive" — Gewohnheitsrecht, sondern nur ein standardisiertes Vertragsangebot der Verlader an ihre Auftraggeber, welches durch Aufnahme in die abzuschließenden Privatverträge über den kombinierten Transport dann Wirksamkeit erhalten können. Die Richtlinien sollen die Beteiligten zu einer einheitlichen vertraglichen Regelung der Rechtsverhältnisse im internationalen Verkehr veranlassen.

Sinn dieser Ausführungen ist es, auf den Charakter dieser Richtlinien als privatrechtlichen Vertrag hinzuweisen. Ein solcher hat keine Gesetzeskraft, ist also weder imstande, gesetzliche zwingende Vorschriften außer Kraft zu setzen, oder Rechtsnormen in Kraft zu setzen, die den Gesetzgeber vorbehalten sind.

[76] Zusatzabkommen vom 18. 11. 1961.
[77] Art. 6 IV Warschauer Abkommen.
[78] Dazu Thierbach, Bank-Betrieb 1962, 23.
[78a] Publication der IHK Nr. 273. Hier als „rules" bezeichnet.

Man war auch auf den Gedanken gekommen, sofort eine internationale Konvention zustandezubringen, die dann über die nationalen Gesetzgebungen einheitlich in die verschiedenen Rechte Eingang gefunden hätte. Dieses wäre in Verhandlungen zwischen den westlichen Industrieländern und auch den östlichen Industrieländern voraussichtlich möglich gewesen. Auf seiten der Entwicklungsländer (besonders der afrikanischen) ergaben sich aber so viele Schwierigkeiten, daß man diese Pläne wieder zurückgestellt hat. Dem Bestreben der Entwicklungsländer, in die Konvention gleich öffentlichrechtliche Vorschriften sowie politische und handelspolitische Ziele — wie z. B. Regeln über Bevorzugung der Versicherungswirtschaft oder der Schifffahrt in Entwicklungsländern — unterzubringen, kann nicht stattgegeben werden.

Was den deutschen Rechtskreis anbelangt, so bietet die Anwendung der ER für kombinierte Transportdokumente einige Schwierigkeiten, die in erster Linie in folgenden Punkten zu suchen sind:

Zunächst einmal ist es sehr zweifelhaft, ob die Regeln 1 c, in der die rules sich selbst den Charakter der Unabdingbarkeit beimessen, innerhalb unserer Rechtsordnung juristisch beachtlich ist. Ferner ist davon auszugehen, daß bei uns der Kreis der begebbaren Orderpapiere durch § 363 HGB erschöpfend festgelegt ist. Auch ist es nicht möglich, eine Urkunde durch privatrechtliche Vereinbarung zum Traditionspapier hochzustufen; dies ist nur durch ein Gesetz möglich (§§ 424, 450, 650 HGB). Das in den rules vorgesehene Indossament auf einem an Order gestellten kombinierten Transportdokument würde nur die Bedeutung einer normalen Zession haben, die natürlich nicht mit der Rechtswirkung eines Indossamentes im Sinne des HGB verbunden wäre. Die Orderklausel ist also nichts weiter als ein Hinweis auf die Möglichkeit einer normalen Abtretung. Die Unmöglichkeit, ohne Mitwirkung des Gesetzgebers das kombinierte Transportdokument zum Traditionspapier zu machen, gewinnt besondere Bedeutung, wenn im Einzelfall die Besicherung eines Kredites erforderlich ist. Alle Vorteile, die sich aus dem Charakter eines Dokumentes als Traditionspapier ergeben, stehen dann nicht zur Verfügung.

Auch wegen der Haftung für Schadensfälle mit unbekannter Schadensart dürfte noch nicht das letzte Wort gesprochen sein. Insbesondere scheint mir die Abgrenzung zwischen der Haftung des cto und der Transportversicherung noch nicht wirklich geklärt zu sein.

Auch sonst bestehen Meinungsverschiedenheiten. Während einige Befürworter (an der Spitze Kanada und Australien) ein „Einheitshaftungssystem" mit scharfer Haftung befürworten, treten andere (z. B. Japan und England) für das sogenannte „net work system" ein, das die Haftung auf die einzelnen Frachtführer verteilt.

Trotz der vorgebrachten Bedenken sollten die Bestrebungen nach Schaffung eines wirklich einsatzfähigen kombinierten Transportdokumentes positiv behandelt werden. Dies nicht in dem Sinne, daß zusätzlich zu den vorhandenen Transportdokumenten noch ein zusätzliches kombiniertes Dokument geschaffen wird, sondern daß es am Ende der Entwicklung möglich ist, nur ein kombiniertes Transportdokument für den ganzen Transport zu verwenden. Von juristischer Seite wird z. T. vorgeschlagen, dies dadurch zu erreichen, daß man das kombinierte Dokument durch Fortentwicklung der nationalen Rechtsvorschriften über die Konnossemente erreicht, indem man zu den dafür geltenden Vorschriften noch zusätzliche Voraussetzungen erarbeitet.

Die Regeln (rules) der IHK sind in Broschüre Nr. 273 über die vertraglich anwendbar zu machenden „Uniform Rules for a Combined Document" niedergelegt. Artikel 23 ER für Akkreditive bestimmt, daß die Banken die Dokumente über kombinierte Transporte (also auch Container-Dokumente) mangels anderweitiger Weisung so annehmen, wie sie präsentiert werden. Dies gilt im Fall, daß ein Teil der Reise durch Seetransport erfolgt, auch dann wenn an-Deck-Verladung grundsätzlich vorbehalten ist, wenn nur nicht eine Decksverladung positiv und als erfolgt zum Ausdruck gebracht wird.

3. *Versicherungsdokumente*

Zu den für die Bedienung eines Akkreditivs handelsüblichen Dokumenten im Außenhandelsverkehr gehört unter einem c. i. f.-Kontrakt die Transportversicherungspolice oder das Versicherungszertifikat[79]. Die Banken dürfen daher unter einem c. i. f.-Akkreditiv präsentierte Dokumente nur dann aufnehmen, wenn sich dabei ein akzeptables Versicherungsdokument befindet, es sei denn, das Akkreditiv besagt ausnahmsweise, daß die Versicherung vom Käufer besorgt wird.

Die Versicherungspolicen oder -zertifikate müssen von Versicherungsgesellschaften, deren Agenten oder von Versicherern (Underwriters) ausgestellt sein, um aufnahmefähig zu sein (Art. 26 Abs. a ER); von Maklern ausgestellte Versicherungsdokumente sind gem. Art. 26 Abs. b nur aufzunehmen, wenn dies im Akkreditiv vorgesehen ist. In der Praxis begegnet man häufiger Versicherungsdokumenten, die von einer konsortialführenden Versicherungsgesellschaft „im Namen und für Rechnung eines Konsortiums" unterzeichnet sind, wobei sich aus dem Text des Dokuments ergibt, daß die einzelnen Konsortialmitglieder nur in Höhe ihrer jeweiligen Quote haften. Die einzelnen Mitglieder des Konsortiums und ihre Quoten werden indessen meist nicht genannt. Auch derartige Versicherungsdokumente sind aufnahmefähig, weil sich im Ernstfall die Namen und Haftungsquoten der einzelnen Mitversicherer über den Konsortialführer ohne weiteres feststellen lassen.

Die Versicherungsdokumente müssen auf die Akkreditivwährung lauten (Art. 28 Abs. a ER) und mindestens den c. i. f.-Wert der Waren decken (Art. 28 Abs. b ER). Der c. i. f.-Wert der Waren ist derjenige Wert, der

[79] Von englischen Banken bisher nur aufgenommen, wenn sie von gut renommierten Versicherern ausgestellt sind und die wesentlichen Bedingungen der Police inhaltlich wiedergeben. So Scott v. Barclays Bank (1923) 2 K. B. 1; vgl. auch Gutteridge-Megrah S. 121.

den Nettowarenpreis (nach Abzug von etwaigem Skonto, Rabatt oder Diskont) und die Kosten für Transport und Versicherung umfaßt. Es ist also der Endpreis auf der Faktura, abzüglich bzw. zuzüglich aller etwa auf der Faktura angeführten, nicht mit der Warenpreiskalkulation zusammenhängenden Posten. Dies können etwa sein sachliche Nebenkosten (z. B. für Konsulatsfaktura), die zur Ermittlung des c. i. f.-Wertes vom Endpreis abzuziehen sind, oder persönliche Vergütungen (z. B. Vermittlungsprovisionen, die gelegentlich, soweit devisenrechtlich zulässig, als „unechte" Preisnachlässe verrechnet werden), die hinzuzusetzen sind. Ob der Endpreis in der Faktura sichtbar in den Netto-Warenpreis und die c. i. f.-Kosten aufgeteilt ist oder nicht, ist belanglos, da in jedem Falle davon auszugehen ist, daß bei einer c. i. f.-Kalkulation die Kosten für Fracht und Versicherung im endgültig berechneten Warenpreis enthalten sind.

Läßt sich indessen der c. i. f.-Wert aus den Dokumenten nicht ermitteln, so muß die Versicherung mindestens entweder den Betrag der Entnahme aus dem Akkreditiv oder den Rechnungswert decken, je nachdem, welcher von beiden höher ist (Art. 28 Abs. b ER).

Man findet gelegentlich Akkreditive, in denen ein Versicherungsdokument über den „vollen Warenwert" angefordert wird. Dieser Ausdruck sollte der Klarheit wegen vermieden werden. Denn er läßt nicht erkennen, ob damit der c. i. f.-Wert der Waren oder der Brutto-Warenwert (unter Einschluß etwa gewährter Preisnachlässe) oder der volle Rechnungsbetrag (c. i. f.-Wert der Waren zuzüglich aller sonstigen fakturierten Kosten) gemeint ist. Im Zweifel wird man davon ausgehen dürfen, daß die Parteien die Mindestversicherungsgrenze auf den vollen Rechnungsbetrag (full invoice) haben festsetzen wollen. Um aber Meinungsverschiedenheiten auszuschließen, empfiehlt es sich, in jedem Falle wörtlich zum Ausdruck zu bringen, ob der „c. i. f.-Wert der Waren" oder der „volle Rechnungsbetrag", oder, was praktisch wohl selten vorkommt, der „Brutto-Warenwert" versichert werden soll.

Lautet ein Versicherungsdokument auf eine Versicherungssumme, die mehr als etwa 10 % über dem c. i. f.-Wert bzw. dem vollen Rechnungsbetrag liegt, so ist es nur dann aufnahmefähig, wenn die überschießenden Versicherungskosten offensichtlich vom Ablader *ohne* Anrechnung auf den Warenpreis übernommen worden sind. Andernfalls müßte die Bank das Dokument zurückweisen, weil es möglicherweise zum Nachteil ihres Auftraggebers, des Käufers, eine Abweichung von den Akkreditivbedingungen enthält.

Früher hatte die aufnehmende Bank darüber zu entscheiden, ob Versicherungsdokumente, in denen eine *Franchise* oder dergl. vorgesehen war, aufgenommen werden sollten; jetzt bestimmt Art. 31 ER, daß solche Dokumente aufgenommen werden, wenn nicht prozentmäßige Begrenzung der Deckung ausdrücklich ausgeschlossen ist.

Eine Nachprüfung, in welchem Land und für welche Dauer (Nachweis durch Datierung gem. Art. 27 ER) die Versicherung abgeschlossen ist, wird von den Banken nicht verlangt. Wohl müssen die Banken die äußere

Übereinstimmung des Versicherungsdokumentes mit dem Konnossement dokumentär prüfen und dabei feststellen, ob die Versicherung sich über den gesamten Transport erstreckt.

Akkreditive ohne ausdrückliche Vorschriften hinsichtlich der Versicherung sind die Ausnahme. In der Regel bringt der Käufer im Akkreditivauftrag spezielle Wünsche bezüglich des Versicherungsdokuments zum Ausdruck. Nach diesen hat sich die Bank genau zu richten. Dem entspricht Art. 29 Abs. a ER, der die Spezifizierung der zu deckenden Risiken im Akkreditiv sogar zur Pflicht macht und der dringend empfiehlt, allgemeine Ausdrücke wie „übliche Risiken" nicht mehr zu verwenden. Die Banken nehmen jedoch Versicherungsdokumente trotzdem in der vorgelegten Form auf (Art. 29 Abs. b ER), wenn im Einzelfall eine solche Spezifizierung unterblieben ist. Im übrigen herrscht über den materiellen Inhalt der Versicherungsdokumente, d. h. über den Umfang der Risikodeckung, der verlangt werden muß, bei Banken und Kaufleuten stets einige Unklarheit. Dies hat seine Ursache nicht so sehr in der Unfähigkeit der Sachbearbeiter zum Studium der Versicherungsbedingungen — wenngleich die Versicherungsklauseln ihre wirkliche Bedeutung manchmal schwer erkennen lassen —, als vielmehr in der Tatsache, daß der Inhalt gleichlautender Klauseln in verschiedenen Ländern manchmal eine unterschiedliche Bedeutung hat. Freilich erwachsen den Banken aus diesem Umstand bei der Akkreditivabwicklung — wenn kein Kreditengagement besteht — keine Gefahren, da die Banken für den materiellen Inhalt der Versicherung nicht verantwortlich sind[80]. Vielmehr sind die Banken lediglich verpflichtet nachzuprüfen, ob die vom Käufer im Akkreditivauftrag angegebenen speziellen Versicherungsklauseln in den Versicherungsdokumenten erscheinen.

Mangels anderweitiger Weisung im Akkreditiv weisen die Banken Versicherungsdokumente zurück, die später als am Verschiffungsdatum ausgestellt sind, es sei denn, daß das Versicherungsdokument ausdrücklich die versicherten Risiken schon ab dem zeitlich vor dem Ausstellungsdatum liegenden Verschiffungszeitpunkt in Deckung nimmt (Art. 27 ER).

Die Banken haben immer dann, wenn mit dem Akkreditivgeschäft ein Kreditengagement verbunden ist, ein eigenes Interesse daran zu wissen, ob das Versicherungsdokument in der vorgelegten Form wirklich alle diejenigen Risiken deckt, die bei der in Frage kommenden Transportart und angesichts der Beschaffenheit der Ware und des Reiseweges eintreten können. In diesem Falle käme es einem Selbstbetrug der Banken gleich, wenn sie sich auf die formaläußerliche Prüfung des Versicherungsdokumentes beschränkten.

Aus diesem Grunde wäre es an sich an dieser Stelle erforderlich, eine umfassende Darstellung über die materielle Seite des Versicherungsschutzes

[80] Zu einer anderen Auffassung scheint die englische Rechtsprechung zu neigen. In dem Urteil Borthwick v. Bank of New Zealand (1900) 6 Com. Cas. 1, wird festgestellt, die Bank sei dem Käufer verpflichtet, nur solche Versicherungsdokumente unter einem L/C aufzunehmen, die für die betreffende Warenart handelsüblich seien, d. h. die die typischen Risiken des betreffenden Warentransportes decken; vgl. auch Gutteridge-Megrah S. 96 ff.

einzufügen. Darauf muß jedoch verzichtet werden, weil eine solche Darstellung den Rahmen des vorliegenden Buches überschreiten würde und außerdem außerhalb der mit der Akkreditivabwicklung in unmittelbarem Zusammenhang stehenden Fragen läge. So viel sei allerdings gesagt: Eine Bank, die aus Krediterwägungen selbst an dem materiellen Versicherungsschutz interessiert ist, tut gut daran, sich nie auf die allgemein gehaltenen Versicherungsklauseln, wie „gewöhnliche", „übliche" oder „alle" Risiken zu verlassen, sondern im Einzelfalle zu prüfen, welche Risiken tatsächlich gedeckt sind. Die Bank muß sich vergewissern, welche Bedeutung die jeweilige Versicherungsklausel (z. B. all risks) nach dem für die betr. Versicherung geltenden Recht hat[81]. Anhand dieser Prüfung ist dann jeweils klar festzustellen, welche Risiken im Einzelfall *nicht* gedeckt sind, und zu entscheiden, ob die Dokumente trotzdem aufgenommen werden sollen. Die Banken sollten vom Käufer bei der Kreditgewährung schon *vor* der Akkreditiveröffnung die Aufnahme ausreichender Versicherungsvorschriften in das Akkreditiv verlangen[82]. Wenn dies nicht oder nicht mehr möglich ist, müssen sie unter Kreditgesichtspunkten sicherheitshalber die zusätzliche ausdrückliche Deckung der ihnen noch deckungsbedürftig erscheinenden Risiken fordern. Eine besonders sorgfältige Prüfung der Frage der Transportversicherung ist am Platze, wenn die Versicherung in einem Lande abgeschlossen wird, bei dem sich infolge eines andersartigen Wirtschaftssystems Sondergesichtspunkte ergeben.

4. *Andere Dokumente*

Art. 33 ER führt noch eine Reihe weiterer Dokumente, wie Konsulatsfaktura, Ursprungszeugnis, Gewichtsbescheinigung, Qualitäts- und Analysenzertifikat, KontrollCo-Bescheinigung usw. auf, die im Rahmen eines Akkreditivs aufnahmefähig sind. In Art. 33 ER heißt es, daß die Banken diese Dokumente ohne Verbindlichkeit so aufnehmen, wie sie ihnen präsentiert werden, wenn nicht der Käufer über ihren Inhalt spezielle Angaben in das Akkreditiv hat aufnehmen lassen. Die Bedeutung dieser Vorschrift liegt darin, daß die Banken bei diesen Dokumenten nicht einmal prüfen müssen, ob sie „handelsüblich" sind, während sie bei den Standard-Dokumenten (Art. 14—32 ER) auch ohne besondere Vorschrift wenigstens auf die Handelsüblichkeit achten[83]. Die bisher bei den aufnehmenden Banken liegende Entscheidungsmöglichkeit ist beseitigt. Die „sonstigen Dokumente" können

[81] Dazu sei auf die eingehende Darstellung von Spiess aaO, verwiesen, der die versicherungstechnischen Probleme, die im Zusammenhang mit den Incoterms auftauchen, und dabei auch die gebräuchlichen englischen und amerikanischen Klauseln behandelt. Vgl. ferner v. d. Thüsen DB 1954, 1094 ff. Erl. IHK, Art. 31. Eine wertvolle Hilfe für die Praxis bietet die sog. Gleichwertigkeitstabelle, die von der International Union of Marine Insurance und der IHK herausgegeben worden ist. Sie enthält Übersichten über die Bedeutung der gebräuchlichsten Versicherungsklauseln in den wichtigsten Ländern.

[82] Vgl. dazu schon S. 43, 65.

[83] Vgl. den gleichen Hinweis schon auf S. 42. Siehe dazu Schütze aaO.

also auch ersichtlich nicht handelsüblich sein — z. B. wenn ein solches Dokument (z. B. eine Qualitäts- oder Ursprungsbescheinigung) vom Ablader selbst ausgestellt ist, statt von einer dritten Stelle. Wichtig ist allerdings, daß das vorgelegte Dokument überhaupt dem Typus des im Akkreditiv genannten Zusatzdokuments entspricht. Ein Ursprungszeugnis, das das Ursprungsland der zu verschiffenden Ware gar nicht nennt oder nur unbestimmt bezeichnet, z. B. „südamerikanisches" oder „osteuropäisches Land", wäre kein „Ursprungszeugnis". Der Dokumentensatz ist nicht akkreditivgerecht und daher zurückzuweisen.

Werden Zusatzdokumente im Sinne des Art. 33 ER bei der Bank eingereicht, ohne daß sie im Akkreditiv angefordert waren, so kann die Bank sie nach Belieben an den Käufer weiterreichen oder zurückweisen[84]. Sie selbst wird sich sachlich nicht mit ihnen befassen. Allerdings kann sie nicht auch die anderen Dokumente zurückweisen und die Bezahlung des Akkreditivs verweigern, weil Zusatzdokumente eingeliefert sind, die sie nicht aufnehmen will; sie kann dem Begünstigten nicht zum Vorwurf machen, daß er mehr getan hat, als von ihm verlangt war, sofern er nur das Verlangte ordnungsgemäß ausgeführt hat.

Nur wenn sich aus dem Wortlaut eines solchen zusätzlichen, unangefordert eingereichten Dokumentes Erkenntnisse ergeben, die zu der Annahme führen, daß die anderen Dokumente falsche oder irreführende Angaben enthalten, sind die Banken berechtigt, den ganzen Satz der Dokumente zurückzuweisen.

D. Prüfungszeitraum für die Bank

Gemäß Art. 8 Abs. d ER steht „der eröffnenden Bank eine angemessene Frist zur Prüfung der Dokumente zu". Ohne daß es ausdrücklich gesagt ist, muß man das gleiche Recht auch der zweiten Bank im Verhältnis zum Begünstigten zuerkennen. Entsprechendes gilt im Verhältnis der beiden Banken zueinander.

Was unter einer „angemessenen" Frist zu verstehen ist, besagt die angeführte Bestimmung nicht. Es ist kaum möglich, für den Prüfungszeitraum einen bezifferten, starren Zeitraum festzulegen. Es ist allgemein üblich und unter Beachtung der organisatorischen Möglichkeiten zwangsläufig, daß die Banken vorkommende Dokumente im normalen Geschäftsgange unverzüglich bearbeiten. Dabei müssen zahlreiche Arbeitsgänge erledigt und innerhalb des Hauses evtl. mehrere Stellen beteiligt werden. Infolgedessen wird man davon ausgehen können, daß ein „angemessener Prüfungszeitraum" normalerweise etwa 1—3 Tage umfaßt. Das schließt jedoch nicht aus, daß im Einzelfall die Dokumente eine besondere Bearbeitung oder Rückfragen verschiedener Art erforderlich machen, wodurch die Prüfungszeit sich um

[84] Abweichend Eisemann S. 43: Zusätzliche Dokumente dürften nach dem Grundsatz der strikten Observanz der Akkreditivbedingungen nicht aufgenommen werden.

einen oder mehrere Tage verlängert, ohne deshalb „unangemessen lang" zu werden. Die Bank darf nur nicht untätig die Dokumente liegen lassen oder ihre Entscheidung willkürlich hinauszögern.

Banken sind nicht berechtigt, Dokumente, die bei ihnen schon frühzeitig vollständig vorkommen[85], ohne Abgabe einer Stellungnahme bis zum Ablauf der Akkreditivdauer bei sich liegen zu lassen und erst dann dem Begünstigten ihre Entscheidung über die Aufnahme mitzuteilen. Denn die dem Begünstigten eingeräumte Frist zur Einreichung der Dokumente gilt nicht auch als Laufzeit für den Prüfungszeitraum der Bank. Diese muß sich ohne schuldhaftes Zögern nach Einreichung entscheiden und nicht erst zum Ende der Laufzeit des Akkreditivs. Dadurch erhält der Begünstigte u. U. die Möglichkeit, gerügte Mängel der Dokumente noch vor Ablauf des Akkreditivs abzustellen.

Einer offiziellen Empfangsbestätigung über die Dokumente wird normalerweise die Bedeutung beigemessen werden können, daß die Dokumente als akkreditivgerecht akzeptiert sind; andernfalls hätte die Pflicht bestanden, die Dokumente unverzüglich zu rügen. Andererseits liegt in einer routinemäßigen Quittung noch nicht unbedingt eine Billigung der Dokumente[85a].

E. Behandlung mangelhafter Dokumente

1. *Zurückweisung*

Grundsatz: Dokumente, die nicht akkreditivgerecht sind, werden zurückgewiesen. Dies muß unverzüglich geschehen, d. h. ohne schuldhaftes Zögern. Der Bank muß also ein angemessener Zeitraum zur Prüfung der Dokumente gewährt werden (entspr. Anwendung von Art. 8 Abs. d ER).

Wenn eine Bank Dokumente wegen Mangelhaftigkeit zurückweisen will, so muß sie dies dem Begünstigten erklären und ihm die abgelehnten Dokumente zurückgeben. Zur Entgegennahme fristgerecht nachgereichter ordnungsmäßiger Dokumente ist die Bank grundsätzlich verpflichtet. Die Benennung eines oder mehrerer Mängel enthält mangels ausdrücklicher anderweitiger Erklärung dabei noch keine Erklärung der Bank, daß weitere Mängel nicht vorhanden und die Dokumente nach Beseitigung der genannten Mängel aufnahmefähig sind. Eine Verpflichtung der Bank gegenüber dem Begünstigten, alle Mängel auf einmal zu rügen, gibt es nicht[86]. Es handelt sich überhaupt nicht im Rechtssinne um eine „Mängelrüge", da die Einreichung der Dokumente keine Vertragspflicht des Begünstigten unter einem Akkreditiv ist, sondern nur eine Bedingung für die Auskehrung der Akkreditivsumme, die er — im Verhältnis zur Bank — nach eigenem Belieben erfüllt oder nicht erfüllt. Eine Vertragspflicht besteht für den Begünstigten nur auf Grund des Kaufvertrags gegenüber dem Käufer. Die Bank ist nur

[85] Wegen getrennter Einreichung siehe S. 99.

[85a] Vgl. RGZ 97, 144.

[86] Anders aber im Verhältnis zwischen zwei Banken, vgl. S. 144

verpflichtet, dem Einreicher unverzüglich mitzuteilen, ob sie die Bedingungen des Akkreditivs mit der Einreichung der Dokumente als erfüllt ansieht oder nicht. Begründet sie ihre Auffassung, indem sie die zur Zurückweisung führenden Mängel benennt, so ist dies keine Erfüllung einer Vertragspflicht gegenüber dem Einreicher, sondern ein Entgegenkommen diesem gegenüber zwecks Erleichterung der Geschäftsabwicklung. Es ist ausschließlich Sache des Begünstigten, dafür zu sorgen, daß die von ihm präsentierten Dokumente voll den Bedingungen des Akkreditivs entsprechen, unter dem er Zahlung begehrt[87]. Die Bank trifft keine Pflicht, hierbei durch Belehrung mitzuwirken.

Anders ist es indessen, wenn die mangelhaften Dokumente über eine eingeschaltete zweite Bank, die sie unter Zahlung, Akzeptleistung oder Negoziierung aufgenommen hat, der Akkreditivbank eingereicht werden. Art. 8 Abs. e ER bestimmt für diesen Fall, daß die eröffnende Bank der zweiten Bank „drahtlich oder auf anderem schnellen Wege" die Gründe für die Beanstandung der Dokumente mitzuteilen hat[88]. Unklar ist hier, ob die Aufzählung der Gründe in der sofort erfolgenden Mitteilung erschöpfend sein muß[89] oder ob der eröffnenden Bank die Möglichkeit bleibt, später weitere Gründe „nachzuschieben"[90]. Die Verpflichtung der Akkreditivbank, der zweiten Bank — mit der sie ja ein Vertragsverhältnis mit entsprechenden Rechtsfolgen verbindet — die Gründe für die Mängel mitzuteilen, bezweckt, es der zweiten Bank zu ermöglichen, noch während der Laufzeit des Akkreditivs über den Begünstigten an akkreditivgerechte Dokumente zu kommen, die sie an die Akkreditivbank weiterleiten kann. Dies ist für sie deshalb wichtig, weil sie Ersatz ihrer Auslagen, insbesondere des an den Begünstigten bereits ausgekehrten Akkreditivbetrags, von der Akkreditivbank nur verlangen kann, wenn sie dieser ordnungsgemäße Dokumente übermittelt. Könnte die Akkreditivbank ständig weitere Mängel mit Erfolg geltend machen, so würde der zweiten Bank die Beschaffung akkreditivgerechter Dokumente innerhalb der Akkreditivfrist eventuell unmöglich werden mit der Folge, daß sie keinen Erstattungsanspruch gegen die eröffnende Bank hätte. Diese Erwägung spricht dafür, die Angabe der Gründe in der sofortigen Mitteilung der eröffnenden an die zweite Bank als erschöpfend anzusehen, falls nicht ausdrückliche Vorbehalte gemacht sind. Für die Akkreditivbank ist dies gefährlich, da sie später entdeckte Mängel der zweiten Bank nicht mehr entgegenhalten kann.

Das Akkreditiv erlischt durch die Zurückweisung nicht. Folglich ist die Bank sowohl ihrem Auftraggeber als auch dem Begünstigten gegenüber verpflichtet, die fristgerechte Beseitigung der Dokumentenmängel durch den

[87] Im gleichen Sinne Gutteridge-Megrah S. 135.

[88] Vgl. ebenso Hanssen v. Hamel and Horley Ltd. (1922) 2 A. C. 36 ff., 46. Nach Megrah, Paget's Law, S. 641, besteht bei den Londoner Banken die Praxis, daß sich die Akkreditivbank innerhalb von 48 Stunden entscheiden muß, ob sie die Dokumente aufnehmen will oder nicht.

[89] So Eisemann S. 79.

[90] So Gutteridge-Megrah S. 136 im Anschluß an Skandinaviska Aktiebolaget v. Barclay (1925) Ll. L. Rep. 523.

Begünstigten zuzulassen, damit dieser das Akkreditiv noch vor Verfall ordnungsgemäß bedienen kann. Die Bank muß demnach dem Begünstigten bis zum Ablauf des Akkreditivs die Möglichkeit offenhalten, ordnungsmäßige Dokumente einzureichen, falls sich nicht im Einzelfall aus besonderen Gründen ergibt, daß sie als verspätet zurückzuweisen sind (undue delay) — z. B. Art. 41 ER widersprechen. Überhaupt muß sich die Bank loyal zur positiven Abwicklung des Akkreditivs einstellen. Die Bank kann sich normalerweise jedoch dann sofort endgültig vom Akkreditiv lösen, ohne den Ablauf der Akkreditivfrist abzuwarten, wenn der Begünstigte ausdrücklich erklärt, seine Einreichung sei endgültig und werde nicht mehr verbessert oder ergänzt[91].

Keinesfalls kann die Bank vor Ablauf des Akkreditivs bei Einreichung mangelhafter Dokumente ohne weiteres das Akkreditiv für nicht bedient erklären und nunmehr sogleich an den Dokumenten ein Pfandrecht nach Ziff. 19 (2) AGB wegen Forderungen geltend machen, die sie gegen den Einreicher aus anderen Gründen (z. B. aus Krediten) hat. Dagegen ist die Frage zweifelhaft, ob die Bank mangelhafte Dokumente, deren Mängel nicht vor Ablauf der Akkreditivfrist beseitigt worden sind, nunmehr nach Ziff. 19 (2) AGB als Pfand für andere Forderungen gegen den Einreicher behandeln darf. Entscheidungen darüber liegen nicht vor. Jedoch neigen wir zu der Auffassung, daß zwischen Einreicher und Akkreditivbank eine stillschweigende Vereinbarung dahingehend angenommen werden muß, daß die Einreichung der Dokumente bei der Bank „zu treuen Händen" zum Zwecke der Prüfung nach Maßgabe des Akkreditivs erfolgt ist. Dann darf die Bank die Dokumente auch nur zu diesem Zwecke benutzen und muß sie bei Nichtannahme zunächst einmal dem Einreicher zurückgeben[92]. Dem entspricht auch die Regelung des Art. 8 Abs. f ER für das Verhältnis zwischen zwei Banken: Stellt die Akkreditivbank Mängel an den ihr von der zweiten Bank übersandten Dokumenten fest, so müssen diese der zweiten Bank zur Verfügung gehalten oder zurückgeschickt werden. Keinesfalls darf die eröffnende Bank für ihre Zwecke Gebrauch von den Dokumenten machen[93]. Den Exporteuren sei empfohlen, rechtzeitig, d. h. vor Einreichung, in dieser Beziehung Klarheit zu schaffen, damit nicht durch Ziff. 19 AGB Schwierigkeiten mit der Bank entstehen, zumal nach Lage der Sache in solchen Fällen wenig Zeit zur Verfügung steht, um etwaige Differenzen zu klären.

Hat die (Akkreditiv- oder eingeschaltete zweite) Bank irrtümlich gegen mangelhafte Dokumente den Akkreditivbetrag an den Begünstigten ausgezahlt, was sie spätestens dann merkt, wenn ihr der Käufer bzw. die

[91] Zur Frage, ob und unter welchen Voraussetzungen die Bank sich bei einem Betrugsversuch des Begünstigten von ihrem Zahlungsversprechen lösen kann, vgl. S. 157 ff.

[92] Vgl. RGZ 126, 348; BGH WM 1968, 695, wo der Bank das Pfandrecht an einem ihr zur Diskontierung vorgelegten Wechsel, dessen Diskontierung sie ablehnt, abgesprochen wird. Zustimmend Schütz S. 2, Anm. 7 c zu Ziff. 19 AGB; Liesecke WM 1969, 548, 551. Dies läßt sich auf den o. a. Fall übertragen.

[93] Vgl. BG AWD 1964, 396; Epschtein Banque 1964, 587 ff.

Akkreditivbank die Abnahme der Dokumente und die Erstattung der Auslagen verweigern, so wird wie folgt verfahren:

Zunächst wird sie versuchen, den Akkreditivbetrag vom Begünstigten nach den Grundsätzen über die ungerechtfertigte Bereicherung Zug um Zug gegen Rückgabe der Dokumente zurückzufordern[94]. Ein solcher Anspruch steht ihr gegen den Begünstigten zu, weil sie infolge der irrtümlichen Annahme, die Dokumente seien akkreditivgerecht, auf eine Nichtschuld gezahlt hat[95]. Die Akkreditivbank ist nur zur Zahlung verpflichtet, wenn der Begünstigte die Akkreditivbedingungen vollständig erfüllt. Ist dies nicht der Fall, so ist die Bank zur Zahlung nicht verpflichtet. Eine dennoch geleistete Zahlung ist ohne Rechtsgrund erfolgt.

Die Bank muß versuchen, die Rückzahlung des Akkreditivbetrages vom Begünstigten zu erreichen, schon um nicht in etwaige streitige Auseinandersetzungen zwischen Käufer und Verkäufer aus dem Kaufvertrag (z. B. wegen einer nicht dem Kaufvertrag entsprechenden Fassung des Akkreditivs) hineingezogen zu werden; wir dürfen nicht vergessen, daß in dem hier behandelten Stadium die Mangelhaftigkeit der Dokumente und auch eventuell der Ware noch nicht feststeht, sondern nur von einer Partei behauptet wird. Versagt dieser Weg, kann die Bank mit Hilfe der in ihrem Besitz befindlichen Dokumente, an denen ihr gemäß Ziff. 19 (2) AGB ein Pfandrecht zusteht, den Versuch machen, sich — soweit die Verkaufserlöse es zulassen — aus der verschifften Ware zu befriedigen (Ziff. 20, 21 AGB). Wegen eines etwaigen Restes bleibt ihr die Möglichkeit, im Prozeßwege noch den erstgenannten Weg zu beschreiten.

Nicht akkreditivgerechte Dokumente muß die Bank an den Einreicher zurückgeben. Händigt sie entgegen diesem Grundsatz die nicht akkreditivgerechten Dokumente ohne Zustimmung der versendenden Stelle dem Akkreditivauftraggeber zu dessen Verfügung aus, handelt sie pflichtwidrig und ist dann ihrerseits verpflichtet, die im Akkreditiv versprochene Leistung zu erbringen (Art. 8 Abs. f ER). Die Abrechnung zwischen Käufer und Akkreditivbank richtet sich in diesem Falle nach dem zwischen ihnen bestehenden Geschäftsbesorgungsvertrag; der Käufer ist durch Art. 8 Abs. f nicht festgelegt.

2. *Ersatzlösungen*

In der überwiegenden Mehrzahl der Fälle entdecken die Banken etwaige Mängel an den eingereichten Dokumenten rechtzeitig, bevor sie aus dem Akkreditiv den Gegenwert an den Begünstigten auskehren. Da sie grund-

[94] Nach BGH NJW 1963, 1870, geht der Anspruch der Bank von vornherein nur auf Rückzahlung Zug um Zug gegen Rückgabe der Dokumente. Zur englischen Rechtslage in derartigen Fällen vgl. im übrigen Megrah, Undecided Cases, S. 13 ff.; Paget's Law, S. 659.

[95] Vgl. Liesecke WM 1966, 466, 469. Die Auffassungen in Frankreich darüber, ob der Bank ein Rückforderungsanspruch zusteht, sind geteilt: vgl. Stoufflet Nr. 448 ff.; Cordier Nr. 215, je mit Nachweisen über die uneinheitliche Rechtsprechung.

sätzlich nicht Sachwalter des Begünstigten sind, könnten sie unter diesen Umständen ohne weiteres von ihrem Recht zur Zurückweisung der Dokumente Gebrauch machen. Praktisch tun sie dies aber ungern, weil die Dokumentenmängel kommerziell unter Umständen unbedeutend sind und den reibungslosen Ablauf des Warengeschäftes im Grunde nicht beeinträchtigen, eine Zurückweisung also den wirtschaftlichen Interessen nicht nur des Exporteurs, sondern vielleicht auch des Importeurs zuwiderlaufen würde. Als Abhilfe bieten sich drei Ersatzlösungen an, die im Laufe der Entwicklung der Akkreditivpraxis steigende Bedeutung gewonnen haben.

a) Bankgarantie

Die erste Möglichkeit besteht darin, daß die Bank zum Ausgleich des Dokumentenmangels von dem Begünstigten eine ihr angebotene Bankgarantie entgegennimmt. Diese kann für zwei Fälle in Frage kommen.

Der erste ist der, daß die Garantie inhaltliche oder formelle Mängel der Dokumente ausgleichen soll, indem die Garantiebank der das Akkreditiv auszahlenden Bank für sämtliche Schäden einzustehen verspricht, die dieser Bank durch die Aufnahme nicht völlig akkreditivgerechter Dokumente entstehen können. Über die Annahme derartiger Garantien entscheidet die Akkreditivbank nach eigenem Ermessen und im Zweifel ablehnend. Denn die Aufnahme nach Inhalt oder Form mangelhafter Dokumente birgt für sie stets das Risiko, nicht den Interessen des Käufers gemäß zu handeln und in unangenehme Auseinandersetzungen mit diesem verwickelt zu werden.

Bankgarantien sollen häufig fehlende oder infolge Postverzögerung nicht rechtzeitig bei der zahlenden Bank eintreffende Dokumente ersetzen. Gehen sämtliche Dokumente auf dem Wege vom Begünstigten zur Bank verloren, so ist allerdings im allgemeinen kein Raum für eine Bankgarantie[96], denn der Erhalt der Dokumente ist für den Käufer von größter Wichtigkeit, weil er nur mit Hilfe der Papiere seinerseits über die Ware verfügen und sich in deren Besitz setzen kann. Häufiger werden Garantien akzeptiert, die lediglich das verspätete Eintreffen der Dokumente infolge vom Begünstigten nicht zu vertretender Postverzögerung decken sollen. Eine Rechtspflicht der zahlenden Bank, sich mit einer Garantie zu begnügen, besteht aber auch hier nicht, und im Zweifel wird sich auch in diesem Fall die Bank ablehnend entscheiden, sofern sie nicht positiv weiß, daß es dem Käufer gleichgültig ist, ob er die Dokumente entsprechend den Akkreditivbedingungen oder etwas später erhält.

Am häufigsten werden Garantien für den Fall verwendet, daß bei getrennter Versendung der Dokumente — dabei handelt es sich meist um die Versendung der mehreren Ausfertigungen eines Konnossements — eine einzelne Ausfertigung auf dem Wege vom Begünstigten zur Bank verlorengeht. Wie später erörtert werden wird[97], besteht hier die Tendenz, die Bank für verpflichtet zu halten, eine akzeptable Bankgarantie anzunehmen, die die für diesen Fall möglichen Risiken der aufnehmenden Bank abdeckt.

[96] Vgl. dazu S. 168 f.

[97] Siehe S. 169 und S. 259.

b) Zahlung unter Vorbehalt

Sind die vom Begünstigten angedienten Dokumente nicht in vollem Umfang akkreditivgerecht, hält die Bank die Mängel jedoch für so unbedeutend, daß sie der Überzeugung ist, der Käufer (und die Akkreditivbank, wenn die zahlende Bank eine zweite eingeschaltete Bank ist) werde sie nicht beanstanden, so findet sie sich in der Praxis häufig bereit, die Dokumente „unter Vorbehalt" aufzunehmen und zu bezahlen. Damit behält sie sich vor, den ausgezahlten Betrag vom Begünstigten zurückzufordern, wenn der Käufer (und/oder die Akkreditivbank) wider Erwarten mit den Dokumenten nicht einverstanden ist.

Juristisch hat man sich diesen Vorgang wohl wie folgt vorzustellen: Da der Begünstigte keine akkreditivgerechten Dokumente einreicht, erfüllt er die Akkreditivbedingungen nicht; die Bank ist zur Zahlung an ihn nicht verpflichtet. Wenn sie dennoch zur Zahlung unter dem Akkreditiv bereit ist, weil ihr die Mängel der Dokumente als unwesentlich erscheinen, so hat sie die Möglichkeit, mit dem Begünstigten eine Abänderung des Akkreditivs zu vereinbaren in der Weise, daß die Akkreditivbedingungen so modifiziert werden, daß die eingereichten Dokumente diese modifizierten Bedingungen voll erfüllen. Eine — ausdrückliche oder stillschweigende — Zustimmung der übrigen Akkreditivbeteiligten hat juristisch folgende Konsequenzen: Die Bank ist zur Zahlung an den Begünstigten unter dem im Einverständnis aller Akkreditivbeteiligten geänderten Akkreditiv verpflichtet, weil der Begünstigte für dieses geänderte — Akkreditiv ordnungsgemäße Dokumente eingereicht hat. Ihre Zahlungsverpflichtung hat die Bank bereits durch Auszahlung des Akkreditivbetrages an den Begünstigten erfüllt; der bei der Zahlung ausgesprochene Vorbehalt erledigt sich.

Die vereinbarte Akkreditivänderung ist nur wirksam, wenn ihr alle übrigen Akkreditivbeteiligten zustimmen (Art. 3 Abs. 3 ER), d. h. Käufer und evtl. die Akkreditivbank. Die Zustimmung kann entweder ausdrücklich oder — was häufiger ist — stillschweigend erteilt werden (Art. 8 ER). Die stillschweigende Zustimmung gilt als erteilt, wenn der Käufer (gegenüber der Akkreditivbank) oder die Akkreditivbank (gegenüber der zweiten Bank) die Dokumente nach tatsächlichem Eingang nicht unverzüglich beanstandet und die in Art. 8 ER niedergelegten Pflichten erfüllt. Will man stillschweigende Zustimmung durch Unterlassung einer unverzüglichen Beanstandung annehmen, ist eine gewisse Vorsicht geboten, weil evtl. mit der Möglichkeit eines Verlustes oder einer verspäteten Ankunft der Dokumentensendung gerechnet werden muß. Aus diesem Grunde sollten Vorbehalte — insbesondere von zwischengeschalteten zweiten Banken —, auch wenn der Kunde drängt, nicht vorschnell aufgehoben werden. Es ist sicherer, so lange zuzuwarten, bis die Gewißheit gegeben ist, daß die Dokumente effektiv angekommen sind und nicht gemäß Art. 8 ER retourniert oder zur Verfügung gestellt sind. Hat die Akkreditivbank nach effektivem Erhalt der Dokumente vorbehaltlos gezahlt oder nicht unverzüglich ihre Beanstandung geltend gemacht, kann sie nicht später auf einen von der zweiten Bank gegenüber dem Exporteur gemachten Vorbehalt zurückkommen.

In der Praxis wird bei geringfügigen Unstimmigkeiten in der Regel von einer ausdrücklichen Aufhebung eines Vorbehaltes abgesehen. Hat eine Zahlstellenbank nicht akkreditivgerechte Dokumente unter Vorbehalt aufgenommen, sendet sie diese unter Aufführung der Unstimmigkeiten an die Akkreditivbank worauf diese die auf S. 143 ff. beschriebenen Möglichkeiten hat. Negoziierende oder durchleitende Banken machen in geeigneten Fällen gegenüber der Akkreditivbank folgenden Vorbehalt: „Wir bitten Sie, von den Dokumenten nur gegen vorbehaltlose Zahlung des Gegenwerts Gebrauch zu machen", wodurch die Dokumentenübersendung den Charakter einer Überlassung zu treuen Händen gewinnt. Erfolgt dann vorbehaltlose Zahlung, ist damit der Vorbehalt aufgehoben.

Wird die Zustimmung zur Änderung des Akkreditivs von einem der übrigen Akkreditivbeteiligten verweigert, so bleibt es beim ursprünglichen Akkreditiv. Dessen Bedingungen hat der Begünstigte jedoch nicht erfüllt, so daß er gegen die Bank keinen Zahlungsanspruch hatte. Die „Zahlung unter Vorbehalt" ist demnach auf eine Nichtschuld erfolgt. Dies löst im Gegensatz zu anderen Fällen keinen Anspruch der Bank gegen den Begünstigten aus ungerechtfertigter Bereicherung aus[99], sondern einen vertraglichen Rückzahlungsanspruch; denn in der Zahlung unter Vorbehalt und deren Annahme liegt nicht nur die Abrede, eine Akkreditivänderung anzustreben, sondern zugleich die Vereinbarung, daß der Akkreditivbetrag zurückgezahlt werden soll, wenn die Akkreditivänderung von einem der übrigen Beteiligten nicht gutgeheißen wird.

Aus diesen Überlegungen folgt: Der Begünstigte hat gegen die Bank keinen Anspruch auf Zahlung unter Vorbehalt, da die Bank nicht verpflichtet ist, mit dem Begünstigten eine Abänderung des Akkreditivs zu vereinbaren. Umgekehrt ist aber der Begünstigte auch nicht verpflichtet, eine Zahlung unter Vorbehalt anzunehmen; insbesondere kann er sich dann weigern, wenn er die Beanstandungen der Bank für unbegründet erachtet.

Wenn die Bank unter Vorbehalt zahlt, so bevorschußt sie die Dokumente, was einer Kreditgewährung an den Begünstigten gleichkommt. Die Bank wird daher diese Art der Zahlung in erster Linie unter Kreditgesichtspunkten betrachten müssen und sie ablehnen, wenn das standing des Begünstigten eine Kreditgewährung nicht zuläßt. Dieser darf die Weigerung der Bank, unter Vorbehalt zu zahlen, nicht als Kränkung auffassen, insbesondere dann nicht, wenn er die Annahme nicht widerlegen kann, daß eine eventuell erforderliche Rücknahme der Dokumente mit anschließendem, unter Umständen verlustreichem Notverkauf der Ware über seine finanziellen Kräfte gehen würde.

c) Einzug des Dokumentengegenwertes im Wege des Inkasso

Die Bank kann endlich die Aufnahme der Dokumente unter dem Akkreditiv verweigern, gleichzeitig aber einen Inkassoauftrag von seiten des Be-

[98] Über den Begriff der „angemessenen Frist" vgl. S. 142; s. auch Art. 8 Abs. d und e ER 1974.

[99] Dazu S. 146.

günstigten übernehmen und dann die Dokumente dem Käufer zum Inkasso vorlegen. Das Akkreditiv würde sich damit von selbst erledigen und erlöschen. Weder für den Begünstigten noch für die Bank besteht eine Pflicht zu einem Ausweichen auf einen Inkassoauftrag; diese Lösung kommt nur in Betracht, wenn beide Seiten sie von sich aus wünschen[100]. Bei dieser Handhabung wird die Bank rechtlich von einem Sachwalter des Käufers zu einem Sachwalter des Verkäufers, was optisch zunächst störend erscheinen mag, aber doch meist den Interessen aller Beteiligten, einschließlich des Käufers, am besten dient und deshalb in der Regel unbedenklich ist. Einen Anspruch auf Zahlung gegen die Bank hat der Begünstigte erst dann, wenn das Inkasso mit Erfolg durchgeführt ist. Die Bank kann jedoch die Inkassopapiere bevorschussen; das ist dann eine durch die Inkassopapiere gesicherte Kreditgewährung. Verweigert der Käufer die Bezahlung, so muß sich der Begünstigte selbst mit ihm auseinandersetzen; er hat keinen Anspruch auf Zahlung des Inkassobetrages gegen die Bank, denn der Inkassoauftrag ist, wie an anderer Stelle ausgeführt[101], ein Geschäftsbesorgungsvertrag, der einen Dienstvertrag gemäß §§ 611 ff. BGB zum Inhalt hat, im Rahmen dessen die Bank nur ihre Tätigkeit, nicht aber einen Erfolg schuldet.

Die hier unter juristischen Gesichtspunkten vorgenommene scharfe Scheidung zwischen „Zahlung unter Vorbehalt" und „Inkasso" läßt sich in der Praxis recht häufig nicht mit gleicher Präzision durchführen. Beide Typen der Ersatzlösungen vermischen sich je nach dem Standpunkt der Beteiligten im Akkreditivvorgang, wobei die juristische Trennung noch dadurch erschwert wird, daß die Beteiligten in rechtlicher Hinsicht keine besonderen Überlegungen anstellen, sondern unter praktischen Aspekten versuchen, das defekte Akkreditivgeschäft vernünftig abzuwickeln. Reicht z. B. der Begünstigte bei der Zahlstelle mangelhafte Dokumente ein, so ist diese eventuell nur bereit, die Einlösung der Dokumente auf dem Wege des Inkasso vorzunehmen, womit der Begünstigte auch einverstanden sein mag. Sie übersendet der Akkreditivbank die Dokumente unter Hinweis auf die festgestellten Mängel, aber häufig nicht ausdrücklich als Inkassovorgang, sondern unter Bezugnahme auf das Akkreditiv. Die Akkreditivbank ihrerseits schafft der Zahlstellenbank den Akkreditivgegenwert an, erklärt hierbei aber ausdrücklich, daß ihre Zahlung nur vorbehaltlich der Zustimmung des Käufers erfolge; sie zahlt also unter Vorbehalt. Umgekehrt mag die Zahlstellenbank unter Vorbehalt auf das Akkreditiv Zahlung leisten, die Akkreditivbank im Hinblick auf die Mängel der Dokumente aber nur bereit sein, dem Käufer die Dokumente als Inkasso vorzulegen. Ausdrückliche Vereinbarungen über diese oder jene Art der Abwicklung fehlen meist völlig, was aber in der Praxis regelmäßig zu keinen Schwierigkeiten führt. Denn lehnt der Käufer als letzte „Station" die mangelhaften Dokumente ab, so ergibt sich sowohl beim Inkasso als auch bei der Zahlung unter Vorbehalt, daß der Begünstigte den eventuell an ihn ausgezahlten Betrag, den er in beiden Fällen nur vorschußweise erhalten hat, zurückerstatten muß.

[100] Ebenso BGH WM 1958, 224.
[101] Vgl. S. 201 ff.

3. *Rückfragen beim Käufer*

In der Praxis hält eine Bank häufig Rückfrage bei ihrem Auftraggeber, ehe sie fehlerhafte oder unvollständige Dokumente zurückweist oder sich zu einer der genannten Ersatzlösungen entschließt. Es ist — insbesondere bei geringfügigen Mängeln — durchaus denkbar, daß der Käufer die Dokumente trotz der Mängel unter dem Akkreditiv aufgenommen zu sehen wünscht. Die Bank ist zu einer solchen Rückfrage nicht verpflichtet, auch wenn sie technisch dazu in der Lage wäre, was aber oft (z. B. in Übersee) gar nicht der Fall ist. Unter Akkreditivgesichtspunkten bestehen keine Bedenken dagegen, daß sie Rückfrage hält[102]. Ob solche Bedenken mit Rücksicht auf ein Kreditengagement bestehen, ist von der Bank gesondert zu prüfen.

Hat die Bank eine Rückfrage an den Käufer gerichtet, so liegt darin von vornherein die Erklärung ihrer Bereitwilligkeit gegenüber dem Käufer, die Dokumente zu honorieren, wenn der Käufer zustimmt. Hat die Bank z. B. aus Kreditgesichtspunkten eigene Wünsche in der Angelegenheit, müßte sie dies spätestens bei der Rückfrage dem Käufer gegenüber zum Ausdruck bringen. Der Käufer hat juristisch nicht das Recht, die Bank (z. B. auf Veranlassung des zurückgewiesenen Begünstigten) einseitig im Rahmen seiner vertraglichen Weisungsbefugnis zur Aufnahme fehlerhafter Dokumente anzuweisen. Vielmehr ist die Zustimmung der Bank erforderlich, da dem Auftraggeber eine Weisungsbefugnis nur im Rahmen des bereits bestehenden Vertrages zusteht. Es würde aber eine Änderung des Vertragsinhaltes bedeuten, wenn der Käufer die Bank unter Abweichung von dem ursprünglichen Akkreditiv anwiese, Dokumente aufzunehmen, die sich inhaltlich von den ursprünglich geforderten unterscheiden und zu deren Aufnahme sich die Bank infolgedessen nicht verpflichtet hat. Letztlich stellt die Aufnahme nicht akkreditivgerechter Dokumente durch die Bank im Einvernehmen sämtlicher Beteiligten immer eine Akkreditivänderung dar, zu deren Wirksamkeit eben auch die Zustimmung der Bank erforderlich ist (Art. 3 Abs. e ER).

Wenn die Bank keinerlei eigene Interessen an der Ordnungsmäßigkeit der Dokumente hat, d. h. wenn zu Kreditüberlegungen kein Anlaß ist, kann jedoch möglicherweise je nach Lage des Einzelfalles ihre Weigerung, der Aufnahme nicht akkreditivgerechter Dokumente zuzustimmen, eine „unzulässige Rechtsausübung" gegenüber ihrem Auftraggeber darstellen, zu der sie nach § 242 BGB nicht berechtigt ist.

Aus der in der Rückfrage beim Käufer liegenden Bereitschaftserklärung der Bank gegenüber diesem kann der Begünstigte noch keine Rechte für sich selber ableiten; ihm gegenüber ist die Bank erst dann zur Aufnahme der nicht ordnungsgemäßen Dokumente verpflichtet, wenn sie ihm gegenüber (auf Grund der Zustimmung des Käufers) ihre Bereitwilligkeit zur Aufnahme erklärt hat.

[102] Wegen einer eventuellen Überlassung der Dokumente „zu getreuen Händen" an den Importeur vgl. die diesbezüglichen Erörterungen im Zusammenhang mit dem Dokumenteninkasso, S. 205 f., die auch für das Akkreditiv gelten.

F. Auszahlung des Akkreditivbetrags; Leistung bzw. Einholung des versprochenen Akzepts

Hält die Bank die Dokumente nach pflichtgemäßger Prüfung für ordnungsmäßig, so muß sie dem Begünstigten unverzüglich den Akkreditivbetrag zahlen oder das mit der Akkreditiveröffnung versprochene Wechselakzept leisten bzw. vom Steller des Akkreditivs einholen. Die ER (Revision 1974) bestimmen in Art. 3, daß eine Bank, die in einem von ihr eröffneten oder bestätigten Akkreditiv die Einholung eines Akzeptes von dem Akkreditivsteller zugesagt hat, auch für die spätere Einlösung des Akzeptes haftet. Ihre Haftung endet also nicht schon mit der „Einholung" des Käuferakzeptes. Beim deferred payment credit hat die Bank erst zu dem im Akkreditiv vorgesehenen Zeitpunkt nach Einreichung der Dokumente Zahlung zu leisten[103].

Die Auszahlung hat ohne Rücksicht auf inzwischen etwa vorgekommene Währungsverschiebungen in derjenigen Währung zu erfolgen, in der das Akkreditiv gestellt war. Auch wenn wegen zwingender Devisengesetze und Zahlungsabkommen die Auszahlung technisch in einer anderen Währung erfolgt, bleibt die Akkreditivwährung im Zeitpunkt der Zahlung der Wertmesser; erforderlichenfalls hat die Akkreditivbank einen Fehlbetrag nachzuschießen oder einen Mehrbetrag einzubehalten. Wenn zu solchen Nachschüssen die Devisengenehmigung verweigert wird, wie das in den Nachkriegsjahren sogar in europäischen Nachbarstaaten geschehen ist, so ist dies weder kaufmännisch, noch juristisch, noch moralisch-politisch zu rechtfertigen. Praktisch ist allerdings ein Vorgehen gegen den Gesetzgeber nicht möglich, so daß den Schaden der Begünstigte trägt. Wenn die Auszahlung überhaupt im Rechtssinne „unmöglich", also z. B. von hoher Hand unterbunden wird, verfällt das Akkreditiv unbenutzt, ohne daß eine der beteiligten Banken dem Begünstigten gegenüber im Obligo bleibt[104].

Stehen Bank und Begünstigter außerhalb des Akkreditivverhältnisses nicht in Geschäftsbeziehungen, so ergeben sich hinsichtlich der Auszahlung des Akkreditivbetrages keine weiteren Probleme. Der Akkreditivbetrag wird dem Begünstigten in bar oder durch Scheck ausgezahlt oder nach seinen Wünschen überwiesen[104a]. Ist der Begünstigte Kunde der Bank, so erhebt sich die Frage, inwieweit die sonstigen Beziehungen der Beteiligten die Auszahlung des Akkreditivgegenwertes beeinflussen können. In normalen Fällen wird der Betrag dem Kunden mit dessen Einverständnis auf laufendem Konto gutgeschrieben, gleichgültig, ob dies debitorisch oder kreditorisch ist.

Es kann aber auch sein, daß dem Begünstigten — obwohl er bei der auszahlenden Bank im Debet steht — daran gelegen ist, den Akkreditivbetrag tatsächlich ausgezahlt zu erhalten, etwa weil er seinerseits mit Hilfe des zu erwartenden Akkreditivbetrages seine Zulieferanten befriedigen will. Ob die

[103] Vgl. dazu S. 61.

[104] Art. 11 ER; RGRK-HGB-Godin Anh. I zu § 365, 61.

[104a] Waren die Dokumente über zwischengeschaltete Banken vorgelegt, muß das Geld auf demselben Weg zurück zum Exporteur fließen. Vgl. S. 165 ff.

Bank hier mit einer ihr gegen den Begünstigten zustehenden anderweitigen Forderung gegen die Forderung des Begünstigten aus dem Akkreditiv aufrechnen kann, erscheint zweifelhaft[105]. Wir neigen zu der Ansicht, daß der Bank die Aufrechnungsmöglichkeit nicht zusteht. Das Akkreditivgeschäft ist ein in sich geschlossenes Geschäft. Das Verhältnis zwischen Begünstigtem und Akkreditiv- oder Zahlstellen-Bank beruht nicht auf dem zwischen ihm und den Banken bestehenden allgemeinen Bankvertrag, aus dem die sonstigen Forderungen der Banken gegen ihn in der Regel resultieren, sondern auf dem Akkreditivauftrag des Käufers. Diesen Auftrag haben die Banken zu erfüllen, nicht aber eigene außerhalb des Akkreditivs liegende Interessen zu verfolgen. Das Akkreditiv soll dem Begünstigten die Gewähr dafür bieten, daß er den Gegenwert für seine Warenlieferung auch tatsächlich in die Hand bekommt. Häufig erhält er auf das Akkreditiv einen Kredit von dritter Seite (Lieferant oder Bank), deren Sicherhiet die Gewißheit ist, daß der Akkreditivbetrag dem Begünstigten — oder dem Kreditgeber nach Abtretung des Zahlungsanspruches gegen die Akkreditivbank — zur freien Verfügung ausgezahlt werden wird. Dieser Sicherheitseffekt würde aber vereitelt, wenn die auszahlende Bank die Möglichkeit der Aufrechnung hätte. Dabei ist zu berücksichtigen, daß es häufig von Zufällen abhängt und dem Einfluß des Begünstigten entzogen ist, bei welcher Bank das Akkreditiv eröffnet und welche Bank von der Akkreditivbank als Zahlstelle ausgewählt wird. Steht der Begünstigte z. B. bei der letztgenannten Bank im Debet, so würde diese durch den Zufall, daß sie Korrespondenzbank der Akkreditivbank ist, eine Aufrechnungsmöglichkeit gewinnen, die ihr eine günstige Rechtsposition gewährt, während der Begünstigte durch denselben Zufall seine Dispositionen zerstört sähe. Im Akkreditivversprechen ist daher ein Aufrechnungsverzicht der Akkreditivbank gegenüber dem Begünstigten bezüglich solcher Forderungen zu sehen, die mit dem Akkreditiv nichts zu tun haben. Die Zahlstellenbank, die den Auftrag hat, den Akkreditivbetrag an den Begünstigten auszuzahlen, fungiert nur als Durchleitungsstelle für den Akkreditivbetrag und kann daher gleichfalls mit einer Forderung, die sie zufällig gegen den Begünstigten hat, nicht aufrechnen und die Auszahlung an diesen verweigern[106]. Von selbst versteht es sich, daß die Banken aufrechnen können, wenn ihre Forderungen gegen den Begünstigten das Akkreditiv selbst betreffen, z. B. wenn sie einen Vorschuß auf das Akkreditiv gewährt haben.

Um bei der Auszahlung unliebsame Überraschungen auf beiden Seiten auszuschalten, ist auf eine rechtzeitige Klärung des Zahlungsmodus zu achten. Bei gutem Willen und vertrauensvoller Zusammenarbeit zwischen Bank und Kunde läßt sich fast immer ein Kompromiß finden, der dem

[105] Bejahend: Liesecke WM 1960, 212; 1966, 469; Schlegelberger-Hefermehl Anh. zu § 365, 146; van der Gucht Rev. de la Banque 1952, 189 ff. Verneinend: RGRK-HGB-Godin Anh. I zu § 365, 79; J. Geßler S. 106/107; Angersbach S. 150/151.

[106] Wir haben hier einen Fall vor uns, der entsprechend den S. 145 erörterten Fällen des weisungsgebundenen Verfahrens der Banken mit zweckbestimmten Geldbeträgen gelagert ist.

Wunsche der Bank, überfällige Kredite abzudecken, und dem Bedarf des Begünstigten nach liquiden Mitteln gerecht wird. Über Zahlungsweg s. S. 165 f.

Bei der Abwicklung des Akkreditivs unter Banken tauchen im Zusammenhang mit der Frage der Aufrechnung ebenfalls Probleme auf. In der Praxis begegnet uns hin und wieder folgender Fall: Die (z. B. deutsche) Akkreditivbank eröffnet ein Akkreditiv zugunsten eines ausländischen Begünstigten und stellt es bei ihrer Korrespondenzbank in dessen Lande zahlbar. Gegen diese Bank hat die Akkreditivbank auf Grund anderer Geschäfte eine fällige Forderung. Die Zahlstellenbank nimmt die Dokumente des Begünstigten auf und honoriert sie, schickt die Dokumente jedoch nicht unmittelbar an die Akkreditivbank weiter, sondern läßt sie von einer dritten Bank negoziieren. Diese reicht ihrerseits die Dokumente bei der Akkreditivbank ein und verlangt Auszahlung des Akkreditivbetrages. Der Sinn dieser Manipulation der Zahlstellenbank ist folgender: Normalerweise würde die Akkreditivbank der Zahlstellenbank den auf das Akkreditiv verauslagten Betrag auf dem bei ihr geführten — debitorischen — Konto gutschreiben und damit durch Einstellung in das Kontokorrent den Debetsaldo der Korrespondenzbank ausgleichen oder vermindern. Dies wird praktisch dadurch verhindert, daß die eingeschaltete dritte Bank die Dokumente bei der Akkreditivbank einreicht und dies nur unter der Voraussetzung tut, daß ihr der volle Akkreditivgegenwert, den sie ihrerseits schon an die Zahlstellenbank ausgekehrt hat, bezahlt wird. Der Akrreditivbank soll dadurch die Möglichkeit genommen werden, den fälligen Debetsaldo der Korrespondenzbank auszugleichen; unter Banken ein wenig kooperatives Verfahren!

Hier wird die Frage akut, ob die Akkreditivbank dem Zahlungsanspruch der einreichenden dritten Bank mit ihrer Altforderung gegen die Zahlstellenbank im Wege der Aufrechnung begegnen kann. Dies scheitert schon aus praktischen Gründen, weil die dritte Bank die Dokumente nur gegen volle Zahlung herzugeben bereit ist. Aber auch rechtlich besteht hierfür u. E. keine Grundlage, denn die dritte Bank ist „bona fide holder" und kann auf Grund des Akkreditivs und mit Hilfe der in ihren Händen befindlichen Dokumente, unabhängig von den außerhalb des Akkreditivs liegenden Rechtsverhältnissen zwischen Akkreditiv- und Zahlstellenbank, Zahlung verlangen. Auch hier ist — wie im Verhältnis zwischen auszahlender Bank und Begünstigtem — das Akkreditiv von den sonstigen Rechtsbeziehungen rechtlich scharf zu trennen.

Aus der Negoziierung der Dokumente durch eine dritte Bank kann sich eine weitere Gefahr für die Akkreditivbank ergeben. Hat sie nämlich das Akkreditiv bevorschußt[106a] und weiß die — in voller Höhe — negoziierende Bank davon nichts, so entsteht für die Akkreditivbank die mißliche Situation, daß sie der dritten Bank den vollen Akkreditivbetrag auskehren muß, wenn sie die Dokumente von dieser Bank herausbekommen will. Wie sie den Vorschuß von dem Begünstigten wieder hereinholt, ist ihre Sache.

[106a] Z. B. durch Gewährung von packing credits.

Um diese üblen Konsequenzen zu vermeiden, muß die Akkreditivbank, wenn die Gefahr derartiger — unschönen — Manipulationen besteht, Vorkehrungen treffen. Sie kann z. B. im Akkreditiv ausdrücklich anordnen, daß die Dokumente von der Zahlstellenbank nur direkt bei ihr eingereicht werden dürfen. Dabei empfiehlt es sich, die „bona-fide-holder"-Klausel zu streichen. Außerdem sollte sie gegebenenfalls im Akkreditiv erwähnen, daß sie eine Anzahlung (Vorschuß) auf das Akkreditiv gewährt hat, um so den guten Glauben einer evtl. dritten negoziierenden Bank zu zerstören.

G. Einwendungen der Bank gegen den Zahlungsanspruch des Begünstigten

An dieser Stelle ist noch zu erörtern, ob und in welchen Fällen die Bank trotz Einreichung akkreditivgerechter Dokumente die Auszahlung des Akkreditivbetrages verweigern kann.

Aus der Natur des Akkreditivs als abstraktem Schuldversprechen mit dem Zweck, dem Begünstigten eine möglichst große Sicherheit für die Erlangung des Kaufpreises zu gewährleisten, folgt, daß die Bank dem Begünstigten weder Einwendungen aus dem Kaufvertrag zwischen Käufer und Begünstigtem noch aus dem Geschäftsbesorgungsvertrag zwischen Käufer und Bank oder zwischen den beiden Banken entgegenhalten kann[107]. Dies entspricht allgemeiner Auffassung und kommt auch deutlich in den ER zum Ausdruck (Allgemeine Regeln, c, Art. 8 Abs. a ER).

Trotz der strengen Trennung von Akkreditivversprechen der Bank einerseits und dem Warengeschäft andererseits sind Fälle möglich, in denen der Bank gestattet ist[108], die Zahlung unter Berufung auf das Grundgeschäft zu verweigern. Ein solcher Fall ist gegeben, wenn sich das Zahlungsbegehren des Verkäufers als arglistig darstellt. Wie jeder Forderung kann auch einer Akkreditivforderung der Einwand der unzulässigen Rechtsausübung entgegengesetzt werden. Hierbei sind strengste Maßstäbe anzulegen. Als einen Fall unzulässiger Rechtsausübung hat es der BGH bezeichnet, wenn der Verkäufer eine zur Vertragserfüllung offensichtlich ganz ungeeignete Ware geliefert hat. An den „offenbaren Wirtschaftsschädling" brauche die Akkre-

[107] Vgl. ausführlich Wessely aaO.

[108] Erman aaO S. 263 vertritt die Ansicht, daß in „liquid beweisbaren" Fällen der mangelnden Berechtigung des Verkäufers die Bank aus dem Geschäftsbesorgungsvertrag mit dem Käufer *verpflichtet* sei, das Akkreditiv nicht zu honorieren. Solche liquide Beweisbarkeit dürfte in der Praxis kaum vorkommen. Keinesfalls muß die Bank die Zahlung auf Wunsch des Käufers verweigern, wenn nur eine „Wahrscheinlichkeit" für die mangelnde Berechtigung des Begünstigten besteht. Die Bank muß das Akkreditiv als bewährtes Instrument verteidigen. Vgl. auch Erman aaO S. 271.

ditivbank nicht zu leisten[109]. Den Einwand unzulässiger Rechtsausübung kann die Bank dem Verkäufer auch dann entgegensetzen, wenn er Zahlung von ihr verlangt, obwohl das Warengeschäft gesetzwidrig (z. B. unerlaubter Waffenhandel) oder wenn es nur zum Schein abgeschlossen ist (z. B. um eine verbotene Kapitalsausfuhr zu tarnen). Die Mithilfe bei der Abwicklung derartiger Geschäfte würde die Bank eventuell sogar der Gefahr strafrechtlicher Verfolgung aussetzen.

Fälle, in denen die Bank mit Erfolg den Einwand der unzulässigen Rechtsausübng, der seine Wurzel im Warengeschäft hat, geltend machen kann, sind praktisch außerordentlich selten. Primär ist davon auszugehen, daß der Bank die Berufung auf das Warengeschäft grundsätzlich versagt ist; eine Aufweichung dieses Grundsatzes würde die Funktionsfähigkeit des Akkreditivs gefährden. Mit Recht hat daher der BGH entschieden, daß die Bank dem Begünstigten im Rahmen des Akkreditivgeschäftes selbst dann keine Einwendungen aus dem Kaufvertrag entgegensetzen kann, wenn ihr der Käufer seine Ansprüche gegen den Begünstigten (Verkäufer) abgetreten hat[110].

Aus dem Grundsatz, daß dem Begünstigten keine Einwendungen aus dem Verhältnis zwischen den beiden Banken entgegengesetzt werden können, folgt auch, daß sich die Bestätigungsbank nicht darauf berufen kann, sie könne von der Akkreditivbank, z. B. auf Grund von neuerlich erlassenen Devisenvorschriften, keine Deckung erhalten[111].

Der Vollständigkeit halber ist noch zu erwähnen, daß es der Bank bei Vorliegen entsprechender Voraussetzungen unbenommen ist, ihr Zahlungsversprechen wegen Irrtums anzufechten (§ 119 BGB). Sie hat auch ein Anfechtungsrecht wegen arglistiger Täuschung (§ 123 BGB), wenn Käufer und

[109] BGH WM 1955, 765; ablehnend dazu RGRK-HGB-Würdinger (2. Aufl.) Vor § 373, 167. Bei der Entscheidung eines besonders gelagerten Falles hat es der BGH ebenfalls als unzulässige Rechtsausübung seitens des Verkäufers angesehen, wenn er Zahlung von der Bank verlangt, obwohl rechtskräftig feststeht, daß der Kaufpreisanspruch des Verkäufers gegen den Käufer nicht besteht: WM 1958, 696/697.

[110] BGHZ 28, 129 ff.; BGH WM 28, 129 ff.; kritisch zur Begründung dieses Urteils Erman aaO S. 267 ff., der in Fällen des Rechtsmißbrauchs die Einwendungen aus dem abgetretenen Anspruch zum Zuge kommen läßt. Vgl. zum Ganzen außerdem RGZ 106, 304, 307/308; OLG München v. 30. 9. 1965 — 14 U 335/65; RGRK-HGB-Godin Anh. I zu § 365, 49, 79; Schlegelberger-Hefermehl Anh. zu § 365, 140 ff.; Baumbach-Duden Anh. I zu § 406, 8 D; Liesecke WM 1964, 1283; 1966, 182, 459, 467/468; v. Caemmerer JZ 1959, 364; Schütz S. 395; Soergel-Lippisch §§ 780—781, 26; Erman aaO, S. 262 ff.; ferner Gutteridge-Megrah S. 52 ff.; American Steel Co. v. Irving National Bank, 266 Fed. Rep. 41 = B. L. J. Digest, § 767 „Bank's refusal to pay".

[111] Ebenso Liesecke WM 1966, 467; v. Caemmerer JZ 1959, 364 mit Anm. 22; Cass. 23. 3. 1955, J. C. P. 1955, Nr. 8838 mit Anm. Cabrillac; Marin Banque 1959, 821; Kübler S. 191 mit Hinweis auf eine Kriegsentscheidung des Appellationsgerichts Rom vom 30. 4. 1942, vgl. auch Schönle S. 311. A. A. Baumbach-Duden Anh. I zu § 406, 8 D unter Berufung auf RGZ 144, 133, 137.

Verkäufer in gegenseitigem Einvernehmen sie durch betrügerische Manipulationen zur Eröffnung des Akkreditivs bewogen haben[112]. Hat dagegen nur der Käufer (d. h. nicht der Begünstigte) die Bank durch Täuschung (z. B. durch Erschleichen eines Kredits) zur Abgabe des Zahlungsversprechens veranlaßt, so kann die Bank mit Wirkung gegenüber dem Begünstigten nach § 123 Abs. 2 BGB nur dann anfechten, wenn dem Begünstigten die Täuschung bekannt war oder bekannt sein mußte, was ihm praktisch nur selten nachzuweisen sein wird.

Hin und wieder kommt es vor, daß der Begünstigte von ihm selbst oder von einem Dritten gefälschte oder betrügerisch ausgestellte Dokumente vorlegt, sich also im Rahmen der eigentlichen Akkreditivabwicklung arglistig verhält. In derartigen Betrugsfällen ist die Akkreditivbank berechtigt, die Honorierung akkreditivgerechter Dokumente abzulehnen, wenn der Begünstigte nach erfolglosem Betrugsversuch bei einer zweiten Dokumenteneinreichung ordnungsgemäße Dokumente vorlegt. Dem Zahlungsanspruch des Begünstigten kann die Bank mit dem Einwand der allgemeinen Arglist begegnen. Ihr kann nicht zugemutet werden, sich mit einem Betrüger geschäftlich einzulassen.

In einem solchen Fall versuchten Betruges ist die Bank auch berechtigt, sich sofort und endgültig durch einseitige Erklärung gegenüber dem Begünstigten von ihrem Akkreditivversprechen zu lösen. Man kann hier von einem Widerruf der Akkreditivverpflichtung „aus wichtigem Grund" sprechen. Der Versuch des Begünstigten, im Wege betrügerischer Manipulationen die Auszahlung des Akkreditivbetrages zu erreichen, stellt einen solchen wichtigen Grund dar. Der Betrugsversuch des Begünstigten erschüttert das gegenseitige Vertrauen, das Grundlage jeden Akkretitivgeschäftes ist, so sehr, daß es für die Bank angesichts des Verhaltens des Begünstigten unzumutbar ist, weiterhin an ihr Versprechen gebunden zu bleiben.

Ist nicht die Akkreditivbank, sondern eine zweite in das Akkreditivgeschäft eingeschaltete Bank (Avisbank, Bestätigungsbank) von dem Betrugsversuch des Begünstigten betroffen, so dürfte letztere auf Grund ihrer Sorgfaltspflichten im Rahmen des Geschäftsbesorgungsvertrages verpflichtet sein, der Akkreditivbank umgehend von dem Vorfall zwecks Warnung Kenntnis zu geben, damit der Betrugsversuch nicht bei dieser wiederholt werden kann. Erfolgt betrügerische Vorlage auf Grund eines „Commercial Letter of Credit"[113], ist dieser einzuziehen.

Die Bewertung eines arglistigen Verhaltens des Begünstigten braucht nun freilich nicht bei beiden Banken (Akkreditivbak, Bestätigungsbank) und dem Käufer die gleiche zu sein. Daraus können unter einem bestätigten Akkreditiv, aus welchem beide Banken dem Begünstigten gegenüber selbständig verpflichtet sind, Divergenzen entstehen. Zum Beispiel kann die bestätigende Bank den Wunsch haben, sofort zurückzutreten, während evtl. die Akkreditivbank und der Käufer aus kommerziellen Gründen noch zur

[112] Vgl. dazu auch BGH DB 1967, 242.

[113] Vgl. zu diesem S. 233.

Aufnahme ordnungsmäßiger Dokumente bereit sind oder dem Begünstigten noch Gelegenheit zur fristgemäßen Nachreichung ordnungsgemäßer Dokumente geben wollen. Ebenso ist es umgekehrt denkbar, daß die bestätigende Bank zwar die Dokumente zurückweist, aber nicht gleichzeitig ihr Akkreditivversprechen widerruft, während Akkreditivbank und Käufer das Akkreditiv auf Grund der hierzu vorliegenden Berechtigung zu annulieren wünschen.

Fraglich erscheint, ob es im Falle derartiger Divergenzen erforderlich ist, daß die beiden Banken sich über den Widerruf der jeweiligen Akkreditivversprechen einigen, mit anderen Worten, ob die Bestätigungsbank nur mit Zustimmung der Akkreditivbank widerrufen kann und umgekehrt die Akkreditivbank nur im Einvernehmen mit der Bestätigungsbank.

Akkreditiv- und Bestätigungsbank sind gegenüber dem Begünstigten Gesamtschuldner. Nach § 425 BGB wirkt eine Tatsache, die nur einen der Gesamtschuldner betrifft — hier der nur von einer der beiden Banken ausgesprochene Widerruf aus wichtigem Grund —, grundsätzlich nur für und gegen den betreffenden Gesamtschuldner. Das Gesetz erwähnt beispielhaft die Kündigung, die dem vorliegenden Fall vergleichbar ist. Aus der gesetzlichen Regelung des Gesamtschuldverhältnisses folgt daher, daß jede der beiden Banken sich unabhängig von der anderen von ihrem Zahlungsversprechen dem Begünstigten gegenüber lösen kann[114].

§ 356 BGB findet auf das Verhältnis zwischen den beiden Banken keine Anwendung. Diese Vorschrift betrifft nur den Fall, daß an *einem* Vertrag auf einer Seite mehrere beteiligt sind. Sie will vermeiden, daß der Rücktritt eines der Beteiligten zum Erlöschen des ganzen Vertragsverhältnisses für die anderen Beteiligten führt[115]. Akkreditivbank und Bestätigungsbank sind dem Begünstigten indessen durch *zwei* selbständige Schuldversprechen verpflichtet. Der Rücktritt einer der beiden Banken führt nicht notwendig zum Erlöschen des Vertragsverhältnisses zwischen der anderen Bank und dem Begünstigten[116].

Die Anwendung des § 356 BGB würde im übrigen auch zu dem unbefriedigenden Ergebnis führen, daß die Bestätigungsbank bei Betrugsversuchen des Begünstigten an ihrer Akkreditivverpflichtung festgehalten würde, wenn die Akkreditivbank, aus welchem Grunde auch immer, einem Widerruf nicht zustimmt. Umgekehrt könnte die Akkreditivbank aus dem Akkreditiv nicht heraus, wenn die Bestätigungsbank am Akkreditiv festhält. Dies kann z. B. dann in Frage kommen, wenn sie dem Begünstigten im Hinblick auf das Akkreditiv einen Kredit gewährt hat.

Aus dem Vorstehenden folgt:

Widerruft die Bestätigungsbank ihr Zahlungsversprechen, so scheidet sie — gegenüber dem Begünstigten — als selbständig Verpflichtende aus dem Akkreditiv aus. In diesem Widerruf liegt aber nur ein Widerruf ihrer Be-

[114] Vgl. jedoch Hahn S. 48.
[115] Erman-Westermann § 356, 1.
[116] Vgl. dazu auch RGZ 151, 304, 311.

stätigung, nicht aber zugleich eine Kündigung des Geschäftsbesorgungsvertrages mit der am Akkreditiv festhaltenden Akkreditivbank. Diese Kündigung ist der Akkreditivbank gegenüber zu erklären und liegt in der Regel in der Mitteilung der Bestätigungsbank an die Akkreditivbank, daß sie ihre Bestätigung widerrufen habe. Der zur Kündigung des Geschäftsbesorgungsvertrages berechtigende wichtige Grund ist durch das betrügerische Verhalten des Begünstigten gegeben. In der Regel wird in einem solchen Falle die Akkreditivbank — wenn sie überhaupt das Akkreditiv bestehen läßt — für technische Abwicklung über eine andere Bank sorgen.

Wenn die Akkreditivbank ihr Zahlungsversprechen gegenüber dem Begünstigten widerruft, berührt das zwar rechtlich die Verpflichtung der Bestätigungsbank gegenüber dem Begünstigten grundsätzlich nicht. Andererseits kündigt natürlich die Akkreditivbank gleichzeitig den Geschäftsbesorgungsvertrag mit der Bestätigungsbank. Der wichtige Grund, der dies rechtfertigt, liegt stets in dem Fehlverhalten des Begünstigten. Obgleich die Akkreditivbank die Bestätigungsbank nicht anweisen kann, daß diese ihr Zahlungsversprechen ebenfalls widerruft, wird die Kündigung des Geschäftsbesorgungsvertrages immer auch zu diesem Widerruf führen, weil die Bestätigungsbank das Akkreditiv ohne die Akkreditivbank nicht abwickeln kann: Einmal steht sie nicht in Rechtsbeziehungen zum Akkreditivauftraggeber, zum anderen erhält sie für ihre — spätere — Zahlung an den Begünstigten auf Grund ihrer selbständigen Akkreditivverpflichtung keinen Auslagenersatz.

Entzieht sich eine Bank unberechtigt ihrer aus dem gestellten Akkreditiv gegenüber dem Begünstigten bestehenden Verpflichtung — indem sie vom Akkreditiv zurücktritt oder indem sie die Aufnahme akkreditivgerechter Dokumente verweigert — steht dem Berechtigten nach deutschem Recht die Klage auf Erfüllung *und* die Klage auf Ersatz des Verzugsschadens mit Zinsen offen. Nach amerikanischem Recht[117] steht ihm nur ein verzinslicher Schadensersatzanspruch zu. Der Schaden wird — ohne Rücksicht auf den Einkaufspreis — aus der Differenz von Akkreditivsumme und Marktwert der Dokumente berechnet.

H. Möglichkeiten des Käufers, die Auszahlung des Akkreditivbetrages an den Begünstigten zu verhindern

Es kann vorkommen, daß der Begünstigte wegen Unregelmäßigkeiten beim Zustandekommen des Akkreditivs oder wegen Veränderung der Verhältnisse, insbesondere wegen seines eigenen Verhaltens, das Akkreditiv materiell gar nicht in Anspruch nehmen dürfte. In solchen Fällen wird der

[117] Käser aaO, 108 mit umfangr. Literaturangaben.

Käufer (Akkreditivsteller) zu verhindern suchen, daß der Begünstigte das Akkreditiv überhaupt in Anspruch nimmt. Kann er dies nicht verhindern, hat er das Bestreben, die eingebüßte Akkreditivsumme wieder „einzufangen“. Der Akkreditivsteller versucht dann, den Anspruch zu pfänden, den der Begünstigte — Zug um Zug gegen akkreditivgerechte Dokumente — gegen die Bank auf Auszahlung des von ihm, dem Käufer, bei der Bank für den Begünstigten bereitgestellten Geldes erwirbt. (Beim Inkasso versucht der Käufer auf Grund der Ansprüche, die er gegen den Verkäufer zu haben glaubt, entweder die bei der Bank angekommenen Dokumente oder den Anspruch des Verkäufers (oder der zwischengeschalteten Bank) gegen die Inkassobank auf Auszahlung des soeben von ihm selbst eingezahlten Geldes zu pfänden)[118].

Wie sind diese Korrekturbestrebungen im Hinblick auf den Charakter des Akkreditivs als abstraktes Schuldversprechen zu beurteilen? Der an sich naheliegende Gedanke, daß der Käufer der Bank seine Ansprüche gegen den Verkäufer abtritt, um diese dann zur Zahlungsverweigerung zu veranlassen, scheidet wegen der Abstraktheit des Akkreditivs aus[119].

Da ein Prozeß wohl nie innerhalb der Laufzeit eines Akkreditivs zu Ende geführt werden kann, stellt sich die Frage, ob und unter welchen Umständen *gerichtliche Eilmaßnahmen* (Einstweilige Verfügung; Arrest) angewendet werden können, obwohl diese hinwiederum im Hinblick auf die kurze Laufzeit des Akkreditivs leicht nicht nur zu einer „vorläufigen Regelung“, sondern zur engültigen Zerstörung der Rechte des Begünstigten durch Fristablauf führen, während ihre Versagung bewirken würde, daß der Begünstigte sich — vielleicht entgegen letztlicher Gerechtigkeit — zunächst einmal in den Besitz der Akkreditivsumme setzen kann.

Die *einstweilige Verfügung* (§§ 935 ff. ZPO) käme dann in Frage, wenn der Käufer vom Verkäufer den Verzicht auf ein von ihm vorgeleistetes Akkreditiv verlangen will. Der *Arrest* (§§ 916, 847 ZPO) käme dann in Frage, wenn dem Käufer gegen den Begünstigten ein auf Geld gerichteter Anspruch zusteht, dessen Realisierung ohne den Arrest gefährdet wäre. Durch den Arrest wird der Zahlungsanspruch des Begünstigten aus dem Akkreditiv gegen die Bank beschlagnahmt (§§ 928, 930, 829 ZPO).

1. Wo die Nichtberechtigung des Begünstigten sich (nicht aus Zusammenhängen des Grundgeschäftes sondern) aus dem Zustandekommen des Akkreditivs selbst ergibt, hat der Akkreditivsteller ein Recht, zu verlangen, daß der Begünstigte das Akkreditiv nicht in Anspruch nimmt. Beispiele: Der Akkreditivsteller hat das Akkreditiv irrtümlich für eine falsche Firma oder über eine falsche Menge (400 to statt 40 to) oder mit einem falschen Preis ($ 150,50 statt $ 115,50) oder mit falscher Laufzeit (bis 15. XI. statt bis 15. VI) stellen lassen. Hat sich der Fehler erst bei der Bank eingeschlichen, hat diese den Anspruch auf Nichtbenutzung.

[118] Siehe Inkasso S. 211 ff.

[119] Erman aaO 271; Wessely aaO 73.

Das Gleiche gilt, wenn der Begünstigte den Akkreditivsteller (oder die Bank) durch eine kriminelle Handlung (z. B. Erpressung; Betrug) zur Stellung (bzw. die Bank zur Eröffnung) des Akkreditivs veranlaßt hat, oder wenn das Akkreditiv zur Durchführung illegaler oder sittenwidriger Geschäfte (Waffenschmuggel; Drogenhandel) dient.

In den vorstehenden Fällen können die Erklärungen über Stellung und Eröffnung des Akkreditivs bzw. über den Auftrag zur Akkreditiveröffnung etc. nach den Vorschriften des BGB (§§ 119, 123) angefochten werden; und zwar ohne die Folge, daß der Anfechtende zur Schadensersatzleistung verpflichtet ist, da der Begünstigte ja seine Nichtberechtigung kennt.

2. Der Grund für den Wunsch des Käufers, das Akkreditiv wieder aus der Welt zu schaffen, kann auch seine Ursache darin haben, daß der Kaufvertrag *nichtig* oder mit Erfolg angefochten ist. Hier bieten die Vorschriften über die *ungerechtfertigte Bereicherung* (§§ 812 ff. BGB) eine geeignete Handhabe. Dadurch, daß der Käufer durch die Akkreditivbank eine Akkreditiv hat stellen lassen, hat der Begünstigte das Akkreditivbenutzungsrecht erlangt. Die Stellung des Akkreditivs ist eine Leistung des Käufers, die bei Nichtigkeit oder Fortfall des Kaufvertrages ohne Rechtsgrund erfolgt ist. Da die Akkreditiveröffnung durch die Bank zu Lasten des Käufers geht und dessen Vermögen durch die Pflicht, der Bank deren Aufwand zu ersetzen, belastet wird, andererseits derselbe Vorgang die entsprechende Vermögensvermehrung beim Verkäufer zur Folge hat, ist die für § 812 BGB erforderliche „Einheit des den Gewinn und Verlust begründenden Umstandes“[120] gegeben. Der Käufer kann vom Begünstigten die „Herausgabe“ des durch die Akkreditivstellung Erlangten verlangen[121]. Die „Herausgabe“ besteht darin, daß der Begünstigte auf seine Rechtsposition verzichtet. Dieser Verzicht ist der Bank gegenüber auszusprechen; der Anspruch des Käufers geht also darauf, daß der Begünstigte der Bank gegenüber auf sein Akkreditivbenutzungsrecht verzichtet[122].

Die Vollstreckung eines dem Käufer zustehenden Bereicherungsanspruchs dieser Art kann durch einstweilige Verfügung (§§ 935, 940 ZPO) vorläufig gesichert werden. Das Gericht wird an den (mit den im Verfahren zur Erlangung einer einstweiligen Verfügung zulässigen Beweismitteln zu erbringenden) Nachweis, daß der Kaufvertrag nichtig oder mit Erfolg angefochten ist, die schärfsten Anforderungen stellen; bloße eidesstattliche Versicherungen des Käufers dürften kaum ausreichen.

[120] Staudinger-Seufert § 812, 8 a.

[121] Wie hier: Angersbach S. 145. Unrichtig RGRK-HGB-Würdinger (2. Aufl.) Vor § 373, 167, der *der Bank* einen Bereicherungsanspruch gibt. Es handelt sich bei der Akkreditivstellung um einen Fall der mittelbaren Zuwendung durch Leistung eines Dritten, bei dem nur der mittelbar Zuwendende Gläubiger des Bereicherungsanspruchs ist. Vgl. dazu Staudinger-Seufert § 812, 8 c, 8 ca; Erman-Seiler § 812, 4 b bb; RGRK-BGB-Scheffler § 812, 49; Enneccerus-Lehmann § 221 III 1 b; auch RGZ 119, 332, 334 ff.; 130, 310, 312; 163, 21, 34.

[122] Vgl. dazu Staudinger-Seufert § 812, 4.

3. Der Wunsch des Käufers, die Auszahlung des Akkreditivs zu verhindern, kann auch andere als die unter 1. u. 2. genannten Ursachen haben. Dies sind die in der Praxis am häufigsten vorkommenden Problemfälle. So kann der Käufer gegen den Verkäufer Ansprüche auf Schadensersatz haben; ferner kann er vom Kaufvertrag zurückgetreten sein oder gewandelt haben (etwa §§ 325, 326, 467 BGB), was zu Rückabwicklungsansprüchen führt (§§ 346 ff. BGB). Die Entstehung derartiger Ansprüche vor Benutzung des Akkreditivs durch den Begünstigten kommen z. B. vor, wenn sich mehrere Geschäfte aneinanderreihen oder wenn das Akkreditiv so aufgebaut ist, daß Zahlung an den Begünstigten erst erfolgen soll, wenn der Käufer bereits in den Besitz der gelieferten Ware gekommen ist[123]. Es kann auch sein, daß der Käufer über Dritte verläßliche Nachrichten über den schlechten Zustand der abgesendeten (aber vom Käufer noch nicht besichtigten) Ware erhalten hat. Schließlich kann es sich um eine Schlechtlieferung mit deferred payment handeln. In diesen Fällen ist bei dem Käufer regelmäßig der verständliche Wunsch vorhanden, den Verkäufer daran zu hindern, Zahlungen aus einem ihm materiell nicht zustehenden Akkreditiv zu erhalten. Rechtlich handelt es sich hier nicht um Ansprüche aus ungerechtfertigter Bereicherung im Sinne von Ziffer 2, sondern um solche, die ihre Wurzel in dem noch existenten, aber eventuell in ein Rückabwicklungsstadium getretenen Kaufvertrag haben. Unter Berücksichtigung des Grundsatzes, daß das Akkreditiv von dem ihm zugrunde liegenden Warengeschäft scharf zu trennen sei, erhebt sich die Frage, ob und wie der Käufer mit Hilfe von Ansprüchen aus der Rückabwicklung des Kaufvertrages die Benutzung des Akkreditivs inhibieren bzw. die Akkreditivsumme noch im Rahmen der Akkreditivabwicklung wieder zurückholen kann. Durch gerichtliche Eilmaßnahmen würde dem Begünstigten die Möglichkeit genommen, das Akkreditiv zu benutzen oder es würde der Akkreditivbetrag zum mindesten an die Kette gelegt.

Grundsätzlich ist in Fällen der hier unter 3. erörterten Art kein Raum für einstweilige Verfügungen und Arreste. Es wäre höchst unerwünscht und im Interesse der Rechtssicherheit geradezu gefährlich, wollte man es dem Käufer ermöglichen, durch derartige einseitige Maßnahmen den Begünstigten an der Benutzung des Akkreditivs zu hindern. Es würde nämlich nicht nur in das Verhältnis Käufer/Verkäufer eingegriffen; vielmehr würden auch vielfältige andere Zusammenhänge (z. B. Kreditbeziehungen) betroffen. Arreste und einstweilige Verfügungen sind auch deshalb bedenklich, weil es zum Erwirken eines Arrestes oder einer einstweiligen Verfügung lediglich der „Glaubhaftmachung" bedarf (§ 920 ZPO). In der Praxis erfolgt die Glaubhaftmachung meist durch bloße eidesstattliche Versicherung; das Gericht prüft die Richtigkeit der Angaben des Antragstellers im einzelnen nicht nach. Bei schwierigen Fragen, etwa ob die gelieferte Ware mangelhaft ist oder nicht, wird zwar der Käufer die Mängel behaupten und deren Vorliegen an Eides Statt versichern. Ob sie aber in der Tat vorliegen und zum Schadensersatz oder Rücktritt berechtigen, kann häufig nur durch ein-

[123] Vgl. dazu S. 47.

gehende Überprüfung festgestellt werden, die im Verfahren des Arrests und der einstweiligen Verfügung gerade nicht stattfindet. Würden Arrest und einstweilige Verfügung im Zusammenhang mit Akkreditiven zugelassen, so würden schon die durch eigene eidesstattliche Erklärungen erhärteten Behauptung des Käufers genügen, um ein Akkreditiv praktisch gegenstandslos zu machen.

Dies aber widerspricht dem Wesen des Akkreditivs: Der Verkäufer soll unabhängig von allen aus dem Kaufvertrag herrührenden Streitigkeiten zwischen ihm und dem Käufer die Sicherheit haben, daß er zunächst einmal für seine in Rede stehenden individuelle Lieferung bezahlt wird[124]. Gerade deshalb ist die Bank mit ihrer selbständigen, vom Warengeschäft unabhängigen Zahlungsverpflichtung in die Abwicklung eingeschaltet. Nach der Struktur des Akkreditivs soll der Käufer Ansprüche der hier erörterten Art aus dem Kaufvertrag erst dann gegen den Verkäufer geltend machen können, wenn dieser bereits gegen Einreichung der Dokumente Zahlung von der Bank erhalten hat. Diese bewährte Konstruktion des Akkreditivgeschäfts, die gewissermaßen die *Prozeßsituation* umkehrt, wäre gefährdet, wenn der Käufer durch Arrest oder einstweilige Verfügung störend in die Abwicklung des Akkreditivs eingreifen könnte. In konsequenter Fortsetzung der Rechtsprechung des BGH, die Einwendungen aus dem Warengeschäft gegen den Akkreditivanspruch des Begünstigten grundsätzlich nicht zuläßt[125], kann man daher sagen, daß Ansprüche aus dem Kaufvertrag, auch als Rückabwicklungsansprüche nach erfolgtem Rücktritt, als Grundlage für das Ausbringen eines Arrests oder einer einstweiligen Verfügung grundsätzlich nicht geeignet sind[126]. Mithin entfällt für den Käufer grundsätzlich die Möglichkeit, mit der Begründung, ihm stünden aus dem dem Akkreditiv zugrunde liegenden Warengeschäft Ansprüche gegen den Begünstigten zu, die Benutzung des Akkreditivs durch den Begünstigten zu verhindern oder den Akkreditivbetrag im Rahmen der Akkreditivabwicklung anzuhalten.

4. Eine andere Auffassung kann nur Platz greifen, wenn die Inanspruchnahme des Akkreditivs sich offensichtlich als eine *unzulässige Rechtsausübung* darstellen würde. Als Fälle kämen in Betracht: Lieferung einer *offensichtlich* zur Erfüllung des Kaufvertrages ungeeigneten Ware (Kisten mit Steinen, Säcke mit Eselsmist). Die Bank ist natürlich nicht verpflichtet,

[124] Wessely aaO S. 79; Erman aaO S. 273.

[125] Siehe S. 155 ff.

[126] Unrichtig daher ein Arrest des LG Düsseldorf vom 1. 3. 1966 — 18 Q 16/66 II. Es handelte sich dabei zwar nicht um ein Akkreditiv, sondern um eine Bankgarantie. Für diese gilt jedoch dasselbe, vgl. dazu unten S. 229/230. Wie hier: Hanzah Malas & Sons v. British Imex Industries Ltd. (1958) 2 Q. B. 127 = AWD 1958, 59; Frey v. Sherburne and National City Bank, 193 App. Div. 849; Tuela v. Rodriguez, B. L. J. 1966, 42 ff.; Grob v. Manufacturers Trust Co. 29 N. Y. Supp. (2 d) 916; Zahn aaO, 253/254. Zur Rechtslage in Italien und Frankreich vgl. Kübler S. 193/194.

in derartigen Fällen von sich aus den *Arglist*einwand zu erheben; sie kann sich stets darauf berufen, das Warengeschäft gehe sie nichts an. Infolgedessen muß dem Käufer die Möglichkeit gegeben sein, aus eigenem Recht mit Hilfe einer einstweiligen Verfügung die Auszahlung des Akkreditivbetrags zu verhindern, wenn der Begünstigte durch die Benutzung des Akkreditivs seine durch die Akkreditivstellung erworbene Rechtsposition gröblich mißbrauchen würde[127]. Es muß aber nochmals betont werden, daß hier nur solche Fälle angesprochen sind, in denen die Benutzung des Akkreditivs durch den Begünstigten dem Rechtsempfinden aller „billig und gerecht Denkenden" geradezu ins Gesicht schlagen würde. Nur in solchen klarliegenden Fällen darf der Grundsatz durchbrochen werden, daß das Dokumentengeschäft vom Warengeschäft völlig losgelöst ist. Keinesfalls darf der Käufer das Akkreditiv durch gerichtliche Maßnahmen zerstören können, wenn Meinungsverschiedenheiten kommerzieller Natur zwischen den Parteien bestehen oder wenn der Käufer lediglich den Verdacht hegt, die vom Verkäufer verschiffte Ware entspreche nicht dem Kaufvertrag[128].

In der Regel liegt die vorstehend gekennzeichnete Ausnahmesituation aber gar nicht vor, sodaß man primär den Grundsatz aufstellen kann: In der Regel kann gegen Akkreditivbegünstigte weder mit Arresten noch mit einstweiligen Verfügungen vorgegangen werden. Ich sage das hier so breit, weil in der Literatur gemeinhin die doch ganz seltenen Ausnahmefälle viel zu sehr breitgetreten werden, so daß man fast den Eindruck gewinnt, die Ausnahme sei die Regel und die Regel sei die Ausnahme. Mit allzu vielen „Wenn" und „Aber" sollte man hier nicht arbeiten, weil sonst den Gerichten unzumutbare Unterscheidungsaufgaben aufgebürdet werden. Folgerung: Im Zweifel keine Einstweilige Verfügung! Oft steckt hinter dem Geschrei des Käufers im Grunde nur das Bestreben, aus unsachlichen Gründen (z. B. Preisverfall) aus einem lästigen Kontrakt herauszukommen. Es kann nicht hingenommen werden, daß über Streitigkeiten dieser Art in gerichtlichen Eilverfahren entschieden werden soll.

Zur juristischen Konstruktion dieser Auffassung sei bemerkt, daß es in den hier vorliegenden Fällen in richtig verstandener Würdigung des Wesens einer einstweiligen Verfügung erforderlich ist, daß vor deren Erlaß dem Gericht die Nichtberechtigung des Begünstigten *endgültig* liquide nachgewiesen wird. Neben diesem Nachweis ist dann noch die Glaubhaftmachung erforderlich, daß die Realisierung des an sich feststehenden Anspruchs ohne gerichtliche Eilmaßnahme gefährdet wäre. Eine bloße Glaubhaftmachung der Nichtberechtigung des Begünstigten genügt nicht.

Im Sinne dieser Auffassung — die es auch vermeidet, zwischen „Beweis" und „Glaubhaftmachung" eine — dem Gesetz garnicht bekannte — Zwischenstufe der Beweisführung kreieren zu müssen[129] sind vielfältige juristische Gedankengänge vorgetragen worden. Mit guten Gründen wird von

[127] Ebenso im Ergebnis: Liesecke WM 1966, 464, 468; Erman aaO, S. 273 ff.; vgl. auch OLG Düsseldorf JW 1927, 1496; Kübler S. 195.

[128] Vgl. dazu BGH WM 1963, 844; ferner, sehr streng wie hier, Discount Records Ltd v. Barclays Bank Ltd (1975) 1 All ER 1071.

[129] Erman aaO S. 273.

einem in der Akkreditivvereinbarung liegenden pactum de non petendo[130] oder auch von einem venire contra factum proprium[131] gesprochen. M. M. nach genügte es schon, auf das eigentliche Wesen eines Akkreditivs zu verweisen, um die Möglichkeit eines Eingreifens der hier in Rede stehenden Art auszuschließen[132]. *Die Akkreditivvereinbarung* besagt doch, daß sich Käufer und Verkäufer darüber einig sind, die Zahlungsabwicklung über ein Akkreditiv vorzunehmen, was begrifflich bereits die Prozeßsituation bei evtl. Streitereien fixiert, d. h. umkehrt[133]. Für das Inkasso gilt Entsprechendes.

5. Die vorstehenden Ausführungen, aus denen folgt, daß der Käufer grundsätzlich keine Möglichkeit hat, das Akkreditiv durch einstweilige Verfügung und Arrest unter Berufung auf solche Ansprüche zu zerstören, die ihren Grund in dem dem Akkreditiv zugrunde liegenden Warengeschäft haben, beruhen auf dem Prinzip der Trennung von Akkreditiv und *Warengeschäft*. Es bleibt natürlich dem Käufer unbenommen, durch gerichtliche Maßnahmen in das Akkreditiv einzugreifen, wenn er Ansprüche gegen den Begünstigten aus anderen Rechtsgründen als dem speziellen Warengeschäft hat, dessen Abwicklung das Akkreditiv dient. Hat er z. B. aus anderen Geschäften einen Zahlungsanspruch gegen den Begünstigten, so kann er wie jeder andere Gläubiger des Begünstigten auch zur Sicherung der Zwangsvollstreckung wegen dieser Forderung einen Arrest gegen den Begünstigten ausbringen und dessen Zahlungsanspruch aus dem Akkreditiv gegen die Akkreditivbank oder diejenige andere Bank, gegen die der Begünstigte seinerseits einen Anspruch hat, pfänden lassen. Ist eine weitere Bank zwischengeschaltet, hat der Begünstigte nur gegen diese, nicht aber gegen die Akkreditivbank den aus der Dokumenteneinreichung herrührenden Zahlungsanspruch. Bei derjenigen Bank, gegen die der Anspruch des Begünstigten besteht, hat der Käufer nach Einreichung der Dokumente durch den Begünstigten Zugriffsmöglichkeiten, sofern der Akkreditivbetrag nicht zur Abdeckung eines bei der Bank etwa vorhandenen (im Rang vorgehenden) Debetsaldos des Begünstigten verbraucht ist[134].

6. Über die formelle Seite der gerichtlichen Eilmaßnahmen wäre folgendes anzumerken:

Ein *Arrest* (§§ 196 ff. ZPO) kann bei Vorliegen eines Arrestgrundes erlassen werden, wenn ein Arrestanspruch vorliegt, ein Gläubiger kann also einen Arrest nur gegen seinen Schuldner ausbringen lassen. Eine *einstweilige Verfügung* (§§ 935 ff. ZPO) kann erlassen werden, wenn zu besorgen ist, daß die Verwirklichung der Rechte des antragstellenden Gläubigers gegen seinen *Schuldner* vereitelt usw. werden könnte. In beiden Fällen kann also der Gläubiger die gerichtlichen Eilmaßnahmen — nicht gegen Jedermann, sondern — nur gegen seinen *Schuldner* ausbringen lassen.

130 Erman aaO S. 268.
131 Gautschi Berner Kommentar Art. 407 Rdn. 20 a.
132 Ähnlich Wessely aaO S. 78 ff.
133 Beispiele s. Wessely aaO S. 67 f.
134 BGH 11, 37.

Die Inanspruchnahme eines *Akkreditivs* erfolgt nur selten direkt bei der (oftmals im Ausland domizilierenden) eröffnenden Bank. Normalerweise übergibt der Begünstigte die Dokumente (direkt oder über seine Hausbank) der zwischengeschalteten avisierenden Bank mit der Bitte, dieselben (wenn sie Zahlstelle ist) selbst zu honorieren, oder mit dem Auftrag, gegen die Dokumente für ihn bei der Akkreditivbank den Gegenwert einzuziehen. Bei Banken beinhaltet der Besitz der Dokumente ohne weiteres die Ermächtigung sowohl zur Einreichung der Dokumente als auch zur Entgegennahme des Gegenwertes[200]. Wer ist nun wessen Schuldner, und wer ist wessen Gläubiger?

Im Fall der Einschaltung von zwei Banken zwischen Exporteur und Akkreditivbank übergibt der Exporteur die Dokumente seiner Hausbank mit dem Auftrag, das Akkreditiv für ihn in Anspruch zu nehmen; die Bank nimmt den Auftrag an. Dann hat der Exporteur gegen die Bank einen Anspruch darauf, daß sie diesen Werkvertrag sachgemäß durchführt und ihm den erlangten Akkreditivbetrag gutbringt. Wenn jetzt die Hausbank als Treuhänderin des Exporteurs die Dokumente an die Zahlstellenbank weiterleitet und Zug um Zug dagegen die Auskehrung des Akkreditivbetrages verlangt, so hat sie (und nur sie; nicht der Exporteur) in eigenem Namen einen Anspruch auf Auszahlung des Akkreditivbetrages. Reicht nun die Zahlstellenbank die Dokumente an die Akkreditivbank weiter, so handelt sie ihrerseits auf Grund des Auftrages der Hausbank, ebenfalls in eigenem Namen, wiederum legitimiert durch den Besitz der Dokumente. Der Exporteur hat nur gegen seine Hausbank einen Anspruch, nicht aber gegen die außerdem tätigen übrigen Banken. Jeder Beteiligte gewinnt gegen den nächsten Beteiligten in der Einzugskette einen eigenen Anspruch. Die Banken machen also nicht den Anspruch des Exporteurs als dessen Bevollmächtigte geltend.

Beim Einzug von *Inkasso*dokumenten gilt Entsprechendes[201]. Der Exporteur hat einen Anspruch nur gegen die erste von ihm als Inkassotreuhänderin eingeschaltete Bank. Auch hier hat jeder Beteiligte nur einen Anspruch gegen den nächsten in der Einzugskette Wirkenden.

Für die Entstehung der hier erörterten Ansprüche (wohl für andere) in der Vorlegungs- bzw. Inkassokette spielt es keine Rolle, ob der Exporteur seine Ansprüche aus dem Grundgeschäft und/oder aus dem Akkreditiv an seine Bank (durch ausdrückliche Erklärung oder gemäß Ziffern 44 bzw. 19 AGB) abgetreten bzw. verpfändet hat oder nicht.

Logischer Weise darf der eingezogene Gegenwert der Dokumente nur auf demselben Wege zurückfließen, auf dem die Dokumente gekommen sind. Nur wenn hierauf Verlaß ist, sind die Dokumente als Kreditsicherheit für die vom Exporteur spätestens bei Absendung der Ware benötigten Kredite geeignet[202].

[200] S. S. 98, 204.
[201] Vgl. RGZ 72, 100; s. S. 201 ff.
[202] S. S. 66, 88, 98 f. und 153 sowie 212.

Nach allem ist bei Anträgen auf Arreste oder einstweilige Verfügungen jeweils genau zu prüfen, ob sie auch gegen den richtigen Schuldner erstrebt werden.

Die einstweilige Verfügung[135] ist gegen den *Begünstigten* zu richten, dem verboten wird, die Akkreditivsumme in Empfang zu nehmen. Der Akkreditivbank wird die einstweilige Verfügung als Drittschuldnerin ebenfalls zugestellt (§ 829 ZPO)[136]. Der Verzichtsanspruch i. S. von Ziffer 4 ist ein Anspruch des Käufers (nicht der Bank!) aus dem Grundgeschäft gegen den Begünstigten[137]. Also muß auch der Käufer die einstweilige Verfügung gegen den Begünstigten (nicht gegen die Bank) erwirken[138]. Leider ist in der Praxis — auch in Deutschland — häufig zu beobachten, daß manche Gerichte sich dazu verleiten lassen, die einstweilige Verfügung gegen die Akkreditivbank zu erlassen und ihr zu verbieten, die zur Bedienung des Akkreditivs eingereichten Dokumente einzulösen[139]. Dieser Tendenz ist entgegenzuwirken. Der allein richtige Weg ist es, die einstweilige Verfügung gegen den Begünstigten zu richten und der Bank eine Ausfertigung zuzustellen.

Da die einstweilige Verfügung nicht zur Befriedigung des Gläubigers führen darf, darf durch sie nicht bewirkt werden, daß der Begünstigte seine akkreditivrechtliche Position endgültig verliert. Wenn ihm pauschal untersagt wird, das Akkreditiv zu benutzen, wird mit der einstweiligen Verfügung aber fast immer erreicht werden, daß der Begünstigte das Akkreditiv unbenutzt verfallen lassen muß. Das geht unnötig weit; bei der regelmäßig kurzen Laufzeit der Akkreditive und der meist langwierigen Prozedur vor Gericht wird der Begünstigte es selten erreichen, daß die einstweilige Verfügung noch während der Laufzeit des Akkreditivs aufgehoben oder gegenstandslos wird. Es würde u. E. genügen, wenn die einstweilige Verfügung dem Begünstigten die Entgegennahme der Akkreditivsumme untersagt, ohne ihm außerdem die fristgerechte Einreichung der Dokumente zu verbieten. Die Akkreditivsumme bliebe dann einstweilen bei der Bank und die Beteiligten hätten ohne unnötigen Rechtsverlust Gelegenheit, gemächlich über die Berechtigung der vom Käufer behaupteten Ansprüche zu prozessieren.

Arreste werden in der Praxis versucht (vgl. S. 159 f.):

Beim *Akkreditiv*, wenn der Akkreditivsteller selber das auf seine Veranlassung und für seine Rechnung von der aufnehmenden Bank bereitgehaltene Geld dadurch wieder zurückzuholen sucht, daß er den nackten Zahlungsan-

[135] Vgl. RGRK-HGB-Godin Anh. I zu § 365, 49; Liesecke WM 1966, 468; vgl dazu auch v. Caemmerer, Festschrift Riese, S. 304; Scheuermann AWD 1959, 194, 196.

[136] Vgl. Erman aaO. S. 272.

[137] Baumbach-Lauterbach § 940, 2 B; Liesecke WM 1966, 468; Scheuermann AWD 1959, 196; Erman aaO, S. 271.

[138] Vgl. RGRK-HGB-Godin, Erman und Liesecke aaO.

[139] Vgl. z. B. die bei Schneider S. 97 ff. erörterte Einstweilige Verfügung des LG Mannheim v. 1. 10. 1953 — 3 Q 35/53.

spruch pfändet, der für den Begünstigten Zug um Zug gegen Einlieferung der Dokumente entsteht;

Beim *Inkasso*, wenn der Käufer die zwecks Durchführung eines Inkasso eingetroffenen Dokumente bei der Bank zu pfänden wünscht (§ 847 ZPO) oder wenn er das von ihm selbst Zug um Zug gegen Aushändigung der Dokumente an die vorlegende Bank gezahlte Geld dadurch zurückzuholen trachtet, daß er den Anspruch seines Lieferanten gegen die Bank pfändet.

In beiden Fällen scheitert der Arrest, gegen den die gleichen Argumente (siehe oben) vorzubringen sind, wie gegen die einstweilige Verfügung, meist außerdem schon an der simplen Tatsache, daß ein direkter Anspruch des Verkäufers (beim Akkreditiv) gegen die negoziierende Bank bzw. (beim Inkasso) gegen die vorlegende Bank garnicht besteht. Hierfür gibt es zwei Gründe: Einmal hat in vielen Fällen der Verkäufer seine Rechte aus dem Grundgeschäft und (beim Akkreditiv auch) aus der zu seinen Gunsten erfolgten Akkreditivstellung an seine Bank durch speziellen Vertrag (evtl. Formular) oder nach Maßgabe der AGB (Ziffern 19,44) abgetreten oder verpfändet — was freilich im Ausland manchmal Beweisschwierigkeiten bietet oder mit ausländischen Zessions- bzw. Verpfändungsregeln kollidiert. Außerdem — viel wichtiger — ist zu berücksichtigen, daß fast nie ein direkter Anspruch des Verkäufers gegen die negoziierende Bank bzw. gegen die Inkassobank besteht, weil fast immer andere Banken dazwischengeschaltet sind. Gelder des Verkäufers können nur als Guthaben auf seinem Konto bei derjenigen Bank mit Arrest belegt bzw. gepfändet werden, der er die Dokumente zur Bedienung des Akkreditivs bzw. zur Durchführung des Inkasso gegeben hat, da der Verkäufer selber nur gegen diese Bank einen Anspruch hat[140].

Eine Bank, der eine fälschlich erlassene gerichtliche Eilmaßnahme ins Haus flattert, ist freilich in einer nicht beneidenswerten Lage. Sie muß die gerichtliche Verfügung — auch wenn sie unberechtigt ist — zunächst einmal beachten. Sie selber macht sich jedenfalls keinesfalls regreßpflichtig, wenn sie das tut.

I. Verlust der Dokumente

Auf dem Wege vom Verkäufer zum Käufer machen die Dokumente oft eine lange Reise. Wenn sie hierbei ganz oder teilweise verloren gehen, ist die Rechtslage verschieden, je nachdem, in welcher Phase des Geschäftsablaufes der Verlust eintritt[144].

1. Verlust auf dem Wege vom Begünstigten zur Bank

Gehen die Dokumente oder ein Teil derselben bereits auf dem Wege vom Begünstigten zu derjenigen Bank verloren, bei der entsprechend den Akkreditivbedingungen die Einreichung erfolgen soll (Akkreditivbank selbst, zweite, d. h. avisierende oder bestätigende Bank ohne Rücksicht auf Zahlbarstellung, oder eine dritte Bank, die als Zahlstelle eingesetzt ist), verfällt

[140] Wegen eines einschlägigen finnischen Urteils in einem Inkassofall s. S. 211.
[141] Vgl. dazu für England: Gutteridge — Megrah S. 138/139.
„Fußnoten 142—144 gestrichen".

das Akkreditiv unbenutzt. Grundsätzlich trägt der Begünstigte bis zum Augenblick der Andienung der Dokumente bei einer zu deren Aufnahme vorgesehenen Bank die Gefahr des zufälligen Unterganges. Das gilt auch, wenn er sich einer am Akkreditivvorgang nicht beteiligten Bank zur Weiterleitung der Dokumente bedient, z. B. wenn er seine Hausbank beauftragt, die Dokumente an diejenige Bank zu senden, bei der das Akkreditiv benutzbar ist.

In vielen Fällen wird es möglich sein, rechtzeitig vor Ablauf des Akkreditivs Ersatzdokumente zu beschaffen. Dies ist Sache des Begünstigten.

In diesem Stadium verlorene Dokumente lassen sich grundsätzlich nicht durch eine Bankgarantie ersetzen[145]. Dabei ist es unerheblich, ob den Begünstigten ein Verschulden an dem Verlust trifft oder nicht. Gerät er in Zeitdruck, bleibt nichts anderes übrig als den Auftraggeber um sein Einverständnis zur Akkreditivverlängerung zu bitten, zu der dieser aber nicht verpflichtet ist.

Verfällt das Akkreditiv infolge des Verlustes der Dokumente durch zeitlichen Ablauf, verbleibt dem Verkäufer die Forderung aus dem Kaufvertrag gegen den Käufer, sofern die Ware rechtzeitig versandt war. Er verliert nur die in das Akkreditiv verlagerte besondere Sicherheit für seine Forderung. Die Verfügungsmöglichkeit über die Ware wird er sich in den meisten Fällen durch entsprechende Ersatzmaßnahmen erhalten können, da wirklich verlorene Dokumente ja nicht in die Hand des Käufers oder eines unbefugten Dritten geraten und somit ein unbezahlter Warenübergang an den Käufer oder einen sonstigen Nichtberechtigten kaum stattfinden kann[146].

2. *Verlust bei den am Akkreditiv beteiligten Banken oder im Verkehr unter diesen*

Gehen die Dokumente im Geschäftsbetrieb einer der am Akkreditivvorgang beteiligten Banken (Akkreditiv-, Bestätigungs- oder Avisbank — gleichgültig, ob Zahlstelle oder nicht —) oder auf der Reise zwischen zwei solchen Banken verloren, so gilt folgendes:

Tritt der Verlust der Dokumente bei der Avisbank ein, die nicht Zahlstelle für das Akkreditiv, sondern nur „Durchleitungsstelle“ ist, oder gehen die Dokumente auf dem Wege von dieser Avisbank zur Akkreditivbank verloren, so trägt — juristisch betrachtet — der Begünstigte noch das Risiko des Verlustes[147]. Grundsätzlich ist es Sache des Begünstigten, die Dokumente bei derjenigen Bank anzudienen, bei der das Akkreditiv benutzbar ist. An diesem Grundsatz ändert sich auch nichts dadurch, daß die Akkreditivbank sich zur Mitteilung der Akkreditiveröffnung an den Begünstigten

[145] Vgl. aber zum Verlust von Konnossementsausfertigungen bei getrennter Versendung S. 153 und S. 235/236.

[146] Sind die Dokumente nicht verlorengegangen, sondern durch Diebstahl oder Unterschlagung in unrechte Hände gelangt, so gelten allerdings für die Berechtigung des Inhabers der Dokumente die allgemeinen Vorschriften: § 935 BGB, § 365 HGB, art. 16, 17 WG.

[147] Ebenso Schinnerer S. 24.

einer zweiten Bank bedient. Die Akkreditivbank verpflichtet sich, den Akkreditivbetrag an den Begünstigten zu zahlen, nur unter der Voraussetzung, daß die Dokumente innerhalb der Laufzeit des Akkreditivs *bei ihr* vorkommen; die Einreichung der Dokumente bei der Avisbank löst noch nicht die Zahlungsverpflichtung der Akkreditivbank aus.

Eine andere Beurteilung greift mit Sicherheit dann Platz, wenn die Akkreditivbank dem Begünstigten im Akkreditiv ausdrücklich vorschreibt, daß er die Dokumente bei der Avisbank einreichen solle. Eine solche Weisung kommt in der Praxis hin und wieder vor, z. B. wenn die Avisbank der Akkreditivbank eine Kreditlinie eingeräumt hat und daher ein eigenes Interesse daran hat, die Dokumente in die Hand zu bekommen. In einem solchen Fall *muß* sich der Begünstigte zur Weiterleitung der Dokumente der Avisbank bedienen, selbst wenn er die Möglichkeit hätte, auf anderem — eventuell sichererem — Wege die Dokumente unmittelbar bei der Zahlstelle vorzulegen. Wird aber dem Begünstigten der Weg vorgeschrieben, auf dem er die Dokumente vorlegen muß, so wäre es unbillig, ihm das Verlustrisiko für diesen Weg aufzubürden. Die Avisbank ist hier eine von der Akkreditivbank ausdrücklich zur Entgegennahme der Dokumente vorgeschriebene Stelle; mit Einreichung bei dieser verlassen daher die Dokumente die Sphäre und den Verantwortungsbereich des Begünstigten; die Gefahr des zufälligen Untergangs geht auf die Akkreditivbank bzw. den Käufer über.

Eine Weisung an den Begünstigten, sich der Avisbank zur Übermittlung der Dokumente an die Akkreditivbank zu bedienen, ist — juristisch — nicht schon in der Tatsache zu sehen, daß das Akkreditiv dem Begünstigten überhaupt von einer zweiten Bank avisiert wird. Dennoch steht dieser Fall dem soeben erörterten sehr nahe, weil die Kundschaft — auch ohne rechtliche Verpflichtung — in der Praxis davon ausgeht, daß die Einreichung der Dokumente über die avisierende Bank zu erfolgen habe. Es mag daher überspitzt erscheinen, zwischen den beiden Fällen einen Unterschied zu machen; immerhin hat die Akkreditivbank durch die Auswahl der Avisbank eine sich praktisch auswirkende, wegleitend wirkende Auswahl vorgenommen. Urteile betreffend diesen Sachverhalt liegen nicht vor. Dies ist wohl daraus zu erklären, daß in der Regel durch das Zusammenwirken der beiden Banken allseitig befriedigende praktische Lösungen gefunden werden. Schließlich ist ja die Ware ordnungsmäßig versandt worden und häufig sogar schon beim Käufer eingetroffen.

Keinem Zweifel unterliegt es schließlich, daß bei Benutzung eines Commercial Letter of Credit das Risiko des Dokumentenverlustes beim Begünstigten liegt, bis die Dokumente bei der aus dem L/C verpflichteten Bank vorkommen.

Hat der Begünstigte die Dokumente bei der Zahlstelle, d. h. der Bank, bei der das Akkreditiv benutzbar war, fristgerecht eingereicht, und hat die aufnehmende Bank die Dokumente vor dem Verlust geprüft und auch den Gegenwert an den Begünstigten ausgekehrt, so ist dieser frei von jeder

Verantwortung und Gefahrtragung im Falle des späteren Verlustes. Er kann sich auf das Ergebnis der Dokumentenprüfung berufen, und der Käufer muß sich dieses Ergebnis nicht nur von ihm, sondern auch von der zahlenden Bank entgegenhalten lassen, da sie eine Bank seines Vertrauens ist. Selbst wenn also die Zahlstellenbank nach Zahlung den späteren Verlust der Dokumente verschuldet hat, behält sie ihren Erstattungsanspruch gegen die Akkreditivbank, die ihrerseits den Akkreditivbetrag vom Käufer verlangen kann. Der Bank fallen, wenn sie den Verlust zu vertreten hat, lediglich die Mehrkosten für Ersatzdokumente, für notwendige Garantien usw. zur Last, während im Falle des Dokumentenverlustes durch Zufall oder höhere Gewalt der Käufer als Geschäftsherr der ganzen Transaktion diese Kosten zu tragen hat (Art. 10 ER).

Die im vorigen Absatz niedergelegten Grundsätze gelten natürlich erst recht für die Akkreditivbank. Sind die Dokumente von ihr oder der Zahlstelle ordnungsgemäß entgegengenommen, so sind sie — auch schon vor der Prüfung — aus dem Herrschaftsbereich des Begünstigten in den Herrschaftsbereich des Käufers mit allen sich daraus ergebenden Konsequenzen übergegangen.

In allen Fällen ist die Bank verpflichtet, den durch den Dokumentenverlust drohenden Schaden nach besten Kräften abzuwenden. Sie muß also unverzüglich entsprechende Nachrichten hinausgehen lassen und für die reibungslose Abwicklung des irregulär gewordenen Geschäftes zweckentsprechend nach Lage des Einzelfalles sorgen. Diese Verpflichtung stellt einen Teil der Sorgfaltspflicht dar, die der Bank im Rahmen des Geschäftsbesorgungsvertrages mit dem Käufer obliegt. Sie umfaßt die Unterstützung bei Durchführung des Aufgebotsverfahrens für die verlorengegangenen Dokumente, die Mithilfe der Besorgung von Ersatzdokumenten und nach Lage des Falles die Stellung einer Bankgarantie, mit deren Hilfe der Käufer Zugang zur Ware erhält, falls diese eher als die Ersatzdokumente am Bestimmungsort eintrifft.

Um die Schwierigkeiten, die durch den Dokumentenverlust entstehen können, zu vermeiden, besteht bei Banken meist die Übung, die verschiedenen Ausfertigungen der Dokumente getrennt zu versenden. In jüngerer Zeit machen sich allerdings, vor allem in den USA, Bestrebungen bemerkbar, auf die Versendung von Duplikat-Dokumenten im Hinblick auf die geringe Zahl der Verlustfälle zu verzichten und diese Duplikate lediglich zum Zwecke der Beweissicherung drei Monate bei der erstaufnehmenden Bank aufzubewahren. Dieses Verfahren wird sich in Deutschland, vermutlich aber auch in vielen anderen Ländern, wohl nicht durchsetzen[148]. Die Duplikate dienen nämlich für den Fall des Verlustes der Originale nicht nur der Beweissicherung, sondern auch der Abwendung eines Zeitverlustes, der zusätzliche Kosten und Risiken zur Folge haben kann; im übrigen werden die Duplikate vom Käufer oft auch auf Grund behördlicher Vorschriften,

[148] BVBR RGB Nr. 1793 v. 9. 3. 1961.

für interne Zwecke oder zur Weitergabe an Geschäftspartner benötigt. In manchen Fällen werden die weiteren Ausfertigungen für die Abwicklung von Rembourskrediten gebraucht[149].

Wenn bei Versendung der Dokumente ein Teil der Ausfertigungen sein Ziel nicht erreicht und infolgedessen kein „full set" vorgelegt werden kann, so muß die Bank trotzdem die Teileinreichung honorieren, wenn ihr für den fehlenden Rest vom Verkäufer eine akzeptable Bankgarantie gestellt wird[150]. Die Annahme einer solchen Garantie ist in diesem Falle nicht in ihr Belieben gestellt. Die getrennte Versendung mehrerer Ausfertigungen ist im Interesse des Käufers gerade im Hinblick auf die Möglichkeit von Verlusten vorgenommen worden; es wäre widersinnig, die Honorierung nur deshalb abzulehnen, weil dieser Fall tatsächlich eingetreten ist. Bei Vorliegen einer akzeptablen Bankgarantie ist demnach der Begünstigte allgemein auch für den Fall geschützt, daß ein Teil der Ausfertigungen schon auf dem Wege von ihm zur zweiten Bank oder von der „Durchleitungsstelle" zur Zahlstelle verlorengeht, sofern nur ein Satz ordnungsgemäß ankommt. Gegen diese Auffassung ist eingewandt worden, dem Käufer müsse die Ablehnung einer Bankgarantie dieser Art wenigstens dann freistehen, wenn er die Ware seinerseits auf dokumentärer Basis weiterverkauft hat und nun ein Akkreditiv, welches zu seinen Gunsten eröffnet ist, nicht bedienen kann. Dieser Einwand erscheint indessen nicht stichhaltig. Unseres Erachtens ist der Käufer verpflichtet, auch in solchen Fällen die Garantie anzunehmen. Da der Nachweis vertragsgemäßen Verhaltens sich jederzeit mit Hilfe des nicht verlorengegangenen Teiles der Dokumente auch gegenüber dem Dritterwerber der Ware bzw. gegenüber dessen Bank erbringen läßt, lassen sich gute Gründe dafür anführen, daß eine unter dem Einkaufsakkreditiv anzuerkennende Garantie auch unter dem sich unmittelbar anschließenden Verkaufsakkreditiv nicht zurückgewiesen werden darf.

Es gibt Auslandsbanken, die bei der Abwicklung deutscher Exporte eine Übersendung *aller* Dokumentenausfertigungen in einer Postsendung vorschreiben. Solchen Weisungen kann gefolgt werden, wenn die deutsche Bank Zahlstelle ist, weil das Versendungsrisiko ab der Aufnahme akkreditivgerechter Dokumente bei der ausländischen Akkreditivbank liegt. Ist das Akkreditiv aber im Ausland zahlbar, so erfolgt der Dokumentenversand — trotz der vorbezeichneten Weisung — in der Regel in verschiedenen Luftpostsendungen.

3. *Verlust auf dem Wege von der Akkreditivbank zum Käufer*

Gehen endlich die Dokumente auf dem Wege von der Akkreditivbank zum Käufer ohne erkennbares Verschulden eines Beteiligten verloren, so haftet die Bank nicht wegen des dadurch ausgelösten Schadens, sondern trägt ebenso wie die Bank im Lande des Begünstigten in dem entsprechenden Falle

[149] Siehe S. 219 ff.

[150] Vgl. die Ausführungen S. 257 f.

nur die Beweislast dafür, daß Dokumente eingereicht waren, die dem Akkreditiv entsprachen. Außerdem ist sie auf Grund des Geschäftsbesorgungsvertrages im Rahmen ihrer Sorgfaltspflicht gehalten, in der oben bereits erörterten Art und Weise dabei mitzuwirken, daß der Schaden des Käufers entweder ganz abgewendet oder zumindest so gering wie möglich gehalten wird. Die entstehenden Mehrkosten gehen zu Lasten des Käufers.

VII. Abwicklung des Geschäftsbesorgungsvertrages zwischen Käufer und Akkreditivbank

A. Unter einem Akkreditiv gegen Deckung in Geld

Mit der Auszahlung des Akkreditivbetrages an den Begünstigten und der Erfüllung im Einzelfalle vereinbarter Nebenpflichten ist gem. § 362 BGB das Akkreditiv im Verhältnis zwischen Akkreditivbank und Begünstigtem erledigt. Im Anschluß daran erfolgt die Abwicklung des Geschäftsbesorgungsvertrages zwischen dem Käufer und der Akkreditivbank.

Handelt es sich um ein Akkreditiv, für das der Kunde bereits zum Zeitpunkt der Eröffnung oder auf Anfordern der Bank vor Fälligkeit den Gegenwert in Geld angeschafft hatte, so händigt die Bank in Abwicklung des Geschäftsbesorgungsvertrages dem Käufer Zug um Zug gegen Bezahlung der Dokumenten-Aufnahme-Provision sowie etwaiger weiterer noch nicht bezahlter Provisionen, Auslagen und Spesen die Dokumente zur freien Verfügung aus. Der Importeur kann dann die Ware in Empfang nehmen.

Wenn die Bank aus anderen Zusammenhängen ihrer Geschäftsverbindung mit dem Kunden gegen diesen fällige Forderungen oder einen Anspruch auf Erhöhung von Sicherheiten hat, kann sie u. U. das Bedürfnis haben, sich auf Ziff. 19 AGB zu berufen, ein Pfandrecht an den hereinkommenden Dokumenten geltend zu machen und die Dokumente nicht ohne weiteres dem Kunden zur freien Verfügung auszuhändigen. In der Literatur wird der Bank dieses Pfandrecht überwiegend zugesprochen, weil das Akkreditiv, obgleich der Akkreditivbetrag eingeschossen sei, nicht als von den übrigen Geschäftsbeziehungen abgesondert behandelt werden könne[1].

Wir neigen zu der gleichen Auffassung und sehen in der Anschaffung des Gegenwertes für ein Akkreditiv bei der Bank keine ausdrückliche oder stillschweigende Parteivereinbarung, auf Grund derer die hereinkommenden Dokumente von der Haftung für alle außerhalb des Akkreditivs liegenden Verbindlichkeiten des Kunden gegenüber der Bank frei sein sollen. Dazu führen folgende Überlegungen:

Wenn ein Kunde mit vertraglich nicht vorgesehenem Debetsaldo einer Bank einen Geldbetrag anbietet, damit sie einen bei ihr zahlbar gestellten Wechsel oder ein über sie auf den Kunden zukommendes Inkasso einlöst,

[1] Schlegelberger-Hefermehl Anh. zu § 365, 116; Liesecke WM 1964, 1282; WM 1969, 548; Schütz BB 1964, 334; Wiele S. 49; z. T. abweichend J. Geßler S. 46 ff.

so erklärt sich die Bank mit der Annahme des Geldes bereit, den Wechsel bzw. das Inkasso getrennt von ihren übrigen Geschäftsbeziehungen mit dem Kunden zu behandeln und mit dem fraglichen Geldbetrag einzulösen. Sie verzichtet darauf, das Geld statt für diesen Zweck zur Abdeckung eines Kredites des Kunden zu verwenden; daß sie darüber hinaus beim Inkasso die mit dem Gelde des Kunden eingelösten Dokumente nicht als Pfand nach Ziff. 19 (2) AGB behalten darf, sondern sie an den Kunden zur freien Verfügung herausgeben muß, ergibt sich bereits aus dem Inkassoauftrag des Exporteurs.

Es läge nahe, die Trennung auch des Akkreditivs von den sonstigen Geschäften vorzunehmen, wenn eine Bank von ihrem Kunden die Anschaffung des Gegenwertes für ein von ihr zu eröffnendes oder bereits eröffnetes Akkreditiv verlangt und der Kunde den Betrag auch anschafft. Aber mit der Entgegennahme des Gegenwertes für ein Akkreditiv übernimmt die Bank im Verhältnis zu ihrem Kunden keineswegs stillschweigend die Verpflichtung, ihm die später vorkommenden Dokumente nach erfolgter Einlösung ohne Rücksicht auf seine sonstigen Verpflichtungen frei auszuhändigen. Die Verpflichtung zur Einlösung der Dokumente hat mit der Geldanschaffung des Kunden nichts zu tun; sie ist vielmehr bereits durch die Akkreditiveröffnung selbständig gegenüber dem Begünstigten übernommen. Im Gegensatz zu dem obengenannten Wechselfall muß die Bank die Akkreditivdokumente auf Grund des Akkreditivs einlösen, gleichgültig, ob der Käufer den Gegenwert angeschafft hat oder nicht. Der Zweck einer Anschaffung des Akkreditivsbetrages durch den Kunden besteht also nicht darin, ihm die Freistellung der Dokumente zu sichern, sondern in einer Sicherung der Bank für ihre selbständige Zahlungsverpflichtung, die sie für Rechnung des Kunden nach außen übernommen hat; die Bank will nicht machtlos dagegen sein, daß sich ein Debetsaldo des Kunden während der Laufzeit des Akkreditivs erhöht (bzw. sein Guthaben erlischt) und eine Einlösung des Akkreditivs dann nur im Wege einer zwangsläufigen Krediteinräumung an den Kunden möglich ist. Die Umbuchung des Akkreditivbetrages vom laufenden Konto des Kunden auf das Akkreditiv-Deckungs-Konto ist eine buchhalterische Ordnungsmaßnahme, die es Bank und Kunden ermöglicht, ohne Berücksichtigung des Akkreditivs in ihren Geschäftsbeziehungen sachgemäß zu disponieren. Sie hat aber nicht die Bedeutung einer Parteivereinbarung, derzufolge der Akkreditivwert als bezahlt anzusehen ist und gleichzeitig die später hereinkommenden Dokumente von jeder Haftung freigestellt sein sollen.

Die Anschaffung des Gegenwertes für ein Akkreditiv und seine Verbuchung auf dem Akkreditiv-Deckungs-Konto lassen nach alledem den Grundsatz der Ziff. 19 (2) AGB voll in Kraft, wonach einer Bank alle in ihre Hand gelangenden Vermögenswerte ihres Kunden als Pfand für dessen Verpflichtungen dienen. Dies entspricht auch der Billigkeit. Der Kunde hat zwar ein berechtigtes Interesse daran, die Transportdokumente ausgehändigt zu bekommen, um den Zugang zur Ware zu erhalten. Aber wenn der Kunde seine Vereinbarungen mit der Bank einhält und keinen Kredit überfällig werden läßt, hat die Bank nach Bedienung des Akkreditivs gar keinen Grund, die Dokumente zurückzuhalten, und ist sogar verpflichtet, sie auszuhändigen. Nur wenn der Kunde während der Laufzeit des Akkreditivs aus irgendwelchen Gründen der Bank gegenüber in einem Umfang verpflichtet wird, der über den vertragsmäßig zulässigen Rahmen hinausgeht, ist die Bank berechtigt, die Dokumente zumindest so lange zurückzubehalten, bis der Kunde anderweitig ausreichende bankmäßige Sicherheiten stellt. Tut er dies, wird keine Bank sich weigern, die Dokumente freizustellen; sie würde sich selbst schaden und u. U. sogar arglistig handeln, wenn sie gleichwertige Sicherheiten zurückweisen und durch die Einbehaltung der Dokumente den Kunden in der Fortführung seines Betriebes behindern würde.

Die Frage des Pfandrechtes der Bank an den Dokumenten ist in diesem Zusammenhang mehr um der grundsätzlichen Klarstellung als um der praktischen Bedeutung willen so ausführlich erörtert. Bei loyaler Zusammenarbeit zwischen Bank und Kunden werden sich in der Praxis kaum jemals Schwierigkeiten dieser Art ergeben, weil beide Seiten bemüht sind, den berechtigten Interessen des Partners entgegenzukommen. Das geschieht üblicherweise in der Form, daß die Bank dem Kunden auch bei vertragswidrigem Debetsaldo den Weiterverkauf der Ware ermöglicht und im Einvernehmen mit ihm den Erlös so aufteilt, daß sie ihm alle zur Durchführung des in Frage stehenden Importgeschäftes notwendigen Mittel — eventuell zuzüglich einer festzusetzenden Marge — beläßt und nur den eigentlichen Reingewinn zur Abdeckung seines anderweitig überfälligen Kredites verwendet. Dem Kunden sei für derartige Fälle empfohlen, rechtzeitig mit entsprechenden Vorschlägen an die Bank heranzutreten, damit es nicht in dem Augenblick zu unangenehmen Überraschungen für beide Partner kommt, wenn das Akkreditiv bedient ist und die Ware anrollt.

B. Unter einem Akkreditiv in Verbindung mit einem Kreditgeschäft einschl. Anschlußfinanzierung

In der Mehrzahl der Fälle werden Akkreditive eröffnet, ohne daß der Kunde den ganzen Gegenwert sofort in Geld anschafft. Die darin liegende Kreditgewährung an den Käufer wirkt sich je nach dem Inhalt der Vereinbarung unterschiedlich auf die Abwicklung des Geschäftes zwischen ihm und der Bank aus.

1. Kredit während der Laufzeit des Akkreditivs

Häufig vereinbart die Bank mit dem Kunden, für den sie das Akkreditiv ohne Einschuß des Gegenwertes hinauslegt, daß dieser zahlt, sobald die Bank auf Grund der Inanspruchnahme des Akkreditivs selber zahlen muß. Die Bank stellt hier dem Käufer nur ihren „Kredit“, nicht aber ihr Geld zur Verfügung. Der Anspruch des Käufers auf Aushändigung der Dokumente entsteht dann ebenso wie bei einem abgedeckten Akkreditiv sofort nach deren Aufnahme, sofern der Käufer unter Einhaltung seiner vertraglichen

Verpflichtung der Bank den Akkreditivbetrag angeschafft hat. Der vertraglich festgelegte Zahlungszeitpunkt ist verschieden, je nachdem, ob Postlaufkredit, Einschuß bei Meldung der Versandbereitschaft durch den Begünstigten oder sonstige Einzelheiten vereinbart sind.

2. *Anschlußfinanzierung*

Eine grundlegende Veränderung der Akkreditivabwicklung tritt in den vielen Fällen ein, in welchen der Importeur eine Finanzierung noch über den Zeitpunkt hinaus wünscht, in welchem die Bank die Dokumente einlöst. Er will die Aus- und Umladung, den Zeitraum der Weiterlieferung an seine Abnehmer sowie die von diesen in Anspruch genommenen Zahlungsziele auch noch finanziert haben. Die Bank stellt ihm dann nicht nur ihren „Kredit" zur Verfügung, sondern tritt außerdem anschließend für ihn auch mit Geld in Vorlage (sog. Anschlußfinanzierung).

Ist der Kunde finanziell so stark, daß er den Kredit auf alle Fälle ohne Rücksicht auf den Ablauf des konkreten vorliegenden Geschäftes abdecken kann — d. h. ist der Kunde ohne weiteres blanko für den Kreditbetrag gut —, oder läßt sich der Kreditbetrag im Rahmen einer ohnehin (z. B. durch eine Grundschuld oder Wertpapiere) gesicherten allgemeinen Kreditlinie abwickeln, ohne daß für das betreffende Einzelgeschäft noch besondere Überlegungen anzustellen wären, so braucht sich die finanzierende Bank nicht um eine besondere Konstruktion für die Abschlußfinanzierung zu bemühen. Wirklich aktuell wird das Problem der Anschlußfinanzierung, wenn erst die Durchführung des speziellen Geschäftes die Rückzahlung des Kredites ermöglicht, der Kunde also auf den Erlös aus dem Weiterverkauf angewiesen ist, um den Kredit zurückzahlen zu können. Unter dem Gesichtspunkt, daß solche Geschäfte sich durch ihre Durchführung selbst erledigen, nennt man sie „self liquidating".

Der letztgenannten Art von Anschlußfinanzierungen kommt besondere Bedeutung zu, wenn der Import nicht von einer großen Produktionsfirma (Hüttenwerk importiert Schrott), sondern von einem Importhändler durchgeführt wird, dessen Eigenmittel im allgemeinen im Verhältnis zum Gesamtvolumen der gleichzeitig laufenden Importe und zur Größe der Einzelgeschäfte verhältnismäßig klein sind. Hier hängt die Rückzahlung des Kredites oft tatsächlich von der programmgemäßen Durchführung des betreffenden Einzelgeschäftes ab.

Bei der Finanzierung von Importen der letztgenannten Art ergeben sich für die finanzierende Bank wirtschaftliche (z. B. Preisverfall) und rechtliche Risiken.

Zur Minderung des wirtschaftlichen Risikos verlangen die Banken in der Regel von dem Importeur einen Einschuß und — oder wenigstens — den Nachweis, daß die bankseitig finanzierte Importware zu festen Preisen an solvente Abnehmer fest vorverkauft ist, so daß das Preisrisiko weitgehend ausgeschaltet ist. „Meinungskäufe" sollen die Importeure nicht mit fremden

Geld, sondern mit eigenen Mitteln — oder mindestens mit reichlichem Einschuß — finanzieren, und das auch nur in einem klug bemessenen Rahmen.

In rechtlicher Hinsicht ist bei der Abwicklung Wert darauf zu legen, daß der juristische Bestand der der Bank zustehenden Sicherheit zu keinem Zeitpunkt des technischen Importablaufes unterbrochen wird, damit der Bank ununterbrochen sowohl die dingliche Berechtigung als auch die tatsächliche Zugriffsmöglichkeit auf die als Sicherheit dienende Ware erhalten bleibt. Für den deutschen Rechtskreis[3] liegen hierin spezielle Probleme, da nach deutschem Recht ein Pfandrecht ohne Besitz wirksam nicht entstehen und auch nicht aufrechterhalten werden kann und die technische Importabwicklung eigentlich fast immer dazu zwingt, dem Schulder zeitweise (zwecks Umladung usw.) den Besitz zu überlassen. Um für die Bank eine kontinuierliche Sicherung aufrechtzuerhalten, muß im Geltungsbereich des deutschen Rechts häufig die Rechtsform der Sicherungsübereignung benutzt werden.

Erwägungen darüber, wie die Abwicklung des Importgeschäfts bei gleichzeitiger Kreditgewährung vor sich gehen soll, sind bereits bei Erteilung des Akkreditivauftrages (d. h. bei Abschluß des Geschäftsbesorgungsvertrages zwischen Käufer und Bank) anzustellen[4]. Importeur und Bank sollten von Anfang an den Ablauf des Importes bis zum Ende klar vor Augen haben. In diesem frühen Stadium bedarf es keiner großen Mühe, die Vereinbarungen den Besonderheiten des einzelnen Geschäftes sinnvoll anzupassen. Vor allem hat dann auch der Kunde die Möglichkeit, seine Verträge mit seinen Abnehmern so abzuschließen, daß sie in den Finanzierungsvertrag mit seiner Bank hereinpassen.

Die Finanzierung von Importgeschäften ist für die Bank immer mehr oder weniger Vertrauenssache. Sie muß sich darauf verlassen können, daß kriminelle Handlungen oder vorsätzliche Unredlichkeiten unterbleiben und daß der Kunde sie weder selbst noch über Spediteure usw. in irgendeiner Weise hintergeht (was technisch fast immer im Bereich des Möglichen liegt). Die im folgenden dargestellten üblichen Formen des Geschäftsablaufes setzen also eine ordnungsgemäße Abwicklung mit korrekten Partnern voraus, die die Bank im Bestand ihrer Sicherheiten nicht beeinträchtigen und sich selbst damit die Tür für die Finanzierung künftiger Geschäfte offenhalten.

Im Hinblick auf die rechtliche Kontinuität ihrer Sicherheit sollte die Bank bei den Abmachungen mit dem Importeur unbedingt darauf achten, daß das Eigentum an den Dokumenten und damit — jedenfalls bei Verwendung von Traditionspapieren — auch an der Ware *unmittelbar* vom Begünstigten auf die finanzierende Bank übergeht. Auszuschalten ist der Umweg des Eigentums über das Vermögen des Importeurs. Nur auf diese Weise ist sichergestellt, daß — auch in den seltenen Fällen, in denen ein Importeur

[3] Es gibt auch Rechtskreise, die ein nur durch Vertrag (also ohne Verschaffung von Besitz oder Mitbesitz) begründetes Pfandrecht an beweglichen Sachen kennen. Für diese Rechtskrise gelten andere Überlegungen.

[4] Siehe dazu S. 65 ff.

während der Laufzeit des finanzierten Geschäftes schwach wird — der Bank die Sicherheit erhalten bleibt und die Bank nicht in Diskussionen darüber verwickelt wird, ob sie nicht eventuell entgegen dem Wunsch aller bei der Kreditgewährung Beteiligten zur Konkursgläubigerin geworden ist[5]. Die Bank muß auf kürzestem Wege, d. h. direkt vom ausländischen Ablader (Indossierung der Konnossemente in blanko oder namentlich an die Bank) das Eigentum an der Ware erwerben und mit Hilfe der von ihr eingelösten Dokumente bis zur Abdeckung des Kredites die ungehinderte und ununterbrochene Zugriffsmöglichkeit auf die Ware behalten.

Einmal kommt jedoch der Moment, in dem der Käufer die Ware an seine Kunden, die Drittabnehmer, liefern, d. h. weiter übertragen muß. Dies geschieht meist dadurch, daß der Importeur mit Zustimmung der Bank das Eigentum an der Ware an den Drittabnehmer überträgt. Die Bank kann dem zustimmen, da der Drittabnehmer entweder bar zahlt oder seinerseits die vom Importeur auf ihn gezogenen Wechsel akzeptiert. Mit dem erhaltenen Barbetrag bzw. dem Diskonterlös für die Wechsel deckt der Importeur seinen Kredit bei der Bank ab. Bei der Diskontierung von Wechseln prüft die Bank natürlich die Bonität des Drittabnehmers. Räumt der Importeur dem Drittabnehmer ein offenes Zahlungsziel ein (werden also keine Wechsel begeben), dann wird der Kredit der Bank (statt bisher durch Eigentum an der Ware) durch Abtretung der Forderung gegen den Drittabnehmer gesichert. Importeur und Bank müssen sich entscheiden, ob ihnen die Qualität des Abnehmers genügt. Auf die Frage, ob und wie der Kredit im Einzelfall noch durch Eigentumsvorbehalt zu sichern wäre, kann hier nicht näher eingegangen werden. Im Verhältnis zur Bank trägt der Importeur das Kreditrisiko seiner Kreditgewährung an seinen Endabnehmer.

Es wird in der Praxis immer Fälle geben, in denen eine kurzfristige Unterbrechung der dinglichen Sicherstellung der Bank nicht völlig vermieden werden dann. Zum Beispiel muß der Importeur, wenn die Ware ankommt, diese in manchen Fällen unter Benutzung der Dokumente in Empfang nehmen, aufteilen und nach Umladung an seine Drittabnehmer weitersenden. Der Ablauf des Geschäftes wird erleichtert, vereinfacht und verbilligt, wenn die Situation des Importeurs so gut ist, daß die Bank keine Bedenken zu haben braucht, ihm zwecks Umladung die Dokumente auf kurze Zeit ohne Sicherheit (blanko) zu überlassen. In kürzester Frist treten dann Barzahlungen, Abnehmer-Akzepte oder Zessionen an die Stelle der von der Bank durch die Dokumentenüberlassung aufgegebenen Sicherheit.

[5] Die hier analysierte Gestaltung der Anschlußfinanzierung ist vom Rechtsausschuß des Bundesverbandes des Privaten Bankgewerbes den angeschlossenen Banken für die Praxis empfohlen und in das Bankgeschäftliche Formularbuch von Schütz S. 598 ff., Muster 480—482, aufgenommen worden. Eine ausführliche Darstellung des englischen Rechts zu dieser Frage findet sich bei Gutteridge-Megrah S. 165 ff. Vgl. auch Wheble, Journal of the Institute of Bankers 1965, 193 ff. Wesentliche sachliche Abweichungen vom deutschen Recht ergeben sich nicht, wohl aber Besonderheiten im formellen Verfahren, auf die hier im einzelnen nicht eingegangen werden kann. Zum Konkurs des Importeurs vgl. im übrigen S. 194 ff.

Kommt nach der Lage des Einzelfalles eine kurzfristige Aufgabe der Sicherheiten nicht in Betracht, müssen andere Formen, z. B. die Abwicklung des Importes über Lagerhalter, angewendet werden. Im einzelnen gilt juristisch folgendes:

a) Bei Verwendung von Traditionspapieren

Der von der Bank verlangte direkte Erwerb des Eigentums vom Exporteur setzt eine entsprechende Abrede zwischen Bank und Importeur bei der Krediteinräumung voraus. Inhalt dieser normalerweise schriftlichen Abrede ist, daß der Importeur der Bank den Anspruch auf Eigentumsverschaffung gegen den Exporteur abtritt, was in der Regel in stiller Form erfolgt.

Die dingliche Einigung zwischen Bank und Exporteur kommt dann im Augenblick der Dokumentenaufnahme zustande, in dem die Bank die Offerte des Exporteurs, die in der Regel als „an den, den es angeht" gerichtet anzusehen ist, für sich selbst und nicht für den Importeur annimmt[6]. Gegen diese Konstruktion wird gelegentlich eingewendet, der Exporteur habe, um seiner Verpflichtung aus dem Kaufvertrag zu genügen, nicht den Willen zur Eigentumsübertragung auf die Bank[7]. Es kann jedoch dem Exporteur gleichgültig sein, ob der Importeur seinerseits eine Bank oder einen sonstigen Dritten berechtigt, das Angebot zur Übertragung des Eigentums an Stelle des Importeurs für sich selbst anzunehmen. Die Erfüllung der Kontraktverpflichtung des Exporteurs wird davon nicht berührt. Der Exporteur braucht bei einer solchen Vereinbarung zwischen Importeur und Bank einen eventuellen Anspruch des Importeurs auf doppelte Lieferung nicht zu befürchten. Bei dieser Sachlage ist es durchaus gerechtfertigt, mit der Konstruktion eines Angebots „an den, den es angeht" zu arbeiten[8]. Freilich bleibt es den Banken unbenommen, hilfsweise mit dem Importeur zu vereinbaren, daß das Eigentum an der Ware, falls es wider Erwarten direkt auf den Importeur übergehen sollte, im gleichen Augenblick auf die Bank weiter übertragen wird.

Versäumt die Bank es, vor Aufnahme der Dokumente eine eigentumsrechtliche Regelung mit dem Importeur zu treffen, so erwirbt sie im Zeitpunkt der Dokumentenaufnahme gem. Ziff. 19 AGB an den Dokumenten lediglich ein Pfandrecht, während sie das Eigentum dem Importeur verschafft. Bei dieser rechtlichen Gestaltung ist die Bank durch ihr Pfandrecht nur so lange gesichert, wie sie die Dokumente in Händen hält. Gibt sie den Besitz an den Dokumenten auf, ist ihr Kredit ungesichert (§ 1253 BGB). Der Kredit wird erst durch besondere Maßnahmen wieder neu unter Dekkung gebracht, z. B. wenn der Kunde aus den Weiterverkäufen Zessionen gegen seine Unterabnehmer bei der Bank einreicht oder die Kundenwechsel

[6] Vgl. dazu auch Schütz S. 575 ff.; Bandomir Bank-Betrieb 1967, 170.

[7] Vgl. etwa J. Geßler S. 36/37 ff.

[8] Ebenso RGRK-HGB-Würdinger Röhricht (3. Aufl.) Vor § 373, 216; vgl. dazu auch BGH WM 1959, 561, 563 und Serick S. 174/175. Generell zum „Geschäft, wen es angeht": Enneccerus-Nipperdey § 179 III 3 c mit zahlreichen Nachweisen.

von der Bank diskontieren läßt. Bei zwischenzeitlichem Konkurs des Importeurs sind solche Maßnahmen in der Regel nicht möglich.

Die Kreditvereinbarungen zwischen der Bank und dem Importeur sollten tunlicherweise in jedem Fall einschließen, was nach Ankunft der Ware hinsichtlich der Einlagerung, des Weiterverkaufs usw. zu geschehen hat. Selbstverständlich kommt diesen Vereinbarungen eine besondere Bedeutung zu, wenn die Bank bei Aufnahme der Dokumente nur pfandrechtlich gesichert ist. Aber auch, wenn sie in diesem Fall später das Sicherungseigentum an der Ware erworben hat, liegt es in ihrem Interesse, die Aufsicht über den weiteren Verbleib des Sicherungsgutes zu behalten[9].

Für die Behandlung der Ware nach Ankunft kommen folgende Möglichkeiten in Betracht:

aa) Einlagerung der Ware bei einem Dritten

Bank und Kunde können sich dahin einigen, die Ware zunächst zur Verfügung der Bank bei einem Dritten einzulagern; die Bank erhält einen blanko oder auf sie indossierten Orderlagerschein und erteilt je nach Eingang der Zession aus dem Weiterverkauf Freistellungen auf die eingelagerte Ware[10]. Die Bank kann unter einer solchen Vereinbarung die Transportdokumente an den Kunden herausgeben, damit dieser die Einlagerung zur Verfügung der Bank besorgt; ihre Rechte werden dadurch nicht beeinträchtigt.

Es ist der Bank zu empfehlen, die üblicherweise vom Begünstigten blanko indossierten Dokumente mit ihrem Namen auszufüllen und dem Kunden ein Vollmachtsindossament zu erteilen, damit die Legitimation aus dem Konnossement der wahren Rechtslage entspricht und ein gutgläubiger Eigentumserwerb durch Dritte ausgeschlossen ist. In den seltenen Fällen, in denen die Dokumente bei Ankunft auf den Kunden indossiert waren, müßte die Bank, wenn sie einen Mißbrauch mit Sicherheit vermeiden will, den Kunden veranlassen, die Dokumente, ehe sie ihm ausgehändigt werden, auf die Bank zu indossieren, die ihm dann ihrerseits ein Vollmachtindossament gibt. Meist kann darauf jedoch verzichtet werden, weil die Bank darauf vertrauen darf, der Kunde werde den Lagerschein so ausstellen lassen bzw. indossieren, daß die auf dem Konnossement fehlende Legitimation der Bank als Herausgabeberechtigte nunmehr durch den Lagerschein gegeben ist.

[9] Verfügt die Bank die Einlagerung der Ware bereits zu einem Zeitpunkt, in welchem zwar die Ware schon angekommen ist, aber die Dokumente noch nicht in ihren Händen sind, handelt sie als Nichtberechtigte; der Mangel wird durch die spätere Dokumentenaufnahme geheilt (analog § 185 Abs. 2 BGB); vgl. BGH-Urteil vom 27. 6. 1957 — II ZR 333/55.

[10] Im eigenen Interesse muß die Bank darauf achten, inwieweit die Ware wegen der vom Lagerhalter erbrachten Auslagen mit dessen Pfandrecht belastet ist. Vgl. dazu, insbesondere auch soweit Lagerhaltungskosten betroffen sind, die sich nicht aus dem Lagerschein ergeben, ein Urteil des Landgerichts Hof/Saale, abgedruckt in BVBR TGB Nr. 7199/62 v. 8. 11. 1962.

Hat die Bank mangels rechtzeitiger Sicherungsvereinbarungen an den Transportdokumenten nur ein Pfandrecht erworben, so erlischt ihre Sicherheit mit der Herausgabe der Dokumente, weil das Pfandrecht an den Besitz geknüpft ist (§ 1253 BGB). Die Bank muß sich in diesem Falle überlegen, ob sie bis zum Eintreffen eines Lagerscheines juristisch ungesichert bleiben oder zunächst einen Sicherungsübereignungsvertrag mit dem Kunden nachholen, die Dokumente entsprechend vom Kunden auf sie indossieren lassen und sie ihm erst dann zur Empfangnahme und Einlagerung der Ware aushändigen will. Sie kann auch noch eine dritte Möglichkeit wählen und selbst die Einlagerung der Ware besorgen, indem sie einem Spediteur die Dokumente aushändigt und ihn beauftragt, die Ware zur Verfügung der Bank einzulagern.

Der (Order-)Lagerschein kann bei diesem Verfahren auf den Namen der Bank ausgestellt werden; er kann aber auch auf den Käufer lauten (und gegebenenfalls von diesem auf die Bank indossiert werden). Die eigentumsrechtlichen Verhältnisse ändern sich dadurch nicht. Eigentümer bleibt, wer z. Z. der Honorierung der Dokumente bzw. des Eintreffens der Ware Eigentum erworben hat, selbst wenn ein Indossament auf einem Orderlagerschein eine andere Person legitimiert. Hatte z. B. die Bank bei Eintreffen der Dokumente das Eigentum (nicht für sich, sondern) für den Käufer erworben, so bleibt dieser mangels einer neuerlichen Vereinbarung auch dann Eigentümer der Ware, wenn er die Ware einlagert und den Orderlagerschein auf die Bank indossiert. Diese ist dann Pfandgläubigerin, hat also hinsichtlich der Lagerdokumente, die gleiche Rechtsstellung wie bei den Transportdokumenten. Damit die Legitimation aus dem Lagerdokument keinen Zweifel an der Rechtsstellung der Beteiligten aufkommen läßt, ist unter allen Umständen darauf zu achten, daß eine klare diesbezügliche Vereinbarung zwischen Bank und Käufer mit der Einlagerung einhergeht.

bb) Einlagerung der Ware beim Kunden selbst

Soll die Ware beim Kunden selbst eingelagert werden, was insbesondere dann vorkommt, wenn das Reiseziel der Ware am eigenen Kai oder an der eigenen Bahnanlage des Kunden ist, so ist die Bank mangels einer vorherigen Vereinbarung mit der Herausgabe der Dokumente ohne jede Dekkung. Ihr Pfandrecht an den Dokumenten und damit an der Ware erlischt durch Besitzaufgabe; die Ware steht im lastenfreien Eigentum des Kunden. Es muß eine Regelung getroffen werden, kraft derer die Bank das Sicherungseigentum an der Ware erhält, bis die Zessionen gegen die Abnehmer des Kunden bei ihr eingegangen sind.

Haben Bank und Kunde jedoch entsprechend der oben angegebenen Empfehlung rechtzeitig, am besten bereits zum Zeitpunkt der Akkreditiveröffnung, vereinbart, daß die Bank mit der Hereinnahme der Dokumente Eigentum an ihnen und der Ware erwerben soll, so kann die Bank die Dokumente ohne weiteres herausgeben und damit einen Einlagerungsauftrag an den Kunden verbinden; hierin liegt keine Aufgabe ihres dinglichen Rechtes, und ihre dingliche Sicherheit bleibt unberührt.

Die Bank wird zweckmäßigerweise in Fällen dieser Art die absprachegemäße Einlagerung der Ware durch den Kunden überwachen. Dabei sollte insbesondere darauf geachtet werden, daß die der Bank übereignete Ware, sofern sie, wie meist, beim Kunden zusammen mit Waren gelagert wird, die dem Kunden selbst oder Dritten gehören, deutlich gekennzeichnet oder abgesondert gelagert wird. Geschieht dies nicht, so berührt dies zwar die dingliche Berechtigung der Bank grundsätzlich nicht, führt aber später zu Schwierigkeiten, wenn es darum geht festzustellen, welche beim Kunden befindliche Ware der Bank zur Sicherheit übereignet ist und welche nicht[11]. Besondere Vorsicht ist bei Massengütern (z. B. Getreide) bezüglich der Vermischung der Ware mit anderen Warenbeständen des Kunden geboten. Lagert z. B. der Kunde die Ware in einem Silo ein, in welchem sich auch ihm gehöriges weiteres Getreide befindet, so hat die Bank an dem Siloinhalt nur ein Miteigentum nach Bruchteilen. Häufig wird sich diese Art der Einlagerung nicht vermeiden lassen, da geeignete Räumlichkeiten für eine gesonderte Lagerung fehlen. Die Bank muß dann besonderen Wert auf die Kenntlichmachung ihres Miteigentumsrechtes an dem Lagerinhalt legen. Je nach Lage des Einzelfalles muß die Bank entscheiden, ob sie sich durch gelegentliche Kontrolle von der Aufrechterhaltung einer ordnungsmäßigen Lagerung überzeugen will.

Zug um Zug gegen Einreichung der Zessionen und Rechnungskopien — manchmal auch schon für Teilpartien generell im voraus — erteilt die Bank Freigabeerklärungen auf das Lager und gibt damit dem Kunden die Möglichkeit, die Ware umzupacken und an die Unterabnehmer zu versenden. Eine effektive Kontrolle, ob der Kunde die freigegebenen Warenmengen wirklich an die Abnehmer, für die sie bestimmt sind, weiterleitet, kann die Bank praktisch kaum ausüben. Darin liegt ein Risiko, weil die der Bank abgetretenen Forderungen erst im Augenblick der Absendung der Ware an die Abnehmer frei von der Einrede des nichterfüllten Vertrages (§ 320 BGB) werden und wertlos bleiben, wenn die Ware nicht tatsächlich an diese abgeht.

cc) Umladung der Ware durch den Spediteur

Ist die Abwicklung des Warengeschäftes so weit vorbereitet, daß die Ware unmittelbar vom Bestimmungsort des Importgeschäftes an die Unterabnehmer weitergeleitet werden kann, so treffen Bank und Kunde häufig eine dementsprechende Abmachung. Danach sendet die Bank die Dokumente unmittelbar an einen Spediteur, gleichgültig, ob sie an ihnen Eigentum oder nur ein Pfandrecht hat. Mit der Übersendung verbindet sie den Auftrag an den Spediteur, die Ware umzupacken und in den vorgeschriebenen Mengen und auf dem vorgeschriebenen Wege an die Unterabnehmer weiterzusenden.

[11] Zur Ausgestaltung des Sicherungsvertrages, insbesondere zum sog. Bestimmtheitsgrundsatz, bei Sicherungsübereignung von Warenlagern vgl. BGHZ 21, 52; 28, 16; BGH WM 1958, 673; 1959, 52; 1962, 740; BGH BB 1963, 537; sehr ausführlich dazu Serick S. 150 ff.

Voraussetzung für die Sicherstellung der Bank ist dabei, daß sie entweder bereits zu dem Zeitpunkt, in welchem sie die Ware durch den Auftrag an den Spediteur (wirtschaftlich zugungsten des Importeurs) freistellt, im Besitze der Zessionen und Rechnungskopien ist oder aber dem Spediteur einen Inkassoauftrag erteilt, demzufolge er die Absendung der Ware nur Zug um Zug gegen Bezahlung oder Akzeptleistung durch den Abnehmer vornehmen darf.

b) Bei Verwendung von Frachtdokumenten, die nicht Traditionspapiere sind (Frachtbrief, Posteinlieferungsschein, Spediteur-Übernahmebescheinigung usw.)

Erfolgt die Versendung der Ware unter einem Versanddokument solcher Art, so ist die Stellung der Bank bezüglich ihrer Sicherheit zwar nicht unbedingt juristisch, aber doch in jedem Falle praktisch schwächer als bei Verwendung von Traditionspapieren. Die Bank hat die Möglichkeit, durch Vereinbarung mit dem Kunden das Sicherungseigentum an der Ware zu erwerben, indem sie sich von ihm den Herausgabeanspruch gegen den Frachtführer abtreten läßt. Da aber unter einem solchen Dokument versandte Ware unmittelbar an die Adresse des Importeurs gerichtet und diesem ausgeliefert wird, hat die Bank selten die Möglichkeit, mit Hilfe des Transportdokumentes die Inbesitznahme der Ware durch den Käufer zu verhindern. Sie müßte dazu schon den ganzen geplanten Geschäftsablauf stoppen und den Warentransport umleiten, wozu sie aber selbst als Inhaberin des Duplikatfrachtdokumentes nicht von sich aus berechtigt ist, sondern der Mitwirkung des Absenders bedarf[12]. Meist wird sich das angesichts der kurzen Reisedauer der Ware per Bahn, Post, Flugzeug o. ä. gar nicht einrichten lassen, weil die Ware schon am Bestimmungsort angekommen ist, ehe die Bank mit Hilfe des aufgenommenen Duplikatfrachtdokumentes eine Umleitung erwirken kann.

Es ist daher in all diesen Fällen für die Bank unerläßlich, rechtzeitig vor dem Transport der Ware Sicherungsvereinbarungen mit dem Kunden zu treffen, die der Bank das Sicherungseigentum an der Ware von dem Zeitpunkt an, in welchem das Eigentum auf den Kunden übergehen würde, verschaffen und außerdem festlegen, in welcher Form die Ware beim Kunden unter Wahrung der Rechte der Bank eingelagert oder von ihm an die Unterabnehmer versandt werden soll. Für diese Vereinbarung gelten alle Überlegungen, die wir bereits oben im Zusammenhang mit den Fragen der Einlagerung der Ware biem Kunden angestellt haben.

c) Versicherung der Ware bis zur erfolgten Übereignung an die Unterabnehmer

Damit die Banken bis zur Überleitung ihrer dinglichen Sicherheit an der Ware in die Sicherheit der zedierten Kaufpreisforderungen gegen die Unter-

[12] So § 72 Abs. 7 EVO; vgl. dazu Schütz S. 447/448.

abnehmer auch im Schadensfalle gesichert sind, achten sie darauf, daß die Ware bis zum Zeitpunkt des Überganges der Gefahrtragung auf die Unterabnehmer hinreichend versichert ist. Sie begnügen sich gewöhnlich damit, den Importeur vor der Kreditgewährung vertraglich zu verpflichten, die Ware während des genannten Zeitraumes ständig auf seine Kosten versichert und die Versicherungspolice zur Verfügung der Bank zu halten. Es bleibt aber der Bank unbenommen, die Versicherung auf Kosten des Importeurs selbst zu veranlassen, wenn sie dies im Einzelfall für zweckmäßig hält.

d) Inkasso abgetretener Forderungen durch die Bank

Am einfachsten ist die Einziehung der (offen oder still) abgetretenen Forderungen des Importeurs gegen seinen Endabnehmer für die Bank, wenn der Importeur seine Abnehmer im Kaufvertrag verpflichtet, die Beträge auf sein Konto bei der kreditgewährenden Bank zu überweisen. Gibt er als Grund für dieses Verfahren ausdrücklich die Forderungsabtretung an, so haben die Endabnehmer keine Wahl mehr, auf welchem Zahlungswege sie den Kaufpreis entrichten wollen; sie kennen die Abtretung und können daher, anders als bei stillen Zessionen, gem. § 407 BGB nur noch an die bezeichnete Bank mit schuldbefreiender Wirkung bezahlen. Die Bank kann auch den Importeur von vornherein veranlassen, den Weiterverkauf der Ware ebenfalls auf dokumentärer Basis durchzuführen, wodurch der Gegenwert ebenfalls zu ihr gelenkt wird.

Angewiesen ist die Bank auf dieses Verfahren jedoch nur dann, wenn sie die Versendung der Ware an die Unterabnehmer dem Importeur überläßt. Überträgt sie die Weiterversendung einem Spediteur, so kann sie — wie schon erwähnt — damit einen Inkassoauftrag verbinden, indem sie den Spediteur beauftragt, den Unterabnehmern die Waren bzw. die Transportdokumente, die sie zum Empfang der Ware berechtigen, nur gegen Zahlung des Kaufpreises oder Hergabe des Akzeptes auszuhändigen. Wenn die Bank den Unterabnehmern von sich aus Freistellungsscheine auf den Spediteur ausstellt, mit denen sie von diesem die Herausgabe der eingelagerten Ware verlangen können, kann sie selbst das Inkasso betreiben, indem sie den Abnehmern die Freistellungsscheine Zug um Zug gegen Bezahlung des Kaufpreises oder Akzeptleistung aushändigt oder durch eine von ihr mit dem Inkasso beauftragte andere Bank aushändigen läßt.

C. Abnahmepflicht des Käufers — Rüge an den Dokumenten

Der Verpflichtung der Bank, die Dokumente an den Käufer herauszugeben, entspricht auf seiten des Käufers die Abnahmepflicht. Allerdings besteht diese Pflicht nur, wenn es sich bei den von der Bank honorierten und an den Käufer weitergeleiteten Dokumenten um akkreditivgerechte Dokumente handelt. Ob das der Fall ist, muß der Käufer prüfen; etwaige Mängel kann er rügen. Dabei ist jedoch zu beachten, daß die Bank im

Rahmen der ER einen Ermessensspielraum für die Entscheidung hat, ob vom Begünstigten vorgelegte Dokumente noch akkreditivgerecht sind oder nicht. Wie weit dieser Ermessensspielraum reicht, ist bereits erörtert worden[13]. Der Käufer kann nur diejenigen Mängel an den Dokumenten oder sonstige Abweichungen der Bank vom Akkreditivauftrag rügen, die außerhalb des Ermessensspielraumes der Bank liegen. Liegen solche Mängel vor, so braucht er das von der Bank ausgeführte Geschäft nicht gegen sich gelten zu lassen. Er kann Zug um Zug gegen Rückgabe der Dokumente den von ihm der Akkreditivbank angeschafften Akkreditivbetrag zurückverlangen und Ersatz des darüber hinausgehenden Schadens fordern, sofern der Schaden ursächlich mit der Aufnahme der nicht akkreditivgerechten Dokumente zusammenhängt, die Bank schuldhaft gehandelt hat und eine Freizeichnung zugunsten der Bank nicht vorliegt. Diese Rechte stehen dem Käufer jedoch nur dann zu, wenn er die Dokumente unverzüglich nach Empfang gerügt hat. Rügt er nicht innerhalb einer nach Lage der Verhältnisse zu bemessenden Prüfungsfrist, so gelten die Abweichungen der Dokumente vom Akkreditiv als genehmigt.

Diese Auffassung wird in der Literatur weitgehend geteilt[14]. Das Reichsgericht hat allerdings dem Käufer das Recht eingeräumt, die Rüge der Fehlerhaftigkeit der Dokumente so lange hinauszuschieben, bis er sich von der Qualität der importierten Ware überzeugt und je nach dem Ergebnis der Untersuchung entschieden hat, ob er die Dokumente trotz ihrer Fehlerhaftigkeit aufnehmen will oder nicht[15]. Die Ansicht des Reichsgerichts ist indessen mit der scharfen Trennung zwischen Waren- und Dokumentengeschäft nicht vereinbar und macht die Rüge der Fehlerhaftigkeit der Dokumente zu einer unzulässigen Rüge aus dem Warengeschäft, mit dem die Banken in keiner Weise befaßt sind. Der Bundesgerichtshof ist von der Auffassung des Reichsgerichts mit Recht abgerückt und vertritt den hier dargelegten Standpunkt[16]. Dieser wird auch dem berechtigten Interesse der Bank gerecht, unverzüglich zu erfahren, ob das von ihr abgewickelte Zahlungsgeschäft als endgültig gelten kann, gleichgültig, wie das Warengeschäft weiter verläuft. Sie muß ja auch gemäß Art. 8 Abs. e ER ihrerseits der am Akkreditiv beteiligten zweiten Bank unverzüglich erklären, ob die dort aufgenommenen und häufig bevorschußten Dokumente genehmigt sind oder nicht[17].

Dem Vorstehenden steht folgende gelegentliche Handhabung in der Praxis nicht entgegen, auf die die Kunden freilich keinen Anspruch haben und der die Banken nur dann nähertreten können, wenn sich der Einzelfall dafür eignet, insbesondere die Ware schon eingetroffen ist: Der Importeur weist die Dokumente wegen Mangelhaftigkeit zurück. Alsdann überläßt die Bank

[13] Vgl. Ausführungen S. 103, 108.

[14] Schlegelberger-Hefermehl Anh. zu § 365, 115; Liesecke WM 1966, 461 mit weiteren Nachweisen; Gautschi SchwJZ 1964, 53; Gutteridge-Megrah S. 152.

[15] RGZ 114, 268 ff.; vgl. auch RGRK-HGB-Godin Anh. I zu § 365, 68.

[16] WM 1963, 844; vgl. auch Siebel ZHR 128, 141.

[17] Vgl. dazu S. 143 ff.

dem Kunden die Dokumente zu treuen Händen, damit er die Ware besichtigen kann. Anschließend — d. h. wenn der Kunde festgestellt hat, daß die Ware in Ordnung ist und der Magelhaftigkeit der Dokumente sachlich keine Bedeutung beizumessen ist — ändert der Kunde seinen Standpunkt, genehmigt die Mangelhaftigkeit der Dokumente und vereinbart mit der Bank, daß diese dieselben doch noch aufnimmt.

Hat der Käufer der Akkreditivbank Geldbeträge mit der ausdrücklichen Abrede angeschafft, daß sie zur Bedienung des Akkreditivs dienen sollen, darf die Bank diese Beträge, wenn das Akkreditiv nicht benützt wird, nicht zur Begleichung eines etwa bestehenden Debetsaldos des Käufers nach § 19 Abs. 2 AGB benutzen; sie muß dem Käufer die Beträge wieder frei geben[18].

VIII. Zwangsvollstreckung und Konkurs im Zusammenhang mit Akkreditiven

A. Zwangsvollstreckung

Zwangsvollstreckungsmaßnahmen der Gläubiger des Käufers oder Verkäufers, die auf die in Kaufvertrag und Akkreditiv wurzelnden Ansprüche ihrer Schuldner zielen, sind in der Praxis sehr selten. Das hat, abgesehen davon, daß an Akkreditivgeschäften meist solvente Partner beteiligt sind, verschiedene Ursachen: Wie die im Vorangegangenen angestellten Überlegungen und Erörterungen gezeigt haben, ist die Materie des Akkreditivs außerordentlich kompliziert. Wir haben es mit einem Bündel von Rechtsbeziehungen zwischen allen Akkreditivbeteiligten zu tun, die jeweils rechtlich voneinander unabhängig, andererseits aber doch auch eng miteinander verzahnt sind. Es besteht daher Unsicherheit darüber, welche Ansprüche im einzelnen pfändbar sind und welche Pfändungen Aussicht haben, zur Befriedigung des Gläubigers zu führen. Hinzu kommt die Komplizierung durch die Internationalität des Akkreditivvorgangs; der pfändende Gläubiger muß evtl. ins Ausland gehen, um zu seinem Recht zu kommen.

Trotz der nicht allzu großen praktischen Bedeutung der Zwangsvollstreckung beim Akkreditivgeschäft soll diese Materie hier doch in ihren Grundzügen behandelt werden, dient doch die Untersuchung der Rechtslage bei Zwangsvollstreckung (und Konkurs) stets der Vertiefung der bei der Erörterung des materiellen Rechts gefundenen Ergebnisse. Dabei soll der Vereinfachung wegen lediglich die Situation bei Akkreditiven unter Benutzung von Traditionspapieren beleuchtet werden, weil diese in der Praxis am häufigsten vorkommen.

1. Pfändung durch Gläubiger des Käufers

Für den Gläubiger des Käufers kommen folgende Ansprüche für eine Pfändung in Betracht:

a) Anspruch des Käufers gegen die Bank auf Rückzahlung des zur Deckung des Akkreditivs eingeschossenen Betrages,

[18] BGH in WM 1973, 167.

b) Anspruch des Käufers gegen die Bank auf Herausgabe der von dieser hereingenommenen Dokumente,

c) Ansprüche des Käufers gegen den Verkäufer aus dem Kaufvertrag.

Zu a):

Hat der Käufer zur Deckung des Akkreditivs einen Betrag eingeschossen, so entsteht damit ein durch die Nichtbenutzung des Akkreditivs durch den Begünstigten bedingter Rückzahlungsanspruch des Käufers gegen die Akkreditivbank, der pfändbar ist. Dabei ist es gleichgültig, ob der Betrag auf dem laufenden Konto des Käufers bei der Bank oder auf einem Akkreditivdeckungskonto gutgebracht worden ist. Solange das Akkreditiv vom Begünstigten noch bedient werden kann, kann der Käufer den Betrag von der Bank nicht zurückfordern, weil dieser vereinbarungsgemäß als Sicherheit für den Aufwendungsersatzanspruch der Bank gegen den Käufer aus dem Geschäftsbesorgungsvertrag dient. Pfändet der Gläubiger in das betreffende Konto, was zulässig ist, so geht seinem Pfändungspfandrecht das Recht der Bank vor. Wird das Akkreditiv vom Begünstigten benutzt, bleibt die Pfändung durch den Gläubiger erfolglos, weil die Bank auf Grund ihres Pfandrechts den eingeschossenen Betrag an sich zieht und zur Bedienung des Akkreditivs benutzt.

Die Pfändung kann indessen zum Erfolg führen, wenn das Akkreditiv vom Verkäufer nicht benutzt wird, denn dann kann auch der Käufer die Rückzahlung des Betrages von der Bank verlangen[1]. Aus der allgemeinen Pflicht des Drittschuldners (Bank), alles zu unterlassen, was dem Pfändungsgläubiger schaden kann, folgt, daß die Bank nach erfolgter Pfändung durch Dritte die Laufzeit des Akkreditivs nicht verlängern und auch den Akkreditivbetrag nicht erhöhen kann. Dies wäre eine Beeinträchtigung des Pfändungspfandrechts, die ohne Zustimmung des Gläubigers diesem gegenüber unwirksam wäre[2]. Zu beachten ist, daß gemäß Ziff. 19 AGB auch das allgemeine Pfandrecht der Bank — wegen eventueller anderweitiger Ansprüche — den Pfändungspfandrecht des Gläubigers vorgeht[3].

Ein Rückzahlungsanspruch des Käufers kommt auch zum Zuge, wenn ein widerruflich eröffnetes Akkreditiv widerrufen wird. Es erhebt sich hier die Frage, ob der Gläubiger das Widerrufsrecht des Käufers pfänden kann, um durch Anordnung des Widerrufs — den alsdann die Bank gegenüber dem Begünstigten erklärt — die Freigabe des Deckungsbetrages zu erreichen. Die Auffassung in der Literatur zu dieser Frage sind geteilt[4]. Unseres Erachtens ist das Widerrufsrecht nicht pfändbar. Durch den Widerruf macht

[1] Ebenso RGRK-HGB-Godin Anh. I zu § 365, 69: Liesecke WM 1966, 461.

[2] Vgl. dazu J. Geßler S. 32.

[3] Vgl. Liesecke aaO; zum Teil a. A. J. Geßler S. 31/32, der ein vorgehendes Pfandrecht der Bank verneint, wenn der Einschuß auf einem besonderen Akkreditivdeckungskonto verbucht worden ist.

[4] Für Pfändungsmöglichkeit: RGRK-HGB-Godin Anh. I zu § 365; 69; J. Geßler S. 21 ff.; dagegen: Schütz BB 1964, 334, der die Unpfändbarkeit mit der Begründung bejaht, das Widerrufsrecht des Käufers sei ein höchstpersönliches Recht.

sich der Käufer dem Verkäufer gegenüber evtl. aus dem Kaufvertrag schadensersatzpflichtig. Die Vereinbarung im Kaufvertrag, daß die Kaufpreiszahlung über ein widerrufliches Akkreditiv erfolgen soll, enthält in der Regel zugleich die ausdrückliche oder stillschweigende Abmachung, daß der Käufer von sich aus der Bank die Weisung zum Widerruf entweder überhaupt nicht oder nur bei Vorliegen bestimmter Voraussetzungen, etwa bei unloyalem Verhalten des Verkäufers, erteilen können soll. Meist wird das widerrufliche Akkreditiv nur deswegen gewählt, um die — höheren — Kosten des unwiderruflichen zu sparen. Gibt der Käufer der Bank ohne materielle Berechtigung (dem Verkäufer gegenüber) die Anweisung zum Widerruf, so kann dem Verkäufer, je nach Lage des Falles, ein Anspruch auf Schadensersatz wegen Nichterfüllung oder positiver Vertragsverletzung oder auch ein Recht zum Rücktritt vom Kaufvertrag erwachsen. Würde der Gläubiger des Käufers auf Grund seiner Pfändung der Bank die Weisung zum Widerruf des Akkreditivs erteilen können, so geschähe dies unter der Haftung des Käufers gegenüber dem Verkäufer. Zwangsvollstreckungsmaßnahmen dürfen jedoch nicht dazu führen, daß dem Schuldner ein Schaden aufgebürdet wird, der über die mit der einzelnen Maßnahme verbundene direkte Beeinträchtigung des Schuldnervermögens hinausgeht[5].

Zu b):

Hat der Verkäufer das Akkreditiv bereits benutzt, so steht dem Käufer aus dem Geschäftsbesorgungsvertrag ein Anspruch auf Herausgabe der von der Bank hereingenommenen Dokumente zu (§ 667 BGB). Dieser Herausgabeanspruch kann auch ein solcher aus Eigentum (§ 985 BGB) sein, sofern der Käufer durch die Dokumentenaufnahme der Bank Eigentümer der Dokumente geworden ist[6]. Diese Herausgabeansprüche sind pfändbar mit der Folge, daß die Dokumente von der Bank gem. § 847 ZPO an den Gerichtsvollzieher herauszugeben sind. Hat die Bank anderweitige Forderungen gegen den Käufer, so geht das ihr nach den AGB zustehende Pfandrecht an den Dokumenten dem Pfändungspfandrecht des Gläubigers vor[7].

Die Bank ist zur Herausgabe der Dokumente an den Gerichtsvollzieher nur gegen Erstattung ihrer Aufwendungen verpflichtet[8]. Im Fall der Pfändung muß der Pfändungsgläubiger der Bank gegebenenfalls die entsprechenden Beträge zahlen, was er nur dann tun wird, wenn diese geringer sind als der aus der Verwertung der Ware zu erwartende Erlös. Die Pfändung der Herausgabeansprüche ist wirtschaftlich nur dann wirklich erfolgversprechend für die Befriedigung des Gläubigers, wenn der Schuldner den Akkreditivbetrag oder jedenfalls einen wesentlichen Teil desselben schon bei der Bank angeschafft hatte.

[5] Vgl. dazu auch J. Geßler S. 98.

[6] Vgl. dazu S. 179 f.

[7] Siehe S. 173 ff.

[8] Vgl. dazu Baumbach-Lauterbach § 829, 7 B b; Wieczorek § 829 G II b.

Zu c):

Hat der Gläubiger die unter b) erörterte Pfändung ausgebracht, so schließt dies für den Käufer nicht die Möglichkeit aus, mit dem Verkäufer eine Geschäftsabwicklung außerhalb des Akkreditivs zu vereinbaren und damit der Pfändung auszuweichen. Die Pfändung der Rechte des Käufers aus dem Akkreditiv beeinträchtigt auf Grund der Unabhängigkeit von Akkreditiv- und Warengeschäft nicht die Befugnis des Käufers, zusammen mit dem Verkäufer den Kaufvertrag zu ändern. Wird der Kaufvertrag dann außerhalb des Akkreditivs abgewickelt, so geht die Pfändung der Herausgabeansprüche gegen die Bank hinsichtlich der Dokumente ins Leere. Der Gläubiger muß sich daher überlegen, ob er die Möglichkeit hat, eine Umgehung des Akkreditivs durch Käufer und Verkäufer zu verhindern oder für sich unschädlich zu machen.

In Betracht kommt hier eine — zur Pfändung der Herausgabeansprüche gegen die Bank hinzutretende — Pfändung der Ansprüche des Käufers gegen den Verkäufer aus dem Kaufvertrag. Dabei ist zwischen zwei Ansprüchen zu unterscheiden:

aa) Nach § 433 BGB schuldet der Verkäufer die Verschaffung des Eigentums an der Ware und deren Übergabe. Bei einem Warengeschäft, das sich mit Hilfe von Traditionspapieren — in Betracht kommt hier insbesondere das Konnossement — abwickeln soll, kann in der Regel als vereinbart gelten, daß der Verkäufer seinen Pflichten genügt, wenn er dem Käufer Eigentum an den die Ware repräsentierenden Dokumenten verschafft und diese Papiere dem Käufer übergibt[9]. Ist im Kaufvertrag vereinbart, daß der Verkäufer die Dokumente einer Bank andienen soll, so erfüllt er seine kaufvertraglichen Pflichten, wenn er der Bank die Dokumente übergibt und gleichzeitig eine Einigungsofferte, gerichtet an den, den es angeht[10], abgibt. Aus dem Inhalt des dem Akkreditiv zugrunde liegenden Kaufvertrages ergibt sich demnach ein Anspruch des Käufers gegen den Verkäufer auf Übergabe der Dokumente an die Bank und Abgabe einer auf Übertragung des Eigentums gerichteten Einigungserklärung.

Ob dieser Anspruch isoliert pfändbar ist, erscheint zweifelhaft[11]. Die ZPO regelt die Pfändung eines Anspruchs, gerichtet auf Leistung über einen Dritten, nicht. Die unmittelbare Anwendung der einschlägigen §§ 829, 847 ZPO ist nicht möglich; denn beide Vorschriften betreffen nur den Fall, daß der Drittschuldner verpflichtet ist, die Leistung unmittelbar an den Schuldner zu erbringen. Eine entsprechende Anwendung der §§ 829, 847 ZPO, etwa dergestalt, daß dem Verkäufer als Drittschuldner verboten würde, zugunsten des Käufers an die Bank zu leisten, und ihm aufgegeben würde, die Dokumente an den Gerichtsvollzieher herauszugeben, würde letztlich

[9] Vgl. RGRK-HGB-Würdinger/Röhricht (3. Aufl.) Vor § 373; 285, 269. Vor § 373, Staudinger-Ostler § 433, 100; RGRK-BGB-Kuhn § 433, 164; vgl. auch Heynen S. 76.

[10] Vgl. dazu S. 179 ff.

[11] Im Ergebnis ablehnend J. Geßler S. 54 ff.

schon daran scheitern, daß der Verkäufer aus dem Akkreditiv ein Recht (aber keine Pflicht) gegenüber der Bank hat, ihr die Dokumente anzudienen. Die Befugnisse des Gläubigers in der Zwangsvollstreckung gehen aber nicht so weit, daß er in Rechte des Drittschuldners eingreifen darf. Im übrigen gehen die Rechte des Pfändungsgläubigers nicht weiter als die seines Schuldners, und ebenso wie der Käufer (Schuldner) vom Verkäufer (Drittschuldner) nur die Andienung der Dokumente bei der Bank verlangen könnte, könnte der den Anspruch einziehende Gläubiger nur dasselbe beanspruchen.

bb) Nach Lage der Verhältnisse kommt es dem Gläubiger in dem hier vorliegenden Zusammenhang nur darauf an, die Pfändung der Herausgabeansprüche gegen die Bank vor einer einverständlichen Umgehung des Akkreditivs durch Käufer und Verkäufer zu schützen. Zu diesem Erfolg verhilft die Pfändung eines zweiten aus dem Kaufvertrag resultierenden Anspruchs des Käufers gegen den Verkäufer. Oben S. 27 ff. ist ausgeführt worden, daß dem Verkäufer neben seiner Akkreditivforderung gegen die Bank auch ein Kaufpreisanspruch gegen den Käufer zusteht. Entsprechend hat auch der Käufer zwei Ansprüche gegen den Verkäufer: den auf Andienung der Dokumente bei der Bank und einen solchen auf Leistung der Ware bzw. der Dokumente an sich selbst. Der letztgenannte Anspruch wird von dem erstgenannten überlagert; er ist aber von Bedeutung, wenn die Leistung der Dokumente an die Bank unmöglich wird, etwa wenn die Bank die Schalter geschlossen hat. Dieser „überlagerte" Anspruch ist nach den Regeln der §§ 829, 847 ZPO pfändbar, und seine Pfändung verhindert, daß Käufer und Verkäufer eine Umgehung des Akkreditivs vereinbaren. Denn eine solche Vereinbarung wäre zwecklos, weil durch die Pfändung des „überlagerten" Leistungsanspruchs dem Verkäufer die Leistung unmittelbar an den Käufer verboten ist.

Die vorstehend gekennzeichnete Pfändung schützt den Gläubiger auch vor einer einverständlichen Aufhebung des gesamten Kaufvertrages, weil der Käufer (Schuldner des Pfändungsgläubigers) damit entgegen dem Gebot des § 829 ZPO über seinen Leistungsanspruch verfügen würde, was dem Gläubiger gegenüber unwirksam wäre[12,13].

[12] Vgl. dazu Wieczorek § 829 G III b 4; vgl. dazu auch OLG München OLGE 20, 194/195; OLG Kiel OLGE 20, 379; Stein-Jonas-Schönke-Pohle § 829 VI 1, 2.

[13] Wenn Schütz BB 1964, 335, meint, der Gläubiger könne die Ansprüche des Käufers aus dem Kaufvertrag pfänden und sodann Herausgabe der Dokumente an sich selbst verlangen, wenn er dem Verkäufer Bezahlung der Dokumente anbiete oder ihm seinerseits ein Akkreditiv stelle, so erscheint dies nicht richtig. Im Angebot des Gläubigers an den Verkäufer, das Warengeschäft außerhalb des Akkreditivs abzuwickeln, läge ein Angebot, den Kaufvertrag des Verkäufers mit dem Käufer zu ändern (vgl. dazu J. Geßler S. 58 ff.). Zu einem solchen Vorgehen ist der Gläubiger nicht berechtigt, da er als solcher nur die bereits bestehenden Vertragsrechte seines Schuldners durch seinen Zugriff erfassen, nicht aber die Rechtsverhältnisse seines Schuldners zu Dritten mit Wirkung gegenüber diesen ändern kann. Außerdem

Fassen wir zusammen: Der Gläubiger eines Käufers, der nach Maßgabe des Kaufvertrages dem Verkäufer ein Bankakkreditiv gestellt hat, hat folgende Pfändungsmöglichkeiten:

a) Vor Benutzung des Akkreditivs durch den Begünstigten ist pfändbar der Rückzahlungsanspruch des Käufers gegen die Bank hinsichtlich eines zur Akkreditivdeckung eingeschossenen Betrages. Diese Pfändung ist wirtschaftlich nur sinnvoll, wenn das Akkreditiv entweder unbenutzt bleibt oder wenn — ohne Einflußmöglichkeit des pfändenden Gläubigers — ein widerrufliches Akkreditiv widerrufen wird.

b) Pfändbar sind die Ansprüche des Käufers gegen die Bank auf Herausgabe der Dokumente.

c) Pfändbar ist schließlich der „überlagerte" Leistungsanspruch des Käufers gegen den Verkäufer auf Lieferung der durch die Dokumente repräsentierten Ware. Diese Pfändung, die theoretisch auch allein möglich wäre, ist nur sinnvoll im Zusammenhang mit der gleichzeitig erfolgenden Pfändung der Herausgabeansprüche des Käufers gegen die Bank wegen der Dokumente. Von praktischer Bedeutung ist sie nur als Zusatzpfändung, die nach dem oben Ausgeführten den Gläubiger vor einer Umgehung des Akkreditivs durch Käufer und Verkäufer schützen soll. Würde der Leistungsanspruch allein gepfändet, so würde das Warengeschäft über das Akkreditiv abgewickelt, ohne daß der Gläubiger irgendwelche Zugriffsmöglichkeiten auf die Dokumente und damit die Ware erhielte.

Zweckmäßigerweise pfändet der Gläubiger alle die genannten Ansprüche gleichzeitig, da von vornherein nicht feststeht, wie sich letztlich Akkreditiv- und Warengeschäft abwickeln werden. Nur die Pfändung aller möglichen Ansprüche verspricht dem Gläubiger eine Sicherheit für alle in Betracht kommenden Eventualitäten. Hinsichtlich der drittgenannten Möglichkeit dürfte es für die Praxis genügen, wenn der Pfändungsbeschluß die „Ansprüche des Käufers gegen den Verkäufer aus dem Kaufvertrag" als gepfändet nennt und dem Verkäufer als Drittschuldner verbietet, unmittelbar an den Käufer zu leisten, zugleich aber ausspricht, daß der Verkäufer nicht gehindert sei, die Dokumente der Bank auf dem im Akkreditiv vorgesehenen Wege anzudienen. Dies letzte erscheint wichtig, um klarzustellen, daß nur der „überlagerte" Leistungsanspruch gepfändet ist.

Ob die ausgebrachten Pfändungen auch zum Erfolg, d. h. letztlich zur Befriedigung des Gläubigers führen, dürfte weitgehend davon abhängen, ob und wieweit der Käufer bereits Zahlungen auf das Warengeschäft geleistet hat (entweder durch Einschuß bei der Akkreditivbank oder als An-

würde der Gläubiger durch ein solches Angebot praktisch versuchen, sich selbst an die Stelle der Bank zu setzen. Damit wäre aber diese als Prüfungsstelle für die Ordnungsmäßigkeit der Dokumente ausgeschaltet und dem Käufer die Sicherheit genommen, daß der Verkäufer seinen kaufvertraglichen Verpflichtungen entsprechend leistet. Soweit aber können die Befugnisse des Gläubigers im Rahmen der Zwangsvollstreckung nicht gehen.

zahlung an den Verkäufer). Denn wie wir gesehen haben, geht dem Pfändungspfandrecht des Gläubigers das Pfandrecht der Bank an den Dokumenten hinsichtlich aller Ansprüche der Bank gegen den Käufer vor, so daß der Gläubiger nur dann an die Dokumente herankommen kann, wenn er gleichzeitig die Bank befriedigt. Ähnliches gilt im Verhältnis zum Verkäufer: Der Gläubiger gewinnt den Zugriff auf die Dokumente nur dann, wenn er durch Zahlung den Verkäufer zu deren Herausgabe veranlaßt. Kurz gesagt: Eine Pfändung ist nur dann sinnvoll, wenn der Warenwert, genauer: der aus einer Verwertung der Ware im Zwangsvollstreckungsverfahren zu erwartende Erlös, den Betrag erheblich übersteigt, den der Gläubiger aufwenden muß, um an die Dokumente und damit an die Ware heranzukommen. Das ist aber nur der Fall, wenn der Käufer vorher bereits verhältnismäßig viel auf die Ware gezahlt hatte.

2. *Pfändung durch Gläubiger des Verkäufers*

Folgende pfändbare Ansprüche und Rechte des Verkäufers kommen hier in Betracht:

a) das auf Grund der Akkreditiveröffnung bestehende Recht des Verkäufers zur Vorlegung der Dokumente bei der Bank und der durch die Vorlegung bedingte Zahlungsanspruch gegen die Bank,
b) der „reine“ Zahlungsanspruch des Verkäufers gegen die Bank,
c) Ansprüche des Verkäufers gegen den Käufer aus dem Kaufvertrag.

Zu a):

Die Literatur neigt dazu, bei Behandlung der Frage, ob die Akkreditivbenutzungsstellung des Verkäufers pfändbar ist, zwischen übertragbar gestellten (dann pfändbaren) und nicht übertragbaren (dann nicht pfändbaren) Akkreditiven zu unterscheiden. Dem liegt die Vorstellung zugrunde, was übertragbar sei, sei grundsätzlich auch pfändbar[14]. Dieser Grundsatz ist hier jedoch nicht anwendbar, weil bei einem übertragbaren Akkreditiv der Verkäufer selber gar nichts „übertragen“ kann. Ist ein Akkreditiv übertragbar gestellt, so bedeutet dies, daß es dem Verkäufer gestattet sein soll, eine Änderung des Akkreditivs dadurch herbeizuführen, daß er die Akkreditivbank ersucht, statt des Originalakkreditivs zwei oder mehrere andere Akkreditive zugunsten anderer von ihm benannter Begünstigter zu eröffnen[15]. Die „Übertragung“ besteht demnach in einer Abänderung des Originalakkreditivs, die nicht der Verkäufer, sondern die Bank auf Wunsch des Verkäufers vornimmt.

Es kommt demnach nur darauf an, ob der Gläubiger das Recht des Verkäufers pfänden kann, mit der Bank eine Akkreditivänderung vereinbaren zu können. Dagegen spricht die Überlegung, daß es dem Gläubiger in der

[14] So J. Geßler S. 79 ff.; AWO 1968, 295; Schütz BB 1964, 333 ff., Liesecke WM 1966, 464.
[15] Siehe dazu S. 93 ff.

Zwangsvollstreckung nur gestattet ist, auf ein bestehendes Vertragsverhältnis seines Schuldners zuzugreifen, nicht aber ein solches Verhältnis zu ändern[16]. Daraus folgt, daß die Akkreditivbenutzungsstellung des Verkäufers weder bei einem übertragbaren noch bei einem nicht übertragbaren Akkreditiv pfändbar ist[17].

Zu b):

Der „reine" Zahlungsanspruch des Verkäufers gegen die Bank ist (nach Art. 47 ER) abtretbar[18], infolgedessen auch pfändbar[19]. Eine solche isolierte Pfändung hindert indessen nicht, daß der Verkäufer im Einvernehmen mit dem Käufer das Warengeschäft unter Umgehung des Akkreditivs abwickelt. Dann tritt die Bedingung für die Auszahlung des Akkreditivbetrages durch die Bank nicht ein; die Pfändung bleibt erfolglos.

Zu c):

Neben dem Anspruch gegen die Bank auf Zahlung des Akkreditivbetrages steht dem Verkäufer aus dem Kaufvertrag noch der Anspruch auf Kaufpreiszahlung gegen den Käufer zu[20], der freilich oftmals (meist formularmäßig) an die avisierenden (zweite) Bank abgetreten ist. Auch dieser Anspruch ist pfändbar. Jedoch ist eine solche Pfändung *allein* sinnlos, wenn noch das Akkreditiv läuft und wenn es dann letztlich bedient wird; durch die Zahlung der Bank an den Verkäufer auf Grund des Akkreditivs erlischt — trotz Pfändung — die Kaufpreisforderung aus dem Kaufvertrag. Denn durch die Pfändung des Kaufpreisanspruches allein ist der Verkäufer nicht gehindert, das zahlungshalber gestellte Akkreditiv zu bedienen. Diese Pfändung — allein — erfaßt nicht die Rechtsposition des Verkäufers im Verhältnis zur Bank aus der Dokumentenaufnahme. Kaufpreisanspruch gegen den Käufer und Zahlungsanspruch gegen die Bank aus der Dokumentenaufnahme sind auch hier streng zu trennen. Eine befriedigende Situation ergibt sich nur, wenn der Gläubiger des Verkäufers bei diesem gleichzeitig sowohl den Zahlungsanspruch gegen die Bank als auch die Kaufpreisforderung gegen den Käufer pfändet. Dadurch wird die Möglichkeit, daß Verkäufer und Käufer das Akkreditiv zum Nachteil des Gläubigers umgehen, ausgeschaltet, weil nach § 829 Abs. 1 ZPO der Käufer dann nicht mehr in der Lage ist, dem Gläubiger gegenüber mit befreiender Wirkung den Kaufpreis an den Verkäufer zu zahlen[21].

[16] Siehe auch S. 191, Anm. 13.

[17] Im Ergebnis ebenso Schütz BB 1964, 335.

[18] Siehe S. 96 f.

[19] Ebenso J. Geßler S. 103; AWO 1968, 295; Schütz BB 1964, 335; Nielsen DB 1964, 1728; van der Gucht Rev. de la Banque 1952, 185 ff. im Anschluß an App. Paris 16. 6. 1950, Gaz. Pal. 1950, 2, 304. Zur Rechtslage bei Pfändungen bei bestätigten Akkreditiven vgl. Bandomir Bank-Betrieb 1967, 174.

[20] Siehe S. 27 ff., 66.

[21] Vgl. dazu J. Geßler S. 109, 112; auch Schütz BB 1964, 335.

Als Ergebnis ist festzuhalten: Der Gläubiger des Verkäufers sollte zweckmäßigerweise gleichzeitig den Zahlungsanspruch des Verkäufers gegen die Bank aus dem Akkreditiv sowie den Kaufpreisanspruch des Verkäufers gegen den Käufer pfänden, um so Verkäufer und Käufer die Möglichkeit zu nehmen, das Warengeschäft außerhalb des Akkreditivs und damit unter Umgehung der bezüglich des Zahlungsanspruchs gegen die Bank ausgebrachten Pfändung abzuwickeln[22].

B. Konkurs[23]

1. Konkurs des Käufers

Bei der Betrachtung des Käuferkonkurses sind zu untersuchen: einmal die Auswirkungen auf den Kaufvertrag mit dem Verkäufer und zum anderen die auf den Geschäftsbesorgungsvertrag mit der Bank. Für die Bank ist dabei die Sicherung ihrer Ansprüche aus dem Geschäftsbesorgungsvertrag (Akkreditivgeschäft) mit dem Käufer von besonderer Wichtigkeit, zumal wenn der Käufer keinen vollen Einschuß geleistet hat, das Akkreditivgeschäft also mit einer Krediteinräumung verbunden ist[24].

a) Auswirkungen des Käuferkonkurses auf den Kaufvertrag

Für den Verkäufer ist der Käuferkonkurs ohne Bedeutung, wenn der Konkurs nach Eröffnung und nach Benutzung des Akkreditivs durch den Verkäufer eröffnet wird. Denn durch die Benutzung des Akkreditivs und die Auszahlung des Akkreditivbetrages durch die Bank ist für ihn das Warengeschäft ordnungsmäßig abgewickelt.

Ist bei Eröffnung des Käuferkonkurses das Akkreditiv eröffnet, aber vom Begünstigten noch nicht benutzt, so befindet sich der Verkäufer ebenfalls in einer günstigen Situation. Unabhängig von der Frage, ob dem Konkursverwalter zu diesem Zeitpunkt noch die Wahlmöglichkeit nach § 17 KO zusteht, die Erfüllung des Kaufvertrages vom Verkäufer zu verlangen oder abzulehnen[25], kann er der Bank auf Grund des Akkreditivs die Dokumente

[22] Ebenso Geßler AWD 1968, 296.

[23] Der Große Kommentar zur Konkursordnung begründet von Jaeger hat auch in seiner neuesten (8.) Auflage zum Konkursgeschehen in Export- und Importgeschäften nicht ausdrücklich Stellung genommen; auch nicht zu den Spezialfragen, die sich daraus ergeben, daß Grundgeschäft und Akkreditivbeziehung bzw. Inkassovorgang nebeneinander herlaufen.

[24] Über Konkurs beim Inkassogeschäft vgl. Kümpel aaO S. 197.

[25] RGRK-HGB-Godin Anh. I zu § 365, 81; Schlegelberger-Hefermehl Anh. zu § 365, 163, meinen hierzu, daß nach Eröffnung des Akkreditivs das Wahlrecht nicht mehr gegeben sei. Hier wird aber übersehen, daß das Akkreditiv in der Regel nur erfüllungshalber gestellt wird (s. o. S. 24). Allein mit der Akkreditivstellung hat der Käufer seine kaufvertraglichen Pflichten noch nicht voll erfüllt. Die erfüllungshalber erbrachte Leistung schließt das Wahlrecht des Konkursverwalters noch nicht aus: Jaeger-Lent § 17, 15 für die Hingabe eines Wechsels erfüllungshalber.

andienen und von ihr Zahlung verlangen[26]. Dies macht das Akkreditiv für den Verkäufer besonders wertvoll, weil er durch die Akkreditivstellung von den Vermögensverhältnissen des Käufers unabhängig wird.

Wenn jedoch das Akkreditiv bei Konkurseröffnung noch nicht eröffnet ist, kann dies für den Verkäufer mißliche Folgen haben. In diesem Stadium steht dem Konkursverwalter nach § 17 KO das Recht zu, entweder vom Verkäufer Erfüllung des Kaufvertrages zu verlangen oder die Erfüllung abzulehnen. Wählt der Konkursverwalter die Erfüllung des Kaufvertrages, so muß er dem Verkäufer das im Verkaufvertrag vereinbarte Akkreditiv stellen. Damit wird jedoch der Verkäufer wiederum vom Konkurs weitgehend unabhängig; er wird Massegläubiger und erhält nach § 59 Nr. 1, 2 KO Befriedigung vor den normalen Konkursgläubigern[27]. Lehnt der Konkursverwalter die Erfüllung ab, so wird die Bank ein Akkreditiv zugunsten des Verkäufers nicht mehr eröffnen; dieser ist auf Schadensersatzansprüche gegen die Konkursmasse angewiesen (§ 26 KO). Natürlich muß der Konkursverwalter die Bank rechtzeitig benachrichtigen, damit diese nicht in Unkenntnis des Konkurses das Akkreditiv eröffnet; geschieht letzteres, ist die Bank nur durch die in ihrer Hand befindlichen Sicherheiten (einschl. der später eingereichten Dokumente) gesichert, im übrigen ist sie Konkursgläubigerin (§§ 23, 27 KO in Verbindung mit § 674 BGB).

b) Auswirkungen des Käuferkonkurses auf das Verhältnis des Käufers zur Bank

Gemäß § 23 KO bringt der Konkurs des Käufers den Geschäftsbesorgungsvertrag zwischen ihm und der Akkreditivbank zum Erlöschen, gleichgültig, ob das Akkreditiv bereits eröffnet ist oder nicht[28]. Der Geschäftsbesorgungsvertrag gilt zugunsten der Bank allerdings so lange als fortbestehend, bis sie von der Konkurseröffnung Kenntnis erlangt hat oder erlangt haben muß (§ 23 KO in Verbindung mit § 674 BGB).

Daraus ergibt sich folgende Rechtslage:

aa) Konkurseröffnung vor Akkreditiveröffnung

Der Geschäftsbesorgungsvertrag erlischt. Die Bank hat nach § 812 BGB einen ihr vom Käufer eingeschossenen Betrag abzüglich ihrer bereits verdienten Provision und der entstandenen Auslagen an die Konkursmasse herauszugeben, sofern ihr nicht an dem Betrag wegen anderweitiger Forderungen gegen den Käufer gemäß Ziff. 19 AGB ein Pfandrecht zusteht[29], das ihr im Konkurs ein Recht auf abgesonderte Befriedigung gewährt (§ 48 KO). Hat sie vom Käufer keinen Einschuß erhalten, so ist sie bezüg-

[26] Ebenso Mentzel-Kuhn § 23, 14; Bohle-Stamschräder K. O. 11. Aufl. § 23, 10.

[27] Vgl. dazu Jaeger-Lent § 23, 2.

[28] Mentzel-Kuhn § 23, 14; Böhle-Stamschräder § 23, 10; a. A. anscheinend RGRK-HGB-Godin Anh. I zu § 365, 81.

[29] Dazu S. 173 ff.

lich ihrer (Neben-)Ansprüche aus dem Akkreditivgeschäft (Provision, Auslagen) mangels anderer Sicherheiten normale Konkursgläubigerin[30].

bb) Konkurseröffnung nach Akkreditiveröffnung

Der Geschäftsbesorgungsvertrag erlischt. Das bereits eröffnete Akkreditiv bleibt gegenüber dem Begünstigten bestehen und kann von der Bank nicht widerrufen werden, wenn es unwiderruflich ist. Wegen der bereits verdienten Provisionen und der bereits gemachten Aufwendungen ist die Bank normale Konkursgläubigerin, sofern nicht vor Konkurseröffnung eine Sicherheit für sie entstanden war.

Der Konkursverwalter kann durchaus ein Interesse daran haben, trotz des Konkurses das Warengeschäft mit dem Verkäufer durchzuführen. Er hat nach § 17 KO die Möglichkeit, vom Verkäufer Erfüllung zu verlangen und den an sich erloschenen Geschäftsbesorgungsvertrag mit der Bank zu „erneuern“. In diesem Falle werden Akkreditiv- und Warengeschäft normal abgewickelt. Die Bank ist Massegläubigerin hinsichtlich aller ihrer Ansprüche nach Maßgabe des § 59 Nr. 1 KO.

Verfährt der Konkursverwalter nicht in dieser Weise, sondern distanziert sich sowohl von dem Kaufvertrag als auch von dem Akkreditivauftrag (Geschäftsbesorgungsvertrag mit der Bank), so bleibt die Bank wegen ihrer bereits entstandenen Ansprüche gegen den Käufer Konkursgläubigerin. Sie wickelt nunmehr das Geschäft mit dem Begünstigten nach Maßgabe des für sie verbindlich bleibenden Akkreditivs ab, nimmt die Dokumente auf, honoriert sie und befriedigt sich aus der Verwertung der durch die Dokumente repräsentierten Ware. Hier können Mindererlöse entstehen; wegen des Ausfalls ist die Bank Konkursgläubigerin. Mehrerlöse dürften hier praktisch kaum vorkommen, weil der Konkursverwalter voraussichtlich lukrative Geschäfte für Rechnung der Masse abwickeln wird. Die Dokumente dienen der Bank in jedem Falle als Sicherheit, die auch im Konkurs des Akkreditivauftraggebers Bestand behält. Es ist ein weltweiter Grundsatz des Akkreditivgeschäftes: Solange die Akkreditivbank die Dokumente in Händen hat, kann ihr aus dem Konkurs des Käufers ein Schaden nur insoweit erwachsen, als ihre Forderungen gegen den Käufer den Erlös aus der Verwertung der durch die Dokumente repräsentierten Ware übersteigen.

Die Möglichkeit der Bank, die Ware durch die Dokumente an sich zu ziehen und zu verwerten, kann der Konkursverwalter nicht beeinträchtigen[31]. Durch den Versuch, nach § 17 KO vom Exporteur Erfüllung des Kaufvertrages zu verlangen — ohne zugleich auch den Geschäftsbesorgungsvertrag mit der Bank zu „erneuern“ — kann er nicht erreichen, daß die Bank ihrerseits das Akkreditiv honorieren muß, das Eigentum an den Dokumenten und damit an der Ware aber unmittelbar vom Exporteur in die Masse überführt wird. Diese — unlautere — Rechnung geht gegen den

[30] Mentzel-Kuhn § 23, 6; Böhle-Stamschräder § 23, 5.

[31] Hierzu auch Zahn aaO, 255/256.

Willen der Bank nicht auf. Zwar können sich Verkäufer und Konkursverwalter über den Eigentumsübergang auch ohne die Bank einigen; sie können aber ohne deren Mitwirkung keine Übergabe der von der Bank bezahlten Dokumente an die Masse zustande bringen. Der Begünstigte erhält die Akkreditivsumme nur, wenn er die Dokumente der Bank aushändigt. Damit ist eine Übergabe an den Konkursverwalter unmöglich. Der Konkursverwalter kann auch nicht behaupten, er habe mittelbaren Besitz erworben und könne deshalb ohne Bezahlung aus der Masse die Dokumente verlangen; das würde voraussetzen, daß ein entsprechendes Besitzmittlungsverhältnis zwischen ihm und der Bank bestünde. Dies ist im Akkreditivgeschäft normalerweise der Geschäftsbesorgungsvertrag, der aber in unserem Falle gerade nicht mehr existiert. Daraus folgt, daß der Konkursverwalter Eigentum an den Dokumenten zugunsten der Masse nur erwerben kann, wenn er nicht nur vom Verkäufer Erfüllung des Kaufvertrages verlangt, sondern zugleich ein neues Besitzmittlungsverhältnis mit der Akkreditivbank durch Erneuerung des Geschäftsbesorgungsvertrages begründet. Dann ist aber die Bank nach dem oben Gesagten wegen ihrer Aufwendungen durch den unmittelbaren Besitz an den Dokumenten gesichert.

Daß der Konkursverwalter nicht gegen den Willen der Bank, die aus dem Akkreditiv gezahlt hat, über diese unbelastetes Eigentum an den Dokumenten für die Masse erwerben kann, entspricht durchaus der Billigkeit. Der Konkursverwalter kann nicht zwar einerseits vom Verkäufer nach § 17 KO Erfüllung verlangen, andererseits aber nicht bereit sein, die Aufwendungen der Bank aus dem Akkreditiv zu ersetzen. Dies entspricht auch der Regel, daß der Konkursverwalter nur dann Erfüllung eines zweiseitigen Vertrages verlangen kann, wenn er seinerseits bereit ist, die Gegenleistung aus der Konkursmasse zu erbringen (§§ 17, 59 Nr. 2 KO).

Diese komplizierten konkurs- und eigentumsrechtlichen Überlegungen sind überflüssig, wenn bei Erteilung des Akkreditivauftrages von vornherein klare Abmachungen zwischen Bank und Käufer bezüglich der Sicherung der Bank getroffen worden sind. Die Bank sollte besonders dann auf ihre Sicherheit bedacht sein, wenn sie dem Käufer zur Ermöglichung einer Anzahlung für die Ware einen Kredit gewährt hat. Die Möglichkeiten der Sicherung sind schon oben S. 157 ff. ausführlich dargelegt worden. Wiederholt sei, daß die Bank bemüht sein muß, den Sicherungsvertrag mit dem Käufer so zu gestalten, daß *sie* — nicht der Käufer — unmittelbar vom Verkäufer Eigentum an Dokumenten und Ware erwirbt. Dies wird dadurch erreicht, daß der Käufer ihr seinen gegen den Verkäufer gerichteten Anspruch auf Eigentumsverschaffung abtritt. Die rechtliche Klärung ist wesentlich erleichtert, wenn der Käufer der kreditgewährenden akkreditivstellenden Bank bei Erteilung des Akkreditivauftrages seine Ansprüche aus dem Grundgeschäft gegen den Verkäufer abgetreten hat.

2. *Konkurs der Bank*

Der Konkurs der Bank bringt den Geschäftsbesorgungsvertrag mit dem Käufer nicht zum Erlösen; § 23 KO findet hier keine Anwendung. Wiederum ist die Rechtslage verschieden, je nachdem, ob das Akkreditiv im Zeitpunkt der Konkurseröffnung bereits eröffnet war oder nicht.

a) Konkurseröffnung vor Akkreditiveröffnung

Vor Eröffnung des Akkreditivs steht dem Käufer die Möglichkeit offen, gemäß §§ 675, 649 BGB den Geschäftsbesorgungsvertrag mit der Bank zu kündigen. Einen vor Konkurseröffnung evtl. an die Bank geleisteten Einschuß kann er nur als normaler Konkursgläubiger ohne Vorrang zurückverlangen; dies gilt auch dann, wenn der Einschuß auf einem besonderen Akkreditivdeckungskonto verbucht war. Ein Aussonderungsrecht des Käufers besteht nicht, weil das Eigentum des Käufers am eingezahlten Geld durch Vermischung untergeht und sich in eine Forderung gegen die Bank umwandelt. Eine buchmäßige „Aufbewahrung" von Geld gibt es nicht[32].

Kündigt der Käufer den Vertrag mit der Bank nicht, so kann der Konkursverwalter der Bank seinerseits entscheiden, ob er von dem Wahlrecht nach § 17 KO Gebrauch machen will. Dieses Wahlrecht steht ihm zu, da der Geschäftsbesorgungsvertrag ein zweiseitiger und — vor Akkreditiveröffnung — noch von keiner Seite voll erfüllter Vertrag ist. Lehnt der Konkursverwalter die Erfüllung ab, so bleibt dem Käufer nur übrig, einen evtl. Schadensersatzanspruch als Konkursforderung geltend zu machen (§ 26 KO). Wählt der Konkursverwalter hingegen Erfüllung, so muß er das Akkreditiv eröffnen und aus der Masse voll bedienen. Benutzt der Begünstigte das Akkreditiv, so ist Zahlung in Höhe des vollen Akkreditivbetrages an ihn zu leisten; der Verkäufer ist Massegläubiger nach § 59 Nr. 1 KO. An den hereingenommenen Dokumenten erwirbt je nach Ausgestaltung der Beziehungen zwischen Bank und Käufer entweder der Käufer Eigentum oder die Bank[33]. Im ersten Fall hat der Käufer ein Aussonderungsrecht hinsichtlich der Dokumente (§ 43 KO). Im zweiten Fall erwirbt die Bank zwar Eigentum an den Dokumenten, sie ist dem Käufer gegenüber jedoch nach § 667 BGB zur Übertragung des Eigentums und zur Herausgabe verpflichtet — der Käufer ist nach § 59 Nr. 2 KO Massegläubiger. Sicherungsrechte der Bank bleiben natürlich unberührt.

b) Konkurseröffnung nach Akkreditiveröffnung

Ist das Akkreditiv bei Konkurseröffnung bereits eröffnet, so hat der Käufer kein Kündigungsrecht mehr. Nach Akkreditiveröffnung kann er den Geschäftsbesorgungsvertrag als Grundlage für die selbständige Akkreditivverpflichtung der Bank gegenüber dem Begünstigten nicht annullieren. Auch ein Wahlrecht des Konkursverwalters nach § 17 KO im Hinblick auf den

[32] Im Ergebnis ebenso Schneider S. 80. Nach Davis S. 61/62 hat der Käufer nach englischem Recht auf diesen Betrag einen Aussonderungsanspruch. Auch nach § 5—117 UCC kann der Käufer seinen Einschuß aussondern. Vgl. dazu Funk B. L. J. 1966, 17.

[33] Vgl. S. 160.

Geschäftsbesorgungsvertrag mit dem Käufer ist nicht mehr gegeben[34]. Denn mit der Eröffnung des Akkreditivs hat die Bank ihre Hauptpflicht gegenüber dem Käufer aus dem Geschäftsbesorgungsvertrag erfüllt. An die Akkreditiveröffnung schließen sich zwar weitere Tätigkeiten der Bank an, z. B. Entgegennahme der Dokumente, Zahlung an den Begünstigten und Herausgabe der Dokumente an den Käufer. Diese Tätigkeiten sind jedoch nur Folge der durch die Eröffnung des Akkreditivs ausgelösten Automatik der Akkreditivabwicklung.

Wenn das vorher eröffnete Akkreditiv bei Konkurseröffnung vom Begünstigten noch nicht benutzt ist, wird es in aller Regel unbenutzt verfallen, denn der Begünstigte kann zwar die Dokumente bei der Bank einreichen, sein Zahlungsanspruch ist jedoch nur eine gewöhnliche Konkursforderung (wenn der Konkursverwalter sich nicht zur uneingeschränkten Honorierung bereiterklärt). Der Begünstigte wird sich bei Konkurs der Bank wegen seiner Kaufpreisforderung unmittelbar an den Käufer halten, und der Käufer ist auch verpflichtet, an ihn Zug um Zug gegen Hergabe der Dokumente Zahlung zu leisten, weil das Akkreditiv nur erfüllungshalber gestellt war und der Verkäufer volle Befriedigung von der Bank nicht erhalten kann[35]. Hatte der Käufer in diesem Fall bereits einen Einschuß an die Bank geleistet, so ist er in einer prekären Lage, denn er muß den vollen Kaufpreis an den Verkäufer zahlen, seinen Einschuß kann er aber nur als normaler Konkursgläubiger von der Bank zurückverlangen. Er trägt damit im Verhältnis zum Verkäufer das Risiko des Bankkonkurses.

Hatte der Begünstigte bei Konkurseröffnung das Akkreditiv bereits benutzt und liegen die Dokumente bei der Bank, so hat der Käufer, sofern er Eigentümer der Dokumente geworden ist, ein Aussonderungsrecht nach § 43 KO, die Bank indessen ein Pfandrecht wegen ihrer Ansprüche gegen den Käufer.

Gleiches gilt, wenn nicht der Käufer, sondern die Bank Eigentümerin der Dokumente geworden ist. Der Eigentumserwerb der Bank unmittelbar vom Begünstigten soll verhindern, daß das Eigentum an den Dokumenten den Umweg über das Vermögen des Käufers nimmt, was der Bank im Falle des Käuferkonkurses schaden kann[36]. Das Eigentum der Bank an den Dokumenten hat aber, obwohl es rechtlich Volleigentum ist, nur Sicherungsfunktion, d. h. es soll den Aufwendungsersatzanspruch der Bank gegen den Käufer sichern. Nach seinem materiellen Gehalt steht es einem Pfandrecht gleich. Es ist praktisch ein „Sicherungseigentum", obwohl es sich von diesem dadurch unterscheidet, daß die Bank als „Sicherungsnehmerin" unmittelbare Besitzerin der Dokumente ist, während beim normalen Sicherungseigentum der Sicherungsnehmer nur mittelbarer Besitzer und der Sicherungsgeber unmittelbarer Besitzer ist. Dieser Unterschied ist aber nur ein konstruktiver,

[34] Im Hinblick auf das Rechtsverhältnis zwischen Bank und Begünstigtem kommt ein Wahlrecht ohnehin nicht in Betracht, weil das Akkreditivversprechen der Bank kein zweiseitiger Vertrag im Sinne des § 17 KO ist.

[35] Dazu S. 24.

[36] Siehe S. 160.

und es ist gerechtfertigt, beide Formen des Eigentums im Konkurs des Sicherungsnehmers (Bank) gleich zu behandeln. Im Konkurs des Sicherungseigentümers setzen sich Rechtsprechung und Literatur über dessen formales Eigentum hinweg und behandeln dieses als Pfandrecht, indem sie dem Sicherungsgeber ein — evtl. mit Pfandrechten belastetes — Aussonderungsrecht nach § 43 KO zugestehen[37]. Gleiches muß in unserem Falle für das Eigentum der Bank gelten, denn materiell besteht zwischen beiden Eigentumsarten kein Unterschied.

Der Käufer hat mithin bei Konkurseröffnung nach Benutzung des Akkreditivs durch den Begünstigten in jedem Falle ein Aussonderungsrecht nach § 43 KO bezüglich der Dokumente, das er natürlich nur dann verwirklichen kann, wenn er seinerseits der Bank die Aufwendungen ersetzt.

3. *Konkurs des Verkäufers*

Die Akkreditivbank hat keine Ansprüche gegen den Verkäufer und ist infolgedessen an dessen Konkurs grundsätzlich unbeteiligt. Reicht der Konkursverwalter Dokumente bei ihr ein, so hat sie Zahlung an die Konkursmasse zu leisten.

Der Verkäuferkonkurs kann aber für die Bank bedeutsam werden, wenn sie dem Verkäufer vor Hereingabe der Dokumente im Hinblick auf das Akkreditiv Kredit gewährt oder etwa — gegen Einreichung nicht ganz ordnungsgemäßer Dokumente — vor Konkurseröffnung Zahlung unter Vorbehalt geleistet hat. Scheitert die Abwicklung des Akkreditivs im erstgenannten Falle, weil der Konkursverwalter keine Dokumente bei der Bank einreicht, so ist die Bank hinsichtlich ihrer Ansprüche gegen den Verkäufer nur Konkursgläubigerin. Hat sie bei Zahlung unter Vorbehalt die Dokumente bereits in Händen, so hat sie wegen ihrer Zahlung ein Pfandrecht daran erworben, welches den Rückzahlungsanspruch gegen den Verkäufer sichert und ihr ein Recht auf abgesonderte Befriedigung gewährt.

Im Hinblick auf den Kaufvertrag besteht für den Konkursverwalter des Verkäufers die Möglichkeit, gem. § 17 KO zwischen Erfüllung und Nichterfüllung zu wählen, solange das Akkreditiv noch nicht benutzt und von der Bank bezahlt worden ist (in diesem Zeitpunkt hat der Käufer durch Entrichtung des Kaufpreises voll erfüllt). Wählt er Erfüllung, so wickelt sich das Akkreditiv normal ab. Lehnt er die Erfüllung ab, so ist der Käufer auf einen Schadensersatzanspruch gegen die Konkursmasse angewiesen (§ 26 KO).

[37] Jaeger-Lent § 43, 39; Staudinger-Berg § 929, 40 je mit weiteren Nachweisen.

ZWEITER ABSCHNITT

Kasse gegen Dokumente

I. Das Inkassogeschäft

Käufer und Verkäufer kennen einander oft aus langer Geschäftsverbindung als zuverlässig oder haben aus anderen Gründen keinen Zweifel an dem „standing" und damit an Erfüllungswillen und -fähigkeit des Partners. Der Käufer darf darauf vertrauen, daß der Verkäufer die kontraktgemäße Ware liefert, und der Verkäufer darauf, daß der Käufer vertragsgemäß Zahlung leistet.

Unter diesen Umständen vereinbaren Käufer und Verkäufer häufig im Kaufvertrag, daß die Zahlungsabwicklung auf der Basis „Kasse gegen Dokumente"[1, 2] erfolgen soll. Der Verkäufer bringt die Ware zum Versand und läßt dann die Transportdokumente usw. zusammen mit der Rechnung durch eine von ihm beauftragte Bank dem Käufer zur Zahlung präsentieren[3, 4].

Das Risiko des Verkäufers liegt darin, daß er zum Zeitpunkt des Warenversandes noch nicht wie bei einem Akkreditiv Gewißheit über die Zahlungsleistung hat, er rechnet nur mit der Zahlungsfähigkeit und -willigkeit des Käufers.

Das Risiko des Käufers liegt in seiner Vorleistungspflicht[5]. Er muß die Dokumente bezahlen, ehe er die Ware erhalten und auf ihren kontrakt-

[1] Grundlegende Entscheidung RGZ 31, 100 ff.; vgl. dazu auch Heynen S. 32.

[2] Welche Dokumente unter dieser Klausel andienungsfähig sind, richtet sich, wenn nicht ausdrücklich etwas Bestimmtes vereinbart ist, nach den Grundsätzen der Handelsüblichkeit. Siehe zu dieser Frage auch Haage S. 62 ff. sowie oben S. 102 ff.

[3] Es handelt sich hierbei um das Inkasso von „dokumentären Rimessen" im Sinne der Allgemeinen Bestimmungen, b) 1) der Inkasso-Richtlinien. Für das Inkasso sog. reiner Rimessen (clean remittances) gelten die nachstehenden Ausführungen entsprechend.

[4] Dieses dokumentäre Inkassogeschäft wird häufiger mit dem in den USA entwickelten 'Factoring' verbunden, was bedeutet, daß das Inkassoinstitut dem Exporteur die Forderung abkauft und dann auf eigene Rechnung einzieht. Das ist im Grunde nichts weiter als eine weiterentwickelte Form der Verbindung zwischen Inkasso und Negoziierungskredit. Vgl. dazu S. 234 ff.

[5] Ebenso wie bei einem Akkreditiv; vgl. S. 30.

gemäßen Zustand geprüft hat[6]. Durch die Bezahlung werden aber, wie das Reichsgericht mit Recht dargelegt hat[7], die Ansprüche des Käufers gegen den Verkäufer aus dem Kaufvertrag nicht präjudiziert. Selbst dann, wenn der Käufer zum Zeitpunkt des Inkassos aus irgendwelchen Gründen konkrete Zweifel an dem kontraktgemäßen Zustand der Ware hat und dennoch bezahlt, bedeutet die Bezahlung keinen Verzicht auf die spätere Geltendmachung vertraglicher Ansprüche gegen den Verkäufer wegen schlechter Erfüllung des Kaufvertrages.

Zum Inkasso gegebene Konnossemente werden fast immer „an Order ausgestellt und blanco indossiert". Andere Papiere können auch von vornherein an „bearer" aufgemacht sein (z. B. Versicherungspapiere). Auf Tratten und Akzepten wird ein Inkasso-Indossament angebracht. Hat die Bank den Inkassoauftrag vorfinanziert, veranlaßt sie häufig den Exporteur, ihr gleichzeitig mit der Erteilung des Inkassoauftrages (evtl. formularmäßig in diesem) seine Ansprüche gegen den Käufer aus dem Grundgeschäft abzutreten. Dies ist auch deshalb zweckmäßig, weil im Ausland die — bei uns wohl anzunehmende — im Inkassoauftrag bei Kreditgewährung liegende stille Abtretung trotz Hinweis auf Ziffer 19 Abs. 2 AGB oft auf Schwierigkeiten stößt[8]. Eine solche Abtretung kann auch unter Ordnungsgesichtspunkten im Interesse des Verkäufers liegen, da er — bei einer klaren Abtretung an die Bank — vor Angriffen des Empfängers und/oder anderer (wirklicher oder angeblicher) Gläubiger gesichert ist (man denke an Arreste und einstweilige Verfügungen). In anderen Ländern wird nämlich nicht einheitlich anerkannt, daß beim Inkassoauftrag, den eine inländische Bank für einen Exporteur über eine ausländische Bank durchführt, der Exporteur keinen Anspruch gegen die ausländische Bank hat (der evtl. gepfändet werden könnte), sondern nur die inländische Bank (auf Grund des erteilten Auftrages)[9].

Die Durchführung des Dokumenteninkassos überträgt der Verkäufer („customer") in aller Regel seiner Bank („remitting bank"). Der Auftrag muß wohlüberlegt sein; er sollte für alle denkbaren Situationen klare Weisungen enthalten[9a]. Zu Weisungen über die in Art. 14 ER genannten

[6] Entgegen einer früher vielfach geäußerten Ansicht (vgl. z. B. RGZ 31, 100; RG JW 1932, 586) ist der Käufer selbst dann nicht berechtigt, die Ware vor Bezahlung der Dokumente auf ihren kontraktgemäßen Zustand zu untersuchen, wenn sie im Zeitpunkt des Inkassos bereits am Bestimmungsort angelangt ist: So ausdrücklich BGHZ 41, 215 ff. gegen RG JW 1932, 586; auch BGH WM 1963, 844 ff.; Heynen S. 104 ff.; RGRK-HGB-Würdinger/Röhricht (3. Auflage). Vor § 373, 287; Haage S. 79/80; Grimm AWD 1962, 52 ff.; Liesecke WM 1966, 181/182 mit Nachweisen zur ausländischen Praxis.

[7] RGZ 31, 100, 104.

[8] In manchen Ländern muß eine Cession, um wirksam zu sein, dem Schuldner mitgeteilt sein. Vgl. auch S. 33.

[9] Vgl. das auf S. 211 ff. erörterte finnische Urteil.

[9a] Z. B. über Protesterhebung (Art. 9), über Behandlung der Ware bei Nichtaufnahme, Dokumentenfreigabe D/A oder D/P (Art. 4) über Streitigkeiten betr. Auslagen und Gebühren (Art. 14) etc.

Fälle sollte er auch Weisungen für den Fall enthalten, daß der Empfänger sich weigert, Zinsen zu zahlen, die ihm auftragsgemäß abverlangt werden. Der Auftraggeber überläßt es seiner Bank, den Einzug entweder direkt vorzunehmen oder eine weitere Bank („collecting bank"), meist eine Bank im Lande des Käufers, einzuschalten[10]. Nur selten wird der Verkäufer sich in die Auswahl einer Bank im Lande des Käufers einmischen, es sei denn, daß hierfür durch seine Abmachungen mit dem Käufer Anlaß gegeben ist (meist veranlaßt dadurch, daß Formalitäten der Devisenbewirtschaftung die Einschaltung einer bestimmten Bank zweckmäßig erscheinen lassen). Technisch ist es auch möglich, daß der Verkäufer unmittelbar an eine Bank im Lande des Käufers herantritt und dieser den Inkassoauftrag erteilt. Es ist sehr sorgfältig darauf zu achten, daß bei der Erledigung von Inkassoaufträgen die erteilten Weisungen aufs genaueste eingehalten werden. Dies gilt insbesondere wegen der vorgeschriebenen Versendungswege sowohl hinsichtlich der Dokumente als auch hinsichtlich der Inkassosumme. In beiden Richtungen darf von dem vorgeschriebenen Wege nicht abgewichen werden — schon deshalb nicht, weil immer damit gerechnet werden muß, daß irgendwelche Kreditbeziehungen bestehen, bei denen die Dokumente bzw. der Inkassoerlös als Deckung dienen[10a].

Es hat sich mancherorts eingebürgert, die Dokumente nicht über eine Bank einzuziehen, sondern sie dem Spediteur mitzugeben. Tut der Verkäufer dies, so begibt er sich auch des Restes von Sicherheit, der für ihn in dem Dokumenteninkasso liegt. Er verkauft dann praktisch gegen einfache Rechnung (clean payment). Gelegentlich verstößt eine solche Handhabung gegen die Pflichten, die der Verkäufer gegenüber seiner Bank unter kreditmäßigen Gesichtspunkten hat.

Das Rechtsverhältnis zwischen dem Verkäufer und der von ihm für das Inkasso ausgewählten Bank ist ein Dienstvertrag, der eine Geschäftsbesorgung zum Gegenstand hat (§§ 675, 611 ff. BGB)[11]. Die Bank übernimmt dem Verkäufer gegenüber die Verpflichtung, ein Geschäft für ihn zu besorgen, d. h. eine „geistige Leistung wirtschaftlicher Art" für ihn zu erbringen, indem sie die von ihm nach Versand der Ware eingereichten Dokumente dem Käufer im eigenen Namen präsentiert und den gegen diese vom Käufer gezahlten Betrag entgegennimmt und abführt. Zur Entgegennahme einer Aufrechnungserklärung des Käufers gegenüber dem Verkäufer und Aushändigung der Dokumente Zug um Zug gegen eine solche Erklärung ist die Bank nicht befugt. Die zwischen Käufer und Verkäufer vereinbarte Zahlungsklausel „Kasse gegen Dokumente", mit anderen Worten „Dokumenteninkasso durch Beauftragten", enthält nach unbestrittener Auffassung in Lehre und Rechtsprechung einen Parteiverzicht auf die Aufrechnung bei der Abwicklung des Inkassos. Der Auftrag des Verkäufers an die Bank

[10] Siehe dazu Art. 16 Inkasso-Richtlinien und Ziff. 9 AGB.

[10a] Vgl. BGH in WM 1971, 158 ff.

[11] BGHZ 6, 55, 57; 26, 1, 3 ff.; Palandt-Gramm § 675, 2 b.

beschränkt sich daher auf die Aushändigung der Dokumente gegen Zahlung[12]. Da die Bank keine Haftung für die Einlösung der Dokumente durch den Käufer übernimmt, also dem Verkäufer keinen Erfolg ihrer Tätigkeit, sondern nur die Tätigkeit selbst verspricht, kann es sich nur um einen Dienstvertrag, nicht aber um einen Werkvertrag handeln[13].

Inkassoaufträge können glatt verlaufen; sie können aber auch einen planwidrigen Verlauf nehmen. Es ist dringend zu empfehlen, daß der Inkassoauftrag an die Bank (und ebenso deren evtl Auftrag an ihre Korrespondenzbank im Lande des Käufers) klare Anweisungen für alle denkbaren Mißgeschicke enthält. Was soll sie tun, wenn die Dokumente nicht aufgenommen werden? Was soll mit verderblicher Ware geschehen? usw. Hat die beauftragte Bank Weisungen dieser Art entgegengenommen, muß sie sie auch beachten; wenn keine Verhaltensregeln (durch Entgegennahme der Weisung) vereinbart sind, beschränken sich die Pflichten der Inkassobanken auf das S. 208 f. gesagte. Fürsorgepflichten der Bank gelangen auch zur Entstehung, wenn die Ware im Einverständnis mit der Bank an deren Adresse verladen worden ist (Art. 10, 19 Inkassorichtlinien).

Ebenfalls ein Geschäftsbesorgungsvertrag besteht zwischen der vom Verkäufer beauftragten Bank und der oft von dieser im Lande des Käufers eingeschalteten zweiten Bank. Der Inhalt dieses Vertrages entspricht dem des Vertrages zwischen Verkäufer und erster Bank, stellt also praktisch wieder Auftrag verbunden mit der Legitimation für das Inkasso dar[14],

[12] Vgl. BGHZ 14, 61/62; Haage S. 86; Heynen S. 92.

[13] Siehe hierzu BGH II ZR 141/59 v. 20. 10. 1960 (Leitsatz NJW 1961, 169), auszugsweise abgedruckt in FAZ v. 14. 12. 1960. In dem zu entscheidenden Falle hatte eine Bank ein Inkasso (Dokumente gegen Akzept) durchzuführen. Der Käufer war alsbald nach Akzeptleistung in Zahlungsschwierigkeiten geraten. Der Verkäufer hatte daraufhin die Bank wegen seines Ausfalles auf Schadensersatz verklagt, weil sie versäumt habe, ihm im Rahmen des Inkassoauftrages auf die angespannte Finanzlage des Käufers hinzuweisen. Die Klage wurde abgewiesen. Aus den Gründen: „Die Bank hatte dafür Sorge zu tragen, daß die Wertpapiere (Ladeschein und andere Dokumente) nur gegen ordnungsmäßiges Akzept des Wechsels an ihren Kunden gelangten. Bei hierbei auftretenden Schwierigkeiten hatte sie der Auftraggeberin (Verkäuferfirma) Nachricht zu geben. Von ihrer Haftung war sie in gewissem Umfang durch die Allgemeinen Geschäftsbedingungen der Banken freigezeichnet. Dagegen hatte die Bank ohne besonderen, hierauf gerichteten Auftrag nicht zu prüfen, ob die Aushändigung der Wertpapiere und die damit etwa in Verbindung stehende Kreditgewährung an den Empfänger nach dessen wirtschaftlicher Lage zu verantworten war. Die Zweckmäßigkeit von bestimmten, ihr aufgetragenen Handlungen — wie Zahlungen, Überweisungen, Aushändigung von Urkunden und dergleichen — braucht die Bank, wie allgemein anerkannt ist, regelmäßig nicht zu prüfen... Wollte die Auftraggeberin sich die Kenntnisse der Bank über die wirtschaftliche Lage ihrer Kundin zunutze machen, bevor sie sich zur Leistung auf Kredit entschloß, so mußte sie den Auftrag dazu entsprechend erteilen. Die Bank hätte sich dann zu entscheiden, ob sie den Auftrag annehmen wolle oder ob ihre Pflicht zur Vertraulichkeit die Ablehnung des Auftrages erforderlich mache."

[14] OLG Oldenburg in NdsRpfl. 1947, 100; Palandt-Gramm § 664, 1.

so daß die zweite Bank im Verhältnis zum Verkäufer Erfüllungsgehilfin der ersten Bank ist. Die erste Bank haftet aber — unter Einschränkung der gesetzlichen Haftung für das Verschulden von Erfüllungsgehilfen (§ 278 BGB) — nur für eine sorgfältige Auswahl der zweiten Bank, und auch das nur, wenn der Verkäufer ihr das Auswahlrecht belassen hatte[15]. Auf der anderen Seite ist die Bank verpflichtet, dem Verkäufer die ihr gegen die zweite Bank eventuell zustehenden Ansprüche abzutreten, wenn sie sie nicht selber geltend machen will (Ziff. 9 AGB). Eine solche Abtretung ist zur Geltendmachung von Regreßansprüchen auch nötig, weil unmittelbare Vertragsbeziehungen zwischen dem Verkäufer und der zweiten Bank nicht bestehen. Dies bedeutet übrigens auch, daß Gläubiger des Verkäufers den eingezogenen Inkassobetrag nicht schon bei der zweiten Bank pfänden können, sondern erst, wenn diese ihn an die Hausbank des Verkäufers weitergeleitet hat und er dort in das Kontokorrent eingestellt ist[16].

Bei dieser Rechtslage werden beide eingeschalteten Banken auf der Seite des Verkäufers tätig und sind auch nur auf der Verkäuferseite, nicht aber dem Käufer gegenüber vertragsgemäß verpflichtet. Sie müssen dem Käufer die Dokumente so, wie der Verkäufer sie ihnen eingeliefert hat, zur vorgeschriebenen Zeit andienen und ihn gleichzeitig auffordern, den Kaufpreis in der vom Verkäufer bestimmten Weise in der vorgeschriebenen Währung zu entrichten. Dabei kommen verschiedene Zahlungsmodi in Betracht:

Normalerweise verlangt der Verkäufer sofortige *Barzahlung* bei erster Präsentation der Dokumente. Damit der Käufer die Dokumente nicht allzulange vor Ankunft der Ware bezahlen muß, kann der Verkäufer — entsprechend einer Vereinbarung mit dem Käufer im Kaufvertrag — auch die Bezahlung der Dokumente „bei Ankunft des Dampfers" o. ä. vorschreiben. In diesem Fall präsentiert die Bank die Dokumente zur Zahlung erst dann, wenn der Dampfer ankommt, so daß der Empfänger erst dann den Gegenwert aufbringen muß. Die Bank ist zur Aushändigung der Dokumente an den Käufer vor der Zahlung nicht berechtigt; denn das Inkasso bleibt auch unter diesen Umständen ein Zug-um-Zug-Geschäft. Es ist aber zweckmäßig und üblich, den Käufer schon bei Eintreffen der Dokumente von deren Ankunft zu verständigen. Die Bank ist im Verhältnis zum Verkäufer ohne besondere Ermächtigung berechtigt, nach ihrem Ermessen dem Käufer schon vor Ankunft des Dampfers in ihrem Gebäude zwecks Prüfung Einsicht in die Dokumente zu gewähren; sie darf sie ihm aber nicht ohne besondere Ermächtigung zu diesem Zwecke „zu treuen Händen" zur Verfügung stellen. In der Praxis kommt es allerdings nicht selten vor, daß eine Bank dennoch zum Zwecke einer rascheren Geschäftsabwicklung dem Käufer kurzfristig die Dokumente „zu treuen Händen" übergibt[17]. Sie

[15] Vgl. Art. 16 Inkasso-Richtlinien; Ziff. 9 AGB.

[16] Sicherungsrechte dieser Bank an dem Inkassobetrag gehen aber dem Pfändungspfandrecht des Gläubigers vor, vgl. dazu S. 159—168.

[17] Vgl. Heynen S. 38 und 117 ff.; Haage S. 103 ff.; RGRK-HGB-Würdinger/Röhricht (3. Aufl.) Vor § 373, 285; amtlich umschrieben ist der Inhalt der Klausel „Übergabe zu getreuen Händen" z. B. in Hamburg, vgl. BB 1950, 225.

muß sich aber darüber klar sein, daß sie in solch einem Falle gegenüber dem Verkäufer das Risiko für Verlust oder mißbräuchliche Verwendung trägt, wobei man gar nicht einmal an ein vorsätzliches Verhalten des Käufers zu denken braucht. Der Käufer darf es weder als juristische Beeinträchtigung noch als faktische Kränkung ansehen, wenn die Bank im Einzelfalle von einer Überlassung der Dokumente „zu treuen Händen" absieht.

Der Käufer ist bei Dokumentenüberlassung „zu treuen Händen" der Bank gegenüber vertraglich gehalten, die Dokumente nicht aus der Hand zu geben und sie auch nicht zu anderen Zwecken als zur Prüfung der Dokumente zu benutzen. Insbesondere ist ihm verwehrt, mit ihrer Hilfe die Ware weiterzuübertragen, durch ihre Übergabe bei einer anderen Bank eine Kreditgewährung zu erreichen oder mit ihrer Hilfe an die Ware zu gelangen. Übersendung zu treuen Händen ist ein besonderer Vertrauensbeweis gegenüber dem Kunden, da dieser faktisch die Möglichkeit erhält, mit den Dokumenten abredewidrig zu verfahren. Mit der Überlassung zu treuen Händen nimmt die Bank keine dingliche Rechtsübertragung zugunsten des Käufers vor; sie erteilt damit auch keine Genehmigung, die Ware zu besichtigen[18].

Eine andere Abwicklung greift Platz, wenn der Verkäufer sich bereit erklärt hat, die Spanne zwischen Aushändigung der Dokumente an den Importeur und Eingang des Verkaufserlöses aus dem Weiterverkauf seitens des Importeurs durch Entgegennahme eines von ihm gezogenen und vom Importeur akzeptierten Zielwechsels zu überbrücken. In diesem Fall haben wir es nicht mehr mit einer Zahlung gegen Dokumentenübergabe, sondern mit einer *Akzeptleistung* gegen Dokumentenübergabe zu tun. Die Inkassobank haftet nicht für die Einlösung des Wechsels. (Art. 3 Abs. a Punkt 2 ER bezieht sich auf Akkreditive, aber nicht auf Inkassi). Der Käufer erhält zwar durch das Akzept statt eines Schuldners aus Kaufvertrag einen Wechselschuldner; seine Besserstellung ist aber so geringfügig, daß von dieser Form des Inkasso nur abgeraten werden kann. Statt des Käuferakzepts sollte besser ein Bankakzept vorgesehen werden.

Der Käufer haftet aus seinem Akzept nach den strengen Grundsätzen des Wechselrechts und kann gegen seine wechselmäßige Haftung keine Einwendungen aus dem Kaufgeschäft erheben. Der Verkäufer hat die Möglich-

[18] Das HansOLG (HansGZ 1925, 57) und in der gleichen Sache das Reichsgericht (HansGZ 1926, 39) folgen zwar grundsätzlich der hier wiedergegebenen Begriffsbestimmung des Treuhandverhältnisses; sie gestatten aber dem Käufer, mit Hilfe der zu „treuen Händen" überlassenen Dokumente wenigstens die Ware zu prüfen, ohne dabei die Dokumente aus den Händen zu geben. Das entspricht der Auffassung in RGZ 31, 100, kann aber in der Praxis auf keinen Fall gebilligt werden; denn es würde, wie Heynen S. 120, mit Recht betont, die Gefahr in sich bergen, daß der Käufer sich unter Berufung auf Sachmängel seiner Vorleistungspflicht entzieht. Das widerspricht dem Sinn und Zweck des Inkassogeschäftes. Wegen eines Ausnahmefalles, in welchem schon die Aufmachung der Dokumente der Mitwirkung des Käufers bedurfte, dieser sich aber wegen eines begründeten Verdachtes weigerte, vor Besichtigung der vom Verkäufer versandbereit gestellten Ware das betr. Dokument ausstellen zu lassen, siehe OLG Hamburg MDR 1962, 311/312.

keit, seinerseits das Akzept zu diskontieren; er nimmt einen Diskontkredit bei seiner Bank in Anspruch. Bei einem Inkasso gegen Akzept schreiben der Verkäufer bzw. dessen Bank der Inkassobank genau vor, unter welchen Bedingungen sie dem Käufer die Dokumente aushändigen darf, gegen Akzeptleistung oder erst gegen spätere Einlösung des Akzepts, was insbesondere dann zu beachten ist, wenn die Laufzeit des Akzepts auf die vermutliche Reisedauer der Ware abgestellt war, der Dampfer aber schon vor Akzeptfälligkeit eintrifft[19]. Verweigert der Käufer die Akzeptleistung bei Vorlage der Dokumente, so hat die Inkassobank den Verkäufer oder dessen Bank davon zu benachrichtigen (Art. 12 Inkasso-Richtlinien). In der Regel wird sie auch, je nach dem an ihrem Sitz geltenden Recht, Protest wegen Nichtakzeptierung erheben. Die Bank trifft jedoch eine Verpflichtung, Protest zu erheben, nur dann, wenn sie hierzu einen ausdrücklichen Auftrag erhalten hat (Art. 9 Abs. 2); ohne eine solche Weisung trifft sie keine Verantwortung wegen unterlassener Protesterhebung. In keinem Fall ist die Bank für die ordnungsgemäße Form der Protesterhebung verantwortlich (Art. 9 Abs. 3).

Zur Prüfung der Dokumente ist die Bank bei einem Inkasso nicht verpflichtet (Art. 1 Inkasso-Richtlinien). Eine solche Prüfung käme in erster Linie im Interesse des Käufers in Frage; die Bank wird aber auf der Verkäuferseite nicht für den Käufer tätig. Dennoch findet man es in der Praxis häufig, daß die mit der Durchführung des Inkassos beauftragte Bank im Lande des Käufers eine Dokumentenprüfung vornimmt und den Käufer berät, was vor allem dann vorkommen kann, wenn der Käufer bereits zum Kundenkreis der Bank gehört. Dieses Verhalten der Banken ist unbedenklich, wenn die Bank anschließend dem Käufer die Dokumente noch selbst vorlegt und ihm Gelegenheit gibt, sich selbst zu entscheiden, ob er die Dokumente bezahlen will oder nicht. Wenn eine Zurückweisung der Dokumente in Betracht kommt, holt die Bank in der Praxis immer eine ausdrückliche Weisung des Käufers ein[20].

Es kommt aber vor, daß Bank und Käufer aus Gründen der Zeitersparnis auf eine effektive Vorlage der Dokumente beim Käufer verzichten und daß der Käufer die Bank kurzerhand bittet, die Dokumente von sich aus zu prüfen und bei einem positiven Prüfungsergebnis ohne weiteres zu seinen Lasten aufzunehmen. In diesem Falle handelt die Bank als Beauftragte des Käufers und übernimmt dadurch ihm gegenüber ein Obligo für die Dokumentenprüfung, das zwar durch Ziff. 5 (1) AGB weitgehend eingeschränkt, aber keineswegs ganz beseitigt ist. Übersieht sie einen Fehler, der nicht in diese Freizeichnung fällt, und wird sie daraufhin von dem Käufer mit Erfolg in Anspruch genommen, so kann sie ihren Schaden nicht auf den Verkäufer bzw. auf die Bank im Lande des Verkäufers abwälzen; die von

[19] Vgl. dazu Art. 3, 4 Inkasso-Richtlinien; auch die entsprechenden Ausführungen über die Negoziierungskredite des anglo-amerikanischen Rechtskreises, S. 228.

[20] Zur Zurückweisungsbefugnis des Käufers im Verhältnis zum Verkäufer vgl. BGH WM 1964, 476 ff.

ihr vorgenommene Dokumentenprüfung ist außerhalb des ihr erteilten Inkasso-Auftrages und deshalb — im Verhältnis zum Verkäufer — unter eigenem Risiko erfolgt.

Im übrigen besteht die Gefahr, daß eine Bank, die derartige Prüfungsaufträge vom Käufer übernimmt, in eine schwierige Interessenkollision gerät. Weist sie nämlich im Auftrage des Käufers die Dokumente als nicht ordnungsgemäß zurück, nachdem nur sie selbst und nicht der Käufer die Prüfung der Dokumente vorgenommen hat, so kann u. U. in ihrem Verhalten eine positive Vertragsverletzung gegenüber dem Verkäufer bzw. seiner Bank liegen, deren Interessen sie auf Grund des Geschäftsbesorgungsvertrages wahrzunehmen hat; eine Bank ist bei der Durchführung eines Inkassoauftrages selbst dann nicht zur kollidierenden Interessenwahrnehmung berechtigt, wenn der Käufer zufällig ihr Kunde ist. Nach alledem ist es nicht zweckmäßig, wenn eine Bank im Lande des Käufers in Vertretung des Käufers von sich aus die Entscheidung über die Ordnungsmäßigkeit der Dokumente und damit über ihre Bezahlung fällt. Die Bank setzt sich nach zwei Seiten der Gefahr von Regressen aus, ohne daß für sie nach der jeweils anderen Seite eine Rückgriffsmöglichkeit bestünde. Außerdem kann die Bank auch nie wissen, ob der Käufer nicht im Einzelfall bereit ist, die Dokumente aufzunehmen, auch wenn irgendeine — eventuell nur formelle — Ordnungswidrigkeit vorliegt.

Hat die Inkassobank den Inkassoerlös von dem Käufer eingezogen, wird dieser ebenso behandelt, wie ein aus einem Akkreditiv an eine präsentierende Bank gezahlter Akkreditivbetrag (vgl. S. 152 f.). Der Betrag wird also von der Inkassobank dem laufenden Konto des Kunden gutgebracht, er wird ins Kontokorrent eingestellt, auch wenn dieses debitorisch ist. Ist der Kunde in Konkurs gefallen, kann die Bank mit einer Forderung gegen den Kunden auf jeden Fall aufrechnen, wenn sie den Inkassobetrag vor Konkurseröffnung empfangen hat[21], ohne Rücksicht darauf, ob er schon dem Kunden gutgeschrieben war oder noch nicht. Auch nach Konkurseröffnung eingegangene Beträge kann sie zur Aufrechnung gegen einen Debetsaldo benutzen, wenn ihr zugleich mit Erteilung des Inkassoauftrages die zugrundeliegende Kaufpreisforderung ausdrücklich abgetreten war. Der Übergang der Forderung auf die Bank gemäß Ziffer 44 AGB genügt auch, stößt aber im Ausland u. U. auf Beweisschwierigkeiten und auch auf juristische Ablehnung, wenn die Voraussetzungen des betr. ausländischen Rechtes für eine Zession nicht erfüllt sind[22]. Waren weitere Banken eingeschaltet, muß das Geld über diese geleitet werden[22a].

Wird die Honorierung der Dokumente vom Käufer abgelehnt oder unterbleibt aus anderem Grunde die Aushändigung der Dokumente an ihn, ohne daß die Bank dies zu vertreten hat, so folgt aus diesem Umstand nicht, daß sich nunmehr die Bank um die Rücksendung oder Einlagerung der verschifften Ware zu kümmern hat. Das ist in den Art. 10 Abs. 2 und 19 In-

[21] Kümpel aaO S. 196.
[22] Kümpel aaO 198; siehe auch das finnische Urteil S. 211 ff.
[22a] s. S. 165 f.

kasso-Richtlinien ausdrücklich bestimmt und entspricht dem Sinn und Zweck des Dokumenteninkassos.

Eine Ausnahme gilt dann, wenn die Ware nach entsprechender Vereinbarung mit der Bank (statt an den Käufer) an die Adresse der Bank verladen worden ist. In diesem Falle muß die Bank die Ware auch dann zur Rücksendung übernehmen oder (auf Kosten ihres Auftraggebers) einlagern, wenn der Käufer Abnahme und Bezahlung verweigert (Art. 10, 19 Inkasso-Richtlinien). In allen anderen Fällen ist die Bank gem. Art. 12, 13 Inkasso-Richtlinien nur verpflichtet, ihren Auftraggeber oder dessen Bank auf schnellstmöglichem Wege davon zu benachrichtigen, daß der Käufer die Dokumente nicht bezahlt und aufgenommen und sie für den weiteren Verbleib der Ware nichts veranlaßt habe. Zusätzliche Abmachungen des Auftraggebers mit der Bank bezüglich deren Unterstützung bei der Einlagerung bzw. Rückführung der Ware (ohne Haftungsübernahme durch die Bank) bleiben natürlich in jedem Einzelfalle möglich.

Ein weiterer Ausnahmefall war vor einiger Zeit Gegenstand einer höchstrichterlichen Entscheidung[23]. Es ging um die Frage, wer einem russischen Exporteur einen Schaden zu ersetzen hatte, der ihm dadurch entstanden war, daß sein deutscher Abnehmer sich, ohne die ihm auf dem Inkassowege präsentierten Dokumente einzulösen, den Besitz an einer Schiffsladung Ware verschafft und diese Ware in das Ausland verbracht hatte; er war anschließend in Konkurs gefallen. Der Exporteur hatte sich mit der Klage an den Verfrachter gehalten, der die Ware gegen bloßen Revers des Abnehmers (ohne Bankgarantie!) anstatt gegen ordnungsgemäße Rückgabe der Konnossemente herausgegeben hatte. Der Bundesgerichtshof wies die Sache zur erneuten Verhandlung an die Vorinstanz zurück und ließ deutlich durchblicken, daß er in diesem Falle die Inkassobank am Platze des Abnehmers — zumindest wegen mitwirkenden Verschuldens — für schadensersatzpflichtig halte, da sie nach Lage des Falles in Wahrnehmung der Interessen ihres Auftraggebers für die Sicherstellung der Ware hätte sorgen müssen. Im vorliegenden Falle war dies Verlangen deshalb berechtigt, weil der Auftraggeber im Text seines Inkassoauftrages (was keineswegs immer üblich ist) ausdrückliche Anweisungen bezüglich der Warensicherung für den Fall der Nichteinlösung der Dokumente gegeben hatte, die die Inkassobank durch Übernahme des Auftrages angenommen hatte und die damit Vertragsinhalt geworden waren (es muß ausdrücklich darauf hingewiesen werden, daß ohne diese Sondervereinbarung im Hinblick auf Art. 10 Abs. 2 und 19 Inkasso-Richtlinien eine solche Pflicht nicht anzunehmen ist).

Die Bank mußte sich vorhalten lassen, sie habe wiederholt Kenntnis von einem gleichartigen Verhalten desselben Abnehmers gehabt, ohne den Exporteur zu unterrichten; sie habe dennoch in den zur Entscheidung anstehenden Fällen die umbezahlten Dokumente über Gebühr lange bei sich liegenlassen, obgleich der Dampfer bereits eingetroffen war und ihr als kreditgebender Hausbank des Abnehmers dessen Zahlungsunfähigkeit be-

[23] BGHZ 36, 329 ff.

kannt war, und sie habe schließlich sogar eingehende Teilerlöse aus dem Weiterverkauf der Ware zur Abdeckung anderweitiger Verpflichtungen des Abnehmers ihr selbst gegenüber verwendet.

Unter diesen Umständen wird das BGH-Urteil dem festgestellten Sachverhalt in vollem Umfange gerecht. Es ist mit den vertraglichen Verpflichtungen einer Inkassobank unvereinbar, wenn sie durch ein Tun oder Unterlassen schuldhaft eine Schädigung ihres Auftraggebers mitverursacht, wie das hier anscheinend geschehen ist.

Leider hat der BGH einer unangebrachten Verallgemeinerung dieses Ausnahmetatbestandes insofern etwas Vorschub geleistet, als er das Urteil unter folgendem Leitsatz veröffentlicht hat:

> „Entsteht dem Inhaber des Konnossementes, der die Güter ‚Kassa gegen Dokumente' verkauft hat, ein Schaden, weil der Kapitän die Güter dem Empfänger (Käufer) ohne Rückgabe des Konnossements ausgeliefert und dieser den Kaufpreis nicht bezahlt hat, so kann gegenüber seinem Ersatzanspruch gegen den Verfrachter die schuldhafte Mitverursachung des Schadens durch eine Bank, deren er sich zur Wahrung seiner eigenen Belange bezüglich der Güter bedient hat, nach § 254 BGB zu berücksichtigen sein."

In den Urteilsgründen findet sich dazu neben den oben bereits erwähnten konkreten Feststellungen folgender — u. E. viel zu weit gehender — Passus:

> „Die Aushändigung der Ladung ohne Konnossement gegen Revers[24], die entsprechend einer verbreiteten internationalen Praxis oft vorgenommen wird, wenn die Konnossemente beim Eintreffen des Schiffes nicht zur Hand sind (z. B. weil sie länger zum Bestimmungshafen reisen), dient dazu, im Interesse aller Beteiligten durch deren loyale Zusammenarbeit unnötig erscheinende Unkosten ... zu vermeiden. Sie birgt aber für den Verfrachter die erhebliche Gefahr, daß die Güter an jemand gelangen, von dem sich später herausstellt, daß er zum Empfang nicht berechtigt war. Es entspricht dem Grundsatz von Treu und Glauben ..., daß der Konnossementsinhaber oder sein Beauftragter die Aushändigung der Güter ohne Konnossement verhindert, wenn es erforderlich ist, um die Gefahr eines Schadens von sich abzuwenden, und sich ihm ein zumutbarer Weg dafür bietet."

Demgegenüber ist festzustellen, daß die internationale Praxis unverändert streng am Wertpapiercharakter des Konnossements festhält und eine Herausgabe von Waren, über deren Verschiffung ein Konnossement ausgestellt ist, gegen einfachen Revers des Empfängers nicht als ordnungsgemäß anerkennt. Wo ein Reeder von dieser Praxis abweicht, handelt er ausschließlich auf eigenes Risiko; er gibt dem Empfänger Kredit und bleibt einem gutgläubigen legitimierten dritten Inhaber des Konnossements in vollem Um-

[24] Gemeint ist hier ein Revers des Adressaten *ohne* Bankgarantie. Üblich ist nur die Aushändigung der Ware gegen einen Revers *mit* Bankgarantie.

fange verpflichtet. Da dies so ist, braucht grundsätzlich der Konnossementsinhaber auch nicht damit zu rechnen, daß seine im Konnossement verbrieften Rechte verletzt werden.

Die einzige, international verbreitete Aushilfe für den vom BGH apostrophierten Fall eines verspäteten Eintreffens der Konnossemente am Bestimmungsort bietet die Konnossementsgarantie einer Bank[25], die zusammen mit dem Revers des Empfängers gestellt wird. Sie ist ausschließlich auf diesen Fall zugeschnitten und kommt insbesondere dann nicht in Betracht, wenn der Abnehmer deshalb keine Konnossemente beim Verfrachter vorlegt, weil er sie nicht einlösen kann. Es wäre deshalb auch in dem vom BGH entschiedenen Fall gar nicht zum Schadenseintritt gekommen, wenn der Verfrachter sich auf ein Abweichen von dieser Regel nicht eingelassen hätte; denn keine Bank hätte sich in diesem Falle bereit erklärt, durch ihre Garantie den Verfrachter für die Auslieferung der Ware an diesen Empfänger schadlos zu halten[26].

Auf die hier behandelte Problematik ist deshalb so ausführlich eingegangen, weil ein Aufweichen der strengen und klaren Grundsätze bezüglich des Inkassos und des Wertpapiercharakters des Konnossements das ganze Gebäude der internationalen Außenhandelsfinanzierung ins Wanken brächte. Weichheit und vermeintliche „verständnisvolle Hilfsbereitschaft“ führen nur dazu, daß die vorhandenen Finanzierungsquellen wegen Unsicherheit verstopft werden und damit der internationale Handel nicht gefördert, sondern geschädigt wird.

II. Die Pfändung von Inkassoerlösen

In jüngster Zeit ist ein Fall bekannt geworden, in dem ein finnisches Gericht, unseres Erachtens zu Unrecht, in die bewährte Praxis der Außenhandelsabwicklung störend eingegriffen hat. Dem Rechtsstreit, der durch Urteil des finnischen Obersten Gerichtshofs vom 10. März 1969 entschieden wurde, lag folgender Sachverhalt zugrunde: Ein deutscher Verkäufer beauftragte seine deutsche Hausbank, die das Geschäft vorfinanziert hatte, Zug um Zug gegen Aushändigung von Dokumenten von seinem finnischen Abkäufer Zahlung zu verlangen. Die deutsche Bank führte diesen Inkassoauftrag über eine finnische Bank durch, die die Dokumente dem Käufer vorlegte; dieser bezahlte die Dokumente. Anschließend brachte der finnische Käufer eine Pfändung aus, durch die der Inkassoerlös bei der finnischen Bank beschlagnahmt wurde. Die Pfändung erfolgte wegen eines Anspruchs, der dem Käufer gegen den Verkäufer aus anderem Rechtsgrund zustand. Der Verkäufer hatte seinen Zahlungsanspruch gegen den Käufer als Sicherheit für den ihm gewährten Kredit an die finanzierende Bank abgetreten; die der Bank übergebenen Warendokumente waren blanko indossiert.

[25] Siehe S. 257 f.

[26] Vgl. zu dem Urteil im gleichen Sinne Götte WM 1962, 594 ff.; auch Liesecke WM 1964, 1287 ff.

Statt den Zugriff des finnischen Käufers mit Rücksicht auf die Rechte der finanzierenden deutschen Bank zurückzuweisen, hat das finnische Gericht die Pfändung anerkannt. Streitentscheidend war, daß das Gericht — zu Unrecht — annahm, daß die deutsche Bank nicht hätte nachweisen können, daß ihr die Kaufpreisforderung wirklich abgetreten und die durch die Dokumente repräsentierte Ware wirklich zur Sicherheit übereignet bzw. abgetreten war. Die Übergabe blanko indossierter Dokumente an eine kreditgebende Bank wird also in Finnland (wo Zessionen nur wirksam sind, wenn sie dem Schuldner mitgeteilt sind) nicht als rechtsbegründend anerkannt! Ziffer 44 AGB wurde nicht beachtet.

Die Entscheidung vermag aus einem noch viel entscheidenderen Grunde nicht zu befriedigen: Sie verkennt, daß bei der finnischen Bank gar kein Vermögenswert vorhanden war, der sich aus einem Anspruch gegen den Verkäufer heraus hätte pfänden lassen. Die Beschlagnahme des Inkassoerlöses hätte (als Forderungspfändung) nur dann erfolgen dürfen, wenn der deutsche Verkäufer die Papiere direkt an die finnische Bank zum Inkasso geschickt und damit einen unmittelbaren Anspruch gegen diese Bank gehabt hätte. Wird der Inkassoauftrag — wie hier — über eine andere (finanzierende!) Bank erteilt, steht nur diese in vertraglichen Beziehungen zur Inkassobank; demnach hat nur sie (und nicht der Exporteur) einen Anspruch gegen die Inkassobank auf Auszahlung des Inkassoerlöses. Ein Gläubiger des Verkäufers kann den Inkassoerlös nur bei der ersten Bank und nur im Range nach den Ansprüchen dieser Bank pfänden.

Die hier vertretene Auffassung hat ihren guten Grund. Die Hausbank des Exporteurs bevorschußt häufig das Warengeschäft. Der eingezogene Inkassoerlös dient dann zum Abdecken des dem Verkäufer gewährten Kredits. Diese Sicherung der finanzierenden Bank würde jedoch zerschlagen, wenn der eingezogene Inkassoerlös bereits bei der ausländischen Korrespondenzbank dem Zugriff der Gläubiger des Verkäufers unterliegen würde. In der internationalen Praxis ist daher anerkannt, daß der Inkassoerlös bei der ausländischen Korrespondenzbank nicht von einem Gläubiger des Verkäufers gepfändet werden kann. Andernfalls würde dem ganzen System der Außenhandelsfinanzierung der Boden entzogen.

Da im hier entschiedenen Falle im Zeitpunkt der Beschlagnahme des Inkassoerlöses der Kaufpreisanspruch des Verkäufers gegen den Käufer durch Zahlung bereits erloschen und auch durch Aushändigung der Dokumente an den Käufer das Eigentum der Ware auf den Käufer übergegangen war, hätte die Frage der Sicherungsabtretung bzw. -übereignung von Kaufpreisanspruch und Ware an die Hausbank des Verkäufers keine Rolle spielen dürfen. Es bestand nur noch ein Anspruch der deutschen Bank gegen die finnische Bank aus dem Geschäftsbesorgungsverhältnis. Das finnische Gericht hat dies verkannt und zum Nutzen seiner Landsleute die bewährte internationale Praxis völlig außer acht gelassen. Diese geht ohne weiteres davon aus, daß Kaufpreis und übergebene blanko indossierte Warendokumente einer finanzierenden Inkassobank selbstverständlich als Sicherheit dienen, auch ohne daß hierüber ausdrücklich Vereinbarungen zwischen Verkäufer und Bank getroffen werden müssen.

Im Hinblick auf die ergangene Entscheidung sei der Hinweis gestattet, daß im Geschäft mit Finnland Vorsicht geboten ist und entsprechende Vorkehrungen empfohlen werden müssen.

Ausführungen über gerichtliche Eilmaßnahmen (einstweilige Verfügungen; Arreste) im Rahmen von Inkassogeschäften finden sich im Kapitel über gerichtliche Eilmaßnahmen im Zusammenhang mit Akkreditiven, S. 159 ff.

III. Kosten und Zinsen im Inkassogeschäft

In Art. 14 ist bestimmt, daß die Inkassobank, trotzdem sie Weisung hat, dem Käufer die Dokumente gegen Zahlung des Kaufpreises zuzüglich „Gebühren und Auslagen" auszuhändigen, mangels gegenteiliger Weisung nach ihrem Ermessen die Dokumente je nach Lage des Falles gegen Zahlung nur der Hauptsumme oder Akzeptleistung aushändigen darf, auch wenn der Käufer die Gebühren und Auslagen nicht bezahlt (die dann zu Lasten der Verkäuferseite gehen).

Fraglich ist, ob in solchen Fällen die *Zinsen* als „Gebühren und Auslagen" i. S. von Art. 14 anzusehen sind. Gute Gründe sprechen dafür, die Zinsen, soweit sie aus einem eingeräumten Zahlungsziel herrühren und daher im Rahmen des Inkassoauftrages mit der Inkassosumme einzuziehen sind, als unverzichtbaren — evtl. erheblichen — Bestandteil des Kaufpreises anzusehen und nicht als zweitrangige Randerscheinung, die man evtl. vernachlässigen kann. Eine Stütze findet diese Auffassung in Art. 5 WG. Verzugszinsen, die nicht Bestandteil des Kaufpreises sind, sondern als unerwartete Nebenfolge aus dem Ablauf des technischen Geschehens entstehen, dürften dagegen unter Art. 14 fallen.

Bei einer künftigen Revision der Richtlinien wird dieser Punkt vielleicht eine entsprechende Klärung in dem hier vorgetragenen Sinne finden.

DRITTER ABSCHNITT

Bezahlung gegen offene Rechnung (Clean Payment)

Haben Verkäufer und Käufer auf die Vereinbarung einer Akkreditivstellung verzichtet, weil sie weder aus Krediterwägungen noch um den sicheren Ablauf des Zahlungsgeschäftes zu gewährleisten, eines Akkreditivs bedürfen, so werden sie u. U. auch über das sich in diesem Falle anbietende Dokumenteninkasso noch einen Schritt hinausgehen und einfach die Warenlieferung gegen offene Rechnungserteilung vereinbaren.

Wenn Käufer und Verkäufer auf der Basis „Bezahlung gegen offene Rechnung" kontrahiert haben, bringt der Verkäufer die Ware zum Versand und überreicht eine Rechnung. Der Käufer begleicht die Kaufpreisschuld nach Erhalt von Ware und Rechnung, indem er den fälligen Betrag in der vereinbarten Währung zum vereinbarten Termin an den Verkäufer überweisen läßt.

Bei dieser Art der Zahlungsabwicklung trägt der Verkäufer das volle Risiko hinsichtlich der Fähigkeit und Bereitwilligkeit des Käufers, die empfangene Ware zu bezahlen. Ein Verkäufer wird sich folglich zu dieser Zahlungsform nur dann bereit finden, wenn er seinen Kontrahenten kennt und für unbedingt zuverlässig hält.

Die Banken werden mit der Abwicklung eines solchen Geschäftes erst dann befaßt, wenn ihnen der Zahlungsauftrag des Käufers zugeht. Welche Zahlungsmodalitäten Käufer und Verkäufer hinsichtlich eines Zahlungszieles, der Gewährung von Ratenzahlungen usw. vereinbart haben, erfahren die Banken nicht. Dort, wo eine diesbezügliche Angabe nicht aus devisenrechtlichen Gründen unumgänglich ist, brauchen die Banken nicht einmal zu wissen, ob der Zahlung überhaupt ein Warengeschäft zugrunde liegt. Wir haben also hier eine absolute Trennung zwischen Waren- und Zahlungsgeschäft, während beim Inkasso und beim Akkreditiv immerhin die Transportdokumente ein gewisses Bindeglied zwischen beiden Geschäften darstellen. Die Banken übernehmen im Rahmen einer „Bezahlung gegen offene Rechnung" keine andere Verpflichtung als bei jedem normalen Zahlungsauftrag. Bei Ausführung eines Überweisungsauftrages einer ausländischen Bank behalten die Banken manchmal eine Bearbeitungsgebühr ein[26a].

[26a] Bei Überweisungen an Nichtkunden, die auftragsgemäß „ohne Spesen für den Absender" erfolgen sollten, für zulässig erklärt im Schiedsurteil des A. G. Frankfurt vom 10. 11. 1972 — 35 C 770/71.

Nun treten freilich hier wie beim Akkreditiv und beim Inkasso die Importeure häufig mit dem Wunsch nach einer Anschlußfinanzierung, d. h. der kreditweisen Zurverfügungstellung des zu überweisenden Betrages an die Banken heran. Im gleichen Augenblick gewinnt die Bank ein Interesse daran zu erfahren, was für ein Warengeschäft sie finanziert. Die Verbindung, die dann eventuell zwischen dem Warengeschäft und dem Zahlungsgeschäft durch die Verknüpfung mit einem Kreditengagement zustande kommt, ist aber gewissermaßen zusätzlich konstruiert und schlägt sich nicht so in der ganzen Anlage des Zahlungsgeschäftes nieder, wie dies beim Inkasso und Akkreditiv der Fall ist. Der Importeur erhält z. B. zunächst die an ihn versandte Ware zur freien Verfügung, ohne daß eine Besicherung des Kredites mit dem Zahlungsvorgang in Verbindung gebracht wird. Die Krediterwägung einer Bank richten sich in solchen Fällen nach den allgemeinen kreditgeschäftlichen Grundsätzen und stehen mit der Durchführung der Bezahlung des Importes in keinem Zusammenhang. Da die Transportdokumente gar nicht in die Hände der Bank zu kommen brauchen, wird das Kreditgeschäft kaufmännisch und juristisch unabhängig von der Importbezahlung neu aufgebaut. Freilich gelten für die Gestaltungsformen die schon auf den Seiten 175 ff. angestellten Erörterungen weitgegend auch hier[27].

[27] Wegen Kurssicherung vgl. S. 35/36.

VIERTER ABSCHNITT

Sicht- und Zieltratten im Dokumentengeschäft

I. Glatte Akkreditive und Inkassi

Im innerdeutschen Akkreditivverkehr werden den eingereichten Dokumenten keine Tratten beigefügt. Auch im Zusammenhang mit normalen in Deutschland benutzbaren Akkreditiven für Importe, die von deutschen Banken zugunsten eines ausländischen Begünstigten eröffnet werden, sowie bei in Deutschland durchgeführten Inkassi kommt in der Regel die Ziehung von Tratten nicht vor; die akkreditivmäßige Haftung der Banken macht eine Verwendung von Tratten entbehrlich, und das normale Inkasso bezweckt die Barzahlung durch den Importeur, aber keine Akzeptleistung. Selbst wenn den Dokumenten eine Tratte beigefügt ist, wird in Deutschland die Tratte zur Vermeidung der Wechselsteuerpflicht[1a] üblicherweise dem Käufer nicht vorgelegt, sondern von der Bank zu den Akten genommen (die Wechselsteuerpflicht wird nach § 1 Abs. 1 b WechsStG erst mit der Weiterbegebung des Wechsels durch den ersten inländischen Wechselnehmer begründet). In manchen anderen Ländern ist es üblich, Inkassodokumenten Wechsel beizufügen, die vom Lieferanten auf den Abnehmer oder auf dessen Bank gezogen sind. Die anglo-amerikanische Praxis sieht meist vor, daß die zur Benutzung eines „letter of credit" einzureichenden Dokumente von einer (sight oder time) Tratte (draft) begleitet sind; das gleiche ist bei Negoziierungskrediten zu beobachten. Die Sicht-Tratte wird nicht akzeptiert, sondern eingelöst und vom Einlöser zu den Akten genommen. Sie begründet keine zusätzliche wechselmäßige Haftung, sondern hat in Wahrheit lediglich die Funktion einer Quittung[1]. Letztere Erkenntnis ist wichtig bei der Behandlung der „without-recourse"-Ziehungen[2].

Aber nicht nur der Sichtwechsel, sondern auch der vom Importeur akzeptierte Zielwechsel[3] läßt den dokumentären Ablauf des Geschäftes grundsätzlich unberührt. Der einzige Unterschied besteht darin, daß die Bank

[1] Zustimmend Gutteridge-Megrah S. 70.

[1a] Wenn eine inländische Bank als Zahlstelle für vom Ausland auf das Ausland gezogene Wechsel oder für ausländische Solawechsel tätig ist, entsteht keine Wechselsteuerpflicht, wenn die Bank nach der Zahlung den eingelösten Wechsel an den ausländischen Aussteller bzw. Bezogenen zurücksendet, oder wenn die Rücksendung unterbleibt. Vgl. Wulle, Deutsche Verkehrssteuerrundschau 1959, 67; Rdschr. BdB 1969 Nr. 51.

[2] Vgl. S. 226 ff.

[3] Vgl. S. 225.

vom Importeur statt des effektiven Warengegenwertes das Akzept einholt. Eine Haftung der Bank für die spätere Einlösung des Akzeptes besteht beim Inkassogeschäft nicht[4]; die Wechseleinlösung hat mit dem eigentlichen Dokumentengeschäft nichts mehr zu tun.

Bestritten war die Rechtlage früher beim Akkreditiv[5]. Man stritt sich darüber, ob die Akkreditivbank für die Einlösung eines solchen von ihr eingeholten Käuferakzeptes haftete. Diese Frage ist für das Akkreditiv jetzt durch Art. 3 Abs. a Punkt 2 ER geklärt. Die Akkreditivbank bzw. die ein unwiderrufliches Akkreditiv bestätigende Bank haftet für die Einlösung eines von ihr auf Grund eines Akkreditivs eingeholten Käuferakzeptes[6]. Will die Bank das Akzept nur einholen, ohne zu haften, muß sie dies im Akkreditiv klar zum Ausdruck bringen. In der Praxis lassen sich gewitzte Banken, um die Akkreditivabwicklung vorzubereiten, in geeigneten Fällen manchmal das Importeurakzept schon bei Akkreditiveröffnung (als Blankoakzept) aushändigen, damit später — evtl. auch durch Auseinandersetzungen mit dem Importeur — keine Zeit verloren geht; die Bank kann ja bei Vorkommen der Dokumente den Importeur schwerlich fristgemäß zur Akzeptleistung zwingen — gleichgültig ob dessen Weigerung berechtigt ist oder nicht.

Im Falle der Nichtzahlung oder Nichtannahme sollte das letzte mit dem Einzug des Wechsels bzw. der Einholung des Akzepts befaßte Institut — gleichgültig ob der Wechsel aus dem Inland oder aus dem Ausland kommt — Protest erheben. Etwas anderes gilt nur, wenn der Protest durch den Vermerk „ohne Protest", „ohne Kosten" oder einen gleichbedeutenden auf den Wechsel gesetzten Hinweis oder auf Grund einer ausdrücklichen Weisung der ersten Inkassostelle erlassen worden ist[6a].

II. Vorfinanzierung mit Akzepten

Ebenfalls ohne Einfluß auf das dokumentäre Zahlungsgeschäft ist der Wechsel dort, wo er nicht zur Bezahlung des Warengegenwertes, sondern zur Vorfinanzierung des Exporteurs begeben wird. In der Sache gewährt der Käufer dem Exporteur einen Kredit, in dem er ihm seine Haftung zur Verfügung stellt.

Gelegentlich werden Teilbeträge des Warengegenwertes bereits einige Zeit vor der Versendung der Ware vorfinanziert, indem der Exporteur auf den Importeur einen Wechsel zieht, den dieser akzeptiert. Das Akzept diskon-

[4] Vgl. S. 61, 152, 206.

[5] Zur früheren Rechtslage vgl. Bandomir, Betrieb 1967, 171 f.; Schinnerer ZfR 1968, 204 Anm. 79; Zahn aaO S. 257; ferner FAZ, Blick durch die Wirtschaft 22. 3. 67 „Warnung vor Akkreditiven mit Zahlungsvorbehalt".

[6] Vgl. S. 61, 206.

[6a] Vgl. Rdschr. BdB v. 11. 1. 1973 mit Hinweis auf Nr. 40 Abs. 1 AGB und auf BGH in WM 1972, 582.

tiert der Exporteur entweder bei einer Bank oder läßt es durch Vermittlung des Importeurs bei einer Bank in dessen Land diskontieren, um mit dem Erlös den Ankauf oder die Herstellung der Ware zu finanzieren. Der Exporteur erhält in solchen Fällen den Rest des Warengegenwertes auf dokumentärer Basis (Akkreditiv, Inkasso).

Die Vorfinanzierungsakzepte stehen zwar mit dem Warengeschäft und somit auch mit dem dokumentären Teil der Zahlungsabwicklung in einem wirtschaftlichen Zusammenhang, sind jedoch in der Begebung, Akzeptierung und Verwertung des Wechsels an keine dokumentären Bedingungen geknüpft. Der Exporteur erhält das Akzept bereits vor dem Zeitpunkt, in welchem er die Dokumente einreicht.

Damit ein solcher Wechsel von unbeteiligten Dritten nicht als Finanzwechsel anstatt als Warenwechsel, der er ja im Grunde doch ist, angesehen wird, versehen die Ablader ihn in manchen Ländern mit einem Hinweis auf das zugrunde liegende Warengeschäft (z. B. „Against shipment of 100 tons coffee to Britain"). Es handelt sich dabei um eine reine Mitteilung und nicht um eine Bedingung, die bekanntlich den Wechsel nach deutschem Wechselrecht und dem Wechselrecht der meisten anderen Staaten unwirksam machen würde. Juristisch ist der Vermerk der oben genannten Art auf dem Wechsel bedeutungslos[7].

Vorfinanzierungen dieser Art sind in Deutschland nicht gebräuchlich und sollen mehr der Vollständigkeit halber in diesem Zusammenhang erwähnt werden. Barkredite, Gegenakkreditive und durch Bankgarantien besicherte Anzahlungen haben in Deutschland für die Vorfinanzierung von Exporten eine größere Bedeutung als das Akzept des Importeurs.

Erwähnt sei noch, daß Finanzierungen außerhalb des eigentlichen dokumentären Zahlungsgeschäftes auch in Form von sogenannten „unechten Rembourskrediten"[8] mit Bankakzepten denkbar sind. Solche unechten Rembourskredite, bei denen die Remboursbank ihr Akzept gewährt, ohne Zug um Zug dagegen die Dokumente hereinzunehmen, kommen bei uns heute kaum mehr vor. Sie waren aber in Zeiten der Währungskrisen und der Stillhaltung häufig. Damals griffen die deutschen Banken zur Befriedigung der Kreditwünsche ihrer Kunden auf die ihnen von ausländischen Banken eingeräumten, im Rahmen der Stillhalteabkommen auch für andere als echte Importfinanzierungen offengehaltenen Rembourslinien zurück.

In diesem Zusammenhang sei auch auf die früher in Deutschland gebräuchlichen sogenannten „Exporttratten" hingewiesen; es handelt sich dabei um Tratten, die der — deutsche — Exporteur auf den Importeur zog und zum Zwecke der Vorfinanzierung unakzeptiert über eine Hausbank mit deren Giro von der Bank Deutscher Länder diskontieren ließ. Der Importeur

[7] Vgl. dazu RGZ 119, 422, 424. Beachte aber auch S. 225.

[8] Im Gegensatz zu den im folgenden Abschnitt behandelten echten Rembourskrediten, bei welchen die Remboursbank ihr Akzept erst nach erfolgter Versendung der exportierten Ware Zug um Zug gegen Aufnahme der über den Warenversand ausgestellten Transportdokumente gibt.

erhielt nicht einmal Kenntnis von der auf ihn gezogenen Tratte. Die Exporttratte ermöglichte gleichzeitig eine Kurssicherung der Trattenwährung gegen die DM.

Abschließend sei hier noch kurz die Import- und Exportfinanzierung durch Privatdiskonten erwähnt; das Privatdiskontakzept ist zwar ein rein innerdeutsches Finanzierungsinstrument des Geldmarktes; es dient aber ausschließlich dem Auslandsgeschäft. Es ist ein Wechsel, gezogen vom Importeur oder Exporteur auf die Hausbank, von dieser akzeptiert und diskontiert, mit der Möglichkeit des Rediskontes im Privatdiskontmarkt (über die Privatdiskont-AG). Privatdiskonten sind an konkrete Geschäfte gekoppelt; letztere dürfen nur ein Zahlungsziel von höchstens 180 Tagen haben, von denen wiederum immer nur die letzten 90 Tage mit Privatdiskont finanziert werden dürfen. Als Geldmarktpapier ist der Privatdiskont ein in den Konditionen besonders günstiges Finanzierungsinstrument.

III. Währungsbarvorschüsse und Rembourskredite

A. Allgemeines und Währungsbarvorschüsse

Wir haben bereits auf den Seiten 175 ff. dargelegt, wie sich das dokumentäre Zahlungsgeschäft in eine Anschlußfinanzierung überleiten läßt, indem die vom Importeur mit der Aufnahme der Dokumente beauftragte Bank den Dokumentengegenwert vorschießt und ihn dem Importeur bis zum Eingang der Zahlung (oder der Wechsel) aus dem Weiterverkauf der Ware kreditiert.

Wenn der Importeur seinen Import in ausländischer Währung zu bezahlen hat, läßt sich die Verbindung zwischen Dokumenteneinlösung und Anschlußfinanzierung auch auf anderem Wege herstellen, indem nämlich der Kredit nicht bei einer Bank im Lande des Impoteurs, sondern im Ausland aufgenommen wird. Ein Interesse des Importeurs, statt des Kredites im Inland einen Währungskredit im Ausland zu suchen, besteht in erster Linie dann, wenn zum Ausland hin in der betreffenden Währung ein Zins- und Diskontgefälle besteht, die Kreditkosten also draußen geringer sind als im eigenen Lande.

Nur in seltenen Fällen können Importeure Währungskredite im Ausland direkt aufnehmen. Diese Möglichkeit ist auf ruhige und sicher scheinende Zeiten beschränkt und kommt auch dann nur für international eingeführte große Häuser in Betracht. Die Regel ist, daß der Importeur sich bei Inanspruchnahme von Währungskrediten an seine Hausbank wendet, die ihrerseits entweder eigene Mittel zur Beschaffung des Währungskredites verwendet oder die ihr von ihren ausländischen Korrespondenzbanken zur Verfügung gestellten „Linien" in Anspruch nimmt und sie unter ihrer Haftung gegen eine Zinsmarge für den Importeur benutzt.

Hinsichtlich der Gewährung von Währungskrediten an die Kundschaft stellt die Bank dreierlei voneinander unabhängige Überlegungen an:

Zunächst prüft sie, ob ihr in der benötigten Währung überhaupt eine Linie zur Verfügung steht. Hierin ist die Bank abhängig von der Einstellung ihrer ausländischen Korrespondenzbanken. Für deren Überlegungen wiederum sind die vielfältigsten Gesichtspunkte maßgebend, die sich im einzelnen keineswegs vollständig übersehen und in starre Regeln fassen lassen. In jedem Falle wird aber bei der Einräumung von Linien an ausländische Banken in Betracht gezogen: Politische Stabilität, Konjunkturlage, Transferzuverlässigkeit, devisenrechtliche Regelung in beiden Ländern, Bonität und sonstiger Ruf der um eine Linie nachsuchenden Bank sowie frühere Erfahrungen; schließlich spielt auch das Gesamtengagement der die Linie gewährenden Bank in Auslandskrediten sowie die Gesamtsumme der Vorschüsse an Banken im Lande derjenigen Bank eine Rolle, die die Linie beanspruchen will.

In zweiter Linie hat die Bank des Importeurs ihrerseits zu prüfen, inwieweit sie die in der benötigten Währung angebotenen Linien in Anspruch nehmen will. Da sie dies unter allen Umständen nur dann tun soll und will, wenn die korrekte Abdeckung bei Fälligkeit unzweifelhaft sichergestellt ist, wird sie ähnliche Erwägungen allgemeiner Art anstellen, wie sie für die eine Linie gewährende Bank geschildert sind. Sie wird aber auch ohne Rücksicht auf die Bonität der um Kredit nachsuchenden Importeure, d. h. auf die Sicherheit der einzelnen Engagements, sich selbst einen Rahmen für die Gesamthöhe ihrer Währungsverbindlichkeiten und darüber hinaus noch eine Grenze für die einzelnen Währungen oder Währungsgruppen setzen, wobei es auch noch einen Unterschied macht, in welchem Lande die Währungslinie in Anspruch genommen ist.

An dritter Stelle wird die Bank die Kreditwürdigkeit des einzelnen Importeurs unter die Lupe nehmen. Bei dieser Kreditprüfung werden üblicherweise besonders strenge Maßstäbe im Rahmen der allgemeinen kreditgeschäftlichen Überlegungen angelegt, auf die hier nicht weiter eingegangen zu werden braucht. Am besten ist es, wenn es sich bei dem kreditnehmenden Importeur um eine Firma handelt, bei der die Fähigkeit zur Abdeckung des Engagements auch ohne Durchführung des speziellen Importgeschäftes auf alle Fälle gewährleistet ist und die zur Rückzahlung nicht unbedingt auf den Erlös aus dem Weiterverkauf der importierten Ware angewiesen ist.

Der Währungsbarkredit ist nicht immer an feste Laufzeiten (z. B. 90 Tage) gebunden, sondern kann mit seinen Fristen genau dem zeitlichen Bedarf für das Einzelgeschäft angepaßt werden. Der Importeur zahlt dann die Kosten nur für die effektive Inanspruchnahme, während bei dem unten erörterten Rembourskredit die Laufzeit des Wechsels und damit die Diskontspesen feststehen und — auch bei früherem Geldrücklauf — nicht herabgesetzt werden können. Beim Währungsbarkredit trägt der Importeur die ganze Zinslast; beim Rembourskredit zahlt formell der Importeur neben den Spesen seiner Bank nur die Akzeptprovision, während den Diskont (also die Zinsen) der Ablader zahlt. In der Praxis aber trägt unabhängig von der rechtlichen Konstruktion des Zahlungsmodus durchweg der Importeur in beiden Fällen die ganze Zinslast, da er es ist, der die Finanzierung benötigt.

Der Währungsbarvorschuß hat in den letzten Jahren in Europa erheblich an Bedeutung und Umfang gewonnen. Das hatte seinen Grund zunächst in den rasch wachsenden, Anlage suchenden Devisenüberschüssen aus dem Export und in der Konzentration von großen (ihrer Herkunft nach nicht immer bestimmbaren) US-$-Guthaben in Europa; einen weiteren Anstoß lieferten vermutete Auf- und Abwertungsgefahren für verschiedene Währungen, die verstärkt zur Absicherung von Handelsengagements in Fremdwährung durch Verschuldung in der gleichen Währung führten. Im Zuge der wirtschaftlichen Verschmelzung Europas hat sich nunmehr der „Euro-Dollar-Markt" zu einem echten internationalen Geldmarkt entwickelt, innerhalb dessen die Geldströme über die Grenzen der einzelnen Währungsbereiche hinweg mehr und mehr und in immer weiteren Bereichen dem Gesetz von Angebot und Nachfrage folgen[9].

Dabei mehren sich in jüngerer Zeit die Fälle, daß Währungsbarkredite nicht mehr unter Zwischenschaltung der Hausbank im eigenen Lande, sondern direkt bei ausländischen Banken aufgenommen werden. Die ausländischen Banken ihrerseits verfolgen in diesem Punkt eine unterschiedliche Politik: Während die Mehrzahl grundsätzlich die Gewährung von Direkt-Krediten an gewerbliche Debitoren in fremden Ländern ablehnt und solche Währungskredite nur über befreundete Korrespondenzbanken — die dann natürlich haften — gewährt, gibt es auch eine Reihe ausländischer Banken, die Währungsbarkredite direkt an deutsche Kunden gewähren, wenn ihre Liquidität und gegebenenfalls ihre Devisenposition dies erlauben. Die Tatsache, daß sich die Einrichtung von Niederlassungen ausländischer Banken im Lande des Importeurs mehrt (z. B. in der Bundesrepublik), führt zu einer Ausbreitung der Direktgewährung von Währungsbarkrediten durch ausländische Banken an inländische Kreditnehmer.

Damit erlangt der Währungsbarkredit nicht nur in dem ihm früher gesetzten, oben geschilderten Rahmen der kurzfristigen Zwischenfinanzierung einzelner Partien des in Fremdwährung fakturierten grenzüberschreitenden Warenverkehrs steigende Bedeutung, sondern wächst langsam über diesen Rahmen hinaus. Es wäre freilich verfehlt, diese Entwicklung zu überstürzen und die bewährten Grundsätze der Vorsicht bei der Verschuldung in Währung über Bord zu werfen. Die Struktur des europäischen Geldmarktes ist keineswegs so gefestigt, daß sich Rückschläge, wie wir sie in der Vergangenheit erlebt haben, nicht wiederholen könnten. Daran denken vor allem konservativ geleitete Banken in denjenigen Ländern, deren Zinsniveau zeitweise unter dem ihrer Nachbarländer liegt. Es ist im Augenblick leicht, unter Ausnutzung dieses Zinsgefälles in fremde Märkte einzudringen und

[9] Brandes, Der Eurodollarmarkt, Wiesbaden 1968; Einzig, The Euro Dollar System, 5. Aufl., London 1973; Büschgen, Der Eurodollarmarkt als internationaler Geldmarkt, ZfB 1967, 97 ff.

mit den dortigen Banken direkt bei der Kundschaft in Wettbewerb zu treten, anstatt in Zusammenarbeit mit den örtlichen Banken die Geldbewegungen im Rahmen eines Banken-Geldmarktes zu bewältigen. Aber abgesehen davon, daß es die Bank-zu-Bank-Beziehungen stört und die Kreditdisziplin lockert, birgt ein solches Verhalten beträchtliche Risiken durch Fehlbeurteilung ausländischer Kreditnehmer. Der kompetente Kreditgeber ist — auch bei Währungskrediten — immer noch die einheimische Hausbank; und ein Währungskredit ist nach wie vor nur dort angebracht, wo ein Warengeschäft in der gleichen Fremdwährung dagegensteht; daß für Großunternehmen mit Zweigbetrieben in mehreren Ländern die damit gezogenen Grenzen mehr und mehr zerfließen, sollte die Einsicht in die Richtigkeit dieser Grundsätze nicht trüben.

Im übrigen sollten auch die Firmen, die solche Fremdwährungskredite direkt im Ausland aufnehmen, bedenken, daß solche „Kredite" auf der Seite des Kreditgebers oft als Geldmarktgeschäfte angesehen und entsprechend unter Geldmarktgesichtspunkten zurückgerufen werden, was für den Kreditnehmer entsprechende Konsequenzen hat, wenn die Geldmarktlage sich dreht.

B. Rembourskredite

Mit dem Vordringen des Währungsbarvorschusses geht ein Rückzug im Volumen der zweiten, früher „klassischen" Art der Finanzierung von Auslandsgeschäften im Ausland einher; gemeint ist der *Rembourskredit.* Unter den gegenwärtigen Verhältnissen ist der Rembourskredit so selten geworden, daß die Frage berechtigt ist, ob er überhaupt in der vorliegenden Schrift noch behandelt werden soll. Ich habe mich in dieser Frage positiv entschieden, weil dies Standardinstrument der Außenhandelsfinanzierung auf alle Fälle auf unserer Palette weiterhin bereitgehalten werden sollte. Ferner aber auch deshalb, weil eine Analyse des klassischen Rembourskredits wertvolle Grunderkenntnisse betreffend die Systematik unserer Finanzierungstechnik und der dieser zugrunde liegenden Rechtsnormen vermittelt.

Von einem Rembourskredit sprechen wir im Außenhandel, wenn eine Bank — häufig im Lande der Vertragswährung — für Rechnung der Bank des Importeurs oder für Rechnung des Importeurs selbst einen auf sie gezogenen Wechsel akzeptiert und das Akzept dem Exporteur Zug um Zug gegen Hereinnahme der vorgeschriebenen Transportdokumente aushändigt, damit er es bei einer Bank seiner Wahl diskontieren lassen kann.

Aussteller des Wechsels ist normalerweise der Exporteur; es kann aber auch der Importeur sein. In diesem Fall wird die Diskontierung im Auftrag des Importeurs von dessen Bank oder von der Remboursbank besorgt; der Exporteur erhält den Gegenwert, ohne mit dem Diskontvorgang befaßt zu werden.

Da die häufigsten Vertragswährungen bei Export-Import-Geschäften das englische Pfund und der US-Dollar sind, fungieren als Remboursbanken hauptsächlich die Londoner und New Yorker Banken. Ihre Akzepte sind zu besonders günstigen Sätzen unterzubringen. Oft besorgen die Remboursbanken selber die Unterbringung der Akzepte für die Exporteure und stellen diesen den Erlös zur Verfügung. Diese Diskontierung ist aber nicht mehr ein Teil des für den Importeur getätigten Remboursgeschäftes, sondern beruht auf einem besonderen Auftrage des Exporteurs und geschieht für diesen. Denn im Unterschied zum Währungsbarkredit gehört die Beschaffung der baren Mittel beim Rembours nicht zu den Aufgaben der kreditgewährenden Bank (Remboursbank), sondern nur die Akzeptleistung.

Durch die Diskontierung des Akzeptes erhält der Exporteur die Möglichkeit, sofort in den Besitz des Warengegenwertes zu kommen. Der Importeur nimmt (unmittelbar oder über seine Hausbank) bis zur Wechselfälligkeit den Akzeptkredit der Remboursbank in Anspruch. Bei Wechselfälligkeit löst die Remboursbank ihr Akzept mit dem vom Importeur oder dessen Hausbank rechtzeitig anzuschaffenden Gegenwert ein[10].

Im einzelnen tritt der Rembours in der Praxis in folgenden Formen auf[11]:

1. *Rembours ohne Akkreditiv*

a) Der Exporteur zieht eine Tratte auf die Remboursbank, die ihrerseits einer Bank im Lande des Importeurs eine Rembourslinie zur Ziehung solcher Tratten eingeräumt hat. Der Exporteur sendet die Tratte zusammen mit den Dokumenten an die Remboursbank. Die Remboursbank prüft die Dokumente, akzeptiert die Tratte, sendet die Dokumente an die Bank im Lande des Importeurs weiter und händigt dem Exporteur das Akzept aus oder besorgt in seinem Auftrage die Diskontierung. Bei Fälligkeit des Wechsels zahlt die Remboursbank an den legitimierten Wechselinhaber und

[10] In diesem Zusammenhang sei nebenher auf die sogenannten Rembourse der Weltbank (International Bank for Reconstruction and Development) hingewiesen.
Die Weltbank eröffnet selbst keine Akkreditive für Geschäfte, die mit einer Weltbankanleihe finanziert werden. Üblicherweise nimmt sie die Rechnung der Lieferanten zwecks Regulierung herein und löst sie zu Lasten des Anleihekontos des Anleihenehmers ein. Der Umstand, daß die Weltbank eine Anleihe zur Finanzierung begeben hat, wird in Handelskreisen als hinreichende Sicherheit für den Zahlungseingang bei Lieferung angesehen.
Wird das Geschäft zwischen Anleihenehmer (Importeur) und Lieferanten trotz der Anleihe auf Akkreditivbasis abgewickelt, so erteilt die Weltbank auf Antrag des Anleihenehmers (und nur auf dessen Antrag!) der Akkreditivbank eine je nach Verlangen widerrufliche (qualified) oder unwiderrufliche (irrevocable) Rembourszusage (agreement to reimburse).
Dieser Rembours wird nicht mit Akzepten abgewickelt. Vielmehr zahlt die Weltbank an die Akkreditivbank, sobald diese ihr die Bedienung des Akkreditivs mitteilt (vgl. die Formulare der Weltbank für Rembourszusagen: Form H 3 [Case VI] und Form G 3 [Case V]. Vgl. dazu erläuternd Rundschreiben des Bundesverbandes des Privaten Bankgewerbes vom 1. 6. 1957, Akt.-Z. B 144). Bei der Bearbeitung konkreter Fälle empfiehlt es sich, die im September 1971 veröffentlichten „Guidelines for Withdrawal of Proceeds of World Bank Loans and Ida Credits" heranzuziehen.

[11] Vgl. dazu RGRK-HGB-Godin Anh. I zu § 365, 41, S. 579.

erholt sich im Rahmen des Remboursabkommens bei der Bank im Lande des Importeurs, deren Rembourslinie bei dem Geschäft in Anspruch genommen worden war; diese Bank wiederum fordert den Wechselbetrag bei dem Importeur an. Dabei ist die zeitliche Reihenfolge umgekehrt, d. h. der Importeur muß an die zwischengeschaltete Bank so rechtzeitig Zahlung leisten, daß diese ihrerseits je nach Vereinbarung mit der Remboursbank ein bis zwei Tage vor der Wechselfälligkeit den Betrag anschaffen kann[12].

In diesem Falle besteht zwischen dem Importeur und seiner Bank ein Geschäftsbesorgungsvertrag, auf Grund dessen diese Bank dem Importeur eine Rembourslinie zur Benutzung durch den Exporteur zur Verfügung stellt. Damit verbunden ist ein Kreditvertrag, der entweder einen Blankokredit vorsieht oder festlegt, in welcher Form die Bank aus dem Importgeschäft oder anderweitig eine Sicherheit dafür erhält, daß der Importeur ihr rechtzeitig vor Fälligkeit des Akzepts den Wechselbetrag anschafft. Zwischen der Bank und dem Exporteur besteht kein Vertragsverhältnis, da die Zurverfügungstellung der Rembourslinie gegen Präsentation der Dokumente auf Grund des Vertrages mit dem Importeur erfolgt. — Endlich besteht ein wechselrechtliches Verhältnis zwischen der Remboursbank und dem Exporteur, im Rahmen dessen der Exporteur als Wechselaussteller und die Remboursbank als Bezogene und später als Akzeptantin fungieren.

b) Der Importeur zieht eine Tratte auf die Remboursbank und beauftragt durch Vermittlung seiner Hausbank gleichzeitig diese Bank, das Akzept oder den Diskonterlös dem Exporteur Zug um Zug gegen Einreichung der Dokumente auszuhändigen[13]. Er kann auch über seine Hausbank mit der Remboursbank vereinbaren, daß diese das Akzept bzw. den Diskonterlös einer Bank seiner Wahl überweist, damit diese die Abwicklung des Geschäfts mit dem Exporteur vornimmt.

Dieses Geschäft entspricht genau dem vorhergenannten mit dem einzigen Unterschied, daß nicht der Exporteur, sondern unmittelbar der Importeur die Rembourslinie der zwischengeschalteten Bank bei der Remboursbank in Anspruch nimmt und in die noch zu erörternde Ausstellerhaftung aus dem Wechsel eintritt. Die Kreditverhältnisse zwischen Importeur und zwischengeschalteter Bank einerseits und dieser und der Remboursbank andererseits bleiben dabei die gleichen wie oben.

Es kann auch sein, daß die Remboursbank einem Importeur ohne Zwischenschaltung einer Bank eine Rembourslinie direkt einräumt. Wird in diesem Falle noch eine Bank im Lande des Exporteurs (oder des Importeurs) in das Geschäft eingeschaltet, so hat sie auf Grund eines Geschäftsbesorgungsvertrages mit dem Exporteur lediglich die Aufgabe, die Transportdokumente je nach den getroffenen Vereinbarungen Zug um Zug gegen Hereinnahme des Akzepts oder des Diskonterlöses an die Remboursbank oder (was wegen bestehender Kreditsicherungsvereinbarungen zwischen

[12] Siehe dazu BGH II ZR 87/59 v. 21. 4. 1960, besprochen in ZKW 1960, 856.

[13] Diese Form des Rembourses hält Triegler S. 226, für die einzige in der Praxis vorkommende.

dem Importeur und der Remboursbank kaum vorkommt) an den Importeur auszuhändigen, also für den Exporteur die Abwicklung des Geschäftes zu besorgen. Meist wird so verfahren, daß von dem vollen Satz der Dokumente ein Drittel an die Remboursbank und zwei Drittel an den Importeur oder dessen Hausbank versandt werden.

2. *Rembours mit Akkreditiv*

Der Importeur hat zugunsten des Exporteurs ein unwiderrufliches Akkreditiv eröffnen lassen, auf dessen Grundlage[14]

a) entweder der Exporteur bei der Remboursbank zusammen mit den Dokumenten eine auf die Remboursbank gezogene Tratte einreicht und deren Akzept ausgehändigt oder den Gegenwert als Diskonterlös sofort ausgezahlt erhält; die Remboursbank akzeptiert die Tratte im Rahmen der Rembourslinie der Akkreditivbank und läßt sich von dieser den Wechselbetrag bei Fälligkeit zu Lasten des Importeurs anschaffen;

b) oder mit dem Exporteur nur die glatte Akkreditivabwicklung erfolgt, während die Akkreditivbank selbst oder der Importeur im Rahmen der Rembourslinie eine Tratte auf die Remboursbank zieht und von dieser akzeptieren läßt; durch Verkauf des Akzeptes finanziert die Akkreditivbank ihre durch Zahlung an den Begünstigten entstandenen Auslagen. Den Wechselbetrag fordert sie rechtzeitig vor Fälligkeit bei dem Importeur an und leitet ihn an die Remboursbank weiter, die damit den ihr bei Fälligkeit präsentierten Rembourswechsel einlöst.

Zweckmäßigerweise vermerkt man in beiden Fällen auf dem Wechsel, unter welchem Akkreditiv er gezogen ist. Der Vermerk muß aber so angebracht werden, daß deutlich wird, daß er nur der Orientierung dienen und nicht zum Wechselinhalt werden soll. Unverständlicherweise hat eine jüngere deutsche Gerichtsentscheidung einen Wechsel mit einem solchen Orientierungsvermerk für nichtig erklärt, weil der Vermerk der abstrakten Wechselverpflichtung widerspreche[15]. Dieser Formalismus kann nicht gutgeheißen werden, zumal auch die internationale Praxis derartige Hinweise für zulässig erachtet[16]. Auch die in ihrer Formstrenge anspruchsvollen deutschen Landeszentralbanken dürften in der Praxis dieser Entscheidung kaum folgen.

Von dem Akkreditiv, zu welchem die Remboursbank ihr Akzept zugesagt hat, erhält diese in der Praxis einen Durchschlag, damit sie genau weiß, unter welchen Verpflichtungen sie ihr Akzept leisten soll.

Die Verpflichtung der Remboursbank aus ihrem Akzept läßt die Akkreditivverpflichtung der Akkreditiv- und Bestätigungsbank gegenüber dem Exporteur grundsätzlich unberührt, da das Remboursakzept von der Akkre-

[14] Vgl. Schönle S. 144 ff.

[15] OLG Hamburg v. 31. 8. 1960, zitiert in BVBR 127/60.

[16] So ist z. B. nach engl. Recht die Bezugnahme auf das Warengeschäft wechselrechtlich zwar ohne Belang, aber unschädlich. Vgl. Schmitthoff S. 209/210.

ditivbank nicht an Zahlungs Statt, sondern zahlungshalber zur Verfügung gestellt wird. Das heißt: Löst die Remboursbank den Wechsel bei Fälligkeit nicht ein — z. B. im Falle der Zahlungsunfähigkeit —, so kann der vom Wechselinhaber als Aussteller auf Bezahlung des Wechsels in Anspruch genommene Exporteur seinerseits die Akkreditiv- und Bestätigungsbank auf Zahlung aus dem Akkreditiv in Anspruch nehmen[17].

IV. Wechselmäßige Haftung

A. Ausstellerhaftung und Girantenhaftung

Nach Wechselrecht haftet neben dem Akzeptanten (Art. 28 WG) auch der Aussteller auf Zahlung aus dem Wechsel (Art. 9 WG).

In der Mehrzahl der Fälle stellt bei Remboursen der Exporteur den Wechsel aus und reicht ihn zusammen mit den Dokumenten über die Akkreditivbank oder direkt bei der Remboursbank ein. Das entspricht dem normalen Ablauf bei der Wechselbegebung, da der Wechsel eine Zahlungsanweisung des Gläubigers an den Schuldner ist.

Der Importeur fungiert als Aussteller nur, wenn ihm selbst ein Akzeptkredit bei der Remboursbank eingeräumt worden ist und er diesen unmittelbar in Anspruch nehmen will (also ein echter Rembours eigentlich nicht mehr vorliegt)[18] oder wenn es der Exporteur ablehnt, den Wechsel, der im Rahmen der Rembourslinie der Bank des Importeurs von der Remboursbank akzeptiert werden soll, selbst auszustellen. Daß eine Bank (praktisch kommt dafür nur eine Akkreditivbank unter einem unwiderruflichen Akkreditiv in Betracht) den Wechsel auf die Remboursbank zieht, ist selten, weil die Zurverfügungstellung der Rembourslinie durch diese Bank noch nicht besagt, daß sie auch als Wechselausstellerin fungieren soll.

Nun ist es dem Exporteur verständlicherweise unerwünscht, aus dem Wechsel bis zur endgültigen Bezahlung als Aussteller zu haften; das gilt insbesondere dann, wenn der Rembours — wie in aller Regel — mit dem Akkreditiv verbunden ist, dessen Sinn darin besteht, daß dem Exporteur die Gewißheit für die tatsächliche endgültige Bezahlung des Kaufpreises verschafft wird. Der Exporteur denkt bei seinem Wunsche, keine Ausstellerhaftung für den Wechsel zu übernehmen, weniger an die Möglichkeit, daß der Wechsel von der bezogenen Bank nicht eingelöst wird, als vielmehr

[17] Dieser Fall ist juristisch — trotz Ähnlichkeit — von dem oben S. 152 behandelten des „Akkreditivs gegen Importeurakzept" zu unterscheiden. Beim Rembours verpflichtet sich die Akkreditivbank *zur Zahlung;* das Akzept der Remboursbank wird nur zahlungshalber zur Verfügung gestellt. Beim „Akkreditiv gegen Importeurakzept" verpflichtet sie sich nicht zur Zahlung, sondern nur zur Einholung des Importeurakzepts, für dessen spätere Einlösung sie freilich jetzt gemäß Art. 3 a ER 1974 haftet.

[18] Vgl. KG v. 17. 7. 1954 — 10 U 365/54 — mit Anmerkung von Keutner aaO, S. 12 ff., und Würdinger aaO, S. 325/326.

an Schwierigkeiten anderer Art, z. B. Währungsveränderungen, Änderungen der Devisenvorschriften oder an ähnliche Zwischenfälle (möglicherweise auch an Krieg). Mit dem wirtschaftlichen Motiv für ein unwiderrufliches, vielleicht außerdem bestätigtes Akkreditiv verträgt es sich schlecht, wenn der Exporteur, der die Tratte bei Einreichung der Dokumente an die aufnehmende Bank verkauft hat, noch bis zur Wechselfälligkeit der Gefahr eines Wechselrückgriffs ausgesetzt bliebe.

Aus dem genannten Grunde haben Exporteure oft das Bestreben, daß die Bank, welche die von ihnen ausgestellten Wechsel aufnimmt, diese unter Ausschluß der Haftung des Ausstellers für die Zahlung negoziiert. Ist dies — soweit gesetzlich zulässig — vereinbart, wird der Ausschluß der Ausstellerhaftung dadurch formell zum Ausdruck gebracht, daß der Aussteller über seinen Namen die Klausel „*without recourse*“ (ohne Regreß; franz.: „sans recours“) setzt.

In der modernen Praxis wird gelegentlich die Auffassung vertreten, unter einem unwiderruflichen Akkreditiv würden wegen der geschilderten Interessenlage Wechsel auch dann (stillschweigend) „without recourse“ negoziiert, wenn dies nicht schriftlich zum Ausdruck gebracht wurde. Dagegen spricht, daß zahlreiche Banken, vor allem in New York und London, es noch heute regelmäßig ablehnen, Wechsel, die die Klausel „without recourse“ über dem Namen des Ausstellers enthalten, zu akzeptieren[19]. Unter diesen Umständen kann man nicht von einer kraft Handelsbrauchs stillschweigend zu unterstellenden Vereinbarung sprechen, derzufolge der ausstellende Exporteur seine Haftung für die Zahlung ausgeschlossen habe. Es empfiehlt sich, bei der Diskontierung solcher Wechsel stets eine vorherige ausdrückliche Vereinbarung zwischen Exporteur (Aussteller) und diskontierender Bank zu treffen[20].

Das Problem ist nach deutschem Wechselrecht wie folgt zu beurteilen: Gemäß Art. 9 Abs. 2 WG gilt eine Klausel, die die Haftung des Wechselausstellers auf „Zahlung“ aus dem Wechsel ausschließt, als nicht geschrieben. Der Aussteller kann nur seine Haftung für die „Annahme“ des Wechsels und — sofern nach Akzeptleistung der Wechsel auf ihn indossiert wird, was aber praktisch kaum vorkommt, weil er den Wechsel schon vor Akzeptleistung negoziiert erhält — seine Girantenhaftung ausschließen (Art. 15 Abs 1 WG), nicht aber die Ausstellerhaftung für die Zahlung.

[19] Vgl. hierzu aus dem Schreiben einer bekannten New Yorker Remboursbank: „... As you probably know drafts drawn and/or endorsed without recourse are not eligible for rediscount at the Federal Reserve Bank and consequently cannot be sold in the market. Moreover the existence of an acceptance drawn or endorsed without recourse (which always becomes known one way or another) creates, even if it is an exception, a detrimental impression on the standing of the bank who accepted it. For these two reasons we always decline to accept drafts so drawn or so endorsed.“ Im gleichen Sinne Gutteridge-Megrah S. 74; Shaterian S. 446/447; Davis S. 102/103; vgl. auch Schmitthoff S. 212.

[20] Ebenso die englische Rechtsprechung in Sassoon v. Int. Banking Corp. (1927) A. C. 711.

Dort, wo sich die Ausstellerhaftung des Exporteurs wechselrechtlich nicht ausschließen läßt, weil die Remboursbank die Akzeptleistung auf einem Wechsel mit „without-recourse"-Vermerk verweigert oder der Wechsel in Deutschland oder einem anderen Lande ausgestellt ist, das den Ausschluß der Ausstellerhaftung nicht zuläßt, wird auf folgende Weise dem Exporteur geholfen, sofern der Rembours mit einem Akkreditiv verbunden ist: Die Akkreditivbank eröffnet das Akkreditiv unter Beifügung der Klausel „without recourse", verpflichtet sich also, von einem Rückgriff auf den Exporteur als Wechselaussteller abzusehen[21]. Gegebenenfalls bestätigt eine zweite Bank das Akkreditiv unter den gleichen Bedingungen (vgl. dazu Art. 3 Abs. b ER)[22].

Negoziiert nunmehr eine der beiden Banken den Wechsel und begründet damit für sich die Girantenhaftung, so wird sich im Falle der Nichteinlösung der Wechselinhaber praktisch immer an die Bank und nicht an den Exporteur halten, so daß dessen Ausstellerhaftung keine Rolle mehr spielt[23]; der in Anspruch genommenen Bank ist der weitere Rückgriff auf den Exporteur wegen der genannten Klausel — zwar nicht wechselrechtlich, aber — aus dem Negoziierungsvertrag versagt[24]. Nimmt der Wechselinhaber aber doch den Aussteller in Anspruch, kann dieser sich auf den Ausschluß der Ausstellerhaftung nur dann berufen, wenn die „without-recourse"-Klausel Bestandteil sämtlicher Negoziierungsverträge bis zum gegenwärtigen Wechselinhaber geworden ist, also auch für ihn die schuldrechtliche — nicht wechselrechtliche! — Verpflichtung begründet, den Regreß auf den Aussteller zu unterlassen. Der Aussteller kann sich darauf im Wechselprozeß nur dann berufen, wenn die Verpflichtung des Wechselinhabers, den Aussteller nicht in Anspruch zu nehmen, entweder unstreitig ist oder durch Urkunden, z. B. Vorlage des Negoziierungsvertrags, einwand-

[21] In der Praxis sind in Deutschland Wechsel aus Exportgeschäften „à forfait" diskontiert worden, wobei durch den Ausdruck „à forfait" im Diskontierungsvertrag der Ausschluß der Haftung des Exporteurs ausgedrückt wurde. Vgl. Gutachten der Industrie- und Handelskammer zu Berlin, in: Mitteilungen der Industrie- und Handelskammer zu Berlin, Heft 23, 1930, S. 1214/15. Wegen der Handhabung bei französischen Banken vgl. Terrel-Lejeune S. 440.

[22] Zur Auslegung des alten Art. 5 Abs. 3 ER (= jetzt Art. 3 Abs. b, Punkt 3 ER 1974) heißt es in einem Rundschreiben des Bundesverbandes des Privaten Bankgwerbes v. 17. 6. 1952, Tgb.-Nr. 4103, unter Ziff. 3: „Der Sinn des Artikels 5 Absatz 3 ist lediglich, daß ausschließlich diejenigen Banken, die den Commercial Letter of Credit oder ein sonstiges negoziierbares Akkreditiv bestätigt haben, verpflichtet seien, die Negoziierung ohne Regreß gegen den Aussteller vorzunehmen, alle anderen Banken aber (nämlich solche, die nicht bestätigt haben) bei einer Negoziierung der im Akkreditiv bzw. im Commercial Letter of Credit vorgeschriebenen Tratte auf einen Regreß gegen den Aussteller nicht zu verzichten brauchen."

[23] Siehe den gleichen Hinweis bei Shaterian S. 449.

[24] Vgl. dazu auch Cordier Nr. 189.

frei bewiesen werden kann. Sonst bleibt dem Aussteller nur übrig, seine Einwendungen im Nachverfahren — einem normalen Zivilprozeß — geltend zu machen (vgl. §§ 592 ff. ZPO)[25].

Ist der Rembours nicht mit einem Akkreditiv verbunden, so läßt sich der gleiche Schutz des Exporteurs erreichen, indem die ihre Rembourslinie zur Verfügung stellende Bank des Importeurs dem Exporteur in dem Vertrag, in welchem sie ihn zur Ziehung von Tratten ermächtigt, zusagt, daß sie die Tratten „without recourse" ankaufen werde, und die den Rembours vermittelnde Bank im Lande des Exporteurs sich dem anschließt.

Im übrigen stellt sich das hier erörterte Problem der Abdingung der Ausstellerhaftung bei „without-recourse"-Ziehungen praktisch selten, da immer mindestens zwei Banken, die Remboursbank und die diskontierende Bank, zwischen dem Wechselinhaber und dem Aussteller stehen.

B. Regresse aus dem Dokumentengeschäft

Sollen die verschiedenen juristischen oder praktischen Möglichkeiten des Ausschlusses der Ausstellerhaftung den Exporteur dagegen schützen, nach Einreichung der vertragsgemäßen Dokumente bei Wechselfälligkeit dem Rückgriff des Wechselinhabers ausgesetzt zu sein, so können sie andererseits nicht den Zweck verfolgen, den Exporteur auch dann dem Rückgriff zu entziehen, wenn sich die von ihm angelieferten Dokumente nachträglich als nicht vertragsmäßig erweisen. Die „without-recourse"-Klausel schließt nur den Rückgriff „wegen Zahlungsunfähigkeit des Akzeptanten" aus, nicht aber andere Rechtsgründe der Inanspruchnahme.

Der Rembours ist wie das normale Akkreditiv und Inkasso ein Dokumentengeschäft, bei dem nur an die Stelle der Barzahlung die Begebung eines Bankakzeptes tritt. Damit stehen dem Importeur und der Bank, die dem Exporteur Zug um Zug gegen Einreichung der angeforderten Dokumente ihr Akzept gibt, unbeschadet des Ausschlusses der wechselrechtlichen Ausstellerhaftung, Rückforderungsansprüche gegen den Exporteur zu, falls dieser hinsichtlich der eingereichten Dokumente seine Vertragspflichten nicht eingehalten hat; das gleiche gilt für eine dritte Bank, die das Akzept diskontiert oder die Tratte vor Akzeptierung negoziiert. Negoziiert also die Bank, welche die Dokumente aufnimmt, die beigefügte Tratte, weil sie die Fehlerhaftigkeit der Dokumente nicht sofort erkannt hat, und weist anschließend der Importeur die Aufnahme der Dokumente unter Hinweis auf tatsächlich bestehende Mängel zurück, so kann die Bank den ausgezahlten Diskonterlös vom Exporteur gemäß § 812 BGB zurückfordern; sie hat auf eine Nichtschuld geleistet, weil der Begünstigte keine ordnungsgemäßen Dokumente eingereicht hatte. Dabei ist es belanglos, ob die Tratte vom Aus-

[25] Dazu auch Schlegelberger-Hefermehl Anh. zu § 365, 147. Entsprechendes gilt im übrigen, wenn Wechsel à-forfait verkauft worden sind, für die Wechselhaftung des Ausstellers.

steller „with" oder „without recourse" aufgemacht war[26]. Die Bank sendet dem Ablader die Dokumente und die Tratte — sofern sie letztere nach Akzeptleistung durch die Remboursbank in ihr eigenes Portefeuille aufgenommen hat — Zug um Zug gegen Rückzahlung des Diskonterlöses zurück. Kann sie ihm die Tratte nicht geben, weil sie sie selbst weiterverkauft hat, so kann die Bank ihn erst dann in Anspruch nehmen, wenn die Remboursbank zu ihren Lasten den Wechsel eingelöst und ihn ihr zur Verfügung gestellt hat oder wenn die Remboursbank die Einlösung bei Fälligkeit verweigert — was sehr selten sein dürfte — und der legitimierte Wechselinhaber im Regreßwege auf sie (die indossierende Bank) zurückgreift. Die Bank setzt dann den Rückgriff auf den Verkäufer als Wechselaussteller fort. Nimmt der Wechselinhaber unmittelbar den Aussteller in Anspruch, so ist die indossierende Bank an der Abwicklung des Wechselgeschäftes überhaupt nicht mehr beteiligt.

Der aufgezeigte Zusammenhang des Wechselgeschäftes mit dem Dokumentengeschäft hat demnach die Auswirkung, daß Mängel an den Dokumenten zur Rückzahlung der an den Begünstigten ausgekehrten Negoziierungsbeträge wegen Zahlung auf eine Nichtschuld führen können. Darin zeigt sich, daß bei Verbindung eines Dokumentengeschäfts mit einer Wechselbegebung das Dokumentengeschäft dominiert. Dieses Übergewicht des Dokumentengeschäfts führt auch dazu, daß wechselrechtliche Einreden den (die Dokumente und den Wechsel betreffenden) Negoziierungsvertrag nicht beeinträchtigen, wenn die vom Exporteur angedienten Dokumente ordnungsgemäß waren.

Die Abhängigkeit des Wechsels vom Dokumentengeschäft wird natürlich durchbrochen, wenn der Exporteur gegen die Einreichung der Dokumente nur die akzeptierte Tratte erhält und das Akzept später an eine beliebige Bank verkauft. Der Exporteur ist der negoziierenden Bank, die mit dem Dokumentengeschäft nicht befaßt ist, wechselrechtlich haftbar, sofern er nicht auf dem Wechsel seine Ausstellerhaftung rechtswirksam ausgeschlossen hat[27].

[26] Im gleichen Sinne wie hier Gutteridge-Megrah S. 74/75; Megrah, Paget's Law. S. 660.

[27] Ausführlich erörtert bei Gutteridge-Megrah S. 77.

FÜNFTER ABSCHNITT

Anglo-amerikanische Rechtsformen der Außenhandelsfinanzierung

I. Letter of Credit

Der „Letter of Credit“ (im folgenden L/C genannt) des anglo-amerikanischen Rechtskreises entspricht im wesentlichen dem deutschen Akkreditiv, schließt aber, da er immer gegen (Sicht- oder Ziel-)Tratten benutzbar gestellt wird, begrifflich den Rembours mit ein.

Ein L/C ist das von einer Bank im Auftrage ihres Kunden abgegebene Versprechen, Tratten, die ihr unter bestimmten Bedingungen, d. h. begleitet von den geforderten Dokumenten innerhalb der festgesetzten Frist, eingereicht werden, durch Zahlung oder Akzeptleistung in der vorgeschriebenen Währung zu honorieren. („We hereby agree with the drawers, endorsers and bona fide holders that drafts drawn under and in compliance with the terms of this credit the same shall be duly honored on the presentation to the drawees.“)

Wir können uns, soweit es den Aufbau und die Abwicklung eines L/C betrifft, nahezu ausnahmslos auf die Ausführungen berufen, die wir im ersten Abschnitt dieses Buches über das Akkreditiv gemacht haben[1], dies um so mehr, als England seit dem 1. 7. 1963 den „Einheitlichen Richtlinien und Gebräuchen für Dokumenten-Akkreditive“ beigetreten ist. Die Rechtsverhältnisse zwischen den Beteiligten entsprechen im allgemeinen den dort geschilderten[2]. Der L/C kann ebenso wie das Akkreditiv widerruflich (revocable) oder unwiderruflich (irrevocable), bestätigt (confirmed) oder nicht bestätigt (non-confirmed), übertragbar (transferable) oder nicht übertragbar (non-transferable) gestellt werden; Teilverschiffung, „part shipment“, wird ebenso wie beim Akkreditiv gehandhabt. Bei Sukzessivlieferungsverträgen, aber auch in anderen Fällen, in denen in vorgeschriebenen oder offenen Abständen mehrfach Dokumente und Tratten eingereicht werden,

[1] Wir haben aus diesem Grunde auch die anglo-amerikanische Literatur zum L/C dort, wo sie auf das Akkreditiv anzuwenden ist, an den entsprechenden Stellen im ersten Abschnitt angeführt.

[2] Vgl. dazu die allgemeinen Feststellungen zum Wesen des L/C in Pavia & Co., S. p. A. v. Thurman-Nielsen L. R. (1952) 2 Q. B. D. 85 ff.; weitere Erläuterungen mit zahlreichen Hinweisen auf die Rechtsprechung bei Megrah, Paget's Law, S. 631 ff.; vgl. auch Gutteridge-Megrah S. 39 ff.; Trimble aaO, S. 1004/05 und die rechtsvergleichende Dissertation von Frost.

spricht man von einem „revolving credit“[3]. Wir finden ferner beim L/C in der gleichen Weise und aus den gleichen Ursachen wie beim Akkreditiv die sprachliche Verwechslung der Begriffe „Unwiderruflichkeit“ und „Bestätigung“[4], die aber hier wie dort keinen Einfluß darauf haben, daß sachlich die Unwiderruflichkeit von der eröffnenden Bank und die Bestätigung von der eingeschalteten zweiten Bank erklärt werden[5]. Das gilt selbst dann, wenn gelegentlich die eröffnende Bank ihr Schreiben an die zweite Bank noch wie früher mit den Worten „Please open your confirmed irrevocable credit“ anstatt, wie es heute allgemein üblich ist, mit den Worten „We hereby establish our irrevocable credit ... Please add your confirmation“ beginnt[6].

Soweit bei der Abwicklung des L/C von Banken des Sterling-Blocks früher anders verfahren wurde als von den Banken der Länder, die sich den „Einheitlichen Richtlinien“ schon vor 1963 angeschlossen hatten, beruhte dies — wie wir dargelegt haben[7] — nicht auf wesentlichen sachlichen Abweichungen des L/C vom Akkreditiv, sondern auf einer abweichenden Praxis der Banken[8]. Da nunmehr sowohl in England als auch in den übrigen Ländern des Sterling-Blocks sowie denjenigen Ländern, die mit dem L/C arbeiten, z. B. denen des Fernen Ostens, generell die ER gelten, erübrigt es sich, auf die inzwischen überholten Abweichungen einzugehen.

Der Hervorhebung bedarf in unserem Zusammenhang allein die Tatsache, daß der L/C — wie erwähnt — das glatte Dokumentenakkreditiv und den Rembours durch die Benutzbarkeit gegen Tratten unter einem Begriff vereint. Daraus ergibt sich je nach den wechselrechtlichen Vereinbarungen folgendes:

Der L/C kann von der eröffnenden Bank (issuing bank) gegen Sichttratten benutzbar gestellt und dem Begünstigten in dieser Form über eine Bank in seinem (oder einem dritten) Lande (advising oder confirming bank) mitgeteilt oder bestätigt werden. Diese Form des L/C entspricht dem Dokumentenakkreditiv. Daß der Begünstigte die Möglichkeit hat, Dokumente

[3] Vgl. dazu Gutteridge-Megrah S. 14; Shaterian S. 437/438; Gautschi SchwJZ 1964, 37. Die Dokumentenaufnahme für successive Lieferungen kann auf einen Maximalbetrag pro Periode — z. B. monatlich bis zu US $ ... oder dergl. — limitiert werden.

[4] Z. B. Hershey S. 21—23; Dandy aaO, S. 90; Schmitthoff S. 221 ff.; besonders deutlich in The Cape Asbestos Co. v. Lloyds Bank (1921) W. N. 274, wo folgender Satz in dem Eröffnungsschreiben der Bank an den Begünstigten als die Widerruflichkeit des L/C kennzeichnend angesehen wird: „This is merely an advice of the opening of the above-mentioned credit and is not a confirmation of the same.“ Vgl. auch, was die Verwechslung der Begriffe betrifft, Wiele S. 24, Anm. 35.

[5] Zustimmend Megrah, Some Aspects, S. 15.

[6] Zustimmend Rosenthal S. 343—345; ebenso Trimble aaO, S. 987; Ward-Harfield S. 19, 29.

[7] Vgl. S. 5.

[8] Vgl. z. B. Donald H. Scott and Company Ltd. v. Barclays Bank Ltd., L. R. (1923) 2 K. B. 1 ff.

und Tratte nicht selbst bei der Bank, die ihm den L/C übermittelt hat, einzureichen, sondern von einer anderen Bank negoziieren zu lassen, damit diese Bank (als sog. presenting bank) die Abwicklung des Akkreditivs besorgt, ist gegenüber dem Akkreditiv sachlich nichts Besonderes; auch bei uns hat der Exporteur die Möglichkeit, sich die Dokumente von einer Bank seiner Wahl bevorschussen zu lassen und diese Bank mit der Präsentation der Dokumente bei der bestätigenden oder avisierenden Bank in seinem oder einem dritten Lande zu beauftragen. Hier wie dort ist der Exporteur bis zur Annahme der Dokumente nur Kreditnehmer; er ist im Falle der Zurückweisung der Dokumente durch die Akkreditivbank zur Rückzahlung verpflichtet. Diskontierung von Sichttratten „without recourse" ist in diesem Falle sinnlos und wirkungslos und kommt auch praktisch nicht vor.

Nur hinsichtlich der Wahrung der Einreichungsfrist besteht eine Ausnahme, wenn die issuing bank ausdrücklich die rechtzeitige Negoziierung bei einer vom Exporteur ausgewählten Bank als fristgemäße Einreichung anerkennt. Sie verpflichtet sich in diesem Falle zur Honorierung der Tratten, „if presented or negotiated on or before ...". Wir sprechen in diesem Falle von einem „Negotiation Credit"[9].

Eine entsprechende Form des Akkreditivs ist in Art. 3 Abs. b ER (Schluß) vorgesehen, aber in Deutschland nicht gebräuchlich.

Der L/C kann auch gegen Zielratten benutzbar gestellt werden, die von der Akkreditivbank oder einer Remboursbank zu akzeptieren sind. Die Abwicklung entspricht einem Akkreditiv, das mit einem Rembours verbunden ist[10]. Der Exporteur kann die Tratte zusammen mit den Dokumenten schon vor Akzeptierung von der Akkreditivbank oder einer von dieser beauftragten Bank negoziieren oder die akzeptierte Tratte von der Akkreditivbank oder einer Bank seiner Wahl diskontieren lassen, während der Importeur die Wechselsumme erst bei Fälligkeit anzuschaffen braucht.

Endlich kann der L/C als sog. „*Commercial Letter of Credit*" ausgestellt werden, eine Form, die auch bei uns unter einem Remboursakkreditiv möglich, aber nicht sehr gebräuchlich ist. Die eröffnende Bank teilt in diesem Falle dem Exporteur den L/C — direkt oder durch eine Korrespondenzbank — in der Weise mit, daß ihm das Original des Kreditbriefes ausgehändigt wird. Bei der späteren Bedienung des Akkreditivs hat er die freie Wahl, Kreditbrief und Dokumente jeder beliebigen Bank zur Negoziierung zu präsentieren. Die eröffnende Bank verpflichtet sich mit anderen Worten jeder beliebigen Bank (paying bank) gegenüber zur Abnahme der angekauften mit den Dokumenten verbundenen Tratte und zum Ersatz der Aufwendungen sowie der vom Importeur zu tragenden Spesen und Provisionen.

In der Praxis ist freilich gelegentlich zu beobachten, daß Banken dem vom eröffnenden Institut erteilten Auftrag, dem Exporteur das Original

[9] Die auf S. 234 ff. behandelten Negoziierungskredite werden im englischen Sparchgebrauch im allgemeinen als „Drawing Authorisations" zusammengefaßt und dürfen mit dem hier genannten „Negotiation Credit" nicht verwechselt werden.

[10] Vgl. S. 203.

des Kreditbriefes auszuhändigen, nicht entsprechen, sondern dem Exporteur nur eine Kopie überlassen; auf diese Weise wird angebahnt, daß der Exporteur sich dieser Bank bei der späteren Einreichung und Negoziierung der Dokumente bedient. Der Exporteur braucht sich auf dieses Vorgehen nicht einzulassen; er hat einen Anspruch auf Herausgabe des Originalbriefes.

Wie beim „Negotiation Credit" ist die Dokumenteneinreichungsfrist mangels anderweitiger Vereinbarung beim „Commercial Letter of Credit" gewahrt, wenn der Begünstigte die Dokumente und die Tratte vor Ablauf der Gültigkeit des L/C bei der Bank seiner Wahl eingereicht hat.

Allen Formen des L/C gemeinsam ist die im Zusammenhang mit dem Rembours[11] eingehend erörterte Wechselwirkung zwischen der dokumentären und der wechselmäßigen Haftung des Exporteurs.

II. Negoziierungskredite

Unter der im anglo-amerikanischen Rechtskreis entwickelten Gewohnheit, alle dokumentären Zahlungsgeschäfte im Außenhandel unter Beifügung von Tratten abzuwickeln, haben in der Praxis neben den L/C und den glatten Inkassi die „Drawing Authorisations" herausgebildet, die man bei uns meist „Negoziierungskredite" nennt.

Wir kennen im wesentlichen zwei solche Negoziierungskredite, die „Authority to purchase" (auch „Authority to pay" genannt) und die „Order to negotiate". Die Terminologie ist aber bis heute noch nicht einheitlich; und auch die Zahlungsgeschäfte, die sich hinter den Bezeichnungen verbergen, sind je nach den Usancen der Banken, die vorwiegend mit Negoziierungskrediten arbeiten (das sind vor allem die Banken im Fernen Osten), verschieden. So gibt es Banken, die eine der genannten Bezeichnungen angenommen haben und darunter je nach den Vereinbarungen mit ihren Kunden Geschäfte einleiten, die der Sache nach widerrufliche oder unwiderrufliche Akkreditive (L/C) oder auch wirkliche „Negoziierungskredite" sind, bei denen aber die Tratten einmal auf die Bank, ein anderes Mal auf den Importeur gezogen werden.

Wenn ich daher im folgenden versuche, das Wesen der Negoziierungskredite zu umreißen und auch sachlich zwischen der „Authority to purchase" und der „Order to negotiate" zu unterscheiden, so bin ich mir dabei bewußt, daß ich nicht mit den Gepflogenheiten aller Banken übereinstimme[12]. Ich halte es aber für zweckmäßig, eine einheitliche Begriffsbildung anzustreben, bei der als Akkreditive (L/C) alle Geschäfte (aber auch nur sie) bezeichnet werden, die sachlich Akkreditive, d. h. Zahlungsversprechen von Banken, sind, und umgekehrt die Bezeichnungen für Negoziierungskredite denjenigen Geschäften (und nur ihnen) vorbehalten bleiben, die sie recht-

[11] Vgl. S. 226 ff.

[12] Die Gleichstellung der „Authority to purchase" mit der „Order to negotiate" findet sich im übrigen auch in der Literatur, z. B. bei Triegler S. 228/229.

fertigen und sich je nach ihrem Inhalt auch unter sich deutlich voneinander unterscheiden. In diesem Sinne haben die folgenden Ausführungen vorwiegend definitorisch anregenden Charakter. Allerdings stützen sie sich immerhin darauf, daß schon heute eine beträchtliche Anzahl von Banken als „Negoziierungskredite" terminologisch und sachlich das behandeln, was auch ich hier darunter verstehe.

Als Negoziierungskredite bezeichnen wir folgende Geschäfte[13]:

a) Auf Grund einer Vereinbarung — Geschäftsbesorgungsvertrag — mit dem Importeur ermächtigt dessen Bank ihre Korrespondenzbank im Lande des Expoteurs, zu ihren — der Bank des Importeurs — Lasten die vom Exporteur *auf den Importeur* gezogenen und zusammen mit den Transportdokumenten hereingereichten Tratten anzukaufen; die Korrespondenzbank teilt dem Exporteur mit, daß und mit welchem Inhalt ihr die Ankaufsermächtigung erteilt worden ist, ohne dadurch für sich oder die Bank des Importeurs eine vertragliche Zahlungsverpflichtung gegenüber dem Exporteur zu begründen. Die Ankaufsermächtigung führt den Namen *„Authority to purchase"* oder *„Authority to pay"*.

b) Die Bank des Importeurs beauftragt ihre Korrespondenzbank im Lande des Exporteurs, die vom Exporteur *auf* sie *(die Korrespondenzbank)* gezogene und zusammen mit den Dokumenten eingereichte Tratte anzukaufen. In diesem Falle sprechen wir von einer *„Order to negotiate"*[14]. Vertragliche Beziehungen werden auch dabei durch die Mitteilung von der Eröffnung zwischen den Banken und dem Exporteur nicht begründet.

Bei der „Authority to purchase" kauft die Korrespondenzbank die auf den Importeur gezogene Tratte immer sofort zu Lasten der Bank des Importeurs an und sendet sie zusammen mit den Dokumenten an diese Bank weiter. Die Bank des Importeurs zieht den Wechselbetrag bei diesem ein. Nachsichttratten läßt sie vom Importeur akzeptieren. Sie versieht folglich die Tratte, wenn sie blanko indossiert ist, nicht mit ihrem Giro, sondern giriert nur, wenn der Exporteur die Tratte an sie indossiert hat, was in der Praxis eigentlich nie vereinbart wird, weil ein solches Indossamnet die ankaufende Bank unnötigerweise der Girantenhaftung aussetzen würde.

Bei der „Order to negotiate" läuft das Geschäft ebenfalls wie vorstehend geschildert ab, wenn der Auftrag an die Korrespondenzbank nicht die Akzeptleistung durch diese Bank miteinschließt, d. h., wenn das Geschäft mit Sichttratten abgewickelt wird. Ist dagegen Akzeptleistung vereinbart, so nimmt die Korrespondenzbank Dokumente und Tratte auf, akzeptiert die Tratte und diskontiert sie dem Exporteur und sendet nur die Dokumente an die Bank des Importeurs. Gleichzeitig teilt sie dieser Bank das Datum der Wechselfälligkeit mit und fordert zu diesem Tage (oder einige Tage früher) die Anschaffung des Wechselbetrages, den die Bank des Importeurs ihrerseits rechtzeitig beim Importeur einzieht. Das Akzept behält die bezogene Korrespondenzbank entweder im Portefeuille oder läßt es rediskon-

[13] Ebenso Rosenthal S. 346, und die „Review" der Guaranty Trust Comp., S. 21.

[14] Manchmal auch als „Authority to negotiate" begründet, vgl. Zeidler, Bank-Betrieb 1968, 350.

tieren, was in den meisten Ländern bei Akzepten dieser Art zu besonders günstigen Sätzen möglich ist. Wir haben es in diesem Falle mit einer besonderen, allerdings bei uns nicht sehr verbreiteten Art eines Rembourses zu tun.

Vom Standpunkt des Exporteurs aus betrachtet dient die Eröffnung eines Negoziierungskredites nur der Bereitstellung eines Zahlungsweges. Die Banken begründen grundsätzlich keine Zahlungsverpflichtung für sich, was in dem Eröffnungsschreiben meist dem Exporteur gegenüber auch ausdrücklich betont wird. (Unwiderrufliche „Negoziierungskredite" sind der Sache nach in Wahrheit Akkreditive (L/C), weil sie wie diese eine feste Zahlungsverpflichtung für die Bank begründen.)

Negoziierungskredite dürfen mangels besonderer Vereinbarung vom Exporteur auch nicht mit „without-recourse"-Tratten bedient werden, so daß der Aussteller immer bis zur endgültigen Wechseleinlösung als Aussteller verhaftet bleibt[15]. Bei der „Authority to purchase" versteht sich das aus der Tatsache, daß der Wechsel auf den Importeur gezogen ist und die Banken sich im Falle der Nichteinlösung des Wechsels durch den Importeur jederzeit den Rückgriff auf den Exporteur freihalten wollen. Bei der „Order to negotiate" ist die Ausstellerhaftung des Exporteurs jedenfalls dann, wenn die Tratte von der Bank in seinem Lande akzeptiert ist, bedeutungslos, weil sich jeder Wechselinhaber zur Zahlung an die bezogene Bank halten und von dieser auch bezahlt werden wird. Da aber — wie schon an anderer Stelle erwähnt — durch die „without-recourse"-Klausel die Diskontfähigkeit der Wechsel gemindert bzw. bei vielen erstklassigen Banken ausgeschlossen ist, muß auch in diesem Falle der Ausschluß der Austellerhaftung auf dem Wechsel unterbleiben[16].

Für den Importeur unterscheiden sich echte, d. h. widerrufliche Negoziierungskredite in ihren Auswirkungen nur dann von einem glatten Inkasso, wenn die Einreichung von Nachsichttratten vorgesehen ist. Sie bedeuten dann für ihn eine Anschlußfinanzierung mit Hilfe des ihm von seiner Bank (bei der Authority to purchase) oder in deren Auftrag von der Korrespondenzbank (bei der Order to negotiate) eingeräumten Wechselankaufskredites. Aus diesem Grunde kommen Negoziierungskredite besonders häufig gegen Nachsichttratten vor. Ihre wirtschaftliche Bedeutung liegt darin, dem Exporteur bei Warenlieferung zu seinem Gelde, dem Importeur aber gleichzeitig zur Einräumung eines Zahlungszieles zu verhelfen, damit er in der Zeit zwischen der Ankunft der Dokumente und der Wechselfälligkeit den Weiterverkauf der Ware betreiben und aus dem Erlös den Wechsel einlösen kann.

Wann man in der Praxis bei Verwendung von Nachsichttratten den Negoziierungskredit als „Authority to purchase" und wann als „Order to negotiate" aufbaut, ist häufig eine Frage der gewohnheitsmäßigen Übung

[15] Vgl. Ashton aaO, S. 27; Gutteridge-Megrah S. 75; Rosenthal S. 346; Stoufflet Nr. 13, 15, 16.

[16] Über die Möglichkeit, den Rückgriff auf den Aussteller im Negoziierungsvertrag auszuschließen, vgl. oben S. 227 ff.

ohne sachliche Erwägungen. Das ist auch gerechtfertigt, da in der überwiegenden Mehrzahl der Fälle die Zuverlässigkeit des Importeurs einen reibungslosen Geschäftsablauf gewährleistet. Immerhin aber lassen sich folgende Überlegungen anstellen:

Ist der Importeur seiner Bank blanko für einen Kredit gut, oder hat er diesen hinreichend abgesichert, so kann die Bank unbedenklich die „Order to negotiate" wählen. Erscheint dagegen der Kredit nicht unbedingt sicher für die Bank, so tut sie besser daran, eine „Authority to purchase" zu eröffnen. Dann akzeptiert der Importeur. Zwar mag in diesem Fall für die Bank keine Möglichkeit bestehen, den Wechsel günstig zu rediskontieren, aber der Wechsel kann ihr in jedem Fall als eine gewisse Sicherheit dienen. Der Importeur wird sich im Zweifel noch stärker bemühen, den von ihm akzeptierten Wechsel bei Fälligkeit zu bezahlen und damit seinen Verpflichtungen gegenüber der Bank nachzukommen, als wenn er von der Wechselhaftung und allen mit der Nichteinlösung eines Akzepts durch den Bezogenen verbundenen Folgen nicht betroffen, sondern nur seiner Bank zur Abdeckung des eingeräumten Kredits verpflichtet wäre, wie dies bei der „Order to negotiate" der Fall ist.

Bei der Abwicklung eines Negoziierungskredites kann die Bank im Lande des Exporteurs der Bank des Importeurs Weisungen erteilen, *wann* die Dokumente frühestens dem Importeur ausgehändigt werden dürfen. Bei der „Order to negotiate" kommt das praktisch nicht vor, weil die Bank des Importeurs auf Grund des Geschäftsbesorgungsvertrages in jedem Falle der akzeptierenden Bank auf Ersatz der Auslagen haftet und es ihr daher überlassen bleiben kann, ob sie dem Importeur die Dokumente schon vor Einlösung aushändigt. Bei der „Authority to purchase" dagegen finden sich derartige Weisungen fast immer. Und zwar gehen sie nicht nur auf die negoziierende Bank, sondern auch auf den Exporteur selbst zurück. Beide sind im Falle der Nichteinlösung des Wechsels durch den Importeur dem wechselrechtlichen Rückgriff — die Bank als Girant, der Exporteur als Aussteller — ausgesetzt und haben für den Fall ihrer Inanspruchnahme ein Interesse daran, die Dokumente ausgehändigt zu bekommen, um sich an der Ware schadlos zu halten.

Die Bank des Importeurs muß die Weisungen beachten.

Die Weisungen lauten:

D/P = documents against payment; Dokumente gegen Bezahlung (seltener auch D/C = documents against cash, Dokumente gegen Kasse);

D/A = documents against acceptance, Dokumente gegen Akzept.

Sichttratten sind naturgemäß immer D/P zu behandeln. Zieltratten werden gewöhnlich D/A behandelt. Ist aber bei ihnen D/P vorgeschrieben, so darf die Bank dem Importeur nur dann nach Akzeptleistung, aber vor Wechselfälligkeit die Dokumente aushändigen, wenn sie sich zugleich den Wechselbetrag anschaffen läßt. Händigt sie die Dokumente ohne Bezahlung gegen Sicherungsvereinbarung oder trust receipt[17] aus, weil die Ware vor Wechselfälligkeit angekommen ist und dem Importeur die Inbesitznahme ermöglicht werden soll, tut sie dies auf ihr eigenes Kreditrisiko. Es ist Sache des Exporteurs, die Wechselfälligkeit auf das Datum der Ankunft der Ware abzustimmen. Kommt die Ware vor Wechselfälligkeit an, muß die Bank u. U. Zollbehandlung, Lagerung usw. selbst besorgen (zu Lasten ihres Auftraggebers), wenn der Importeur nicht vorzeitig zahlt und die Bank das in der Aushändigung der Dokumente an den Importeur liegende Kreditrisiko nicht übernehmen will.

III. Packing Credits, Anticipatory Credits

Es würde den Rahmen der vorliegenden Darstellung überschreiten, wollte man versuchen, alle besonderen Klauseln anzuführen, die sich branchenüblich im Akkreditivverkehr der Welt herausgebildet haben und die jeweils nur für spezielle Arten von Geschäften Bedeutung gewinnen. Wir wollen uns darauf beschränken, auf eine Besonderheit einzugehen, die vor allem im Rohstoffgeschäft (Baumwolle, Reis, Wolle usw.) mit dem Fernen Osten Bedeutung gewonnen hat. Es ist der sog. Packing Credit[18].

Von einem Packing Credit — auch Anticipatory Credit genannt — spricht man, wenn das Akkreditiv eine Klausel enthält, derzufolge die Bank im Lande des Exporteurs berechtigt (nicht verpflichtet!) ist, dem begünstigten Exporteur das Akkreditiv unter Haftung der akkreditivstellenden Bank bis zu einer bestimmten vorgeschriebenen Höhe zu bevorschussen. Der Vorschuß soll dem Exporteur die finanziellen Mittel zur Verpackung und zum Versand der Ware geben[19]. Der Packing Credit dient regelmäßig nicht wie das übertragbare Akkreditiv oder das Gegenakkreditiv der Finanzierung der Einkaufsgeschäfte des Exporteurs mit seinen Unterlieferanten, sondern nur der technischen Durchführung des Exportes selbst. Er ist ein echter Kredit im Rahmen eines Akkreditivs. Seine Gewährung ist daher von den

[17] Das trust receipt ist anglo-amerikanischen Ursprungs und entspricht in etwa dem deutschen Rechtsinstitut der Sicherungsübereignung. Es enthält die Bestätigung des trustee (Treuhänder; i. e. der Importeur), einen bestimmten Gegenstand (hier die Dokumente) von dem entruster (Treugeber; i. e. die Bank) als Treugut erhalten zu haben, und zugleich die Verpflichtung, mit dem Treugut nach Maßgabe der im Text des trust receipt niedergelegten Vereinbarung zu verfahren. Das trust receipt überträgt also nach außen und im Innenverhältnis kein Vollrecht am Treugut, sondern nur eine beschränkte Verfügungsgewalt, während das Sicherungseigentum deutschen Rechts bekanntlich nach außen eine bedingungslose Übereignung ist, die nur im Innenverhältnis genau wie das trust receipt entsprechend dem Treuhandabkommen zwischen Treuhänder und Treugeber eingeschränkt wird. Vgl. in diesem Sinne Gutteridge-Megrah S. 170 ff.; Shaterian S. 210 ff.; Davis S. 18, 189 ff.

[18] Eingehende Darstellung bei Ward-Harfield S. 157 ff.; vgl. auch Ashton aaO, S. 32; Gutteridge-Megrah S. 12; Herries aaO, S. 79 ff.

[19] South African Reserve Bank v. Samuel & Co. (1931) 40 Ll. L. Rep. 291; zustimmend Ward-Harfield, Gutteridge-Megrah und Herries, aaO. Evtl. soll auch der Einkauf der Ware finanziert werden, vgl. Schmitthoff S. 226.

üblichen Krediterwägungen und Sicherheitsüberlegungen abhängig, die der Bank im Lande des Exporteurs überlassen bleiben, da sie über dessen Kreditwürdigkeit besser unterrichtet ist als die Akkreditivbank im Auslande.

Für die Absicherung des unter einem Packing Credit gewährten Vorschusses haben sich im Laufe der Zeit einheitliche Formeln herausgebildet, die entsprechend der Farbe, in der sie üblicherweise, besonders von den australischen Banken, in den für Packing Credits vorgesehenen Formularen gedruckt werden, als „Red Clause" oder „Green Clause" bezeichnet werden[20]. Beide Klauseln stehen entgegen einer in der Literatur verbreiteten Auffassung[21] nicht notwendig in der Form zueinander im Gegensatz, daß die „Red Clause" einen dinglich gesicherten Packing Credit bezeichnet, die „Green Clause" dagegen einen Packing Credit, der ohne dingliche Sicherung gegen die bloße schriftliche Verpflichtungserklärung des Exporteurs gegeben wird, umgehend den Versand der Ware vorzunehmen und der Bank die akkreditivgemäßen Dokumente einzureichen. Es gibt Banken, die sowohl die eine als auch die andere Form des Packing Credit durch eine rotgedruckte[22] Klausel in das Akkreditiv aufnehmen[23]; es gibt andererseits Banken, die nur grüngedruckte Klauseln verwenden; und es gibt schließlich Banken, die in dem oben angeführten Sinne eine Trennung zwischen der roten und der grünen Klausel vornehmen. Es kann daher leicht zu Mißverständnissen führen, wenn europäische Banken ihren Korrespondenzbanken im Fernen Osten im Akkreditiv lediglich die Mitteilung machen, ein Packing Credit unter einer „Red Clause" oder eine „Green Clause" sei genehmigt (z. B. „Red Clause £ 5000 permitted"). Die Banken sollten im einzelnen angeben, unter welchen Bedingungen ihre Korrespondenzbank zur Gewährung des Packing Credits befugt sein soll.

[20] Zur Entwicklung vgl. Ward-Harfield S. 158.

[21] Gutteridge-Megrah S. 12, Anm. g); Herries aaO, S. 80; vgl. auch Megrah, Some Aspects, S. 17/18.

[22] Z. B. folgende rotgedruckte Klausel für einen ungesicherten Vorschuß, wie er sich im Formular einer englisch-australischen Bank findet:

"Your above-mentioned Branch/es are also authorised to grant to the accredité/s an overdraft facility not exceeding £ ...
current at any one time in anticipation of the discount by such Branch/es of drafts accompanied by documents as above contemplated, which overdraft it is intended shall be discharged out of the proceeds of discount of such drafts. It is understood that the granting and continuing of any overdraft is optional on the part of the Bank who shall not be in any way concerned to enquire into nor be concerned with the circumstances in which cheques relative to such overdraft may be drawn, nor be concerned nor reponsible for the application of any moneys so advanced to the aforesaid accredité/s. I/we, for the consideration aforesaid, hereby assume liability to you for the repayment on demand of all amounts owing to the Bank in respect of such overdraft facility, together with all interest charges and expenses which may at any time be due to the Bank in respect thereof."

[23] Ward-Harfield S. 158; Shaterian S. 433 ff.; Epschtein-Bontoux S. 238, machen daher bei Erörterung der „Red Clause" keinen Unterschied zwischen gesicherten und ungesicherten Krediten.

Demnach würden die Angaben an die Korrespondenzbank im Lande des Begünstigten zu lauten haben:

a) Packing Credit in Höhe von £ X gegen Verpflichtungserklärung, die Dokumente fristgemäß nachzureichen, gestattet (ungedeckter Kredit);

oder

b) Packing Credit in Höhe von £ X gegen Lagerschein (Warehouse Receipt) und Verpflichtungserklärung, die Dokumente fristgerecht nachzureichen, gestattet (gedeckter Kredit);

oder

c) Packing Credit in Höhe von £ X gegen Trust Receipt o. a. Banksicherheiten (Zessionen, Pfandrechte usw.) und Verpflichtungserklärung, die Dokumente fristgerecht nachzureichen, gestattet (gedeckter Kredit).

Soweit der Akkreditivbank bekannt ist, daß die Korrespondenzbank in einem Lande, in dem Packing Credits vornehmlich vorkommen — d. h. im Fernen Osten, vor allem in Australien —, die unter b) und c) beispielhaft angeführten Absicherungen der Packing Credits nach festen Usancen vornimmt, kann es sich im Einzelfalle erübrigen, dieser Bank spezielle Anweisungen über die Art der Absicherung zu machen. Es genügt dann folgende Mitteilung im Anschreiben:

> „Abgesicherter Packing Credit in Höhe von £ X gegen zusätzliche Verpflichtungserklärung, die Dokumente fristgerecht nachzureichen, gestattet."

Da die Gewährung eines Packing Credit durch die Akkreditivbank immer auf Veranlassung des Importeurs geschieht (und ohne seine Zustimmung nicht geschehen darf, d. h. dann unter eigenem Risiko der Akkreditivbank geschieht), trägt der Importeur das Kreditrisiko; deshalb kommen Packing Credits gewöhnlich auch nur dann vor, wenn der Exporteur als Agent, Vertreter oder Tochterfirma des Importeurs im Exportlande tätig ist und der Importeur daher Veranlassung hat, ihm bei der Bereitstellung der flüssigen Mittel zur Durchführung des Transportes usw. behilflich zu sein[24]. Das findet seinen äußeren Ausdruck darin, daß die Akkreditivbank, sobald sie von der Korrespondenzbank in Höhe eines ausgezahlten Packing Credit belastet wird, den Importeur weiterbelastet oder zumindest einen Anspruch darauf erhält. Läßt also der Begünstigte, nachdem er den Vorschuß erhalten hat, das Akkreditiv verfallen, geht der Schaden zu Lasten des Importeurs, der allerdings gegen die Akkreditivbank einen Anspruch auf Abtretung der Kreditforderung und der vom Begünstigten für den Packing Credit gestellten Sicherheiten hat.

Kreditgewährender Teil ist also wirtschaftlich der Importeur, während die Banken nur zur Durchleitung ihre Dienste zur Verfügung stellen. Das bedingt andererseits eine Zweckbindung für die den Vorschuß leistende Bank. Sie darf den Vorschuß nur zur Abwicklung des spezifizierten Exportgeschäftes gewähren. Sie muß deshalb noch nicht ohne Übernahme eines dahingehenden besonderen Auftrages die Verwendung des Vorschusses über-

[24] Ähnlich Shaterian S. 340.

wachen. Nur darf sie den Vorschuß weder zur Abdeckung eines überfälligen Kredites des Exporteurs verwenden noch wissentlich eine freiwillige Verwendung des Betrages zur anderweitigen Kreditabdeckung durch den Exporteur fördern; d. h. sie darf einem Auftrag des Exporteurs, den noch nicht beanspruchten Vorschuß zur Abdeckung eines überfälligen Debetsaldos auf sein laufendes Konto zu übertragen, nicht Folge leisten. In diesem Sinne wird der Packing Credit heute auch von der amerikanischen höchstrichterlichen Rechtsprechung beurteilt[25], nachdem früher eine Entscheidung ergangen war, die die Bank von jeder Verantwortung für die Verwendung des Vorschusses freistellte[26].

[25] Siehe Grace v. Corn Exchange Bank Trust Co., 287 N. Y. 94; 38 N. E. (2 d) 449 (1941); zustimmend Ward-Harfield S. 159/160.

[26] Oelbermann v. National City Bank of New York, 79 F. (2 d) 534.

SECHSTER ABSCHNITT

Gegenakkreditive — Back to Back Credits[1]

Gegenakkreditive (Back to Back Credits) dienen der finanziellen und dokumentären Abwicklung des Zwischenhandels. Ein Einkaufs- und ein Verkaufsakkreditiv bilden zusammen einen einheitlichen wirtschaftlichen Vorgang. Der Zwischenhändler kauft ein und stellt seinem Lieferanten ein Akkreditiv (Einkaufsakkreditiv); er verkauft die Ware weiter an einen Abnehmer, der ihm seinerseits ein Akkreditiv stellt (Verkaufsakkreditiv). Unter dem Einkaufsakkreditiv ist der Zwischenhändler auftraggebender Käufer und seine Bank die eröffnende Stelle; unter dem Verkaufsakkreditiv ist der Zwischenhändler begünstigter Verkäufer und seine Bank, wenn sie nicht auch für den Abnehmer als akkreditivstellende Bank tätig wird, mindestens avisierende oder bestätigende Zahlstelle. Die Dokumente kommen unter dem Einkaufsakkreditiv auf die Bank zu und werden zu Lasten des Zwischenhändlers eingelöst. Anschließend werden sie dann zur Bedienung des Verkaufsakkreditivs verwandt, wodurch dem Zwischenhändler seine Einstandskosten zuzüglich seiner Handelsspanne zufließen.

Damit springt sogleich der wirtschaftliche Sinn dieser Konstruktion ins Auge: Das zugunsten des Zwischenhändlers eröffnete und bei seiner Bank zahlbare Verkaufsakkreditiv dient als Kreditunterlage für die Eröffnung des Einkaufsakkreditivs[2]. Ist nämlich ein Zwischenhändler finanzkräftig genug, das Akkreditiv für den Einkauf aus eigenen Mitteln oder blanko oder gegen bereits vorhandene, außerhalb des betreffenden Einzelgeschäftes liegende Sicherheiten stellen zu lassen, braucht er kein Gegenakkreditiv, um seine Bank zur Eröffnung des Einkaufsakkreditivs zu veranlassen. Er kann natürlich aus praktischen Erwägungen das Verkaufsakkreditiv seines Abnehmers bei der Einkaufsakkreditivbank zahlbar stellen lassen, weil dadurch die Abwicklung beider Akkreditive bei seiner Bank konzentriert wird. Hier handelt es sich aber nicht um Gegenakkreditive im eigentlichen Sinne, weil die kreditmäßige Verknüpfung der beiden Akkreditive fehlt.

[1] In Frankreich: „crédit dos-à-dos" oder „contre-credit", vgl. Lison Rev. de la Banque 1952, 669. Die Terminologie in Deutschland ist nicht einheitlich. Während der BGH (WM 1964, 223) wie wir von „Gegenakkreditiv" spricht, bezeichnet die Literatur das Gegenakkreditiv auch als „Unter"- oder „Zweit"-Akkreditiv: RGRK-HGB-Godin Anh. I zu § 365, 54; Schlegelberger-Hefermehl Anh. zu § 365, 152; Baumbach-Duden Anh. I zu § 406, 8 F; Wiele S. 72; Käser ZAIP 1956, 96; Stauder SchwJZ 1970, 95; Hahn S. 110; Schönle S. 113.

[2] Ebenso Gutteridge-Megrah S. 163, unter Hinweis auf Ericksson v. Refiners Export Co., 264 App. Div. 525; 35 N. Y. S. (2 d) 829 (1942); Ward-Harfield S. 165 ff.

Beim echten Gegenakkreditiv nimmt der Zwischenhändler die der Bank für das Einkaufsakkreditiv zu stellende Sicherheit aus dem Verkaufsakkreditiv. Wirtschaftlich ist die Lage beim Back to Back Credit also ähnlich wie beim übertragbaren Akkreditiv, wo auch ein Zwischenhändler die Kreditgrundlage für den Einkauf aus dem Akkreditiv des Endabnehmers nimmt. Für die Wahl der einen oder der anderen Form gelten folgende Überlegungen:

Da das Gegenakkreditiv[2a] für den Zwischenhändler teurer ist als die Übertragung aus einem übertragbar gestellten Akkreditiv, wird er aus Kostengründen die Sicherstellung seines Zulieferanten in Form der Übertragung aus seinem Verkaufsakkreditiv bevorzugen, wenn dies möglich ist. Für den Grad der Sicherheit des Unterlieferanten ist es gleichgültig, ob ihm ein Gegenakkreditiv eröffnet oder ob aus dem Exportakkreditiv eine Übertragung zu seinen Gunsten vorgenommen wird, so daß diesem beide Wege gleich angenehm sind.

Ein übertragbares Akkreditiv erhält der Zwischenhändler nur dann, wenn der Letztabnehmer auch bereit ist, ein übertragbares Akkreditiv stellen zu lassen[3]. Ist dieser dazu nicht bereit, bleibt dem Zwischenhändler die etwas teurere Möglichkeit, das nicht übertragbare Verkaufsakkreditiv als Gegenakkreditiv für sein Einkaufsakkreditiv zu benutzen[4].

Die Banken lassen sich — wenn überhaupt — auf die Eröffnung von Gegenakkreditiven möglichst nur dann ein, wenn sie sich für ihre Zahlungen bei der Bedienung des Einkaufsakkreditivs unmittelbar (!) aus dem Verkaufsakkreditiv erholen können[5]. Das können sie nur dann, wenn die vom Zulieferanten auf das Einkaufsakkreditiv zu erwartenden Dokumente unmittelbar zur Inanspruchnahme des Verkaufsakkreditivs geeignet sind, der Zwischenhändler also nicht noch selber tätig werden, insbesondere noch für den Umtausch von Dokumenten sorgen muß. Am besten ist es, wenn zwischen den beiden Akkreditiven eine so einwandfreie Übereinstimmung besteht, daß der (oder die) Zulieferanten die gesamten Dokumente auf das Einkaufsakkreditiv bereits in der im Verkaufsakkreditiv vorgeschriebenen Beschaffenheit und Form anliefern müssen. Wenn in diesem Falle die Bank die genaue Warenbezeichnung wörtlich aus dem ersten Akkreditiv in das Gegenakkreditiv übernommen und außerdem den Abladehafen des ersten Akkreditivs als Bestimmungsort für das Gegenakkreditiv bezeichnet hat, also c.i.f. bzw. f.o.b. Hafen X liefern läßt, und auch alle anderen Akkreditivbestimmungen — möglichst wörtlich — übereinstimmen, kann sie selbst

[2a] Auch als „Unterakkreditiv" bezeichnet.

[3] Siehe dazu S. 56 ff.

[4] Eine weitere Form der Sicherung des Lieferanten kann die Abtretung des Zahlungsanspruchs, den der Zwischenhändler aus dem Verkaufsakkreditiv gegen die Bank hat, an den Lieferanten darstellen, vgl. dazu S. 96 f.

[5] Käser ZAIP 1956, 97, verkennt die Interessenlage der Banken, wenn er das Gegenakkreditiv immer dann schon für risikolos hält, wenn nur eine ausreichende Frist zwischen der Bedienung des Einkaufs- und dem Ablauf des Verkaufsakkreditivs liegt.

die Umschreibung der Transportdokumente veranlassen und ist dabei nicht auf die Mitwirkung des Zwischenhändlers angewiesen. Hat sie sich zusätzlich bereits zur Zeit der Eröffnung des Gegenakkreditivs vom Zwischenhändler seine endgültige Faktura einreichen lassen (damit er selber nicht durch Zurückhalten seiner eigenen Rechnung Schwierigkeiten auslösen kann), kann die Bank allein durch eigene Tätigkeit nach Bedienung des Einkaufsakkreditivs die Abwicklung des Verkaufsakkreditivs durchführen und dadurch wieder zu ihrem Geld kommen. Preisdifferenzen stehen natürlich dem Zwischenhändler zu. Es versteht sich von selbst, daß das als Kreditunterlage dienende Verkaufsakkreditiv unwiderruflich sein muß.

Die Praxis weicht freilich von dem hier geschilderten Idealfall, daß nämlich ein Gegenakkreditiv wie ein übertragbares Akkreditiv abgewickelt werden kann, oft ab. Häufig müssen die Parteien, die an sich mit einem übertragbaren Akkreditiv arbeiten möchten, gerade deshalb auf ein Gegenakkreditiv ausweichen, weil die vollständige Übereinstimmung zischen Ein- und Verkaufsdokumenten nicht erreicht werden kann. Die Banken sind in solchen Fällen auf die Zuverlässigkeit des Zwsichenhändlers angewiesen. Sorgt dieser nicht für einen reibungslosen Umtausch der Dokumente, so ist die Geschäftsabwicklung zum Schaden der kreditgebenden Banken gefährdet[5a].

Beachten muß die das Gegenakkreditiv stellende Bank besonders, daß Ein- und Verkaufsakkreditive in ihren Laufzeiten aufeinander abgestimmt sind. Das Verkaufsakkreditiv muß eine längere Laufzeit haben als das Einkaufsakkreditiv.

Beispiel: Das Verkaufsakkreditiv läuft vom 1. 3. bis 30. 5. Dann darf das Einkaufsakkreditiv nicht allzulange vor dem 1. 3. zu laufen beginnen, muß aber spätestens einige Tage vor dem 30. 5. auslaufen. Auf diese Weise kann die aus dem Einkaufsakkreditiv zahlende Bank, ganz gleich, wann sie es innerhalb seiner Laufzeit bedient, stets noch rechtzeitig vor Verfall das Verkaufsakkreditiv abwickeln und läuft nicht Gefahr, zur rechtzeitigen Vorlage der Dokumente unter dem Verkaufsakkreditiv nicht mehr in der Lage zu sein, weil ihr die Dokumente unter dem Einkaufsakkreditiv zu spät eingereicht worden sind.

Es ist unmöglich, für alle praktisch vorkommenden Fälle Vorschläge über die Verbindung der beiden Akkreditive zu machen. Wir können nur mit Nachdruck darauf hinweisen, wie gründlich eine Bank entsprechend den angeführten Beispielen prüfen muß, welche Anforderungen sie an das Verkaufsakkreditiv und an den ihr vom Zwischenhändler zuzuleitenden Akkreditivauftrag für das Einkaufsakkreditiv stellen muß, damit das Verkaufsakkreditiv wirklich in seinen Bedingungen dem Einkaufsakkreditiv entspricht und als Deckungsgrundlage für dieses geeignet ist.

Wie oben schon gesagt, ist die Verknüpfung des Einkaufs- mit dem Verkaufsakkreditiv primär eine wirtschaftliche[6]. Es erhebt sich die Frage, in-

[5a] Über Pflichten der Bestätigungsbank und des Erstbegünstigten bei Gegenakkreditiven siehe auch ein Schweizer Urteil in Semaine Judiciaire 1968, 633 ff.

[6] Stauder, le crédit subsidiaire S. 183.

wieweit auch juristisch das Verkaufsakkreditiv als bankmäßige Sicherheit für das Einkaufsakkreditiv herangezogen werden kann. Der Zwischenhändler tritt einmal mit seinem Lieferanten und ein zweites Mal mit seinem Abnehmer in eine jeweils selbständige Rechtsbeziehung, deren jede von der anderen gänzlich unabhängig ist. Auch hat, juristisch gesehen, das Einkaufsakkreditiv mit dem Verkaufsakkreditiv nichts zu tun. Wenn man das Verkaufsakkreditiv unter rein juristischen Gesichtspunkten betrachtet, so wäre der Zwischenhändler im Einvernehmen mit der Akkreditivbank und dem Abnehmer berechtigt, das Verkaufsakkreditiv zu ändern oder gar zu stornieren. Die Bank des Zwischenhändlers könnte dem nur widersprechen, wenn sie ihrerseits das Verkaufsakkreditiv bestätigt hätte; in diesem Fall wäre sie nämlich „Beteiligte" im Sinne des Art. 3 Abs. c ER; ohne ihre Zustimmung könnte eine Abänderung oder Aufhebung nicht erfolgen. Hat sie das Verkaufsakkreditiv nur avisiert, oder ist sie nur Zahlstelle, so ist sie nicht „Beteiligte" im Sinne des Art. 3 Abs. c ER. Das Verkaufsakkreditiv kann dann ohne ihre Zustimmung abgeändert oder aufgehoben werden, was naturgemäß ein Risiko für sie bedeutet.

Eine lückenlose Sicherstellung der abwickelnden Bank bei Gegenakkreditiven ist durch rein dokumentäre Dispositionen nicht zu erreichen[7]. Ihre Sicherheit findet sie innerhalb ihres Kreditverhältnisses mit dem Zwischenhändler. Hauptinhalt dieser Kreditabrede ist, gleichgültig, ob dies ausdrücklich gesagt ist oder nicht, die Verpflichtung des Zwischenhändlers, das Verkaufsakkreditiv unter keinen Umständen der Bank als Haftungsunterlage für das Einkaufsakkreditiv zu entziehen, d. h. er darf ohne Zustimmung der Bank das Verkaufsakkreditiv weder abändern noch aufheben lassen. Auch diese Pflicht beschränkt sich juristisch auf das Innenverhältnis und wirkt nicht materiell gegen die akkreditivstellende Bank, weil sie außerhalb des Verkaufsakkreditivs vereinbart und ihr nicht bekanntgegeben wird. Der Zwischenhändler behält hiernach im Außenverhältnis die Möglichkeit, innerhalb der Akkreditivbeziehungen Mißbrauch zu treiben; freilich ist diese Gefahr gering, da kein vernünftiger Kaufmann jemals sein Verkaufsakkreditiv aus der Hand gibt oder unsachgemäß verändert, solange er noch aus seinem Einkaufsakkreditiv im Obligo ist.

Aus den genannten Gründen stehen die Banken den Back to Back Credits zurückhaltend gegenüber, weil sich trotz aller Vorsicht Unstimmigkeiten einschleichen können, mit denen vorher nicht gerechnet wurde. In manchen Ländern lehnen die Depositenbanken die Eröffnung von Back to Back Credits überhaupt grundsätzlich ab, während sog. Merchant Bankers eher geneigt sind, ihnen näherzutreten[8].

Ein Fall, in welchem die das Gegenakkreditiv bearbeitende Bank nicht in der Lage ist, das Verkaufsakkreditiv unmittelbar aus den auf das Einkaufsakkreditiv hereingereichten Dokumenten in Anspruch zu nehmen (z. B. wenn der Zwischenhändler die Ware noch verarbeiten, veredeln oder umpacken muß), läßt sich dokumentär nicht über einen Back to Back Credit im

[7] Weniger ängstlich Stauder S. 117.

[8] Siehe dazu Macartney-Filgate aaO.

engeren Sinne abwickeln. Das Verkaufsakkreditiv ist nicht mehr allein als Sicherheit für das Einkaufsakkreditiv geeignet; es sind vielmehr zusätzliche Sicherheitsabreden (Sicherungsübereignungen; Verpfändung evtl. durch Einschaltung des Spediteurs oder Lagerhalters) erforderlich. Der Sprachgebrauch bezeichnet aber auch diese Geschäfte häufig noch als „Gegenakkreditive"[9].

[9] Vgl. Käser ZAIP 1956, 97; auch Ward-Harfield S. 165 ff.

SIEBENTER ABSCHNITT

Bankbürgschaft und Bankgarantie

I. Rechtsgrundlagen für Bankgarantie und Bankbürgschaft

Außer den Akkreditiven gibt es im Außenhandelsgeschäft noch Zahlungsversprechen der Bank in Form von Bankbürgschaften und Bankgarantien. Sie dienen meist nicht der Bezahlung eines Außenhandelsgeschäfts selbst, sondern begründen eine Ausfallhaftung der Bank für verschiedene Risiken, die darin liegen, daß ein Geschäft sich gelegentlich nicht plangemäß abwickelt. Rechtlich bestehen zwischen beiden Formen Unterschiede. Es sei aber gleich von vornherein darauf hingewiesen, daß in der Bezeichnung die Praxis häufig nicht genau zwischen den beiden Formen unterscheidet, insbesondere sind als „Bürgschaft" bezeichnete Verpflichtungserklärungen der Bank häufig in Wahrheit „Garantien"[1].

Die *Bürgschaft* ist im BGB (§§ 765 ff.) sowie, den Besonderheiten des kaufmännischen Verkehrs Rechnung tragend, im HGB (§§ 349—351) geregelt. Das Wesen der Bürgschaft besteht darin, daß sich der Bürge gegenüber dem Gläubiger Verpflichtet, für die Erfüllung der Verbindlichkeit eines Dritten (des Hauptschuldners) einzustehen. Von besonderer Bedeutung ist, daß die Verpflichtung des Bürgen im Verhältnis zur Hauptschuld „akzessorich" ist; d. h., die Haftung des Bürgen besteht nur insoweit, wie der Hauptschuldner selbst verpflichtet ist. Daraus folgt, daß der Bürge dem Anspruch des Gläubigers alle Einreden und Einwendungen entgegensetzen kann, die dem Hauptschuldner gegenüber dem Gäubiger zustehen. Verbürgt sich also z. B. eine Bank gegenüber dem Exporteur für die Kaufpreiszahlung des Importeurs, so kann sie dem Zahlungsanspruch des Exporteurs alle Einwendungen aus dem Kaufvertrag zwischen Exporteur und Importeur, z. B. bei Lieferung mangelhafter Ware, entgegensetzen.

Banken verbürgen sich kraft Gesetzes stets selbstschuldnerisch (§ 349 HGB), betonen dies allerdings zumeist noch einmal in der Bürgschaftserklärung ausdrücklich. Dem selbstschuldnerischen Bürgen steht die sog. Einrede der Vorausklage (§ 771 BGB) nicht zu.

Aus der sog. Akzessorietät der Bürgschaft ergeben sich ihre Grenzen. Die Bürgschaft deckt nur das Risiko der mangelnden Zahlungsfähigkeit des

[1] Im Sprachgebrauch der „Hermes Deckungen" ist die Unterscheidung zwischen „Bürgschaft" und „Garantie" (ohne Zusammenhang mit der juristischen Unterscheidung) aus historischen Gründen entstanden. Deckungen für Geschäfte mit Privaten tragen die Bezeichnung „Garantie", bei Regierungsgeschäften heißen sie „Bürgschaften". Vgl. Christopeit S. 16 f.

Hauptschuldners. Da die Bank als Bürge dem Gläubiger alle diejenigen Einwendungen entgegensetzen kann, die auch dem Hauptschuldner zustehen, müßten vor Zahlungen auf die Bürgschaft alle Streitfragen geklärt und u. U. sogar ein Prozeß geführt werden.

Dem Gläubiger geht es aber in der Regel nicht allein darum, durch das Hinzutreten der Bank einen einwandfrei zahlungsfähigen Schuldner zu bekommen. Er will auch erreichen, daß er das Geld, wenn er den Bürgschaftsfall für gegeben hält, sofort und ohne Diskussion erhält, so daß, im Falle eines Prozesses, nicht er selber — evtl. sogar im Ausland — klagen muß, sondern daß der Vertragspartner seinerseits das Geld im Klagewege zurückholen muß. Gerade im internationalen Verkehr ist die Stellung des beati possedentis von nicht zu unterschätzendem Wert. Diesem Interesse des Gläubigers dient die *Bankgarantie.* Die Garantie ist gesetzlich nicht geregelt, aber durch Rechtsprechung und Lehre ausreichend klar entwickelt. Das Wesen der Garantie besteht darin, daß der Garantieverpflichtete — unabhängig von dem der Garantie zugrunde liegenden Rechtsverhältnis — verspricht, für einen bestimmten Erfolg einzustehen. Das bedeutet insbesondere, daß Einwendungen und Einreden aus diesem Rechtsverhältnis dem Begünstigten nicht entgegengehalten werden können[2]. Damit entfällt die für die Bürgschaft charakteristische Akzessorietät.

Bankgarantien im Außenhandel dienen nun, obwohl das theoretisch möglich wäre, selten der Bezahlung des Außenhandelsgeschäftes selbst. Zu diesem Zweck wird regelmäßig das Akkreditiv verwendet. Es ist hier darauf hinzuweisen, daß in der Praxis gewisse sprachliche Unklarheiten bestehen, vor allem bei Geschäften mit Partnern im angloamerikanischen Rechtskreis. Es wird häufig ein „Commercial Letter of Credit“ — auch wenn in Wirklichkeit ein Akkreditiv und keine Bankgarantie im eigentlichen Sinne gemeint ist — als „Letter of Guaranty“ bezeichnet; auch erscheinen Erklärungen, die in unserem Sinne als Bankgarantien anzusprechen wären, in der äußeren Form eines „Commercial Letter of Credit“[3]. Auch in der deutschen Praxis werden manchmal Bankerklärungen als „Garantien“ bezeichnet, die in Wirklichkeit Akkreditive sind, und umgekehrt[4]. Wie immer, ist nicht der Sprachgebrauch maßgebend, sondern der wirklich gewollte Vertragsinhalt.

Der eigentliche Anwendungsbereich der Bankgarantie im Außenhandel sind diejenigen Fälle, in denen der Wunsch besteht, die Ausfallhaftung einer Bank für Risiken zu begründen, die in der eventuell nicht ordnungsgemäßen

[2] Zu Ausnahmen vgl. 251 f.

[3] Vgl. dazu ausführlich Finkelstein S. 32 ff. Zur Rechtsnatur der Bankgarantie vgl. Diskussionen auf der Tagung für Rechtsvergleichung 1971, NJW 1971, 19.

[4] So erörtert z. B. Wiele S. 73, die vom Verkäufer gestellten Leistungs- und Lieferungsgarantien unter der Überschrift „Gegenakkreditive“. Seine Behauptung, dies entspreche der geltenden Terminologie in der Praxis, trifft nicht zu. Wie Wiele auch Käser ZAIP 1956, 96, Anm. 126. Wie hier aber: RGRK-HGB-Godin Anh. I zu § 365, 62; Soergel-Lippisch §§ 780—781, 23.

Abwicklung eines Geschäfts liegen[5]. Im Rahmen einer solchen Garantie haftet die Bank nicht wie beim Akkreditiv für die Zahlung des Kaufpreises, sondern bis zur Höhe des in der Garantie festgesetzten Geldbetrages auf Ersatz desjenigen Schadens, der dem begünstigten Vertragspartner aus dem in der Garantie genau umschriebenen schadensträchtigen Ereignis entstehen kann.

Die Erfüllung von Bankgarantien wird in der Regel „auf erstes Anfordern"[6] versprochen. Durch dieses Versprechen verpflichtet sich die Bank, dem Garantiebegünstigten den Garantiebetrag schon auf seine bloße Behauptung hin auszuzahlen, der Garantiefall, d. h. das in der Garantie genau bezeichnete schadensträchtige Ereignis, sei eingetreten. Dabei prüft die Bank die Richtigkeit dieser Behauptung nicht, sondern zahlt die Garantiesumme ohne weitere Diskussion aus, ohne daß hierzu noch eine Zustimmung des Garantiestellers erforderlich wäre. Der Vorteil einer solchen Garantie für den Begünstigten liegt auf der Hand: Er hat die Sicherheit, daß er bei Eintritt des Garantiefalles sofort die Garantiesumme erhalten kann. Hat er sie zu Unrecht erhalten, etwa weil der Garantiefall in Wahrheit nicht vorlag oder weil sein Vertragspartner Gegenansprüche gegen ihn hat, so ist er zwar zur Rückzahlung des Garantiebetrages verpflichtet. Er ist aber in der günstigen Position des Beklagten: Die Last der Klageerhebung wird auf die andere Seite geschoben und der andere Teil muß den Rückzahlungsanspruch beweisen[7].

Zweifelhaft ist, welche Ansprüche zwischen den Beteiligten bestehen, wenn die Bank auf Grund der Behauptung des Begünstigten, der Garantiefall sei eingetreten, „auf erstes Anfordern" gezahlt hat, es sich später jedoch herausstellt, daß der Garantiefall in Wirklichkeit nicht gegeben war. Fraglich ist vor allem, ob die Garantiebank einen eigenen Anspruch gegen den Begünstigten auf Rückzahlung des Garantiebetrages hat oder nicht, was dann praktisch Wert gewinnt, wenn der Kunde, der die Garantie durch die Garantiebank hat stellen lassen, zwischenzeitlich insolvent geworden ist. Die Beantwortung der Frage hängt davon ab, wie man die Klausel „auf erstes Anfordern" aufzufassen hat. Zwei Deutungen sind möglich: Entweder die Bank verspricht, auf die bloße Behauptung des Begünstigten hin Zahlung zu leisten, behält sich aber vor, die Leistung zurückzufordern, falls sich diese Behauptung als unrichtig erweisen sollte. Dann wäre jede Garantiezahlung eine eigene Zahlung der Bank unter Vorbehalt, die sie gegebenenfalls aus eigenem Recht zurückfordern kann. Oder aber: Die Bank verpflichtet sich zu einer von ihr aus endgültigen Zahlung für den Fall, daß der Begünstigte sie aus der Garantie in Anspruch nimmt, wobei es bei

[5] Vgl. Pleyer aaO.

[6] Vgl. dazu Ziff. 13 AGB.

[7] Dazu auch Scheuermann AWD 1959, 194.

unberechtigter Inanspruchnahme Sache des Garantiestellers sein soll, sich den Betrag zurückzuholen. Beide Auffassungen werden in der Literatur vertreten[8].

Für die erstgenannte Auffassung spricht folgendes: Wenn man von der „Garantie auf erstes Anfordern" absieht und eine „normale" Garantie betrachtet, so kann es kaum einem Zweifel unterliegen, daß der Zahlungsanspruch des Begünstigten gegen die Bank dadurch bedingt ist, daß der Garantiefall tatsächlich eintritt; der Eintritt der Bedingung löst die Zahlungspflicht aus. Zahlt die Bank „auf erstes Anfordern" die Garantiesumme aus, obwohl der Garantiefall in Wahrheit nicht vorliegt, so zahlt sie auf eine Nichtschuld und kann ihre Leistung nach den Vorschriften über die ungerechtfertigte Bereicherung zurückverlangen (§§ 812 ff. BGB). Man kann durchaus in der Garantie „auf erstes Anforndern" in entsprechender Weise eine lediglich durch das tatsächliche Vorliegen des Garantiefalls bedingte Zahlungsverpflichtung sehen, nur mit der Besonderheit, das der Begünstigte nicht wie im Fall der „normalen" Garantie darzulegen und eventuell zu beweisen hat, daß der Garantiefall gegeben sei, sondern daß schon seine bloße Behauptung vom Eintritt dieses Falles die Zahlung der Bank herbeiführen können soll; dabei ist es der Bank nicht gestattet, die Zahlung zu verweigern, selbst wenn sie der Auffassung ist, der Garantiefall liege nicht vor. Erweist sich später, daß die Behauptung des Begünstigten unrichtig war, so kann die Bank den gezahlten Betrag wegen Nichteintritt der Garantiebedingung zurückfordern. Der Wert einer solchen Garantie bestünde — im Verhältnis zur Bank — für den Begünstigten einmal darin, daß er ohne weiteres Zahlung erhielte, und zum anderen in einer Umkehr der Prozeßbürde.

Die vorstehend skizzierte Konstruktion hat indessen Schwächen: Sie wird dem eigentlichen Sinn des Garantiegeschäftes nicht in vollem Umfang gerecht.

Wenn die Zahlung aus der Garantie nur eine Zahlung unter Vorbehalt wäre, so müßte die Bank die Leistung verweigern können, wenn auf Grund der Umstände zu ihrer Überzeugung feststünde, daß die Behauptung des Begünstigten vom Vorliegen des Garantiefalles unrichtig sei; denn widersinnig wäre es, den Betrag zunächst auszuzahlen, um ihn sogleich wieder zurückzufordern. Das Versprechen der Garantieerfüllung „auf erstes Anfordern" soll die Möglichkeit, den Garantiebetrag in einem solchen Fall zurückzuhalten, gerade ausschalten; nur dann entfaltet die Garantie für den Begünstigten ihren vollen Wert. In der Praxis zahlen die Banken denn auch auf erstes Anfordern, selbst wenn der Auftraggeber sie überzeugt, daß materiell der Garantiefall nicht gegeben sei; sie überlassen dem Garantiesteller den Streit mit dem Begünstigten[9].

[8] Für Rückzahlungsanspruch der Bank: RGRK-HGB-Godin Anh. I zu § 365, 62; Auhagen S. 77 ff.; Schönle S. 311; überzeugend Liesecke WM 1968, 27; dagegen: von Caemmerer S. 302/303; Kübler S. 188.

[9] Vgl. dazu auch Scheuermann AWD 1959, 196; Pleyer aaO S. 18.

Die Banken haben, wenn sie unter einer Garantie „auf erstes Anfordern" zahlen, nicht die Vorstellung, lediglich „unter Vorbehalt" zu leisten. Sie haben von vornherein kein Interesse daran, sich mit dem Begünstigten vor oder nach Auszahlung des Garantiebetrages in eine Diskussion darüber einzulassen, ob der Garantiefall materiell wirklich gegeben ist oder nicht. Die Garantie soll nach Auszahlung an den Begünstigten für die Bank „erledigt" sein. Alle Meinungsverschiedenheiten sollen zwischen ihrem Auftraggeber und dem Garantiebegünstigten ausgefochten werden.

Trotzdem leuchtet es nur schwer ein, daß der Zahlungsanspruch des Begünstigten aus der Garantie materiell nicht durch das tatsächliche Vorliegen des Garantiefalls, sondern lediglich durch die Behauptung des Begünstigten, der Garantiefall sei eingetreten, bedingt sein soll. Darauf läuft nämlich die Ansicht hinaus, der Bank stehe ein Rückzahlungsanspruch nicht zu. Wir neigen dazu, den eigenen Anspruch der Bank zu bejahen.

In Anbetracht der ungewissen Rechtslage sollten die Banken auf folgendes achten:

Grundlage der Garantie ist der — wie beim Akkreditiv — abzuschließende Geschäftsbesorgungsvertrag zwischen Garantiesteller (Auftraggeber) und seiner Bank. Inhalt dieses Vertrages ist einmal die Verpflichtung der Bank, ihre — meist wörtlich vorgeschriebene — Garantie zu stellen, und zum anderen die des Auftraggebers, der Bank die Aufwendungen aus der Garantiestellung sowie eine Avalprovision zu zahlen. Ähnlich wie beim Akkreditiv hat die mit der Stellung einer Garantie beauftragte Bank unter Kreditgesichtspunkten zu prüfen, ob sie die Garantie überhaupt und ob sie sie ohne oder gegen Sicherheit stellen will. Eine Garantiestellung enthält ein echtes Kreditrisiko für die Bank. Folgt man der Auffassung, der Bank stehe kein eigener Rückzahlungsanspruch gegen den Begünstigten im Falle einer nichtgerechtfertigten Inanspruchnahme aus der Garantie zu, so erscheint es u. U. angebracht, wenn sich die Bank von dem Garantieauftraggeber dessen eventuellen Anspruch auf Rückzahlung der Garantiesumme bereits bei Stellung der Garantie abtreten läßt. Diese Abtretung kann für die Bank insbesondere dann sehr wertvoll sein, wenn der Aufftraggeber finanziell schwach ist und während der Laufzeit der Garantie zahlungsunfähig wird. Ersetzt der Auftraggeber der Garantiebank die bei Erfüllung der Garantie gemachten Aufwendungen, so kann diese ihm ohne weiteres den abgetretenen Anspruch zurückzedieren, falls sich dies als angebracht erweist.

Juristisch sind a) das der Garantie zugrunde liegende Geschäft zwischen Garantieauftraggeber und Begünstigtem, b) der Garantieauftrag zwischen Auftraggeber und Bank und c) die Garantieverpflichtung der Bank gegenüber dem Begünstigten scharf zu trennen. Die Lage ist ganz ähnlich wie beim Akkreditiv, wo die verschiedenen Rechtsbeziehungen juristisch selbständig zu betrachten sind. Eine solche Trennung hat zur Folge, daß die Garantiebank dem Zahlungsanspruch des Begünstigten weder Einwendungen aus dem der Garantie zugrunde liegenden Geschäft noch aus dem Garantieauftrag entgegensetzen kann[10]. Eine Grenze bildet lediglich arglistiges

[10] Vgl. dazu LG Frankfurt NJW 1963, 450; von Caemmerer S. 298 ff.

Verhalten des Begünstigten. Es gilt hier Entsprechendes wie beim Akkreditiv[11]. Auch die Möglichkeit des Auftraggebers, die Auszahlung des Garantiebetrages durch Erwirken gerichtlicher Maßnahmen zu verhindern, sind ebenso beschränkt wie beim Akkreditiv[12]. Das gilt sowohl für das Erwirken einer einstweiligen Verfügung gegen den Begünstigten, durch die diesem die Benutzung der Garantie untersagt werden soll, als auch für das Ausbringen eines Arrestes, durch den zugunsten des Garantieauftraggebers die Garantieforderung des Begünstigten gegen die Bank mit der Folge beschlagnahmt wird, daß die Bank nicht mehr an den Begünstigten zahlen darf[13].

Auf folgende Einzelheiten ist noch hinzuweisen:

Genügt dem garantiefordernden Vertragsteil eine Bankgarantie aus dem Lande des garantiestellenden Partners nicht, so muß er mit ihm vereinbaren, daß ihm gegenüber die Garantie von einer Bank in seinem oder evtl einem dritten Land zu stellen ist. Im Geschäftsbesorgungsvertrag mit dem Auftraggeber verpflichtet sich in diesem Falle seine Hausbank, die Garantie der als Garantiebank gewünschten anderen Bank herbeizuführen, der gegenüber sie sich wiederum zum Ersatz der Auslagen verpflichtet.

Es gibt keine rechtliche Vorschrift, daß Garantien ein Verfalldatum tragen müssen. Aus naheliegenden Gründen wird jedoch dringend empfohlen, niemals Garantien ohne Verfalldatum zu erstellen. Dieser Gesichtspunkt ist international allgemein anerkannt; es entspricht internationalem Gewohnheitsrecht, Garantien immer mit Verfalldatum zu versehen[14].

Eine Garantie wird von der garantiestellenden Bank nur honoriert, wenn ihr bis zum Verfalldatum die Inanspruchnahme aus der Garantie zugegangen ist[15]. Spätestens bei der Erfüllung läßt sich die Bank vom Auftraggeber die Garantiesumme nebst Kosten und Spesen erstatten. Ob die garantiestellende Bank vom Auftraggeber bereits zum Zeitpunkt der Garantiestellung eine Deckung verlangt oder nicht, richtet sich nach allgemeinen Kreditgesichtspunkten. Im Verhältnis zwischen dem Auftraggeber und dem aus der Garantie Begünstigten bedeutet die Tatsache, daß die Bank aus der Garantie auf erstes Anfordern gezahlt hat, keine materielle Anerkennung des durch die Garantie sichergestellten Anspruches.

Die Rechtslage bei Garantien hinsichtlich der Widerruflichkeit oder Unwiderruflichkeit entspricht der Rechtslage beim Akkreditiv. Eine „Bestäti-

[11] Vgl. die Ausführungen S. 140 ff. und Liesecke WM 1968, 25/26; Schönle S. 311.

[12] Vgl. dazu S. 159 ff. und Liesecke aaO 27 ff. Ferner, zu weitgehend, Pleyer aaO S. 25.

[13] Vgl. S. 159 ff.

[14] Zustimmend Gutteridge-Megrah S. 146/147. Dort findet sich aber auf S. 146, Anm. m, der Hinweis, daß New Yorker Banken die Entgegennahme befristeter Garantien häufig ablehnen und nur die gesetzliche Verjährungsfrist anerkennen.

[15] Nach Siebel ZHR 128, 141, kann jedoch nach verschiedenen ausländischen Rechten (z. B. anglo-amerikanischer Rechtskreis) auch nach Ablauf der Gültigkeitsdauer eine Inanspruchnahme erfolgen, wenn nur der Garantiefall während der Gültigkeitsdauer eingetreten ist.

gung" einer Bankgarantie im Sinne der Bestätigung eines unwiderruflichen Akkreditivs ist zwar theoretisch denkbar, kommt aber in der Praxis selten vor (z. B. bei ägyptischen Ausschreibungen).

Formulare für Bankgarantien finden sich im Anhang.

II. Reformbestrebungen betr. Bankgarantien

Nach dem 2. Weltkrieg werden Bankgarantien im Außenhandelsgeschäft immer häufiger angewendet. In den meisten Fällen treten keine Probleme auf. Es ist aber vorgekommen, daß die Firmen, die die Garantien haben stellen lassen bzw. die Banken, die die Garantien gestellt haben, mißbräuchlich behandelt worden sind oder jedenfalls Anlaß zu der Auffassung hatten, sie wären mißbräuchlich behandelt worden. Ein solcher Mißbrauch seitens des durch die Garantie Begünstigten würde z. B. vorliegen, wenn er, nur um einen billigen Kredit zu erhalten, oder um auf den Vertragsgegner einen unfairen Verhandlungsdruck ausüben zu können, die Garantiesumme — ohne daß eine materielle Berechtigung gegeben wäre — zunächst einmal einfordert und es dann seinem Vertragspartner überläßt, den Garantiebetrag in einem — evtl. jahrelangen — Prozeß zurückzuholen.

Besonders schwierig wird die Situation, wenn im Lande auch nur eines der beiden Partner Devisenbewirtschaftung besteht, da dann die Zurückholung der Garantiesumme weiterhin erschwert ist. Entsprechendes gilt, wenn die Garantiesumme in einer sich rasch entwerteten Währung geleistet ist.

Es sind Bestrebungen im Gange, für die Behandlung von Garantien einheitliche Regeln zu entwickeln, die die Bankgarantie als funktionsfähiges Instrument des internationalen Außenhandels aufrechterhalten, andererseits aber doch die Rechtsbeziehungen zwischen den Beteiligten so fixieren, daß die gegenseitigen Rechte und Pflichten loyal ausgeglichen sind.

Über das Ziel wäre eine internationale Einigung wohl leicht zu erzielen. Nicht aber über den Weg, der zu einer solchen Lösung führen würde. Im Rahmen der Internationalen Handelskammer wird seit einigen Jahren an solchen einheitlichen Regeln für Bankgarantien etc. gearbeitet. Diese würden — wenn sie zustande kommen — gewissermaßen als Formulare beim Vertragsabschluß für internationale Geschäftspartner zur Verfügung stehen; d. h. sie wären anwendbar, wenn dies in dem Vertrag zwischen den Beteiligten vorgesehen ist — sonst nicht. Das Zustandekommen der hier erörterten Einigung über die Regeln dürfte nicht so bald zustande kommen, da die diesbezüglichen Meinungen noch allzu große Gegensätze aufweisen. Die einen wollen die Rechte der Garantieempfänger nicht nennenswert einengen — dann braucht man am bestehenden Zustand nichts zu ändern. Die andern wollen von dem formell bindenden Charakter der Bankgarantie loskommen, was leicht zu ihrer Aufweichung und damit Unbrauchbarkeit führen würde. Nur ein vernünftiger Mittelweg, der Mißbräuche ausschließt, aber trotzdem der Bankgarantie ihre Funktion als abstraktes Bankversprechen läßt, kann zum Ziel führen.

Praktisch kommt die Meinungsverschiedenheit auf folgende Frage hinaus: Soll man bei Bankgarantien, die auf dokumentären Nachweis hin geleistet werden müssen, einen Zeitraum von 7 Tagen, und bei Garantien, die auf erstes Anfordern ohne dokumentäre Nachweise (also auf die bloße Behauptung des Garantieempfängers hin), einen Zeitraum von 21 oder 30 Tagen zwischen Empfang der Aufforderung zur Zahlung aus der Garantie und Leistung der Zahlung einführen oder nicht? Diese „Gnadenfrist" würde dem Steller der Garantie gegebenenfalls die Möglichkeit eröffnen, rechtzeitig irgendwelche hemmenden Maßnahmen gegen den Garantieempfänger einzuleiten.

M. M. handelt es sich hier in erster Linie um Fragen, die zwischen Exporteuren und Importeuren zu klären sind. Die Banken werden — immer vorausgesetzt, daß das Kreditproblem zwischen ihnen und ihrem Auftraggeber geklärt ist — die Akkreditive so stellen, wie sie ihnen in Auftrag gegeben werden.

III. Bietungsgarantie

Ein Exporteur, der sich an einer Ausschreibung im Ausland beteiligen will, muß oft auf Anfordern der ausschreibenden Stelle in Höhe des festgesetzten Geldbetrages eine Bankgarantie dafür stellen, daß er sein Angebot nicht zurückzieht, wenn ihm der Zuschlag erteilt wird. Der Zweck dieser sog. Bietungsgarantie liegt auf der Hand:

Die ausschreibende Stelle will sichergehen, die Mühen und die Kosten, die sie mit der Auswertung der Angebote aus verschiedenen Ländern und mit der Zuschlagserteilung hat, nicht am Ende umsonst aufgewendet zu haben; ferner will sie sich vor dem Schaden schützen, der ihr evtl. entsteht, wenn sie durch Zuschlag an einen nicht wortgetreuen Submittenten die Verbindlichkeit der übrigen Offerten verliert.

Technisch wird eine Bietungsgarantie in der Form gestellt, daß der Exporteur mit seiner Bank einen Geschäftsbesorgungsvertrag abschließt des Inhalts, daß die Bank der ausschreibenden Stelle — meist über eine Bank in deren Land — eine schriftliche, heute durchweg formularmäßig aufgebaute Erklärung abgibt, sie hafte in der gewünschten Höhe für die vom Exporteur unter der bezeichneten Ausschreibung abgegebene Bietung und werde bis zur Höhe des Garantiebetrages auf „erstes Anfordern" Zahlung leisten, falls der Garantieempfänger ihr mitteilt, daß der Exporteur sein Angebot nach Zuschlagerteilung zurückgezogen habe. Der Text einer Bietungsgarantie ist oftmals von der ausschreibenden Stelle wörtlich vorgeschrieben.

Bietungsgarantien kommen auch auf der Importseite vor, wenn der Exporteur im Wege der Ausschreibung einer Mehrzahl von potentiellen Abnehmern Lieferungen anbietet (und die angebotene Ware knapp ist). In solchen Fällen ist die Bietungsgarantie in der Praxis gelegentlich mit einer Kreditauskunft der garantierenden Bank gekoppelt. Die Bank garantiert zwar dann im engeren Sinne auch nur die Zahlung der Bietungssumme für den Fall, daß der Käufer einen ihm erteilten Zuschlag zurückweist. Sie erklärt aber gleichzeitig, daß dem Käufer finanziell der volle Kaufpreis zur vertragsmäßigen Bezahlung verfügbar ist, falls ihm die Warenlieferung zugeschlagen wird. Es ist zweifelhaft, ob eine solche Kreditauskunft den üblichen Haftungsbeschränkungen für Bankauskünfte[16] unterliegt. Die Auskunft ist jedenfalls nicht integrierender Bestandteil der Garantie in dem Sinne, daß die Bank auch den Betrag, über den sie nur Auskunft erteilt hat, auf erstes Anfordern zahlen müßte; Banken berechnen deshalb Provision im allgemeinen nur auf den eigentlichen Bietungsbetrag, nicht aber auf den Gesamtkaufpreis, auf den sich ihre Kreditauskunft bezieht. Da aber der (meist vorgeschriebene) Wortlaut gelegentlich recht weitgehend ist, empfiehlt es sich, bei Erteilung solcher Auskünfte traditionelle bankmäßige Kreditgrundsätze anzuwenden.

IV. Leistungs- und Lieferungsgarantie

Will der Vertragspartner des Exporteurs eine Sicherheit dafür haben, daß der Exporteur die von ihm übernommene Verpflichtung auch vertragsgemäß und termingerecht erfüllt, so verlangt er die Stellung einer Lieferungs- oder Leistungsgarantie[17]. Für diese Garantie gilt in formeller und materieller Hinsicht alles, was bereits über die Bietungsgarantie gesagt ist. Nur das Risiko, das durch die hier behandelte Garantie abgedeckt ist, ist ein anderes. Die Bank garantiert, daß der Exporteur die evtl. dem Käufer zustehenden Regreßansprüche wegen Nicht- oder Schlechterfüllung auch bezahlt, so daß die Bank bis zur Höhe des festgesetzten Garantiebetrages Zahlung an den Importeur verspricht, sofern dieser einen aus nicht vertragsgemäßer Leistung herrührenden Schaden innerhalb der Garantiefrist behauptet.

V. Anzahlungsgarantie

Anzahlungen sind im Außenhandel besonders dann üblich, wenn das Exportgut speziell für den Besteller angefertigt wird (z. B. Kraftwerke, Stahlwerke, Walzstraßen, Brücken, Schiffe usw.), also meist anderweitig nicht oder nur schlecht verwertbar ist. Sie kommen aber auch bei Serienerzeugnissen vor. Die Anzahlung dient einerseits der Sicherung der Vertragstreue des Bestellers, andererseits auch der Finanzierung des Exportgutes, indem sie zur Bezahlung von Material und Fertigungslöhnen verwandt wird. Meist wird die erste Anzahlung (z. B. 10, 20, 25, 30, $33^1/_3$ %) bei Vertragsabschluß vorgesehen. Oft folgen weitere Zwischenzahlungen zu be-

[16] Siehe Nr. 10 Satz 2 AGB und dazu BGH BB 1961, 913.

[17] Diese Art der Garantie wird im englischen Sprachgebrauch als „performance bond" bezeichnet.

stimmten, entweder zeitlich (z. B. nach 3, 6, 12, 18 Monaten) oder fabrikationsmäßig (z. B. nach Kiellegung, nach Stapellauf oder dgl.) fixierten Zeitpunkten.

Es entspricht gesunder Geschäftspolitik der Exporteure, bei denen sich das Eintreffen verschiedener Anzahlungen überschneidet, jede Anzahlung nur für den ihr zugrunde liegenden Auftrag zu verwenden und die Anzahlungsbeträge entsprechend zu verwalten. Es ist zwar juristisch nicht in jedem Falle vertragswidrig, wäre aber ein Zeichen verantwortungsloser Geschäftspolitik, wenn ein Exporteur Anzahlungen für das Geschäft A für Zwecke des Geschäftes B verwendet und damit die sichere Durchführung des Geschäftes A auch nur entfernt gefährdete. Insbesondere ist dringend davon abzuraten, Anzahlungen prompter Zahler zur Finanzierung von Exporten in Länder mit schleppender Zahlungsweise heranzuziehen. Firmen, die dieser Versuchung nicht widerstehen, haben auf die Dauer meist existenzgefährdendes Lehrgeld zu zahlen.

Will ein Besteller eine Sicherheit für seine Anzahlungen haben, so läßt er sich von dem Exporteur eine Anzahlungsgarantie geben. Sie entspricht im Aufbau den übrigen Garantien und gewährleistet, daß der Importeur die dem Exporteur geleistete Anzahlung zurückerhält, falls die vertragsgemäße Lieferung der Ware, auf die die Anzahlung geleistet worden ist, unterbleibt. Einen darüber hinausgehenden Schaden des Importeurs deckt sie nicht ab; sie ist infolgedessen im Betrag nie höher als die geleistete Anzahlung (andernfalls ist sie zugleich eine Leistungsgarantie).

Die Laufzeit der Anzahlungsgarantie muß sinnvollerweise um einige Tage über den zwischen Käufer und Verkäufer vereinbarten Warenliefertermin hinausreichen, damit der Käufer nach ergebnislosem Ablauf der Lieferfrist noch seine Ansprüche aus der Garantie anmelden kann. Denn die Inanspruchnahme aus einer Anzahlungsgarantie wickelt sich normalerweise so ab, daß der Verkäufer zum vereinbarten Termin nicht oder nicht vertragsgemäß liefert und der Käufer die Garantiesumme anfordert.

Nun kann sich freilich bereits vor Ablauf des Warenliefertermins herausstellen, daß die vertragsgemäße Lieferung nicht erfolgen wird, weil der Lieferant in Konkurs geht oder auf unüberwindliche Schwierigkeiten in der Materialbeschaffung stößt, oder weil sonstige definitive Hinderungsgründe eingetreten sind. Möglicherweise ist die vertragsgemäße Lieferung auch lediglich gefährdet, weil der Lieferant die ihm geleistete Anzahlung vertragswidrig für anderweitige Zwecke verwendet hat. Damit in solchen Fällen keine Meinungsverschiedenheiten auftreten können, wenn der Käufer auf Grund des Verhaltens des Lieferanten den Kaufvertrag vorzeitig annulliert und dann die Bank vor dem vertraglichen Liefertermin aus der Anzahlungsgarantie in Anspruch nehmen will, ist Wert auf eine klare Abfassung der Garantie bezüglich ihres frühesten Fälligkeitstermnis zu legen. Auch den Banken ist in dieser Frage an Klarheit gelegen, obgleich sie sich zur Zahlung „auf erstes Anfordern" verpflichtet; sie dürfen sich nämlich trotz dieser Klausel nicht vor Fälligkeit der Garantie in Anspruch nehmen lassen, wenn sie sich nicht ihrem Auftraggeber, dem Lieferanten, gegenüber regreßpflichtig machen wollen. Im eigenen Interesse der Bank empfiehlt es sich daher oft, die vom Lieferanten gewünschte Form der Garantieerklärung nicht ohne weiteres zu übernehmen, da sie das wirklich Gewollte nicht immer klar erkennen läßt. Entweder verpflichtet sich eine Bank, „auf erstes Anfordern zu zahlen, falls die Behauptung erhoben wird, eine vertragsgemäße Lieferung sei zum vereinbarten Zeitpunkt nicht erfolgt“; dann kann sie aus der Garantie selbst dann nicht vor dem vertraglichen Liefertermin in Anspruch genommen werden, wenn der materielle Rückzahlungsanspruch des Käufers gegen den Lieferanten bereits zu einem früheren Zeitpunkt entstanden ist; oder aber die Bank übernimmt die Verpflichtung zur Zahlung „auf erstes Anfordern, falls behauptet wird, daß die Rückforderung der Anzahlung im Verhältnis der Vertragsparteien untereinander gerechtfertigt sei“; dann ist der früheste Fälligkeitstermin der Garantie der Tag ihrer Ausstellung, da ein Rückforderungsrecht bezüglich des Anzahlungsbetrages in jeder Phase des Geschäftes aus vertragswidrigem Verhalten des Lieferanten oder aus anderen Umständen erwachsen kann.

Eine Besonderheit gegenüber den bisher genannten Garantien ergibt sich bei der Anzahlungsgarantie bezüglich der Krediterwägungen der garantiestellenden Bank. Die garantiestellende Bank kann dem Exporteur gegenüber, von den anderen üblichen Kreditsicherungsformen abgesehen, die Garantiestellung davon abhängig machen, daß der Anzahlungsbetrag bei der Bank auf einem besonderen Konto erfaßt wird und die Bank es überwacht, daß der Betrag ausschließlich im Rahmen seiner Zweckbestimmung für den betreffenden Exportauftrag verwendet wird. Der Exporteur kann dann über den Betrag nur in Form von Überweisungsaufträgen an seine Materiallieferanten oder für nachgewiesene Lohnforderungen oder dgl. verfügen. Dafür befreit ihn die Bank, wenn sie es für angebracht hält, von der Verpflichtung, den ihm durch die Garantiestellung gewährten Kredit anderweitig zu besichern. Allerdings kommt das nur in Betracht, wenn es der Bank ohne besondere Mühewaltung möglich ist, die Kontrolle über die vertragsgemäße Verwendung der Anzahlung effektiv auszuüben, was verhältnismäßig selten zutrifft, oder wenn der Kunde für den in Frage kommenden Betrag auf alle Fälle blanko gut ist.

VI. Konnossementsgarantie

Es kommt vor, daß bei Ankunft der Ware im Bestimmungshafen das Konnossement oder alle verlangten Ausfertigungen noch nicht eingetroffen sind. Nach den Regeln des Handelsrechtes müßte der Verfrachter die Ware löschen, einlagern und den Lagerschein so lange zurückhalten, bis ihm die verspäteten Konnossemente vom legitimierten Empfangsberechtigten präsentiert werden. Es bedarf keiner näheren Erläuterung, daß durch dieses

Verfahren die Ware mit erheblichen Kosten belastet werden und darüber hinaus dem Käufer aus der Verzögerung ein Schaden drohen kann. Andererseits ist zu bedenken, daß der Verfrachter auf alle Fälle dem Inhaber der (im Augenblick der Warenankunft nicht präsentierten) Dokumente, der nicht notwendigerweise mit dem Adressaten der Ware identisch zu sein braucht, verpflichtet bleibt.

Dieser Konflikt, bei dem alle Beteiligten (Verfrachter, Adressat, garantierende Bank) bona fide davon ausgehen, daß das Fehlen der Konnossemente in dem sonst ordnungsmäßig ablaufenden Geschäft nur auf einem technischen Mißgeschick — am häufigsten Postverspätung — beruht, wird durch eine sog. *Konnossementsgarantie*[19] überbrückt. Sie ermöglicht es, auch bei Fehlen der Konnossemente die Ware vom Schiff an Land zu bringen und sie demjenigen, der die Garantie gestellt hat (in der Regel der Adressat), auszuhändigen. Bei der Entgegennahme der Ware muß der Empfänger einen Revers unterschreiben, in dem er hinsichtlich der Ware bestimmte Verpflichtungen übernimmt, die seine Rechtsstellung — zum Schutze des aus den Konnossementen wirklich Berechtigten — einschränken. In der Konnossementsgarantie garantiert eine Bank dem Verfrachter, daß der Empfänger der Ware die in dem Revers übernommenen Verpflichtungen auch einhält. Juristisch und praktisch deckt demnach eine Konnossementsgarantie den Verfrachter gegen alle Ansprüche Dritter, wenn er die Ware an den Empfänger herausgibt, ohne Zug um Zug das Konnossement zu erhalten.

Diese Art der Garantie ist auch als sog. *Versicherungsgarantie* denkbar, wenn nicht das Konnossement, sondern die Versicherungspolice verlorengegangen ist oder zur Schadensanmeldung nicht rechtzeitig vorgelegt werden kann. Beide Garantien können kombiniert werden.

Als Konnossementgarantien werden im Dokumentengeschäft der Banken auch solche Garantien bezeichnet, die der aus einem Akkreditiv Begünstigte *der Akkreditivbank* stellt, um ein technisches Mißgeschick bei der Übersendung der Dokumente zu überbrücken[20]. So kann beispielsweise bei getrennter Versendung der Dokumente ein Teil der Ausfertigungen verlorengehen, so daß der Begünstigte der Akkreditivbank einen „vollen Satz" nicht vorlegen und damit die Akkreditivverbindungen nicht erfüllen kann[21]. Hier sei nochmals ausdrücklich darauf hingewiesen, daß eine Konnossementsgarantie dieser Art kein geeignetes Mittel zur Heilung irgendwelcher materieller Mängel der Dokumente ist und bei Vorliegen solcher Mängel niemandem aufgezwungen werden kann. Die Garantie soll und darf nicht dazu dienen, die Dokumentenstrenge auszuhöhlen. Auch dann, wenn die Präsentation der Dokumente deshalb nicht erfolgt, weil der Empfänger finanziell nicht imstande ist, sie von der präsentiernden Bank heraus-

[19] Formularmuster im Anhang. Bei Liesecke WM 1964, 1289, wird diese Art der Garantie als „Reversgarantie" bezeichnet.

[20] Von Scheuermann AWD 1959, 194, Anm. 3., als „Garantie für fehlende Dokumente" bezeichnet.

[21] Vgl. dazu S. 172.

zuholen, ist kein Raum für eine Konnossementsgarantie[22]. Abweichungen vom Akkreditiv, Fristversäumnisse, Formfehler u. dgl. fallen auf ihn zurück, wenn er die Irregularität nicht im Wege der freien Vereinbarung — z. B. durch nachträgliche Änderung des Akkreditivs — mit seinen Kontrahenten und gegebenenfalls den weiteren Betroffenen (z. B. Bank) abwenden kann[23, 24].

In Deutschland liegt keine höchstrichterliche Rechtsprechung zu der Frage vor, ob eine zur Bezahlung von Dokumenten verpflichtete Bank eine — als solche einwandfreie — Konnossementsgarantie annehmen muß, oder ob sie sich auf den Grundsatz der Dokumentenstrenge berufen und die Annahme der Garantie ablehnen kann. Dagegen hat der amerikanische Oberste Bundesgerichtshof bezüglich der Bankgarantien zur Abwendung des Verlustrisikos der Transportdokumente unseres Erachtens zu Recht entschieden, daß solche Garantien von der Akkreditivbank angenommen werden müssen[25]. Das Gericht hat seine Entscheidung damit begründet, daß das Verlustrisiko in jedem Falle bestehe und vom Importeur und der Akkreditivbank auch als unabweisbar anerkannt werde, indem sie die getrennte Versendung der Dokumentenausfertigungen verlangten, damit von einem eventuellen Verlust wenigstens nicht der volle Satz der Dokumente betroffen werde. Unter diesen Umständen widerspreche es der Vertragstreue, wenn der Importeur oder seine Bank bei tatsächlichem Eintritt des Verlustes eines Teiles der Dokumente die Entgegennahme einer Bankgarantie unter Berufung auf den Erfüllungsanspruch gegen den Exporteur ablehnen würde[26]. Es kann keinesfalls gebilligt werden, wenn Banken eine akzeptable Bankgarantie für einen unvollständigen „full set“ deshalb zurückweisen, weil sie in Wahrheit aus ganz anderen Gründen gern aus ihrer Akkreditivverpflichtung herauskämen. In dem gerichtlich entschiedenen Fall war die Ablehnung der Bankgarantie auch nur ein Vorwand für den aus anderen Gründen entstandenen Wunsch, die Dokumente nicht aufnehmen zu müssen.

[22] Z. B. in dem vom BGH entschiedenen Fall BGHZ 36, 329 ff.

[23] Vgl. dazu schon S. 132/133. Ebenso Backus-Harfield aaO, S. 598; Honnold aaO, S. 511 und Liesecke WM 1960, 214 unter Berufung auf BGH WM 1958, 291.

[24] Schütz bietet auf S. 343, Muster 253, auch für solche Fälle ein Garantieformular.

[25] Dixon, Irmaos & Cia. Ltda v. Chase National Bank of the City of New York, 144 Fed. Rep. (2 d) 759. Zustimmend auch Gutteridge-Megrah S. 141; Ward-Harfield S. 84, Anm. 5. Vgl. in diesem Zusammenhang auch Brown, Jenkinsen & Co. Ltd. v. Percy Dalton (London) Ltd., (1957) 2 All E. R. 844. Vgl. auch S. 172.

[26] Die Entscheidung ist bei Backus-Harfield, aaO, S. 589 ff., auf scharfe Ablehnung gestoßen. Backus-Harfield sind der Auffassung, daß eine solche Ausnahme von dem Grundsatz, daß Garantien nicht aufgezwungen werden können, auch wenn die Entscheidung den Einzelfall gut getroffen habe, das Prinzip der Vertragsfreiheit bedrohe. Ebenfalls ablehnend: Davis S. 176, 184; Stoufflet Nr. 377. — Gegen diese Kritik hat Honnold aaO, die Entscheidung mit ausführlicher Begründung verteidigt, indem er noch ausführlicher als das Gericht den Unterschied zwischen den verschiedenen Fällen, in denen Garantien in Betracht kommen, dargelegt hat.

Banken und Importeure tun auch in Deutschland gut daran, sich nach dieser amerikanischen Entscheidung zu richten, da im Streitfalle nach deutschem Recht ebenso entschieden werden dürfte.

Mit Recht sind die Banken, die um Stellung einer Konnossementsgarantie gebeten werden, bestrebt, diese Garantie nach der Laufzeit und nach dem Betrage zu limitieren.

Besondere Probleme können sich ergeben, wenn der Empfänger der verlorenen Dokumente die Ware auf dokumentärer Basis weiterverkauft hat und seine diesbezüglichen Pflichten dann nicht erfüllen kann.

Nur nebenbei sei hier noch erwähnt, daß in der Praxis der Banken häufig „Garantien" vorkommen, die dazu bestimmt sind, technische Unvollkommenheiten kurzerhand zu überbrücken. Dies geschieht z. B., wenn bei Schecks die an sich erforderliche zweite Unterschrift nicht geleistet ist oder wenn auf einer Urkunde ein Datum fehlt oder falsch ist (z. B. Jahreszahl 1936 statt 1963; offensichtlicher Schreibfehler). Eine Bank, die dem Betroffenen für solche Unvollkommenheiten die Schadloshaltung garantiert, erstellt damit zwar nicht im formalen Sinne eine Konnossementsgarantie; sachlich wird die Erklärung aber im gleichen Sinne behandelt; auch eine solche Garantie darf nicht dazu verwandt werden, echte materielle Mängel auszugleichen.

ANHANG

Übersicht

Die Richtlinien unter I. und II. sowie die Formulare unter III. 2. und 3. sind mit freundlicher Genehmigung der IHK deren Publikationen 290, 254 und 268, und die Formulare unter V. 1. und 2. mit freundlicher Genehmigung des „Bankverlages, Köln" dem Bankgeschäftlichen Formularbuch von 1969, 18. Auflage (Muster 257 und 261, S. 344/345), entnommen.

Durch die Revision 1974 dürften sich für die Formulare (III., 1—3.) wesentliche Änderungen nicht ergeben.

I. Einheitliche Richtlinien und Gebräuche für Dokumenten-Akkreditive (Revision 1974)

Allgemeine Regeln und Begriffsbestimmung

a) Diese Regeln und Begriffsbestimmungen sowie die folgenden Artikel beziehen sich auf alle Dokumenten-Akkreditive und sind für alle Beteiligten bindend, sofern nicht ausdrücklich anderweitige Vereinbarungen getroffen worden sind.

b) Die in diesen Regeln, Begriffsbestimmungen und Artikeln verwendeten Ausdrücke „Dokumenten-Akkreditiv(e)" und „Akkreditiv(e)" bedeuten jede, wie auch immer benannte oder bezeichnete Vereinbarung, derzufolge eine auf Ersuchen und in Übereinstimmung mit den Weisungen eines Kunden (Akkreditiv-Auftraggeber) handelnde Bank (eröffnende Bank) gegen Übergabe vorgeschriebener Dokumente

(i) Zahlungen an einen Dritten (Begünstigten) oder dessen Order zu leisten oder vom Begünstigten gezogene Wechsel zu bezahlen, zu akzeptieren oder zu negoziieren hat oder

(ii) eine andere Bank zur Ausführung solcher Zahlungen oder zur Bezahlung, Akzeptierung oder Negoziierung derartiger Wechsel ermächtigt,

sofern die Akkreditiv-Bedingungen erfüllt sind.

c) Akkreditive sind ihrer Natur nach von den Kauf- oder anderen Verträgen, auf denen sie beruhen können, getrennte Geschäfte, und die Banken haben in keiner Hinsicht etwas mit solchen Verträgen zu tun und sind nicht durch sie gebunden.

d) Akkreditivaufträge und Akkreditive selbst müssen vollständig und genau sein.

Um Irrtümern und Mißverständnissen vorzubeugen, sollten die eröffnenden Banken jedem Versuch des Akkreditiv-Auftraggebers entgegentreten, zu weit gehende Einzelheiten aufzunehmen.

e) Die Entscheidungsmöglichkeit, die eine Bank auf Grund des Artikels 32 b) hat, steht an erster Stelle derjenigen Bank zu, die ermächtigt ist, unter einem Akkreditiv zu zahlen, zu akzeptieren oder zu negoziieren. Die Entscheidung dieser Bank bindet alle Beteiligten.

Eine Bank ist ermächtigt, unter einem Akkreditiv zu zahlen oder zu akzeptieren, wenn sie im Akkreditiv ausdrücklich benannt ist.

Eine Bank ist ermächtigt, unter einem Akkreditiv zu negoziieren,

(i) wenn sie im Akkreditiv ausdrücklich benannt ist, oder

(ii) wenn das Akkreditiv bei jeder Bank frei negoziierbar ist.

f) Ein Begünstigter kann sich in keinem Fall auf die vertraglichen Beziehungen berufen, die zwischen den Banken oder zwischen dem Akkreditiv-Auftraggeber und der eröffnenden Bank bestehen.

A. Form und Anzeige der Akkreditive

ARTIKEL 1

a) Akkreditive können entweder

(i) widerruflich oder

(ii) unwiderruflich

sein.

b) Alle Akkreditive sollen daher eindeutig angeben, ob sie widerruflich oder unwiderruflich sind.

c) Fehlt eine solche Angabe, so gilt das Akkreditiv als widerruflich.

ARTIKEL 2

Ein widerrufliches Akkreditiv kann jederzeit ohne vorherige Nachricht an den Begünstigten geändert oder annulliert werden. Die eröffnende Bank ist jedoch verpflichtet, eine Filiale oder eine andere Bank, der ein solches Akkreditiv übermittelt und bei der es zur Zahlung, Akzeptleistung oder Negoziierung benutzbar gemacht worden ist, für jede Zahlung, Akzeptleistung oder Negoziierung zu remboursieren, die den Akkreditiv-Bedingungen und allen bis zum Zeitpunkt der Zahlung, Akzeptleistung oder Negoziierung erhaltenen Änderungen entspricht und die von dieser Filiale oder der anderen Bank vorgenommen wurde, bevor sie Nachricht über die Änderung oder Annullierung erhalten hat.

ARTIKEL 3

a) Ein unwiderrufliches Akkreditiv begründet eine feststehende Verpflichtung der eröffnenden Bank,

(i) zu zahlen oder zahlen zu lassen, wenn das Akkreditiv Zahlung vorsieht, ob gegen eine Tratte oder nicht,

(ii) Tratten zu akzeptieren, wenn das Akkreditiv Akzeptleistung durch die eröffnende Bank vorsieht, oder die Verantwortung für die Akzeptierung von Tratten und deren Einlösung bei Fälligkeit zu übernehmen, wenn das Akkreditiv die Akzeptierung von Tratten vorsieht, die auf den Akkreditiv-Auftraggeber oder einen anderen im Akkreditiv benannten Bezogenen gezogen sind,

(iii) Sicht- oder Nachsicht-Tratten, die vom Begünstigten auf den Akkreditiv-Auftraggeber oder einen anderen im Akkreditiv benannten Bezogenen gezogen sind, ohne Rückgriff auf Aussteller und/oder gutgläubige Inhaber anzukaufen/zu negoziieren oder für Ankauf/Negoziierung durch eine andere Bank zu sorgen, wenn das Akkreditiv Ankauf/Negoziierung vorsieht,

sofern die Akkreditiv-Bedingungen erfüllt sind.

b) Ein unwiderrufliches Akkreditiv kann dem Begünstigten durch eine andere Bank (die avisierende Bank) ohne Verbindlichkeit für diese Bank avisiert werden. Wenn dagegen die eröffnende Bank eine andere Bank ermächtigt oder ersucht, ihr unwiderrufliches Akkreditiv zu bestätigen, und diese dementsprechend verfährt, begründet diese Bestätigung zusätzlich zur Verpflichtung der eröffnenden Bank eine feststehende Verpflichtung der bestätigenden Bank,

(i) zu zahlen, wenn das Akkreditiv bei ihr zahlbar ist, ob gegen eine Tratte oder nicht, oder zahlen zu lassen, wenn das Akkreditiv Zahlung an anderer Stelle vorsieht,

(ii) Tratten zu akzeptieren, wenn das Akkreditiv Akzeptleistung durch die bestätigende Bank bei ihr selbst vorsieht, oder die Verantwortung für die Akzeptierung von Tratten und deren Einlösung bei Fälligkeit zu übernehmen, wenn das Akkreditiv die Akzeptierung von Tratten vorsieht, die auf den Akkreditiv-Auftraggeber oder einen anderen im Akkreditiv benannten Bezogenen gezogen sind,

(iii) Sicht- oder Nachsicht-Tratten, die vom Begünstigten auf die eröffnende Bank oder den Akkreditiv-Auftraggeber oder einen anderen im Akkreditiv benannten Bezogenen gezogen sind, ohne Rückgriff auf Aussteller und/oder gutgläubige Inhaber anzukaufen/zu negoziieren, wenn das Akkreditiv Ankauf/Negoziierung vorsieht,

sofern die Akkreditiv-Bedingungen erfüllt sind.

c) Verpflichtungen dieser Art können ohne die Zustimmung aller Beteiligten weder geändert noch annulliert werden. Die teilweise Annahme von Änderungen ist ohne die Zustimmung aller Beteiligten unwirksam.

ARTIKEL 4

a) Wenn eine eröffnende Bank eine Bank durch Kabel, Telegramm oder Fernschreiben beauftragt, ein Akkreditiv zu avisieren und die briefliche Bestätigung das Instrument für die Inanspruchnahme des Akkreditivs sein soll, muß das Kabel, Telegramm oder Fernschreiben angeben, daß das Akkreditiv erst bei Erhalt einer solchen brieflichen Bestätigung wirksam wird. In diesem Fall muß die eröffnende Bank das Instrument für die Inanspruchnahme des Akkreditivs (briefliche Bestätigung) und alle nachträglichen Akkreditiv-Änderungen dem Begünstigten durch die avisierende Bank übersenden lassen.

b) Die eröffnende Bank ist für alle Folgen verantwortlich, die entstehen, wenn sie dem im vorstehenden Absatz dargelegten Verfahren nicht folgt.

c) Sofern ein Kabel, Telegramm oder Fernschreiben nicht den Hinweis „Einzelheiten folgen" (oder Worte gleicher Bedeutung) enthält oder nicht angibt, daß die briefliche Bestätigung das Instrument für die Inanspruchnahme des Akkreditivs sein soll, wird das Kabel, Telegramm oder Fernschreiben als das Instrument für die Inanspruchnahme des Akkreditivs angesehen, und die eröffnende Bank braucht der avisierenden Bank die briefliche Bestätigung nicht zu übersenden.

ARTIKEL 5

Wird eine Bank durch Kabel, Telegramm oder Fernschreiben beauftragt, ein Akkreditiv zu eröffnen, zu bestätigen oder zu avisieren, dessen Bedingungen einem früher eröffneten Akkreditiv gleichen, das später geändert worden ist, so sind die Einzelheiten des zu eröffnenden, zu bestätigenden oder zu avisierenden Akkreditivs dem Begünstigten unter Auslassung der Änderungen bekanntzugeben, es sei denn, der Auftrag bezeichnet klar die Änderungen, die zu berücksichtigen sind.

ARTIKEL 6

Eine Bank, die unvollständige oder unklare Weisungen zur Eröffnung, Bestätigung oder Avisierung eines Akkreditivs erhält, kann dem Begünstigten hiervon nur zu seiner vorläufigen Unterrichtung unverbindlich Kenntnis geben. In diesem Fall wird das Akkreditiv erst nach Eingang der notwendigen Informationen eröffnet, bestätigt oder avisiert.

B. Haftung und Verantwortlichkeit

ARTIKEL 7

Die Banken müssen alle Dokumente mit angemessener Sorgfalt prüfen, um sich zu vergewissern, daß sie der äußeren Aufmachung nach den Akkreditiv-Bedingungen entsprechen. Dokumente, die sich der äußeren Aufmachung nach untereinander widersprechen, werden nicht als der äußeren Aufmachung nach den Akkreditiv-Bedingungen entsprechend angesehen.

ARTIKEL 8

a) Im Dokumenten-Akkreditiv-Geschäft befassen sich alle Beteiligten mit Dokumenten und nicht mit Waren.

b) Zahlung, Akzeptleistung oder Negoziierung durch eine hierzu ermächtigte Bank gegen Dokumente, die ihrer äußeren Aufmachung nach den Akkreditiv-Bedingungen entsprechen, verpflichten denjenigen, der die Ermächtigung erteilt hat, die Dokumente aufzunehmen und die zahlende, akzeptierende oder negoziierende Bank zu remboursieren.

c) Wenn die eröffnende Bank bei Erhalt der Dokumente der Ansicht ist, daß diese der äußeren Aufmachung nach nicht den Bedingungen des Akkreditivs entsprechen, muß sie allein auf Grund der Dokumente entscheiden, ob sie geltend machen will, daß die Zahlung, Akzeptleistung oder Negoziierung nicht in Übereinstimmung mit den Akkreditiv-Bedingungen durchgeführt worden ist.

d) Der eröffnenden Bank steht eine angemessene Zeit zu, die Dokumente zu prüfen und wie oben angegeben zu entscheiden, ob eine solche Reklamation vorzunehmen ist.

e) Wenn eine solche Reklamation vorgenommen werden soll, muß eine entsprechende Mitteilung unter Angabe der Gründe unverzüglich drahtlich oder auf anderem schnellen Wege der Bank gemacht werden, von der die Dokumente eingegangen sind (übersendende Bank). Die Mitteilung muß besagen, daß die Dokumente zur Verfügung dieser Bank gehalten oder ihr zurückgesandt werden.

f) Wenn die eröffnende Bank die Dokumente nicht zur Verfügung der übersendenden Bank hält oder die Dokumente dieser Bank nicht zurücksendet, kann die eröffnende Bank nicht geltend machen, daß die betreffende Zahlung, Akzeptleistung oder Negoziierung nicht in Übereinstimmung mit den Akkreditiv-Bedingungen durchgeführt worden ist.

g) Wenn die übersendende Bank die eröffnende Bank auf irgendwelche Unstimmigkeiten in den Dokumenten hinweist oder diese Bank davon benachrichtigt, daß sie auf Grund dieser Unstimmigkeiten unter Vorbehalt oder gegen eine Garantie gezahlt, akzeptiert oder negoziiert hat, wird die eröffnende Bank dadurch von keiner ihrer Verpflichtungen aus diesem Artikel befreit. Eine solche Garantie oder ein solcher Vorbehalt betrifft allein das Verhältnis zwischen der übersendenden Bank und dem Begünstigten.

ARTIKEL 9

Die Banken übernehmen keine Haftung oder Verantwortung für Form, Vollständigkeit, Genauigkeit, Echtheit, Verfälschung oder Rechtswirksamkeit irgendwelcher Dokumente, oder für die allgemeinen und/oder besonderen Bedingungen, die in den Dokumenten angegeben oder denselben hinzugefügt sind. Sie übernehmen auch keine Haftung oder Verantwortung für Bezeichnung, Menge, Gewicht, Qualität, Beschaffenheit, Verpackung, Lieferung, Wert oder Vorhandensein der durch die Dokumente vertretenen Waren, oder in bezug auf Treu und Glauben oder die Handlungen und/oder Unterlassungen sowie für Zahlungsfähigkeit, Leistungsvermögen oder Ruf des Absenders, der Frachtführer oder der Versicherer der Waren oder irgendwelcher anderer Personen.

ARTIKEL 10

Die Banken übernehmen keine Haftung oder Verantwortung für die Folgen von Verzögerungen und/oder Verlusten bei Übermittlung von Nachrichten, Briefen oder Dokumenten sowie für Verzögerung, Verstümmelung oder sonstige Irrtümer, die aus der Übermittlung von Kabeln, Telegrammen oder Fernschreiben resultieren. Die Banken übernehmen keine Haftung oder Verantwortung für Irrtümer bei der Übersetzung oder Auslegung von technischen Ausdrücken und behalten sich das Recht vor, Akkreditiv-Bedingungen unübersetzt weiterzugeben.

ARTIKEL 11

Die Banken übernehmen keine Haftung oder Verantwortung für die Folgen der Unterbrechung ihrer Geschäftstätigkeit durch Fälle höherer Gewalt, Unruhen, Aufruhr, Aufstand, Kriege oder irgendwelche andere Ursachen, die außerhalb ihrer Kontrolle liegen, sowie durch irgendwelche Streiks oder Aussperrungen. Sofern sie hierzu nicht ausdrücklich ermächtigt sind, nehmen die Banken nach Ablauf der Gültigkeitsdauer von Akkreditiven, die während einer solchen Unterbrechung der Geschäftstätigkeit verfallen, keine Zahlung, Akzeptleistung oder Negoziierung vor.

ARTIKEL 12

a) Banken, welche die Dienste anderer Banken in Anspruch nehmen, um die Weisungen des Akkreditiv-Auftraggebers auszuführen, tun dies für Rechnung und Gefahr dieses Auftraggebers.
b) Die Banken übernehmen keine Haftung oder Verantwortung, wenn die von ihnen erteilten Weisungen nicht ausgeführt werden, auch wenn sie selbst die Auswahl dieser anderen Bank von sich aus getroffen haben.
c) Der Akkreditiv-Auftraggeber muß alle Verpflichtungen und Verantwortlichkeiten übernehmen, die auf ausländischen Gesetzen und Gebräuchen beruhen, und er muß die Banken für alle hieraus resultierenden Folgen schadlos halten.

ARTIKEL 13

Von einer Bank, die ermächtigt worden ist, für ihre Zahlungen oder Negoziierungen Rembours von einer von der eröffnenden Bank benannten dritten Bank zu verlangen, und die die Zahlung oder Negoziierung ausgeführt hat, soll nicht verlangt werden, der dritten Bank zu bestätigen, daß sie in Übereinstimmung mit den Akkreditiv-Bedingungen gezahlt oder negoziiert hat.

C. Dokumente

ARTIKEL 14

c) Alle Aufträge zur Eröffnung, Bestätigung oder Avisierung eines Akkreditivs müssen genau angeben, gegen welche Dokumente Zahlung, Akzeptleistung oder Negoziierung vorgenommen werden soll.
b) Ausdrücke wie „erstklassig", „gut bekannt", „qualifiziert" u. ä. sollen zur Klassifizierung der Aussteller irgendwelcher Dokumente, deren Beibringung in Akkreditiven vorgeschrieben wird, nicht verwendet werden. Wenn solche Ausdrücke jedoch in den Akkreditiv-Bedingungen enthalten sind, nehmen die Banken die Dokumente so an, wie sie präsentiert werden.

C.1. — Dokumente, welche die Verschiffung oder Versendung oder Übernahme ausweisen (Verladedokumente)

ARTIKEL 15

Abgesehen von den Bestimmungen des Artikels 20 wird das Datum des Konnossements oder das Datum irgendeines anderen Dokuments, welches die Verschiffung oder Versendung oder Übernahme ausweist, oder das im Empfangsstempel angegebene oder durch Vermerk angebrachte Datum auf irgendeinem derartigen Dokument in jedem Fall als Datum der Verschiffung oder Versendung oder Übernahme der Ware angesehen.

ARTIKEL 16

a) Erscheinen Worte, die eindeutig die wie auch immer benannte oder bezeichnete Zahlung oder Vorauszahlung der Fracht anzeigen, durch Stempel oder auf andere Weise auf Dokumenten, welche die Verschiffung oder Versendung oder Übernahme ausweisen, werden sie als Nachweis der erfolgten Frachtzahlung anerkannt.

b) Sind die Worte „Fracht vorauszahlbar" oder „Fracht im voraus zu zahlen" oder Worte ähnlicher Bedeutung auf solchen Dokumenten durch Stempel oder auf andere Weise angebracht, werden sie nicht als Nachweis der erfolgten Frachtzahlung anerkannt.

c) Die Banken nehmen Dokumente an, die den Vermerk tragen, daß Fracht- oder Transportkosten bei Auslieferung zu zahlen sind, sofern im Akkreditiv nichts anderes vorgeschrieben ist oder keine Unvereinbarkeit mit irgendeinem der auf Grund des Akkreditivs präsentierten Dokumente besteht.

d) Die Banken nehmen Verladedokumente an, die durch Stempel oder auf andere Weise auf zusätzlich zur Fracht anfallende Kosten hinweisen, wie Kosten der Beladung, Entladung oder ähnlicher Vorgänge oder damit im Zusammenhang stehende Auslagen, sofern die Akkreditiv-Bedingungen solche Hinweise nicht ausdrücklich verbieten.

ARTIKEL 17

Verladedokumente, die eine Klausel wie „shipper's load and count" oder „said by shipper to contain" oder Worte ähnlicher Bedeutung enthalten, werden angenommen, sofern im Akkreditiv nichts anderes vorgeschrieben ist.

ARTIKEL 18

a) Reine Verladedokumente sind solche, die keine hinzugefügten Klauseln oder Angaben enthalten, die einen mangelhaften Zustand der Ware und/oder der Verpackung ausdrücklich vermerken.

b) Die Banken weisen Verladedokumente zurück, die solche Klauseln oder Vermerke enthalten, sofern im Akkreditiv nicht ausdrücklich die Klauseln oder Vermerke bezeichnet werden, die angenommen werden dürfen.

C.1.1. — Seekonnossemente

ARTIKEL 19

a) Folgende Konnossemente werden zurückgewiesen, sofern das Akkreditiv keine ausdrückliche Ermächtigung zur Aufnahme enthält:

(i) Konnossemente, die von Spediteuren ausgestellt sind;

(ii) Konnossemente, die unter Charter-Partie ausgestellt und deren Bedingungen unterworfen sind;

(iii) Konnossemente, die Verladung auf Segelschiffen ausweisen.

b) Jedoch werden, vorbehaltlich der vorstehenden Regelung und sofern im Akkreditiv nichts anderes vorgeschrieben ist, Konnossemente folgender Art angenommen:

(i) „Durchkonnossemente" (d. h. „Through Bills of Lading"), die von Schiffahrtsgesellschaften oder deren Agenten ausgestellt sind, selbst wenn sie mehrere verschiedenartige Transportarten umfassen;

(ii) „Short Form Bills of Lading" (d. h. Konnossemente, die von Schiffahrtsgesellschaften oder deren Agenten ausgestellt sind und einige oder sämtliche Beförderungsbedingungen durch Hinweis auf eine andere Quelle oder ein anderes Dokument als das Konnossement aufzeigen);

(iii) Konnossemente, die von Schiffahrtsgesellschaften oder deren Agenten ausgestellt sind und unitisierte Ladungen, wie solche auf Paletten oder in Containern, ausweisen.

ARTIKEL 20

a) Die Konnossemente müssen ausweisen, daß die Waren an Bord eines namentlich genannten Schiffes verladen oder auf einem namentlich genannten Schiff verschifft sind, sofern im Akkreditiv nichts anderes vorgeschrieben ist.

b) Die Verladung an Bord eines namentlich genannten Schiffes oder die Verschiffung auf einem namentlich genannten Schiff kann entweder durch ein Konnossement nachgewiesen werden, dessen Wortlaut die Verladung an Bord eines namentlich genannten Schiffes oder die Verschiffung auf einem namentlich genannten Schiff ausweist, oder durch einen entsprechenden Vermerk auf dem Konnossement mit Unterschrift oder Handzeichen und Datumsangabe des Frachtführers oder seines Agenten. Das Datum dieses Vermerks wird als Zeitpunkt der Verladung an Bord des namentlich genannten Schiffes oder der Verschiffung auf dem namentlich genannten Schiff angesehen.

ARTIKEL 21

a) Sofern Umladung nach den Akkreditiv-Bedingungen nicht verboten ist, werden Konnossemente, die Umladung während der Reise vorsehen, angenommen, vorausgesetzt, daß die gesamte Reise durch ein und dasselbe Konnossement gedeckt ist.

b) Konnossemente mit eingedruckten Klauseln, die dem Frachtführer das Recht zur Umladung geben, werden angenommen ungeachtet der Tatsache, daß das Akkreditiv die Umladung verbietet.

ARTIKEL 22

a) Die Banken weisen ein Konnossement zurück, das die Verladung der Waren an Deck ausweist, sofern das Akkreditiv diese nicht ausdrücklich erlaubt.

b) Die Banken weisen ein Konnossement nicht zurück, das eine Klausel enthält, welche die Beförderung der Waren an Deck gestattet, vorausgesetzt, daß das Konnossement nicht ausdrücklich eine Verladung an Deck ausweist.

C.1.2. — Dokumente des kombinierten Transports

ARTIKEL 23

a) Wenn das Akkreditiv ein Dokument des kombinierten Transports vorschreibt, d. h. ein Dokument, das einen kombinierten Transport durch mindestens zwei verschiedene Beförderungsarten vorsieht, und zwar von einem Ort, an dem die Waren übernommen wurden, bis zu einem Ort, an dem die Auslieferung erfolgen soll, oder wenn das Akkreditiv einen kombinierten Transport vorsieht, jedoch in beiden Fällen die Form des geforderten Dokuments und/oder den Aussteller eines solchen Dokuments nicht bezeichnet, nehmen die Banken solche Dokumente so an, wie sie präsentiert werden.

b) Schließt der kombinierte Transport Seetransport ein, wird das Dokument angenommen, obgleich es nicht ausweist, daß sich die Waren an Bord eines namentlich genannten Schiffes befinden, und obgleich es eine Klausel enthält, welche die Beförderung der Waren, falls in einem Container verpackt, an Deck gestattet, vorausgesetzt, daß das Dokument nicht ausdrücklich eine Verladung an Deck ausweist.

C.1.3. — Andere Verladedokumente etc.

ARTIKEL 24

Die Banken betrachten Eisenbahnfrachtbriefe oder Flußladescheine oder entsprechende Verladebescheinigungen, Frachtbriefdoppel, Posteinlieferungsscheine, Postversand-Bescheinigungen, Luftposteinlieferungsscheine, Luftfrachtbriefe, Lufttransportbriefe oder entsprechende Empfangsbestätigungen, Frachtbriefe von Kraftverkehrsunternehmen oder andere Dokumente ähnlicher Art als ordnungsgemäß, wenn sie den Empfangsstempel des Frachtführers oder seines Agenten oder eine Unterschrift tragen, welche die des Frachtführers oder seines Agenten zu sein scheint.

ARTIKEL 25

Wenn bei anderen als Seetransporten das Akkreditiv einen Nachweis oder eine Beglaubigung des Gewichts vorschreibt, erkennen die Banken durch den Frachtführer auf den Verladedokumenten angebrachte Wiegestempel oder Gewichtsaigaben an, sofern im Akkreditiv keine besondere oder unabhängige Gewichtsbescheinigung verlangt wird.

C.2. — Versicherungsdokumente

ARTIKEL 26

a) Versicherungsdokumente müssen so beschaffen sein, wie im Akkreditiv vorgeschrieben, und von Versicherungsgesellschaften, ihren Agenten oder von Versicherern (underwriters) ausgestellt und/oder unterzeichnet sein.

b) Von Maklern ausgestellte Deckungsbestätigungen (cover notes) werden nicht angenommen, sofern dies im Akkreditiv nicht ausdrücklich vorgesehen ist.

ARTIKEL 27

Sofern im Akkreditiv nichts anderes vorgeschrieben ist oder aus den vorgelegten Versicherungsdokumenten nicht hervorgeht, daß die Deckung spätestens am Tag der Verschiffung oder Versendung oder im Falle des kombinierten Transports am Tag der Übernahme der Waren wirksam wird, weisen die Banken vorgelegte Versicherungsdokumente zurück, die ein späteres Datum tragen als das Datum der

Verschiffung oder Versendung oder im Falle des kombinierten Transports der Übernahme der Waren, wie es aus den Verladedokumenten hervorgeht.

ARTIKEL 28

a) Sofern im Akkreditiv nichts anderes vorgeschrieben ist, muß das Versicherungsdokument in derselben Währung ausgestellt sein wie das Akkreditiv.

b) Der Mindestbetrag, für den die Versicherung abgeschlossen sein muß, ist der CIF-Wert der betreffenden Waren. Wenn jedoch der CIF-Wert nicht aus der äußeren Aufmachung der vorgelegten Dokumente bestimmt werden kann, nehmen die Banken als Mindestwert den Betrag der Entnahme aus dem Akkreditiv oder den Betrag der entsprechenden Handelsrechnung an, je nachdem, welcher Betrag höher ist.

ARTIKEL 29

a) In den Akkreditiven sollte ausdrücklich bezeichnet werden, welche Art von Versicherung verlangt wird, und gegebenenfalls, welche zusätzlichen Risiken zu decken sind. Ungenaue Ausdrücke wie „übliche Risiken" oder „handelsübliche Risiken" sollten nicht verwendet werden; werden jedoch solche ungenauen Ausdrücke verwendet, nehmen die Banken die Versicherungsdokumente so an, wie sie präsentiert werden.

b) Fehlen besondere Anweisungen, nehmen die Banken die Versicherungsdeckung so an, wie sie sich aus dem präsentierten Versicherungsdokument ergibt.

ARTIKEL 30

Wenn ein Akkreditiv „Versicherung gegen alle Risiken" vorschreibt, nehmen die Banken ein Versicherungsdokument an, das irgendeinen Vermerk oder eine Klausel über „alle Risiken" enthält, und sie übernehmen keine Verantwortung, wenn irgendein besonderes Risiko nicht gedeckt ist.

ARTIKEL 31

Die Banken nehmen ein Versicherungsdokument an, in dem angegeben ist, daß die Deckung einer Franchise oder einer Abzugsfranchise unterworfen ist, sofern das Akkreditiv nicht ausdrücklich besagt, daß die Versicherung ohne Berücksichtigung eines Prozentsatzes für Franchise ausgestellt sein muß.

C.3. — Handelsrechnungen

ARTIKEL 32

a) Sofern im Akkreditiv nichts anderes vorgeschrieben ist, müssen Handelsrechnungen auf den Namen des Akkreditiv-Auftraggebers ausgestellt sein.

b) Sofern im Akkreditiv nichts anderes vorgeschrieben ist, können die Banken Handelsrechnungen, die auf einen die Akkreditivsumme übersteigenden Betrag lauten, ablehnen.

c) Die Beschreibung der Waren in der Handelsrechnung muß mit der Beschreibung im Akkreditiv übereinstimmen. In allen anderen Dokumenten können die Waren in allgemein gehaltenen Ausdrücken, die nicht im Widerspruch zur Warenbeschreibung im Akkreditiv stehen, beschrieben sein.

C.4. — Andere Dokumente

ARTIKEL 33

Wenn andere Dokumente wie Lagerscheine, Lieferscheine, Konsulatsfakturen, Ursprungszeugnisse, Gewichts-, Qualitäts- oder Analysenzertifikate usw. ohne nähere Beschreibung verlangt werden, nehmen die Banken solche Dokumente so an, wie sie präsentiert werden.

D. Verschiedene Regeln
Menge und Betrag

ARTIKEL 34

a) Die Worte „etwa", „circa" oder ähnliche Ausdrücke, die in Verbindung mit dem Akkreditivbetrag oder der Warenmenge oder dem Preis der Ware pro Einheit verwendet werden, sind dahin auszulegen, daß eine Abweichung bis zu 10 % nach oben oder bis zu 10 % nach unten statthaft ist.

b) Sofern im Akkreditiv nicht festgelegt ist, daß die angegebene Warenmenge nicht über- oder unterschritten werden darf, ist eine Abweichung bis zu 3 % nach oben oder bis zu 3 % nach unten gestattet, immer vorausgesetzt, daß der Gesamtbetrag der Inanspruchnahme nicht den Akkreditivbetrag überschreitet. Diese Abweichung ist nicht zulässig, wenn im Akkreditiv die Menge in einer bestimmten Anzahl von Verpackungseinheiten oder Stücken angegeben ist.

Teilverladungen

ARTIKEL 35

a) Teilverladungen sind zulässig, sofern im Akkreditiv nicht ausdrücklich etwas anderes vorgeschrieben ist.

b) Verschiffungen, die auf demselben Schiff und für dieselbe Reise erfolgen, werden nicht als Teilverschiffungen angesehen, selbst wenn die Konnossemente, die „An Bord"-Verschiffung ausweisen, unterschiedliche Daten tragen und/ oder unterschiedliche Verschiffungshäfen angeben.

ARTIKEL 36

Ist Verladung in Teillieferungen innerhalb bestimmter Zeiträume vorgeschrieben und ist irgendeine Teillieferung nicht innerhalb des vorgeschriebenen Zeitraums verladen worden, so kann das Akkreditiv für diese betreffende oder jede weitere Teilverladung nicht mehr benutzt werden, sofern im Akkreditiv nichts anderes vorgeschrieben ist.

Verfalldatum

ARTIKEL 37

Alle Akkreditive, gleichgültig, ob widerruflich oder unwiderruflich, müssen ein Verfalldatum für die Präsentation der Dokumente zwecks Zahlung, Akzeptleistung oder Negoziierung enthalten, auch wenn ein letztes Datum für die Verladung festgesetzt ist.

ARTIKEL 38

Die Worte „bis", „bis zum" und Ausdrücke ähnlicher Bedeutung, die sich auf das festgesetzte Datum beziehen, an dem die Frist zur Präsentation der Dokumente zwecks Zahlung, Akzeptleistung oder Negoziierung endet, oder die das festgesetzte letzte Verladungsdatum betreffen, sind so zu verstehen, daß sie das angegebene Datum einschließen.

ARTIKEL 39

a) Wenn das festgesetzte Verfalldatum auf einen Tag fällt, an dem die Banken aus anderen als den unter Artikel 11 genannten Gründen geschlossen sind, wird das Verfalldatum auf den nächstfolgenden Arbeitstag hinausgeschoben.

b) Durch das Hinausschieben des Verfalldatums auf Grund dieses Artikels wird das letzte Verladungsdatum nicht hinausgeschoben. Ist in einem Akkreditiv ein letztes Verladungsdatum festgesetzt, werden Verladedokumente, die ein späteres Datum als das festgesetzte Datum tragen, nicht angenommen. Ist in einem Akkreditiv kein letztes Verladungsdatum festgesetzt, werden Verladedokumente, die ein späteres Datum als das im Akkreditiv oder in dazu erfolgten Änderungen festgesetzte Verfalldatum tragen, nicht angenommen. Andere als die Verladedokumente können dagegen bis zum hinausgeschobenen Verfalldatum ausgestellt sein.

c) Banken, die an einem solchen hinausgeschobenen Verfalldatum zahlen, akzeptieren oder negoziieren, müssen den Dokumenten eine von ihnen ausgestellte Erklärung folgenden Wortlauts beifügen:

„Zur Zahlung (Akzeptleistung oder Negoziierung, je nach Lage des Falles) präsentiert innerhalb der gemäß Art. 39 der Einheitlichen Richtlinien verlängerten Gültigkeitsdauer."

Verschiffung, Verladung oder Versendung

ARTIKEL 40

a) Sofern die Akkreditiv-Bedingungen nichts anderes besagen, sind Ausdrücke wie „Abgang", „Versendung", „Beladung" oder „Verschiffung", die zur Festsetzung des letzten Verladungsdatums der Waren verwendet werden, als gleichbedeutend mit „Verladung" anzusehen.

b) Ausdrücke wie „prompt", „unverzüglich", „baldmöglichst" usw. sollten nicht verwendet werden. Wenn sie verwendet werden, legen die Banken sie dahin aus, daß die Verladung innerhalb von 30 Tagen verlangt wird, und zwar gerechnet ab Datum der Akkreditiv-Eröffnungsanzeige der eröffnenden oder einer avisierenden Bank an den Begünstigten — je nachdem, wie der Fall liegt.

c) Der Ausdruck „am oder um den" und ähnliche Ausdrücke werden dahin ausgelegt, daß die Verladung innerhalb des Zeitraums von 5 Tagen vor bis 5 Tage nach dem angegebenen Datum verlangt wird, wobei der erste und letzte Tag eingeschlossen sind.

Präsentation

ARTIKEL 41

Ungeachtet der Bestimmung des Artikels 37, wonach in jedem Akkreditiv ein Verfalldatum für die Vorlage der Dokumente festgesetzt sein muß, müssen Akkreditive auch eine genau bestimmte Frist ab Ausstellungsdatum der Konnossemente oder anderer Verladedokumente festsetzen, innerhalb welcher Dokumente zur Zahlung, Akzeptleistung oder Negoziierung vorgelegt werden müssen. Ist eine derartige Frist im Akkreditiv nicht festgesetzt, weisen die Banken Dokumente zurück, die ihnen später als 21 Tage nach dem Ausstellungsdatum der Konnossemente oder anderer Verladedokumente präsentiert werden.

ARTIKEL 42

Die Banken sind nicht verpflichtet, Dokumente außerhalb ihrer Schalterstunden entgegenzunehmen.

Zeitbestimmungen

ARTIKEL 43

Die Ausdrücke „erste Hälfte", „zweite Hälfte" eines Monats bedeuten „vom 1. bis zum 15. einschließlich" bzw. „vom 16. bis einschließlich Monats-Ultimo".

ARTIKEL 44

Die Ausdrücke „Anfang", „Mitte" oder „Ende" eines Monats bedeuten „vom 1. bis zum 10. einschließlich", „vom 11. bis zum 20. einschließlich" und „vom 21. bis einschließlich Monats-Ultimo".

ARTIKEL 45

Wenn die eröffnende Bank Weisung gibt, das Akkreditiv gültig „für einen Monat", „für sechs Monate" oder ähnlich zu bestätigen oder zu avisieren, aber nicht angibt, wann diese Frist beginnen soll, bestätigt oder avisiert die bestätigende oder avisierende Bank das Akkreditiv dahingehend, daß die Gültigkeit mit Ablauf des so bezeichneten Zeitraumes, gerechnet ab Datum der Bestätigung oder Avisierung, erlischt.

E. Übertragung

ARTIKEL 46

a) Ein übertragbares Akkreditiv ist ein Akkreditiv, bei dem der Begünstigte berechtigt ist, der zur Zahlung oder Akzeptleistung aufgeforderten oder jeder zur Negoziierung berechtigten Bank Weisung zu geben, das Akkreditiv im Ganzen oder zum Teil einem Dritten oder mehreren Dritten (Zweitbegünstigten) verfügbar zu machen.

b) Die Bank, die ersucht wird, die Übertragung vorzunehmen — gleichgültig, ob sie das Akkreditiv bestätigt hat oder nicht —, ist nicht verpflichtet, die Übertragung vorzunehmen, außer in dem Umfang und in der Art, wie sie ausdrücklich zugestimmt hat und bevor die im Zusammenhang mit der Übertragung entstehenden Kosten dieser Bank bezahlt sind.

c) Bankkosten, die im Zusammenhang mit Übertragungen entstehen, sind vom Erstbegünstigten zu tragen, sofern nichts anderes bestimmt worden ist.

d) Ein Akkreditiv kann nur übertragen werden, wenn es von der eröffnenden Bank ausdrücklich als „übertragbar" bezeichnet worden ist. Ausdrücke wie „divisible", „fractionable", „assignable" und „transmissible" fügen der Bedeutung des Ausdrucks „transferable" (übertragbar) nichts hinzu und sollen nicht benutzt werden.

e) Ein übertragbares Akkreditiv kann nur einmal übertragen werden. Teile eines übertragbaren Akkreditivs (die im Ganzen den Gesamtbetrag des Akkreditivs nicht überschreiten) können getrennt übertragen werden, sofern Teilverladungen nicht untersagt sind; die Gesamtheit derartiger Übertragungen gilt als nur eine Übertragung des Akkreditivs. Das Akkreditiv kann nur zu den im Originalakkreditiv angegebenen Bedingungen übertragen werden mit der Ausnahme, daß der Akkreditivbetrag, die im Akkreditiv etwa genannten Preise pro Einheit und die Gültigkeitsdauer oder die Verladungsfrist insgesamt oder einzeln ermäßigt oder verkürzt werden können. Außerdem kann der Name des ersten Begünstigten an die Stelle des Akkreditiv-Auftraggebers gesetzt werden. Wenn jedoch im Originalakkreditiv ausdrücklich verlangt wird, daß der Name des Akkreditiv-Auftraggebers in irgendeinem anderen Dokument als der Rechnung erscheint, muß diese Bedingung erfüllt werden.

f) Der Erstbegünstigte hat das Recht, seine eigenen Rechnungen an die Stelle der Rechnungen des Zweitbegünstigten zu setzen, und zwar mit Beträgen, welche den im Akkreditiv angegebenen Originalbetrag nicht übersteigen, und mit den im Akkreditiv gegebenenfalls angegebenen Originalpreisen pro Einheit. Bei einem solchen Rechnungsaustausch kann der Erstbegünstigte auf Grund des Akkreditivs den Unterschiedsbetrag erheben, der gegebenenfalls zwischen seinen Rechnungen und denen des Zweitbegünstigten besteht. Wenn ein Akkreditiv übertragen worden ist und der Erstbegünstigte seine eigenen Rechnungen an die Stelle der Rechnungen des Zweitbegünstigten setzen soll, der ersten Aufforderung hierzu aber nicht nachkommt, dann hat die zahlende, akzeptierende oder negoziierende Bank das Recht, der eröffnenden Bank die auf Grund des Akkreditivs erhaltenen Dokumente auszuliefern, einschließlich der Rechnungen des Zweitbegünstigten, und zwar ohne weitere Verantwortlichkeit gegenüber dem Erstbegünstigten.

g) Der Erstbegünstigte eines übertragbaren Akkreditivs kann das Akkreditiv an einen Zweitbegünstigten in demselben Land oder in einem anderen Land übertragen, sofern im Akkreditiv nicht ausdrücklich etwas anderes vorgeschrieben ist. Der Erstbegünstigte soll berechtigt sein zu verlangen, daß die Zahlung oder Negoziierung an den Zweitbegünstigten an dem Platz vorgenommen wird, an den das Akkreditiv übertragen worden ist, und zwar bis zum Verfalldatum des Originalakkreditivs einschließlich dieses Tages und unbeschadet des Rechtes des Erstbegünstigten, nachträglich seine Rechnungen an die Stelle der Rechnungen des Zweitbegünstigten zu setzen und jeden ihm zustehenden Differenzbetrag zu fordern.

ARTIKEL 47

Die Tatsache, daß ein Akkreditiv nicht als übertragbar bezeichnet ist, berührt nicht die Rechte des Begünstigten, den Zahlungsanspruch aus einem solchen Akkreditiv gemäß den Bestimmungen des anzuwendenden Rechts abzutreten.

II. Einheitliche Richtlinien für das Inkasso von Handelspapieren (Revision 1967)[1]

Allgemeine Regeln und Begriffsbestimmungen

a) Diese Regeln und Begriffsbestimmungen und die folgenden Artikel gelten für alle Inkassi von Handelspapieren und sind für alle daran Beteiligten bindend, sofern nichts anderes ausdrücklich vereinbart ist oder nationale, staatliche oder örtliche Gesetze und/oder Verordnungen nicht entgegenstehen, von denen nicht abgewichen werden darf.

b) Im Sinne dieser Regeln, Begriffsbestimmungen und Artikel

1. umfassen „Handelspapiere" einfache Rimessen und dokumentäre Rimessen. „Einfache Rimessen" bedeuten Sendungen, die aus einem oder mehreren Wechseln, bereits akzeptiert oder noch nicht, Solawechseln, Schecks, Quittungen oder anderen ähnlichen Dokumenten bestehen, mit denen Zahlungen herbeigeführt werden sollen (soweit weder Rechnungen, Versanddokumente, Dispositionsdokumente oder ähnliche Dokumente noch irgendwelche anderen Dokumente den genannten Abschnitten beigefügt sind).

   „Dokumentäre Rimessen" bedeuten alle anderen Handelspapiere mit beigefügten Dokumenten, die gegen Zahlung, Akzeptierung, Trust-receipt oder anderes Verpflichtungsschreiben, franko oder unter anderen Bedingungen ausgehändigt werden sollen.

2. Die „Beteiligten" sind der Auftraggeber (Kunde), der den Inkassoauftrag seiner Bank erteilt, diese Bank (Einreicher-Bank) und der Korrespondent (Inkasso-Bank), der von der Einreicher-Bank beauftragt wird, die Akzepteinholung oder das Inkasso der Handelspapiere zu besorgen.

3. Der „Bezogene" ist der im Rimessenbrief Bezeichnete, dem die Inkassopapiere vorgelegt werden sollen.

c) Alle zum Inkasso übersandten Handelspapiere müssen von einem Rimessenbrief begleitet sein, in dem vollständige und genaue Weisungen erteilt werden. Den Banken ist nur erlaubt, aufgrund der Weisungen zu verfahren, die in einem solchen Rimessenbrief erteilt worden sind.

Wenn die Inkasso-Bank aus irgendeinem Grunde den Weisungen nicht entsprechen kann, die in dem von ihr empfangenen Rimessenbrief erteilt sind, muß sie die Einreicher-Bank sofort entsprechend verständigen.

Vorlegung

ARTIKEL 1

Handelspapiere müssen dem Bezogenen in der Form vorgelegt werden, in der sie vom Kunden empfangen worden sind, jedoch muß die Inkasso-Bank etwa notwendige Stempelmarken anbringen, und zwar — falls keine anderen Weisungen erteilt sind — auf Kosten des Kunden. Einreicher-Banken und Inkasso-Banken sind nicht verpflichtet, die Handelspapiere oder etwa beigefügte Dokumente zu prüfen, und übernehmen keine Verantwortlichkeit für deren Form und/oder Richtigkeit.

[1] Offizielle Übersetzung des englischen Originaltextes der Broschüre No. 254 der Internationalen Handelskammer, Paris.

ARTIKEL 2

Handelspapiere sollen die vollständige Anschrift des Bezogenen oder der Domizilstelle enthalten, bei der die Inkasso-Bank sie vorlegen soll. Wenn die Anschrift unvollständig oder unrichtig ist, kann die Inkasso-Bank — ohne Verpflichtung und Verantwortlichkeit ihrerseits — versuchen, die richtige Anschrift ausfindig zu machen.

ARTIKEL 3

Bei Sicht zahlbare Handelspapiere muß die Inkasso-Bank ohne Verzögerung zur Zahlung vorlegen.

Handelspapiere, die zu einem anderen Termin als bei Sicht zahlbar sind, muß die Inkasso-Bank, soweit sie zur Akzeptbesorgung beauftragt ist, ohne Verzögerung zur Akzeptierung vorlegen, und sie muß in jedem Falle die Vorlegung zur Zahlung nicht später als zum in Betracht kommenden Fälligkeitsdatum vornehmen.

ARTIKEL 4

Bei einer dokumentären Rimesse, der ein erst später fälliger Wechsel beigefügt ist, soll im Rimessenbrief bestimmt werden, ob die Dokumente dem Bezogenen gegen Akzeptierung (D/A) oder gegen Zahlung (D/P) freigegeben werden dürfen. Fehlen entsprechende Weisungen, so dürfen die Dokumente nur gegen Zahlung freigegeben werden.

Zahlung

ARTIKEL 5

Handelspapiere, die weisungsgemäß in der Währung des Zahlungslandes (inländische Währung) zahlbar gestellt sind, darf die Inkasso-Bank dem Bezogenen nur gegen Zahlung in inländischer Währung freigeben, über die gemäß den im Rimessenbrief erteilten Weisungen unverzüglich verfügt werden kann.

ARTIKEL 6

Handelspapiere, die weisungsgemäß in einer anderen Währung als der des Zahlungslandes (ausländische Währung) zahlbar gestellt sind, darf die Inkasso-Bank dem Bezogenen nur gegen Zahlung in der betreffenden ausländischen Währung freigeben, über die gemäß den im Rimessenbrief erteilten Weisungen unverzüglich verfügt werden kann.

ARTIKEL 7

Bei einfachen Rimessen können Teilzahlungen angenommen werden, wenn und soweit Teilzahlungen nach dem am Zahlungsort geltenden Recht gestattet sind. Die einfache Rimesse darf dem Bezogenen erst freigegeben werden, nachdem dafür volle Zahlung erhalten worden ist.

Bei dokumentären Rimessen dürfen Teilzahlungen nur angenommen werden, wenn der Rimessenbrief eine besondere Ermächtigung hierzu enthält; in Ermangelung anderer Weisungen darf die Inkasso-Bank die Dokumente dem Bezogenen erst freigeben, nachdem sie volle Zahlung erhalten hat.

In allen Fällen, in denen Teilzahlungen entweder aufgrund einer besonderen Ermächtigung oder in Übereinstimmung mit den Bestimmungen dieses Artikels zulässig sind, werden solche Teilzahlungen gemäß den Bestimmungen der Artikel 5 oder 6 entgegengenommen und behandelt.

Akzeptierung

ARTIKEL 8

Die Inkasso-Bank ist dafür verantwortlich, darauf zu achten, daß die Form der Akzeptierung vollständig und richtig erscheint, jedoch ist sie für die Echtheit jeder Unterschrift oder für die Zeichnungsberechtigung jedes Unterzeichners des Akzeptes nicht verantwortlich.

Protest

ARTIKEL 9

Der Rimessenbrief soll spezielle Weisungen hinsichtlich des rechtlichen Vorgehens im Falle der Nichtakzeptierung oder Nichtzahlung enthalten. Bei Fehlen solcher speziellen Weisungen sind die mit dem Inkasso befaßten Banken nicht verantwortlich für irgendeine Unterlassung in bezug auf eine Protesteinholung (oder ein an Stelle des Protestes in Betracht kommendes rechtliches Verfahren) wegen Nichtakzeptierung oder Nichtzahlung der Handelspapiere.

Die Inkasso-Bank ist nicht verantwortlich für die ordnungsgemäße Form des Protestes (oder eines anderen rechtlichen Verfahrens).

Notadresse (Kundenvertretung) und Warenschutz

ARTIKEL 10

Wenn der Kunde einen Vertreter bestellt, der als Notadresse bei Nichtakzeptierung und/oder Nichtzahlung tätig werden soll, dann soll der Rimessenbrief die Befugnisse einer solchen Notadresse klar und vollständig bestimmen.

Unabhängig davon, ob eine Notadresse benannt ist oder nicht, hat die Inkasso-Bank bei Fehlen spezieller Weisungen keine Verpflichtung, irgend etwas hinsichtlich der durch eine dokumentäre Rimesse repräsentierten Waren zu unternehmen.

Bezahltmeldung/Nichtbezahltmeldung etc.

ARTIKEL 11

Die Inkasso-Bank hat die Einreicher-Bank unverzüglich über Zahlung oder über Akzeptierung mit allen erforderlichen Einzelheiten zu unterrichten.

ARTIKEL 12

Die Inkasso-Bank hat die Einreicher-Bank unverzüglich über Nichtzahlung oder über Nichtakzeptierung mit allen erforderlichen Einzelheiten zu unterrichten.

ARTIKEL 13

Bei Fehlen spezieller Weisungen hat die Inkasso-Bank der Einreicher-Bank alle Notifizierungen oder Mitteilungen mit schnellster Post zu übersenden.

Hält jedoch die Inkasso-Bank die Angelegenheit für dringlich, so kann sie auf Kosten des Kunden die Nachricht auf anderem, schnellerem Wege übermitteln.

Gebühren und Auslagen

ARTIKEL 14

Wenn der Rimessenbrief eine Weisung enthält, wonach die Inkassogebühren und/oder Auslagen für Rechnung des Bezogenen gehen sollen, und der Bezogene sich weigert, sie zu zahlen, kann die Inkasso-Bank, sofern ihr nicht ausdrücklich gegenteilige Weisungen erteilt sind, die Handelspapiere je nach Lage des Falles entweder gegen Zahlung oder Akzeptierung aushändigen, ohne die Inkassogebühren und/oder Auslagen einzuziehen. In einem solchen Falle gehen die Inkassogebühren und/oder Auslagen für Rechnung des Kunden.

ARTIKEL 15

In allen Fällen, in denen gemäß den ausdrücklichen Bedingungen eines Inkassos oder nach diesen Richtlinien Aufwendungen und/oder Auslagen und/oder Inkassogebühren vom Kunden zu tragen sind, ist die Inkasso-Bank berechtigt, sich bei der Einreicher-Bank für ihre Aufwendungen und Auslagen und für ihre Gebühren zu erholen, und die Einreicher-Bank hat das Recht, sich beim Kunden für jede in diesem Zusammenhang von ihr geleistete Zahlung sowie für ihre eigenen Aufwendungen, Auslagen und Gebühren zu erholen.

Verpflichtungen und Verantwortlichkeiten

ARTIKEL 16

Banken, welche die Dienste einer anderen Bank in Anspruch nehmen, um die Weisungen des Kunden auszuführen, tun dies für dessen Rechnung und Gefahr.

Die Banken können jede ihrer Korrespondenzbanken je nach Lage des Falles im Lande der Zahlung oder der Akzeptierung als Inkasso-Bank benutzen.

Wenn der Kunde die Inkasso-Bank benennt, hat die Einreicher-Bank trotzdem das Recht, die Handelspapiere dieser benannten Inkasso-Bank durch eine Korrespondenzbank ihrer eigenen Wahl zu übermitteln.

ARTIKEL 17

Banken, die mit dem Inkasso von Handelspapieren befaßt sind, übernehmen keine Haftung oder Verantwortung für die Folgen von Verzögerungen und/oder Verlusten bei Übermittlung von Nachrichten, Briefen oder Dokumenten sowie für Verzögerungen, Verstümmelungen oder anderer Irrtümer, die aus der Übermittlung von Kabeln, Telegrammen oder Fernschreiben resultieren, sowie für Irrtümer bei der Übersetzung oder Auslegung von technischen Ausdrücken.

ARTIKEL 18

Banken, die mit dem Inkasso von Handelspapieren befaßt sind, übernehmen keine Haftung oder Verantwortung für die Folgen der Unterbrechung ihrer Geschäftstätigkeit durch Streiks, Aussperrungen, Unruhen, Aufruhr, Aufstand, Kriege, Fälle höherer Gewalt oder irgendwelche andere Ursachen, die außerhalb ihrer Kontrolle liegen.

ARTIKEL 19

Falls Waren direkt an die Adresse einer Bank zwecks Auslieferung an einen Bezogenen gegen Zahlung oder Akzeptierung oder unter anderen Bedingungen gesandt werden, ohne daß die Bank zuvor zugestimmt hat, ist die Bank nicht verpflichtet, die Waren in Empfang zu nehmen, für welche Gefahr und Verantwortlichkeit beim Absender verbleiben.

III. Formulare für Dokumentenakkreditive

1. Auftrag des Importeurs an seine Bank zur Akkreditiv-Eröffnung

1. Einfuhrerklärung/-genehmigung Nr :

2. Begünstigter (ausl. Ablader):

3. Bankverbindung des Begünstigten:

4. Betrag: (in Worten)

5. Eröffnung wird gewünscht brieflich / luftpostlich / fernschriftlich / telegrafisch / als Postlauf-Akkreditiv / Tage-Rembours-Akkreditiv.

6. Auszahlbar mit % gegen Übergabe folgender Dokumente:

(hier ankreuzen)

☐ a) Handelsrechnung in Ausfertigungen
☐ b) Versicherungspolice oder Zertifikat für Rechnungsbetrag zuzüglich % für imaginären Gewinn, folgende Risiken deckend:

☐ oder Versicherung wird vom Auftraggeber gedeckt
☐ c) Ausfuhrbewilligung oder Erklärung des Verkäufers, daß Ausfuhr gestattet ist
☐ d) Amtliches Ursprungszeugnis
☐ e) Voller Satz reiner Bord-Konnossemente, ausgestellt an „Order" und blanco indossiert mit dem Vermerk „Fracht bezahlt".
Notadresse:
☐ oder Bahnamtlich abgestempelter Duplikatfrachtbrief
☐ oder Spediteur-Übernahmebescheinigung
☐ f) weitere Dokumente:

7. Betrifft Lieferung von (genaue Waren-, Mengen- und Preisangabe, wenn erforderlich in fremder Sprache):

8. Lieferungsbedingungen (z. B. fas, fob, c+f, cif, frei Grenze)
9. Verladeweg: bei Schiffsverladung von nach
bei Landverladung von nach
an
10. Teilverladungen gestattet / nicht gestattet
11. Das Akkreditiv ist nicht übertragbar / übertragbar und nicht teilbar / teilbar; es ist dem Begünstigten von Ihrem Korrespondenten nur zu avisieren / zu bestätigen.
12. Letzter Verladetermin:
13. Widerruflich / Unwiderruflich gültig bis 19 in
Weitere Anweisungen:

, den
(Ort)

(Firmenstempel)
(rechtsgültige Unterschrift)

Akkreditiv-Eröffnung (Rückseite)

Wir beauftragen Sie, nach Maßgabe Ihrer Allgemeinen Geschäftsbedingungen gemäß den jeweils geltenden Vorschriften für unsere Rechnung das umstehend gekennzeichnete Akkreditiv zu eröffnen.

Soweit der Ablader die zur Verladung gelangenden Waren nicht oder nicht voll gegen alle üblichen Gefahren durchgehend bis zum Bestimmungsort versichert, verpflichten wir uns, für volle Deckung Sorge zu tragen. Wir verpflichten uns ferner, die Ware gegen von Ihnen gegebenenfalls zu benennende besondere Risiken zu versichern und Ihnen über alle Versicherungen auf Wunsch den Nachweis zu führen.

Gleichzeitig ermächtigen wir Sie, den Gegenwert (bei Akkreditiven in fremder Währung zu dem uns von Ihnen jeweils mitgeteilten anwendbaren Kurs) zu unseren Lasten zum erforderlichen Termin, den Sie uns aufgeben werden, abzudecken.

Wir verpflichten uns, Ihnen auf Anforderung außer der Hauptsumme die übliche Provision und alle Spesen und Kosten, die Ihnen aus der Durchführung dieses Auftrages erwachsen, zu zahlen.

Solange unser Konto bei Ihnen nicht das zur Abwicklung des Akkreditives notwendige Guthaben aufweist, sind wir damit einverstanden, daß Sie als Sicherheit das unbeschränkte Eigentums- und Verfügungsrecht an der unter diesem Akkreditiv zur Verladung gelangenden Ware beziehungsweise an den Verladedokumenten für sich erwerben. Sofern wir das Eigentum bereits vor Aufnahme der Dokumente durch Sie erworben haben, verpflichten wir uns, es Ihnen zu verschaffen. Etwaige uns zustehende Herausgabeansprüche gegen Dritte sowie etwaige anderweitige Ansprüche, die uns aus dem Vertrage mit dem Ablader zustehen, werden wir auf Anfordern an Sie abtreten. Nach der Übergabe an uns verwahren wir die Ware unentgeltlich für Sie, sofern Sie uns nicht eine andere Art der Verwahrung aufgeben.

Wir bestätigen, daß die geltenden Außenhandelsvorschriften sorgfältig beachtet werden und wir Ihnen gegenüber allen unseren Verpflichtungen aus diesem Akkreditiv-Auftrag nachkommen werden.

Es ist uns bekannt, daß die Abwicklung dokumentärer Akkreditive gemäß den von der Internationalen Handelskammer, Paris, veröffentlichten „Einheitlichen Richtlinien und Gebräuchen für Dokumenten-Akkreditive" erfolgt, soweit für den Zahlungsverkehr nicht ausländische Rechte oder andere Usancen maßgebend sind.

2. Eröffnung einer Dokumentenakkredition durch eine Bank

Banque X / Bank X

Original

Adresse télégraphique
Cable address

No. de télex
Telex number

Lieu d'émission et date
Place and date of issue

CREDIT DOCUMENTAIRE - DOCUMENTARY CREDIT
IRREVOCABLE

Numéro du crédit / Credit number
de la banque émettrice / of issuing bank | *de la banque notificatrice* / of advising bank

Banque notificatrice / Advising bank

Donneur d'ordre / Applicant

Bénéficiaire / Beneficiary

Montant / Amount

Validité / Expiry
Date/Date
aux guichets de
at the counters of:

M / Dear Sir(s),

Nous émettons en votre faveur ce crédit documentaire qui est utilisable / We hereby issue in your favour this documentary credit which is available

par paiement contre remise des documents suivants:
by payment against presentation of the following documents:

concernant
covering

Chaque présentation de documents doit indiquer le numéro du crédit de la banque émettrice et le numéro du crédit de la banque notificatrice.

Each presentation of documents must indicate the credit number of the issuing bank and the credit number of the advising bank.

Expédition / Embarquement de Despatch / Shipment from *à* to	*Expéditions partielles* / Partial shipments	*Transbordements* / Transhipments

Conditions spéciales:
Special conditions:

Nous garantissons que le paiement sera dûment effectué contre les documents présentés en conformité avec les termes de ce crédit.

We hereby engage that payment will be duly made against documents presented in conformity with the terms of this credit.

Vos dévoués / Yours faithfully,

Nom et signature de la banque émettrice.
Name and signature of the issuing bank.

Indications de la banque notificatrice / Advising bank's notification

Lieu, date, nom et signature de la banque notificatrice.
Place, date, name and signature of the advising bank.

Sauf stipulations particulières expressément définies, ce crédit documentaire est soumis aux "Règles et Usances uniformes relatives aux Crédits Documentaires" (Révision 1974) Chambre de Commerce Internationale (Brochure No. 290).

Except so far as otherwise expressly stated, this documentary credit is subject to the "Uniform Customs and Practice for Documentary Credits" (1974 Revision) International Chamber of Commerce (Brochure No. 290).

3 A

3. Weitergabe und Bestätigung eines Dokumentenakkreditivs durch eine Bank an einen Exporteur.

Einschreiben

Betr.: Unsere Referenz: Betrag:

Akkreditiv Nr.: gültig bis:

Auftraggebende Bank:

Sehr geehrte Herren,

wir bitten Sie höflich, davon Kenntnis zu nehmen, daß die obige Bank uns mit Schreiben vom die Eröffnung des rubr. unwiderruflichen Akkreditivs zu Ihren Gunsten angezeigt hat. Kopie/Original des Eröffnungsschreibens, dem Sie die Einzelheiten entnehmen wollen, fügen wir als Anlage bei.

Auftragsgemäß bestätigen wir Ihnen, daß wir ihre Verfügungen bis zum angegebenen Höchstbetrag schützen werden, sofern die ordnungsmäßigen Dokumente, die uns sofort nach erfolgter Verladung unter Angabe der Akkreditivnehmer eingereicht werden müssen, spätestens am Tage des Ablaufs der Gültigkeitsdauer des Akkreditivs in unseren Händen sind.

Sofern die aus dem beiliegenden Schreiben ersichtlichen Bedingungen von Ihnen nicht erfüllt werden können, bitten wir eine rechtzeitige Ergänzung oder Abänderung durch den ausländischen Auftraggeber zu veranlassen.

Die Abwicklung dieses Akkreditivs erfolgt gemäß den Einheitlichen Richtlinien und Gebräuchen für Dokumentenakkreditive (Revision 1974) sowie den auf der Rückseite dieses Schreibens aufgeführten Bedingungen.

Der Einreichung der Dokumente sehen wir gerne entgegen.

Hochachtungsvoll
Trinkaus & Burkhardt

Entsprechend der umseitig erwähnten „Einheitlichen Richtlinien und Gebräuchen für Dokumenten-Akkreditive (Revision 1974)" bitte ich, insbesondere folgendes zu beachten:

1. Für die von anderen Banken eröffneten Akkreditive übernehme ich eine Verbindlichkeit nur durch meine ausdrückliche Bestätigung. Soweit ich den Begünstigten von der Eröffnung eines widerruflichen oder unwiderruflichen Akkreditivs lediglich benachrichtige, geschieht dies ohne Verbindlichkeit für mich.
2. Die von anderen Banken dem Begünstigten direkt eröffneten Kredite („Commercial Letters of Credit") werden von mir nur auf besonderen Auftrag bestätigt. Die Aushändigung dieser „Commercial Letters of Credit" an den Begünstigten begründet für mich keine Verbindlichkeit.
3. Widerrufliche Akkreditive können jederzeit ohne Anzeige an den Begünstigten abgeändert oder annulliert werden.
4. Alle unwiderruflichen Akkreditive müssen ein Verfalldatum für die Präsentation des Dokuments zwecks Zahlung, Akzeptierung oder Negoziierung enthalten, auch wenn ein letztes Datum für die Verladung angegeben ist. Nach Ablauf der Gültigkeitsdauer bin ich zur Aufnahme der Dokumente auch dann nicht verpflichtet, wenn das Verlade-Datum innerhalb der Zahlungsfrist liegt. Die Dokumente müssen innerhalb einer angemessenen Zeit nach Ausstellung vorgelegt werden. Ich bin berechtigt, Dokumente zurückzuweisen, wenn sie nach meinem Urteil mit übermäßiger Verzögerung präsentiert werden.
5. Ich bin nicht verpflichtet, Dokumente außerhalb meiner Schalterstunden aufzunehmen.
6. Ich bin berechtigt, Konnossemente zurückzuweisen, aus denen die Verladung der Ware an Deck hervorgeht, sofern die Akkreditivbedingungen die Aufnahme solcher Dokumente nicht ausdrücklich erlauben.
7. Konnossemente, die von Spediteuren ausgestellt sind, ebenso Segelschiff-Konnossemente und Konnossemente, die unter Charterpartie ausgestellt und deren Bedingungen unterworfen sind, werden von mir zurückgewiesen, sofern die Akkreditivbedingungen ihre Aufnahme nicht ausdrücklich erlauben.
8. Sind Empfangskonnossemente ausgestellt, so müssen die Versicherungspapiere die Substitution eines anderen Dampfers zulassen. Solche Dokumente kann ich jedoch nur aufnehmen, wenn dies im Akkreditiv ausdrücklich vorgesehen ist.
9. Wenn ein Akkreditiv „Versicherung gegen alle Risiken" vorschreibt, nehme ich ein Versicherungsdokument an, das irgendeinen Vermerk oder eine Klausel über „alle Risiken" enthält. Ich kann nicht verantwortlich gemacht werden, wenn in solchem Falle irgendein besonderes Risiko nicht gedeckt ist.
10. Auf genaue Erfüllung der Akkreditiv- bzw. Kreditbriefvorschriften ist zu achten; insbesondere muß die Bezeichnung der Ware in der Handelsfaktura mit der Bezeichnung im Akkreditiv übereinstimmen (also im gleichen Wortlaut und in derselben Sprache).
11. Bei telegrafischen Aufträgen muß ich mir etwaige Abänderungen und/oder Zusätze nach Eintreffen der brieflichen Bestätigung vorbehalten.
12. Ich übernehme keine Haftung oder Verantwortung für Folgen der Unterbrechung meiner Geschäftstätigkeit durch behördliche Anordnungen oder durch Streiks, Aussperrungen, Unruhen, Kriege und alle Fälle höherer Gewalt. Auf Grund von Akkreditiven, die während einer solchen Unterbrechung des Geschäftes ablaufen, kann ich nach Ablauf der Gültigkeit keine Leistung (Zahlung, Akzeptierung oder Negoziierung) bewirken, sofern ich nicht hierzu vom Auftraggeber besonders ermächtigt worden bin.

13. Soll der Betrag eines Akkreditivs oder eines „Commercial Letter of Credit" an meinem Schalter in Empfang genommen werden, so ist das vorliegende Schreiben sowie ein amtlicher Ausweis mit Lichtbild und Unterschrift vorzulegen.

IV. Formulare im Inkassoverkehr

1. Inkassoauftrag eines Exporteurs an eine Bank

An

Trinkaus & Burkhardt
— Exportabteilung —

4 Düsseldorf
Königsallee 21

(Auftraggeber-Firmenstempel)

Datum .... Telefon-Nr. .... Sachbearbeiter ....

Kunde ....

Ref. Nr. .... Betrag ....

Ausländische Bank ....

Sie erhalten als Anlage zum Inkasso/ Nr.: .... folgende Dokumente:

...............fach Tratte/Quittung
...............fach Handelsrechnung
...............fach Konsulatsfaktura
...............fach Zollfaktura
...............fach Versicher.Zertif./Police
...............fach Duplikat-Frachtbrief
...............fach Spediteur-Übern.-Besch.
...............fach Konnossement
...............fach Mate's Receipt
...............fach Postquittung
...............fach Ursprungszeugnis
...............fach Gewichtsliste
...............fach ....
...............fach ....
...............fach ....

Vertreter ....

ist von allen auftretenden Schwierigkeiten sowie erfolgter Zahlung zu unterrichten.

Besondere Weisungen etc:
(z. B. Abtretungen; Weisungen betr. Überweisungsweg; Instruktionen betr. Ware für den Fall, daß die Dokumente nicht aufgenommen werden)

Hochachtungsvoll

2. Inkassoauftrag von Bank zu Bank

Ort/Place/Lieu Datum/Date/Date

Auftraggeber/Principal/Donneur d'ordre

Erstpost/1st mail/1er courrier

Einschreiben/Registered/Recommandé

Unsere Nummer Our No. Notre No. Bitte anzugeben Please quote Prière d'indiquer	Fälligkeit Maturity Echéance	Betrag Amount Montant	☐ Plus unsere Spesen / Plus our charges / Plus nos frais ☐ Plus Ihre Spesen / Plus your charges / Plus vos frais ☐ Auf Zahlung der Spesen darf nicht verzichtet werden. / Charges must not be waived. / Prière de ne pas renoncer au paiement des frais. ☐ Die Dokumente dürfen im Falle der Nichtzahlung unserer/Ihrer Spesen nicht ausgeliefert werden. / Do not deliver the documents in case of non-payment of our/your charges. / Ne pas remettre les documents en cas de non-paiement de nos/vos frais.

Bezogener
Drawee
Tiré

Dokumente gemäß beigefügter Spezifikation.
Documents as per enclosed specification.
Documents conformément au bordereau joint.

Über die Verladung von / covering shipment of / concernant le chargement de

Empfänger / Consignee / Destinataire

per / by / par — am / on / le — von / from / de — nach / to / à

☐ Liefern Sie die Dokumente aus gegen Zahlung
Deliver documents against payment
Remettez les documents contre paiement

☐ Liefern Sie die Dokumente aus gegen Akzeptierung
Deliver documents against acceptance
Remettez les documents contre acceptation

☐ Aufnahme der Dokumente kann bis zur Dampferankunft zurückgestellt werden.
Take-up of the documents may be postponed until arrival of the steamer.
La levée des documents peut être différée jusqu'à l'arrivée du vapeur.

☐ Verwahren Sie das Akzept zum Einzug bei Fälligkeit und teilen Sie uns den Verfalltag per Luftpost mit.
Keep acceptance for collection at maturity and inform us of due date by airmail.
Gardez l'acceptation pour l'encaisser à l'échéance et indiquez-nous cette date par avion.

☐ Senden Sie das Akzept an uns zurück.
Return acceptance to us.
Retournez-nous l'acceptation.

☐ Im Falle der Nichteinlösung erbitten wir Nachricht per
In case of dishonour please advise us by
En cas de non-exécution, prière de nous informer par
☐ Luftpost / airmail / avion ☐ Kabel / cable / câble

☐ Kein Protest.
No protest.
Pas de protêt.

☐ Protest bei Nichtakzeptierung.
Protest for non-acceptance.
Protêt en cas de non-acceptation.

☐ Protest bei Nichtbezahlung des Akzeptes.
Protest for non-payment of accepted bill of exchange.
Protêt en cas de non-paiement de l'effet accepté.

☒ Wir bitten um Empfangsbestätigung.
Please acknowledge receipt.
Prière d'accuser réception.

Den Erlös bitten wir uns ohne Kursverlust für uns und unter Angabe unserer Nummer wie folgt anzuschaffen:
Please remit proceeds without loss in exchange as follows, quoting our number:
Veuillez nous virer le produit, sans perte de change, en indiquant notre numéro, comme suit:

☐ Durch Gutschrift auf das Konto unseres Hauses
By crediting the account of our office
En créditant le compte de notre banque
bei / with / chez
unter Aufgabe an uns, / under advice to us / sous avis à nous.

☐ Durch Ermächtigung zur Belastung des Kontos Ihres Hauses
By authorizing us to debit the account of your office
En nous autorisant à débiter le compte de votre banque
bei / with / chez

☐

Weitere Instruktionen:
Further instructions:
Instructions complémentaires:

Hochachtungsvoll/Yours faithfully/Salutations distinguées

Der Ausführung dieses Auftrages sind die „Einheitliche Richtlinien für das Inkasso von Handelspapieren" der Internationalen Handelskammer, Paris, zugrunde zu legen, soweit diese anwendbar sind.
This order is to be executed in accordance with the "Uniform Rules for the Collection of Commercial Paper" issued by the International Chamber of Commerce, Paris, in so far as these are applicable.
L'exécution de cet ordre est soumis au «Règles uniformes pour l'encaissement des effets de commerce» de la Chambre de Commerce Internationale, Paris, dans la mesure où celui-ci est applicable.

V. Formulare für Bankgarantien

1. Indirekte Bietungsgarantie

(einer Bank über eine ausländische Korrespondenzbank)

An

.... **Bank**

...., den ....

Bietungsgarantie Nr. ....

Unser Kunde, die Firma

....

hat der .... (ausschreibende Stelle)

ein Angebot auf Lieferung von ....

unterbreitet, wofür der Zuschlag am .... (Aufforderung zur Abgabe von Angeboten Nr. ....) erfolgt.

Wir bitten Sie hiermit
Wir baten Sie telegrafisch } (Telegrammbestätigung ist beigefügt)

die erforderliche Bietungsgarantie im Betrage von ....

zu Gunsten von ....

gültig bis ....zu erstellen
und .... zu benachrichtigen
und Ihre Garantie an ....auszuliefern
gemäß den Weisungen von ....
} (z. B. Anschrift des ausländischen Vertreters unseres Auftraggebers)

Wir, die X-Bank, verpflichten uns hiermit unwiderruflich Ihnen auf Ihre erste schriftliche Anforderung hin unverzüglich einen Betrag bis zur Höhe von

(in Worten: ....)

zu zahlen, falls Sie aus der von Ihnen ausgestellten Garantie in Anspruch genommen werden.

Unsere Verpflichtung erlischt spätestens am ....

Bis zu diesem Zeitpunkt müssen uns Zahlungsanforderungen mit eingeschriebenem Brief oder Telegramm zugegangen sein.

Die Ausstellung dieser Urkunde ist auf Grund gesetzlicher Bestimmungen der Bundesrepublik Deutschland zulässig. Im Falle einer Inanspruchnahme werden wir Zahlung leisten gemäß den dann geltenden Bestimmungen über den Zahlungsverkehr zwischen der Bundesrepublik Deutschland und Ihrem Lande.

Es gilt als vereinbart, daß Sie uns diese Urkunde bei Verfall oder Inanspruchnahme zurückgeben oder uns verbindlich bestätigen, daß wir aus jeglicher Haftung entlassen sind.

Wir bitten Sie, uns mit Ihrer Empfangsbestätigung zwei Kopien Ihres Garantieschreibens zu übermitteln.

X-Bank.

2. Direkte Lieferungsgarantie
(einer Bank gegenüber einem ausländischen Importeur)

An

.... (ausl. Käufer)

zu einem Gesamtpreis von ...., den ....

Lieferungsgarantie Nr. ....

Zwischen Ihnen und der Firma ....

nachfolgend Verkäufer genannt, ist am .... unter der Nr. ....

ein Vertrag auf Lieferung von ....

.... cif/fob ....

....

abgeschlossen worden.

Vertragsgemäß ist eine Lieferungsgarantie in Höhe von .... % des Gesamtpreises zu erstellen.

Wir, die X-Bank, verpflichten uns hiermit unwiderruflich auf Ihre schriftliche Anforderung hin unverzüglich zur Zahlung eines Betrages bis zur Höhe von

(in Worten: ....)

DM ....

gegen Ihre schriftliche Erklärung, daß der Verkäufer seinen vertraglichen Verpflichtungen nicht nachgekommen ist.

Diese Garantie erlischt spätestens am .... Bis zu diesem Zeitpunkt müssen uns Zahlungsanforderungen unter dieser Garantie mit eingeschriebenem Brief oder Telegramm zugegangen sein.

Die Ausstellung dieser Garantie ist durch gesetzliche Bestimmungen der Bundesrepublik Deutschland zulässig. Im Falle einer Inanspruchnahme aus dieser Garantie werden wir Zahlung leisten gemäß den dann geltenden Bestimmungen über den Zahlungsverkehr zwischen der Bundesrepublik Deutschland und Ihrem Lande.

Es gilt als vereinbart, daß Sie uns diese Garantie bei Verfall oder Inanspruchnahme zurückgeben.

X-Bank.

Konnossementsgarantie
(einer Bank gegenüber einer Reederei (Kapitän) für einen Warenempfänger)

An
Reederei

Sie haben sich bereit erklärt, vorbezeichnete Ware an die Firma

....

auszuliefern, ohne daß Ihnen der volle Satz der Konnossemente vorliegt.

Für alle Ihnen hierdurch etwa entstehenden Nachteile übernehmen wir hiermit Ihnen gegenüber die Garantie bis zum Höchstbetrage von

(in Worten ....)

DM ....

Unsere Garantie erlischt, wenn uns das Original dieser Garantieerklärung — auch über Dritte — zurückgegeben wird, spätestens jedoch am ...., wenn wir bis zu diesem Zeitpunkt nicht in Anspruch genommen worden sind.

Diese Garantie unterliegt deutschem Recht.

Ort, Datum

Bank

STICHWORTVERZEICHNIS

Walter de Gruyter Berlin · New York

Claus Wilhelm Canaris

Bankvertragsrecht

einschließlich Kontokorrentrecht und Recht allgemeiner Geschäftsbedingungen

Groß-Oktav. VIII, 875 Seiten. 1975. Halbleder DM 292,–

(Sonderausgabe der Kommentierung der §§ 355–357 und Anhang § 357 Bankvertragsrecht im HGB, Großkommentar, 3. Aufl., Band III)

Mit dem Werk wird erstmals eine umfassende Erläuterung des gesamten privaten Bankrechts in Großkommentarform vorgelegt und damit eine empfindliche Lücke auf diesem Gebiet geschlossen. Die Bearbeitung ist gleichermaßen an den Bedürfnissen der Praxis orientiert wie um wissenschaftliche Vertiefung bemüht. Der Verfasser stellt daher einerseits unter vollständiger Auswertung von Rechtsprechung und Literatur den geltenden Rechtszustand einschließlich für die Praxis besonders wichtiger Detailprobleme dar, versucht aber andererseits auch, auf bisher ungelöste Fragen neue Antworten zu geben und den z. T. verlorengegangenen Zusammenhang zwischen dem — wissenschaftlich lange vernachlässigten — Bankrecht und dem übrigen Zivil- und Handelsrecht wiederherzustellen. Durch die Einbeziehung des Kontokorrentrechts und die Kommentierung der für die Praxis oft im Mittelpunkt des Interesses stehenden Allgemeinen Geschäftsbedingungen wird dabei ein vollständiges Bild des Bankvertragsrechts gegeben. Im übrigen umfaßt die Kommentierung: die Geschäftsverbindung zwischen der Bank und dem Kunden im allgemeinen, das Bankgeheimnis, die Bankauskunft, das Einlagengeschäft, das Giro- und das Scheckgeschäft, das Akkreditiv- und das Garantiegeschäft, das Factoring, das Kreditgeschäft einschließlich des Schuldscheindarlehens- und des Revolvingkreditvermittlungsgeschäfts sowie das Effekten-, Depot-, Emissions- und Investmentgeschäft. Besondere Schwerpunkte bilden das Recht des bargeldlosen Zahlungsverkehrs, das Kreditgeschäft, wo insbesondere die Probleme des Teilzahlungskredits umfassend erörtert werden, und das Effekten- und Depotgeschäft. Die Orientierung des Benutzers wird durch eine eingehende systematische Übersicht, die jeweils der Bearbeitung der einzelnen Bankgeschäfte vorangestellt ist, sowie durch ein ausführliches Sachregister gewährleistet.

Preisänderung vorbehalten

W DE G

Walter de Gruyter
Berlin · New York

Sammlung Guttentag

Theodor Heinsius
Arno Horn
Jürgen Than

Depotgesetz

Kommentar zum Gesetz über die Verwahrung und Anschaffung von Wertpapieren vom 4. Februar 1937

Oktav. XLVIII, 812 Seiten. 1975. Gebunden DM 238,–

Zwanzig Jahre sind vergangen, seit das letzte umfassende Erläuterungswerk zum Depotgesetz erschienen ist. Die Entwicklung im Effektenwesen und Depotgeschäft ist seitdem unaufhaltsam fortgeschritten und hat grundlegende Veränderungen gebracht ... Mit der soeben vorgelegten Arbeit ist diese Lücke geschlossen worden. Das Autorenteam Heinsius, Horn und Than hat sich mit außergewöhnlichem Geschick dieser schwierigen Aufgabe unterzogen. Dank ihrer in langjähriger Praxis als Rechtsberater, vornehmlich im Wertpapier- und Depotgeschäft, gewonnenen Erfahrungen haben die Verfasser eine Neukommentierung erstellt, die sich durch eine besondere Praxisnähe auszeichnet und trotzdem die rechtstheoretischen Grundlagen des Depotrechts in vollem Umfange berücksichtigt ... Auf eine übersichtliche Gestaltung des Werkes ist besonderer Wert gelegt worden. Eine sorgfältige Gliederung mit ausführlichem Inhaltsverzeichnis vor jeder Kommentierung erleichtert es dem Praktiker wie Wissenschaftler den gegenwärtigen Stand der Meinungen rasch zu erfahren und die Probleme zu lösen. Der Kommentar ist von hoher juristischer Qualität; mit ihm hat die vorhandene wissenschaftliche Literatur zum Depotrecht eine wertvolle Bereicherung erfahren. Es kann kein Zweifel bestehen, daß dieses Werk große Beachtung finden wird.

H. D., Zeitschrift für das gesamte Kreditwesen Frankfurt

Preisänderung vorbehalten

FSC
www.fsc.org
MIX
Papier | Fördert
gute Waldnutzung
FSC® C083411

Kolibri 360 GmbH
Ferdinand-Jühlke-Straße 7
99095 Erfurt, Deutschland
produktsicherheit@kolibri360.de